高等学校计算机专业系列教材

数字电路与逻辑设计

白彦霞　赵燕　主编
陈晓芳　副主编

清华大学出版社
北京

内 容 简 介

本书为适应培养应用型人才需要和高校教学改革新要求，根据授课团队多年的教学实践和改革经验编写而成，深入浅出地介绍了数字电路与逻辑设计的基本知识、基本理论、基本器件和基本方法，详细介绍了各种逻辑电路的分析、设计与实现的全过程。本书论述严谨，概念准确，文句精练，题例丰富，内容取舍兼顾相关知识的成熟性和先进性。本书的突出特点是理论知识与实际应用紧密结合，通过实验内容和数字电路应用实例加深对理论知识的深入理解和综合应用，既达到了对基础理论知识的验证，又实现了对理论知识的升华。

本书篇幅适中、可读性强，可作为普通高等院校计算机相关专业、电气自动化技术和信息类相关专业应用型本（专）科的教材或参考书，也可供从事电子技术工作的工程技术人员参考。

本书封面贴有清华大学出版社防伪标签，无标签者不得销售。
版权所有，侵权必究。举报：010-62782989，beiqinquan@tup.tsinghua.edu.cn。

图书在版编目(CIP)数据

数字电路与逻辑设计/白彦霞，赵燕主编. —北京：清华大学出版社，2021.9(2024.8重印)
高等学校计算机专业系列教材
ISBN 978-7-302-58113-0

Ⅰ.①数… Ⅱ.①白… ②赵… Ⅲ.①数字电路-逻辑设计-高等学校-教材 Ⅳ.①TN79

中国版本图书馆 CIP 数据核字(2021)第 084396 号

责任编辑：龙启铭
封面设计：何凤霞
责任校对：李建庄
责任印制：丛怀宇

出版发行：清华大学出版社
网　　址：https://www.tup.com.cn, https://www.wqxuetang.com
地　　址：北京清华大学学研大厦A座　　邮　编：100084
社 总 机：010-83470000　　邮　购：010-62786544
投稿与读者服务：010-62776969, c-service@tup.tsinghua.edu.cn
质量反馈：010-62772015, zhiliang@tup.tsinghua.edu.cn
课件下载：https://www.tup.com.cn, 010-83470236

印 装 者：三河市君旺印务有限公司
经　　销：全国新华书店
开　　本：185mm×260mm　　印　张：27　　字　数：627千字
版　　次：2021年9月第1版　　　　　　　印　次：2024年8月第5次印刷
定　　价：79.00元

产品编号：092466-01

前言

本书定位于应用型本科层次，内容简明、通俗易懂、由浅入深，突出集成器件的应用，并且理论联系实际。

全书共分为13章，分别为数字逻辑概论、逻辑代数基础、逻辑门电路、组合逻辑电路、锁存器与触发器、时序逻辑电路、脉冲波形的产生与变换、数模和模数转换、半导体存储器、可编程逻辑器件、数字电路的Multisim仿真研究、数字电路应用实例和实验部分。

在内容组织上，本书以讲清组合逻辑电路和时序逻辑电路的分析方法和设计方法为主线来介绍各种逻辑器件的功能及应用，贯彻理论联系实际和少而精的原则，加强对中等规模集成电路的应用。对教学目的和要求中指出必须掌握的基本概念、基本原理和基本分析方法，做到讲深讲透，并注意讲清思路、启发思维，以培养举一反三的能力。本书始终贯彻"讲、学、练"相结合的原则，从能力培养的角度出发，培养学生分析问题和解决问题的能力。

本书第1、2、4、6、9、10章由白彦霞编写，第7、11～13章由赵燕编写，第3、5、8章由陈晓芳编写。全书由白彦霞整理、定稿。此外，北京化工大学莫德举教授和华北科技学院刘林生副教授对该书提出了许多宝贵的意见和建议，编者在此表示感谢。同时，感谢燕京理工学院李丽芬、云彩霞、张秋菊、刘继超、王菊对本书编写工作的支持！

本书篇幅适中、可读性强，可作为普通高等院校计算机相关专业、电气自动化技术和信息类相关专业应用型本(专)科的教材或参考书，也可供从事电子技术工作的工程技术人员参考。

为方便教学，本书配有免费电子教案，可从清华大学出版社官方网站www.tup.com.cn下载。

虽然编者对书稿做了多次校核，但是由于编者水平有限，恳请使用本教材的师生和其他读者予以批评指正，以便不断提高和改进。

编　者
2021年春

目录

第1章 数字逻辑概论 /1

1.1 数字电路与数字信号 1
- 1.1.1 数字技术的发展及其应用 1
- 1.1.2 数字集成电路的分类及特点 3
- 1.1.3 模拟信号与数字信号 6
- 1.1.4 数字信号的描述方法 7

1.2 数制 10
- 1.2.1 十进制 11
- 1.2.2 二进制 11
- 1.2.3 十六进制和八进制 13
- 1.2.4 进制之间的相互转换 15

1.3 二进制数的算术运算 18
- 1.3.1 无符号二进制数的算术运算 18
- 1.3.2 带符号二进制数的算术运算 19

1.4 二进制代码 22
- 1.4.1 自然二进制码 22
- 1.4.2 二-十进制编码 22
- 1.4.3 格雷码 23
- 1.4.4 ASCII 码 24

1.5 二值逻辑变量与基本逻辑运算 24
1.6 逻辑函数及其表示方法 28
本章小结 30
课后习题 30

第2章 逻辑代数基础 /33

2.1 逻辑代数 33
- 2.1.1 逻辑代数的基本定律和恒等式 33
- 2.1.2 逻辑代数的基本规则 35
- 2.1.3 逻辑函数的变换及代数化简法 37

2.2 逻辑函数的卡诺图化简法 40

2.2.1 最小项的定义及其性质 ·· 40
2.2.2 逻辑函数的最小项表达式 ·· 42
2.2.3 用卡诺图表示逻辑函数 ·· 42
2.2.4 用卡诺图化简逻辑函数 ·· 44
本章小结 ··· 47
课后习题 ··· 47

第 3 章　逻辑门电路　　/50

3.1 MOS 逻辑门电路 ·· 50
　　3.1.1 概述 ·· 50
　　3.1.2 MOS 管的开关特性 ··· 52
　　3.1.3 CMOS 反相器和传输门 ·· 53
　　3.1.4 CMOS 与非门、或非门和异或门 ·· 55
　　3.1.5 CMOS 漏极开路门电路和三态输出门电路 ······································ 56
　　3.1.6 CMOS 门电路的电气特性和参数 ·· 61
3.2 TTL 逻辑门电路 ··· 67
　　3.2.1 三极管的开关特性 ·· 67
　　3.2.2 反相器的基本电路 ·· 68
　　3.2.3 TTL 逻辑门电路 ·· 71
　　3.2.4 集电极开路门和三态门 ·· 72
3.3 逻辑描述中的几个问题 ·· 74
　　3.3.1 正负逻辑问题 ·· 74
　　3.3.2 基本逻辑门电路的等效符号及其应用 ·· 75
3.4 逻辑门电路使用中的几个实际问题 ·· 78
　　3.4.1 各种门电路之间的接口问题 ·· 78
　　3.4.2 抗干扰措施 ·· 81
本章小结 ··· 82
课后习题 ··· 83

第 4 章　组合逻辑电路　　/85

4.1 概述 ·· 85
4.2 组合逻辑电路的分析 ·· 86
4.3 组合逻辑电路的设计 ·· 88
4.4 组合逻辑电路中的竞争冒险 ·· 93
　　4.4.1 产生竞争冒险的原因 ·· 93
　　4.4.2 竞争冒险现象的识别 ·· 94
　　4.4.3 竞争冒险的消去方法 ·· 96
4.5 常用组合逻辑集成电路 ·· 98

4.5.1　编码器 ··· 99
　　　4.5.2　译码器/数据分配器 ······························ 104
　　　4.5.3　数据选择器 ··· 117
　　　4.5.4　数值比较器 ··· 123
　　　4.5.5　算术运算电路 ······································ 128
　本章小结 ·· 133
　课后习题 ·· 134

第 5 章　锁存器与触发器　/142

　5.1　概述 ·· 142
　　　5.1.1　锁存器与触发器 ···································· 142
　　　5.1.2　锁存器和触发器逻辑功能描述方法 ········· 143
　　　5.1.3　双稳态存储单元电路 ···························· 143
　5.2　锁存器 ··· 144
　　　5.2.1　基本 SR 锁存器 ···································· 144
　　　5.2.2　锁存器和触发器逻辑功能描述 ··············· 145
　　　5.2.3　逻辑门控 SR 锁存器——同步触发器 ······ 147
　　　5.2.4　D 锁存器 ·· 149
　5.3　触发器的电路结构和工作原理 ······················· 151
　　　5.3.1　主从触发器 ··· 151
　　　5.3.2　维持阻塞触发器 ···································· 152
　　　5.3.3　利用传输延迟的触发器 ························· 154
　5.4　触发器的逻辑功能 ······································· 155
　　　5.4.1　D 触发器 ·· 156
　　　5.4.2　JK 触发器 ··· 156
　　　5.4.3　T 触发器 ··· 158
　　　5.4.4　T′触发器 ·· 158
　　　5.4.5　SR 触发器 ··· 159
　　　5.4.6　触发器功能转换 ···································· 159
　本章小结 ·· 160
　课后习题 ·· 161

第 6 章　时序逻辑电路　/165

　6.1　时序逻辑电路的基本概念 ······························ 165
　　　6.1.1　时序逻辑电路的特点 ···························· 165
　　　6.1.2　时序逻辑电路的分类 ···························· 166
　　　6.1.3　时序逻辑电路的功能描述 ····················· 168
　6.2　同步时序逻辑电路的分析 ······························ 170

    6.2.1 分析同步时序逻辑电路的一般步骤 ……………………………………… 171
    6.2.2 同步时序逻辑电路分析举例 ……………………………………………… 171
  6.3 异步时序逻辑电路的分析 ………………………………………………………… 176
  6.4 若干典型的时序逻辑电路 ………………………………………………………… 178
    6.4.1 寄存器和移位寄存器 ……………………………………………………… 179
    6.4.2 计数器 ……………………………………………………………………… 186
  6.5 同步时序逻辑电路的设计 ………………………………………………………… 202
    6.5.1 设计同步时序逻辑电路的一般步骤 ……………………………………… 203
    6.5.2 同步时序逻辑电路设计举例 ……………………………………………… 204
  本章小结 ……………………………………………………………………………………… 212
  课后习题 ……………………………………………………………………………………… 213

第 7 章 脉冲波形的产生与变换 /220

  7.1 概述 ………………………………………………………………………………… 220
  7.2 单稳态触发器 ……………………………………………………………………… 221
    7.2.1 用门电路组成的单稳态触发器 …………………………………………… 221
    7.2.2 集成单稳态触发器 ………………………………………………………… 225
    7.2.3 单稳态触发器的应用 ……………………………………………………… 228
  7.3 施密特触发器 ……………………………………………………………………… 230
    7.3.1 用门电路组成的施密特触发器 …………………………………………… 230
    7.3.2 施密特触发器的应用 ……………………………………………………… 232
  7.4 多谐振荡器 ………………………………………………………………………… 234
    7.4.1 用门电路组成的多谐振荡器 ……………………………………………… 234
    7.4.2 用施密特触发器构成的多谐振荡器 ……………………………………… 237
    7.4.3 石英晶体振荡器 …………………………………………………………… 238
  7.5 555 定时器及其应用 ……………………………………………………………… 239
    7.5.1 555 定时器 ………………………………………………………………… 239
    7.5.2 用 555 定时器组成的单稳态触发器 …………………………………… 241
    7.5.3 用 555 定时器组成的施密特触发器 …………………………………… 242
    7.5.4 用 555 定时器组成的多谐振荡器 ……………………………………… 243
  本章小结 ……………………………………………………………………………………… 244
  课后习题 ……………………………………………………………………………………… 245

第 8 章 数模和模数转换 /254

  8.1 概述 ………………………………………………………………………………… 254
  8.2 D/A 转换器 ………………………………………………………………………… 255
    8.2.1 D/A 转换的基本原理 ……………………………………………………… 255
    8.2.2 权电阻网络型 D/A 转换器 ……………………………………………… 256

  8.2.3 倒 T 型电阻网络 D/A 转换器 ·················· 257
  8.2.4 权电流型 D/A 转换器 ························ 258
  8.2.5 双极性 D/A 转换器 ·························· 260
  8.2.6 D/A 转换器的技术指标 ······················ 262
  8.2.7 集成 D/A 转换器及其应用 ·················· 264
 8.3 A/D 转换器 ·· 267
  8.3.1 A/D 转换的基本原理 ························ 267
  8.3.2 并行比较型 A/D 转换器 ···················· 269
  8.3.3 逐次逼近型 A/D 转换器 ···················· 271
  8.3.4 双积分型 A/D 转换器 ······················ 272
  8.3.5 A/D 转换器的主要技术指标 ················ 275
  8.3.6 集成 A/D 转换器简介 ······················ 276
 本章小结 ·· 277
 课后习题 ·· 278

第 9 章　半导体存储器　/282

 9.1 概述 ·· 282
  9.1.1 半导体存储器的分类 ························ 282
  9.1.2 半导体存储器的主要技术指标 ············ 283
  9.1.3 常用概念 ·· 283
 9.2 只读存储器 ·· 283
  9.2.1 ROM 的定义与基本结构 ···················· 283
  9.2.2 二维译码 ······································ 285
  9.2.3 可编程 ROM ································ 286
  9.2.4 集成电路 ROM ······························ 290
  9.2.5 ROM 的读操作与时序图 ···················· 291
 9.3 随机存储器 ·· 292
  9.3.1 静态存储器 ···································· 292
  9.3.2 动态存储器 ···································· 293
 9.4 存储器容量的扩展 ·· 295
  9.4.1 位扩展方式 ···································· 295
  9.4.2 字扩展方式 ···································· 296
  9.4.3 字位同时扩展 ································ 297
 本章小结 ·· 297
 课后习题 ·· 297

第 10 章　可编程逻辑器件　/299

 10.1 概述 ·· 299

10.1.1　数字集成电路的分类 …………………………………………………… 299
　　10.1.2　PLD 开发系统 …………………………………………………………… 299
10.2　可编程逻辑器件的基本特点 ……………………………………………………… 300
10.3　可编程逻辑阵列 …………………………………………………………………… 300
10.4　可编程阵列逻辑 …………………………………………………………………… 301
10.5　复杂的可编程逻辑器件 …………………………………………………………… 301
　　10.5.1　CPLD 的结构 ……………………………………………………………… 301
　　10.5.2　CPLD 编程简介 …………………………………………………………… 310
本章小结 …………………………………………………………………………………… 311
课后习题 …………………………………………………………………………………… 312

第 11 章　数字电路的 Multisim 仿真研究　　/313

11.1　逻辑函数化简与变换的 Multisim 仿真研究 …………………………………… 313
　　11.1.1　仿真电路 …………………………………………………………………… 313
　　11.1.2　仿真内容 …………………………………………………………………… 313
　　11.1.3　仿真结果 …………………………………………………………………… 314
　　11.1.4　结论 ………………………………………………………………………… 315
11.2　组合逻辑电路的 Multisim 仿真研究 …………………………………………… 315
　　11.2.1　仿真电路 …………………………………………………………………… 315
　　11.2.2　仿真内容 …………………………………………………………………… 316
　　11.2.3　仿真结果 …………………………………………………………………… 316
　　11.2.4　结论 ………………………………………………………………………… 317
11.3　时序逻辑电路的 Multisim 仿真研究 …………………………………………… 318
　　11.3.1　仿真电路 …………………………………………………………………… 318
　　11.3.2　仿真内容 …………………………………………………………………… 319
　　11.3.3　仿真结果 …………………………………………………………………… 319
　　11.3.4　结论 ………………………………………………………………………… 321
11.4　微分型单稳态触发器的 Multisim 仿真研究 …………………………………… 321
　　11.4.1　仿真电路 …………………………………………………………………… 321
　　11.4.2　仿真内容 …………………………………………………………………… 321
　　11.4.3　仿真结果 …………………………………………………………………… 321
　　11.4.4　结论 ………………………………………………………………………… 322
11.5　555 定时器构成的多谐振荡器的 Multisim 仿真研究 ………………………… 324
　　11.5.1　仿真电路 …………………………………………………………………… 324
　　11.5.2　仿真内容 …………………………………………………………………… 324
　　11.5.3　仿真结果 …………………………………………………………………… 324
　　11.5.4　结论 ………………………………………………………………………… 324

第12章 数字电路应用实例 /326

12.1 遮挡式红外声光报警装置 ·················· 326
- 12.1.1 目的 ·················· 326
- 12.1.2 电路原理 ·················· 326
- 12.1.3 元器件清单 ·················· 327
- 12.1.4 安装与调试 ·················· 327
- 12.1.5 思考题 ·················· 328

12.2 30秒倒计时器 ·················· 328
- 12.2.1 目的 ·················· 328
- 12.2.2 电路原理 ·················· 328
- 12.2.3 元器件清单 ·················· 330
- 12.2.4 安装与调试 ·················· 330
- 12.2.5 思考题 ·················· 330

12.3 汽车尾灯控制电路 ·················· 331
- 12.3.1 目的 ·················· 331
- 12.3.2 设计要求 ·················· 331
- 12.3.3 设计步骤 ·················· 331
- 12.3.4 元器件清单 ·················· 336
- 12.3.5 安装与调试 ·················· 336
- 12.3.6 思考题 ·················· 336

第13章 实验部分 /337

13.1 常用电子仪器的使用 ·················· 338
- 13.1.1 实验目的 ·················· 338
- 13.1.2 实验原理 ·················· 339
- 13.1.3 实验设备 ·················· 340
- 13.1.4 实验内容 ·················· 340
- 13.1.5 实验报告要求 ·················· 342

13.2 TTL与非门的参数及电压传输特性的测试 ·················· 342
- 13.2.1 实验目的 ·················· 343
- 13.2.2 实验原理 ·················· 343
- 13.2.3 实验设备 ·················· 345
- 13.2.4 实验内容 ·················· 345
- 13.2.5 实验报告要求 ·················· 347

13.3 SSI组合逻辑电路的设计 ·················· 347
- 13.3.1 实验目的 ·················· 347
- 13.3.2 实验原理 ·················· 347

13.3.3 实验设备 … 348
13.3.4 实验内容 … 348
13.3.5 实验报告要求 … 348
13.4 译码器及其应用 … 349
13.4.1 实验目的 … 349
13.4.2 实验原理 … 349
13.4.3 实验设备 … 350
13.4.4 实验内容 … 350
13.4.5 实验报告要求 … 351
13.5 数据选择器及其应用 … 351
13.5.1 实验目的 … 351
13.5.2 实验原理 … 351
13.5.3 实验设备 … 352
13.5.4 实验内容 … 352
13.5.5 实验报告要求 … 353
13.6 锁存器和触发器逻辑功能测试 … 353
13.6.1 实验目的 … 354
13.6.2 实验原理 … 354
13.6.3 实验设备 … 357
13.6.4 实验内容 … 357
13.6.5 实验报告要求 … 359
13.7 寄存器逻辑功能测试 … 359
13.7.1 实验目的 … 359
13.7.2 实验原理 … 360
13.7.3 实验设备 … 360
13.7.4 实验内容 … 361
13.7.5 实验报告要求 … 363
13.8 计数器的设计 … 363
13.8.1 实验目的 … 363
13.8.2 实验原理 … 364
13.8.3 实验设备 … 367
13.8.4 实验内容 … 368
13.8.5 实验报告要求 … 371
13.9 *RC* 环形多谐振荡器和单稳态触发器 … 371
13.9.1 实验目的 … 371
13.9.2 实验原理 … 372
13.9.3 实验设备 … 375
13.9.4 实验内容 … 376

13.9.5　实验报告要求 …………………………………………………………… 377
13.10　555定时器的应用 ……………………………………………………………… 378
　　　13.10.1　实验目的 …………………………………………………………… 378
　　　13.10.2　实验原理 …………………………………………………………… 378
　　　13.10.3　实验设备 …………………………………………………………… 383
　　　13.10.4　实验内容 …………………………………………………………… 383
　　　13.10.5　实验报告要求 ……………………………………………………… 385
13.11　脉冲发生器以及计数、译码驱动和显示综合实验 ………………………… 385
　　　13.11.1　实验目的 …………………………………………………………… 385
　　　13.11.2　实验原理 …………………………………………………………… 385
　　　13.11.3　实验设备 …………………………………………………………… 388
　　　13.11.4　实验内容 …………………………………………………………… 389
　　　13.11.5　实验报告要求 ……………………………………………………… 389
13.12　抢答器 ………………………………………………………………………… 389
　　　13.12.1　实验目的 …………………………………………………………… 389
　　　13.12.2　实验原理 …………………………………………………………… 389
　　　13.12.3　实验设备 …………………………………………………………… 390
　　　13.12.4　实验内容 …………………………………………………………… 390
　　　13.12.5　实验报告要求 ……………………………………………………… 390

附录A　常用逻辑符号对照表　　/391

附录B　CMOS和TTL门电路的技术参数表　　/393

附录C　本书常用符号表　　/394

附录D　实验设备　　/395

D.1　UT39A+型数字式万用表 …………………………………………………… 395
　　　D.1.1　概述 …………………………………………………………………… 395
　　　D.1.2　特点 …………………………………………………………………… 395
　　　D.1.3　外表结构及功能按键 ………………………………………………… 396
　　　D.1.4　使用方法 ……………………………………………………………… 397
D.2　YB2172B型数字交流毫伏表 ………………………………………………… 398
　　　D.2.1　技术指标 ……………………………………………………………… 398
　　　D.2.2　面板图及操作键作用说明 …………………………………………… 398
　　　D.2.3　基本操作方法 ………………………………………………………… 399
D.3　YB1700系列直流稳压电源 …………………………………………………… 399
　　　D.3.1　概述 …………………………………………………………………… 399

		D.3.2 技术指标 …………………………………………………… 400
		D.3.3 面板图 …………………………………………………… 400
		D.3.4 按键或旋钮的名称和功能 …………………………………………………… 400
		D.3.5 基本操作方法 …………………………………………………… 401
	D.4	TFG6000 系列 DDS 函数信号发生器 …………………………………………………… 401
		D.4.1 概述 …………………………………………………… 401
		D.4.2 技术指标 …………………………………………………… 402
		D.4.3 面板图 …………………………………………………… 402
		D.4.4 屏幕显示说明 …………………………………………………… 402
		D.4.5 键盘说明 …………………………………………………… 403
		D.4.6 基本操作 …………………………………………………… 404
	D.5	GOS-6021 型双通道示波器 …………………………………………………… 405
		D.5.1 概述 …………………………………………………… 405
		D.5.2 技术指标 …………………………………………………… 405
		D.5.3 前面板各按键和旋钮的名称和功能 …………………………………………………… 406
		D.5.4 后面板各按键和旋钮的名称和功能 …………………………………………………… 412
	D.6	THD-1 型数字电路实验箱 …………………………………………………… 412
		D.6.1 面板图及组成 …………………………………………………… 412
		D.6.2 使用注意事项 …………………………………………………… 414
	D.7	色环电阻与电容 …………………………………………………… 415

参考文献 /417

第 1 章 数字逻辑概论

[主要教学内容]

1. 数字电路与数字信号。
2. 数制。
3. 二进制数的算术运算。
4. 二进制代码。
5. 二值逻辑变量与基本逻辑运算。
6. 逻辑函数及其表示方法。

[教学目的和要求]

1. 了解模拟信号与数字信号、模拟电路与数字电路的区别与联系。
2. 熟练掌握数字量和数制的概念及不同数制的互化。
3. 熟练掌握二进制数的算术运算。
4. 掌握基本逻辑运算、逻辑函数的概念及逻辑问题的描述。
5. 掌握逻辑函数的常用表示方法：表达式、真值表、逻辑图和波形图，并掌握各种表示方法的相互转换。

随着现代电子技术的发展，人们正处于一个信息时代，每天都要通过电视、广播、通信、互联网等多种媒体获取大量的信息。而现代信息的存储、处理和传输越来越趋于数字化。在人们的日常生活中，常用的计算机、电视机、音响系统、视频记录设备和长途电信等电子设备或电子系统无一不采用数字电路或数字系统。因此，数字电子技术的应用越来越广泛。

本章首先介绍数字技术的发展及应用、数字集成电路的分类及特点、模拟信号与数字信号的概念以及数字信号的描述方法；然后讨论数制、二进制数的算术运算、二进制码和数字逻辑的基本运算。

1.1 数字电路与数字信号

1.1.1 数字技术的发展及其应用

20 世纪中期至 21 世纪初，电子技术特别是数字电子技术得到了飞速的发展，使工业、农业、科研、医疗以及人们的日常生活发生了根本性的变革。

电子技术的发展是以电子器件的发展为基础的。20世纪初直至中叶,主要使用的电子器件是真空管,也称电子管。随着固体微电子学的进步,第一只晶体三极管于1947年问世,开创了电子技术的新领域。随后在20世纪60年代初,模拟和数字集成电路相继上市,到20世纪70年代末随着微处理器的问世,电子器件及其应用出现了崭新的局面。1988年,集成工艺可在 1cm^2 的硅片上集成3500万个元件,说明集成电路进入甚大规模阶段。随着微加工技术的发展,当前的制造技术已使集成电路芯片内部的布线细微到纳米数量级。例如英特尔的第四代酷睿系列产品i7 4790k,它的制造工艺已经达到22nm级别,时钟频率高达 4.4GHz(10^9Hz)。随着芯片上元件和布线的缩小,芯片的功耗显著降低,而速度大为提高。

数字技术应用的典型代表是电子计算机,它是伴随着电子技术的发展而发展的,数字电子技术的革新促进了计算机的不断发展和完善。计算机技术的影响已遍及人类经济生活的各个领域,掀起了一场"数字革命"。数字技术被广泛地应用于广播、电视、通信、医学诊断、测量、控制、文化娱乐以及家庭生活等方面。由于数字信号具有便于存储、处理和传输的特点,使得许多传统上使用模拟技术的领域转而运用数字技术。下面列举了一些典型的应用。

1. 照相机

传统的模拟相机是用卤化银感光胶片记录影像,胶片成像过程需要严格的加工工艺和技术,而且胶片不便于保存和传输。数字相机是将影像的光信号转换为数字信号,以像素阵列的形式进行存储。存储的信息包括色彩、光强度和位置等。例如 640×480 的像素阵列中,每个像素的红、绿、蓝三元色均是 8 位,则该阵列的数据超过 700 万。采用 JPEG 图形格式进行压缩处理后,数据量只为原来的 5%,便于进行网络的远距离传输。随着计算机处理照片技术的推广、外置大容量小体积硬盘的普及以及激光数字彩色照片冲放设备的广泛应用,数字相机将取代模拟相机。

JPEG(Joint Picture Experts Group)是 ISO(International Standard Organization)和 CCITT(International Telephone and Telegraph Consultative Committee)联合制定的静止图像压缩编码标准,是目前静止图像压缩比最高的文件格式。

2. 视频记录设备

VCD(Video Compact Disk)和 DVD(Digital Video Disk)普及之前,视频信息主要以记录模拟信号的录像带为主,而录像带的携带和保存都不方便。VCD 是利用 MPEG1 压缩方式以数字信号记录图像和声音,它可以在直径为 12cm 光盘上记录 74min 的影音信息。DVD 利用 MPEG2 压缩技术,与 VCD 相比,它的容量更大,画质和音质更好。仅单面单层、直径 12cm 的光盘就可以存储 350 亿位数据,可播放 133min。双面双层存储的数据可达到 4 倍之多。因此,DVD 已成为家庭影院的重要组成部分。

MPEG(Moving Picture Experts Group)是世界数字视频和音频压缩比的标准化组织制定的,用于多媒体运动图像和伴音的数据压缩编码的国际标准。MPEG1 可将移动图像和相关的声音压缩成二进制比特流,压缩比为 200∶1。与 MPEG1 相比,MPEG2 的视频编码做了多项改进,使压缩比更高,图像质量更好。

3. 交通灯控制系统

1920年,交通灯问世。早期的红、黄、绿灯是用机电定时器控制的,后来用继电器和开关构成的控制器可以根据道路上传感器检测的信号进行控制。现在的交通灯由计算机控制,可以将监测系统检测到的车辆流量信息送到系统计算机,经计算后进行合理的时间分配。如果某路口东西方向堵塞,则将该路口东西方向的绿灯自动延时,并将附近区域东西方向的红灯也自动地延时。堵塞解除后,信号灯恢复正常状态。

随着微电子技术的发展,将会有更多的数字电子产品陆续问世。数字技术的发展和计算机的应用正在改变着人类的生产方式、生活方式及思维方式,它使得工业自动化、农业现代化、办公自动化和通信网络化成为现实。但是,无论数字技术如何发展,终也不能代替模拟技术。自然界中绝大多数物理量都是模拟量,数字技术不能直接接收模拟信号进行处理,也无法将处理后的数字信号直接送到外部物理世界。因此,模拟技术在电子系统中是不可缺少的。由于模拟技术难度远高于数字技术,其发展自然较慢。实际电子系统一般是模拟电路和数字电路的结合,在发展数字技术的同时,也应重视模拟技术的发展。

1.1.2 数字集成电路的分类及特点

电子电路按功能分为模拟电路和数字电路。根据电路的结构特点及其对输入信号响应规则的不同,数字电路可分为组合逻辑电路和时序逻辑电路。数字电路中的电子器件(例如二极管、三极管(BJT、FET))处于开关状态,时而导通,时而截止,构成电子开关。这些电子开关是组成逻辑门电路的基本器件。逻辑门电路又是数字电路的基本单元。如果将这些门电路集成在一片半导体芯片上,就构成了数字集成电路。

1. 数字集成电路的分类

数字电路的发展历史与模拟电路一样,经历了由电子管、半导体分立器件到集成电路的过程。由于集成电路的发展非常迅速,很快占有主导地位,因此,数字电路的主流形式是数字集成电路。从20世纪60年代开始,数字集成器件以双极型工艺制成了小规模逻辑器件,随后发展到中等规模;70年代末,微处理器的出现使数字集成电路的性能发生了质的飞跃;从80年代中期开始,专用集成电路(Application Specific Integrated Circuit, ASIC)制作技术已趋成熟,标志着数字集成电路发展到了新的阶段。

ASIC是将一个复杂的数字系统制作在一块半导体芯片上,构成体积小、重量轻、功耗低、速度高、成本低且具有保密性的系统级芯片。ASIC芯片的制作可以采用全定制或半定制的方法。全定制适用于生产批量的成熟产品,由半导体生产厂家制造。对于生产批量小或研究试制阶段的产品,可以采用半定制方法。它是用户通过软件编程,将自己设计的数字系统制作在厂家生产的可编程逻辑器件(Programmable Logic Device,PLD)半成品芯片上,便得到所需的系统级芯片。从集成度来说,数字集成电路可分为小规模(SSI)、中等规模(MSI)、大规模(LSI)、超大规模(VLSI)和甚大规模(ULSI)五类。所谓集成度是指每一芯片所包含的门的个数。表1-1所示为数字集成电路的分类。

表 1-1　数字集成电路的分类

分　类	门的个数	典型集成电路
小规模	最多 12 个	逻辑门、触发器
中等规模	12～99	计数器、加法器
大规模	100～9999	小型存储器、门阵列
超大规模	10 000～99 999	大型存储器、微处理器
甚大规模	10^6 以上	可编程逻辑器件、多功能专用集成电路

数字电路的发展不仅在集成度方面,而且在半导体器件的材料、结构和生产工艺上均有所体现。数字集成器件所用的材料以硅材料为主,在高速电路中也使用化合物半导体材料,例如砷化镓等。

逻辑门是数字集成电路的主要单元电路,按照结构和工艺分为双极型、MOS 型和双极-MOS 型。晶体管-晶体管逻辑(Transistor-Transistor Logic,TTL)门电路问世较早,其工艺经过不断改进,是至今仍在使用的基本逻辑器件之一。随着金属-氧化物-半导体(MOS)工艺特别是 CMOS(Complementary Metal-Oxide-Semiconductor)工艺的发展,使得集成电路具有很高的电路集成度和工作速度,并且功耗很低,因此 TTL 的主导地位已被 CMOS 器件所取代。

2. 数字集成电路的特点

与模拟电路相比,数字电路主要有下列优点。

(1) 稳定性高,结果的再现性好。

数字电路工作可靠,稳定性好。一般而言,对于一个给定的输入信号,数字电路的输出总是相同的。而模拟电路的输出则随着外界温度和电源电压的变化以及器件的老化等因素而发生变化。

(2) 易于设计。

数字电路又称为数字逻辑电路,它主要是对用 0 和 1 表示的数字信号进行逻辑运算和处理,不需要复杂的数学知识,广泛使用的数学工具是逻辑代数。数字电路只要能够可靠地区分 0 和 1 两种状态就可以正常工作,电路的精度要求不高。因此,数字电路的分析与设计相对较容易。

(3) 大批量生产,成本低廉。

数字电路结构简单、体积小且成本低廉。

(4) 可编程性。

现代数字系统的设计大多采用可编程逻辑器件,即厂家生产的一种半成品芯片。用户根据需要用硬件描述语言(Hardware Description Language,HDL)在计算机上完成电路设计和仿真,并写入芯片,这给用户研制开发产品带来了极大的方便和灵活性。

(5) 高速度、低功耗。

随着集成电路工艺的发展,数字器件的工作速度越来越高,而功耗越来越低。集成电路中单管的开关速度可以做到少于 10^{-11} s。整体器件中,信号从输入到输出的传输时间少于 2×10^{-9} s。百万门以上超大规模集成芯片的功耗可以低达毫瓦级。

由于具有这些优点,数字电路在众多领域取代了模拟电路,而且可以肯定这种趋势将会继续发展下去。

3. 数字电路的分析、设计与测试

(1) 数字电路的分析方法。

数字电路处理的是数字信号,电路中的半导体器件工作在开关状态,例如晶体管工作在饱和区或截止区,所以不能采用模拟电路的分析方法,例如小信号模型分析法。数字电路又称为逻辑电路,在电路结构、功能和特点等方面均不同于模拟电路,主要研究的对象是电路的输出与输入之间的逻辑关系。因而数字电路的分析方法与模拟电路完全不同,所采用的分析工具是逻辑代数,主要用真值表、功能表、逻辑表达式或波形图表达电路输出与输入的关系。

随着计算机技术的发展,借助计算机仿真软件,可以更直观、更快捷、更全面地对电路进行分析。不仅可以对数字电路,而且可以对数模混合电路进行仿真分析。不仅可以进行电路的功能仿真,显示逻辑仿真的波形结果以检查逻辑错误,而且可以考虑器件及连线的延迟时间,进行时序仿真,检测电路中存在的竞争冒险、时序错误等问题。

(2) 数字电路的设计方法。

数字电路的设计是从给定的逻辑功能要求出发,确定输入、输出变量,选择适当的逻辑器件,设计出符合要求的逻辑电路。设计过程一般有方案的提出、验证和修改三个阶段。设计方式分为传统的设计方式和基于 EDA(Electric Design Automation)软件的设计方式。传统的硬件电路设计全过程都是由人工完成,硬件电路的验证和调试是在电路构成后进行的,电路存在的问题只能在验证后发现。如果存在的问题较大,有可能需要重新设计电路,因而设计周期长,资源浪费大,不能满足大规模集成电路设计的要求。基于 EDA 软件的设计方式是借助于计算机来快速准确地完成电路的设计。设计者提出方案后,利用计算机进行逻辑分析、性能分析和时序测试,如果发现错误或方案不理想,可以重复上述过程直至得到满意的电路,然后进行硬件电路的实现。这种方法提高了设计质量,缩短了设计周期,节省了设计费用,提高了产品的竞争力。因此 EDA 软件已成为设计人员不可缺少的有力工具。

EDA 软件的种类较多,大多数软件都包含以下主要工具。

- 原理图输入。设计者可以如同在纸上画电路一样,将逻辑电路图输入到计算机中,软件自动检查电路的接线、电源及地线的连接以及信号的连接等。
- HDL 文本输入。硬件描述语言是用文本的形式描述硬件电路的功能、信号连接关系以及时序关系。它虽然没有图形输入那么直观,但功能更强,可以进行大规模、多个芯片的数字系统的设计。常用的 HDL 有 ABEL、VHDL 和 Verilog HDL 等。
- 测试平台。当逻辑电路的设计输入到计算机后,需要测试其逻辑功能或时序关系的正确性。测试平台用于编写或绘制激励信号。
- 仿真和综合工具。仿真工具包括对电路进行功能仿真和时序仿真:前者用于验证电路的功能和逻辑关系是否正确;后者考虑门及连线的延时,验证系统内部工作过程及输入输出的时序关系是否满足设计要求。综合工具将 HDL 描述电路的逻辑关系转换为门和触发器等元件及其相互连接的电路形式。

(3) 数字电路的测试技术。

数字电路在正确设计和安装后必须经过严格的测试方可使用,必须具有下列基本仪器设备。

- 数字电压表。它用于把被测电压的数值通过数字技术变换成数字量,然后用数码管以十进制数字显示被测量的电压值。这种仪表用来测量电路中各点的电压,并观察其测试结果是否与理论分析一致。
- 电子示波器。这是利用阴极射线管作为显示器所构成的一种电子测试仪器,不但能测量电信号的动态过程,还可以定量测量表征电信号特性的参数,常用来观察电路中各点处信号的波形。对于一个复杂的数字系统,在主频率信号源的激励下,电信号的逻辑关系可以从波形图中得到验证。
- 逻辑分析仪。这是一种类似于示波器的专用波形测试设备,它利用时钟从测试设备上采集和显示数字信号。但是逻辑分析仪不像示波器那样有许多电压等级,通常只显示两个电压(逻辑1和0)。它可以监测硬件电路工作时的逻辑电平(高或低),便于用户检测,分析电路设计(硬件设计和软件设计)中的错误,而且它可以同时显示8～32位的数字波形,十分有利于对整体电路各部分之间的逻辑关系进行分析。

1.1.3 模拟信号与数字信号

1. 模拟信号

模拟信号是指时间上或幅值上连续变化的物理量,如广播的声音信号、每天的温度变化等。处理模拟信号的电子电路称为模拟电路。在工程技术上,为了便于处理和分析,通常用传感器将模拟量转换为与之成比例的电压或电流信号,然后再送到电子系统中进一步处理。在分析过程中,通常将电压和电流信号用波形来表示。图 1-1(a)所示为由热电偶得到的一个模拟电压信号波形。

2. 数字信号

与模拟量相对应的另一类物理量称为数字量。它们是在一系列离散的时刻取值,数值的大小和每次的增减都是量化单位的整数倍,即它们是一系列时间离散、数值也离散的信号。表示数字量的信号称为数字信号。将工作于数字信号下的电子电路称为数字电路。例如用温度计测量某一天内的温度变化,测量时间取在整点时刻读取数据,并且对数据进行量化。如果某次的温度计的读数为 30.35℃,取 1℃ 作为量化单位,则温度值为 30℃。这样一天内的温度记录在时间上和数值上都不是连续的,温度是以 1℃ 为单位增加或减少。显然,用数字信号也可以表示温度、声音等各种物理量的大小,只是存在着一定的误差,误差取决于量化单位的大小。

随着计算机的广泛应用,绝大多数电子系统都采用计算机来对信号进行处理。由于计算机无法直接处理模拟信号,所以需要将模拟信号转换为数字信号。

3. 模拟量的数字表示

图 1-1 所示为转换过程中的各种波形图,图 1-1(a)所示为模拟电压信号。首先对模拟信号取样。图 1-1(b)所示为模拟信号通过取样电路后变成时间离散、幅值连续的取样

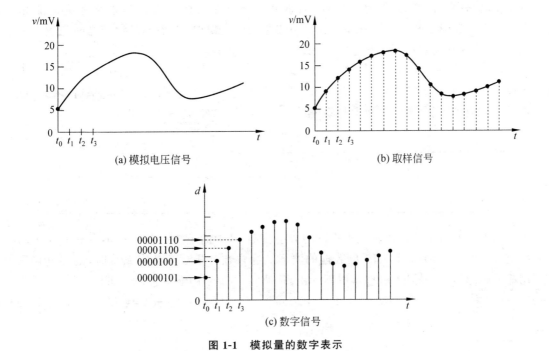

图 1-1 模拟量的数字表示

信号,$t_0,t_1,t_2\cdots$为取样时间点。这里幅值连续是指各取样点的幅值没有量化,仍然与对应的模拟信号的幅值相同,例如图 1-1(a)和图 1-1(b)中 t_1 处的幅值均为模拟量 9.15… mV。然后对取样信号进行量化即数字化。选取一个量化单位,将取样信号除以量化单位并取整数结果,得到时间离散、数值也离散的数字量。最后对得到的数字量进行编码,生成用 0 和 1 表示的数字信号,如图 1-1(c)所示。图中以 1mV 作为量化单位,对 t_1 处的幅值 9.15…mV 进行量化,量化后数值为 9。该值用 8 位二进制数表示为 00001001。如果取样点足够多,量化单位足够小,数字信号可以较真实地反映模拟信号。关于模数和数模转换的详细讨论见第 8 章。

1.1.4 数字信号的描述方法

模拟信号的表示方式可以是数学表达式,也可以是波形图等。数字信号的表示方式可以是二值数字逻辑(Binal Digital Logic),以及由逻辑电平(Logic Level)描述的数字波形。

1. 二值数字逻辑和逻辑电平

在数字电路中,可以用 0 和 1 组成的二进制数表示数量的大小,也可以用 0 和 1 表示两种不同的逻辑状态。当表示数量时,两个二进制数可以进行数值运算,常称为算术运算,将在 1.3 节介绍。当用 0 和 1 描述客观世界存在的彼此相互关联又相互对立的事物时,例如,是与非、真与假、开与关、低与高、通与断等,这里的 0 和 1 不是数值,而是逻辑 0 和逻辑 1。这种只有两种对立逻辑状态的逻辑关系称为二值数字逻辑,简称数字逻辑。

在电路中,可以很方便地用电子器件的开关来实现二值数字逻辑,也就是以高、低电平分别表示逻辑1和0两种状态。在分析实际数字电路时,考虑的是信号之间的逻辑关系,只要能区别出表示逻辑状态的高、低电平,可以忽略高、低电平的具体数值。表1-2所示为一类 CMOS 器件的电压与逻辑电平之间的关系。当信号电压在 3.5~5V 内时,都表示高电平;在 0~1.5V 内时,都表示低电平。这些表示数字电压的高、低电平通常称为逻辑电平。应当注意,逻辑电平不是物理量,而是物理量的相对表示。

表 1-2 电压与逻辑电平的关系

电压/V	二值逻辑	电 平
3.5~5	1	H(高电平)
0~1.5	0	L(低电平)

图 1-2(a)所示为用逻辑电平描述的数字波形,其中的逻辑0表示低电平,逻辑1表示高电平。图 1-2(b)所示为 16 位数据的波形。通常在分析一个数字系统时,由于电路采用相同的逻辑电平标准,一般可以不标出高、低电平的电压值,时间轴也可以不标。

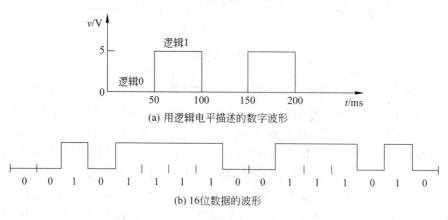

(a) 用逻辑电平描述的数字波形

(b) 16位数据的波形

图 1-2 数字波形

2. 数字波形

(1) 数字波形的两种类型。

数字波形是逻辑电平对时间的图形表示。数字信号有两种传输波形,一种是非归零型,另一种是归零型。在图 1-3 中,一定的时间间隔 T 称为 1 位(1bit),或者一拍。如果在一个时间拍内用高电平代表1,低电平代表0,就称为非归零型,如图 1-3(a)所示。如果在一个时间拍内有脉冲代表1,无脉冲代表0,就称为归零型,如图 1-3(b)所示。两者的区别在于,非归零型信号在一个时间拍内不归零,而归零型信号在一个时间拍内会归零。只有作为时序控制信号使用的时钟脉冲是归零型,除此之外的大多数数字信号基本都是非归零型,非归零型信号使用较为广泛。

数字信号只有两个取值,故称为二值信号,数字波形又称为二值位图。非归零信号的每位数据占用一个位时间。每秒钟传输数据的位数称为数据率或比特率。

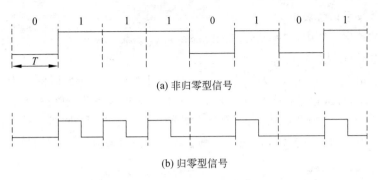

图 1-3 数字信号的传输波形

例 1-1 某通信系统每秒钟传输 1 544 000 位(1.544 兆位)数据,求每位数据的传输时间。

解:按题意,每位数据的时间为

$$\left[\frac{1.544\times10^6}{1\mathrm{s}}\right]^{-1}=647.67\times10^{-9}\mathrm{s}\approx648\mathrm{ns}$$

(2) 周期性和非周期性。

与模拟信号相同,数字波形亦有非周期性和周期性之分。图 1-4 所示为这两类数字波形。

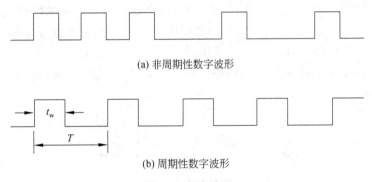

图 1-4 数字波形

周期性数字波形常用周期 T 和频率 f 来描述。脉冲波形的脉冲宽度用 t_w 表示,它表示脉冲的作用时间。另一个重要参数是占空比 q,它表示脉冲宽度 t_w 占整个周期 T 的百分数,常用下式表示:

$$q(\%)=\frac{t_w}{T}\times100\% \tag{1-1}$$

当占空比为 50% 时,称此时的矩形脉冲为方波,即 0 和 1 交替出现并持续占有相同的时间。

例 1-2 设周期性数字波形的高电平持续时间 6ms,低电平持续 10ms,求占空比 q。

解:因数字波形的脉冲宽度 $t_w=6\mathrm{ms}$,周期 $T=(6+10)\mathrm{ms}=16\mathrm{ms}$。

$$q=\frac{6\mathrm{ms}}{16\mathrm{ms}}\times100\%=37.5\%$$

(3) 实际数字信号波形。

在实际的数字系统中,数字信号并没有那么理想。当它从低电平跳变到高电平或从高电平跳到低电平时,边沿没有那么陡峭,而要经历一个过渡过程,分别用上升时间 t_r 和下降时间 t_f 描述,如图 1-5 所示,将从脉冲幅值的 10% 到 90% 所经历的时间称为上升时间 t_r。下降时间则相反,将从脉冲幅值的 90% 到 10% 所经历的时间称为下降时间 t_f。将脉冲幅值的 50% 的两个时间点所跨越的时间称为脉冲宽度 t_w。对于不同类型的器件和电路,其上升和下降时间各不相同。一般数字信号上升和下降时间的典型值约为几纳秒(ns)。

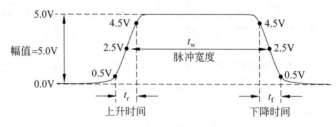

图 1-5 非理想脉冲波形

(4) 时序图。

在数字电路中,表明各信号之间时序关系的波形图称为时序图,常用时序图(或称为脉冲波形图)来分析时序电路的逻辑功能。图 1-6 所示为一幅典型的时序图。图中 CP 为时钟脉冲信号,它是数字系统中的时间参考信号。地址线、片选和数据写入等信号亦示于图 1-6 中。关于时序图中各波形的具体作用将在后续章节中介绍。通常数字集成电路(例如存储器和时序逻辑器件等)须附有时序图,以便于进行数字系统的分析、设计和应用。

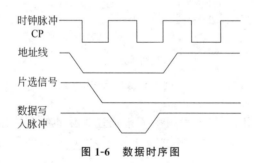

图 1-6 数据时序图

1.2 数 制

人们在日常生活中经常遇到计数问题,并且习惯用十进制数。而在数字系统(例如计算机系统)中,数字和符号都是用电子元件的不同状态表示的,即以高低电平表示。因为计算机内部只能识别二进制数,因此数字系统通常采用二进制数,有时也采用十六进制数或八进制数。这种多位数码的构成方式以及从低位到高位的进位规则称为数制。

在进位计数制中,每个数位所用的不同数字的个数称为基数,如十进制每个数位有

0,1,…,9 等十个不同数字的情况,也就是说十进制的基数是 10。同理,二进制数的每一位只能是 0 和 1,因此二进制的基数是 2。同样可知,八进制的基数是 8,十六进制的基数是 16。

在一个数字中,同一个数字符号处在不同位置上所代表的值是不同的,以我们最熟悉的十进制为例,数字 3 在十位数位置上表示 30,在百位数位置上表示 300,而在小数点后第 1 位上则表示 0.3。对于同一个数字符号,不管它在哪一个十进制数中,只要在相同位置上,其值都是相同的,例如,135 与 1235 中的数字 3 都在十位数位置上,因此它们的值都是 30。通常称某个固定位置上的计数单位为位权。

1.2.1 十进制

所谓十进制就是以 10 为基数的计数体制。通常用 $(N)_D$ 或 $(N)_{10}$ 表示十进制数字 N,下标 D(Decimal)表示十进制。任何十进制数都可以用 0、1、2、3、4、5、6、7、8、9 这十个数码中的一个或几个按一定规律排列起来表示,其计数规律是"逢十进一",即 9+1=10,其中左边的"1"为十位数,右边的"0"为个位数,也就是 $10 = 1 \times 10^1 + 0 \times 10^0$。这样,每一数码处于不同的位置时,它所代表的数值是不同的。例如,十进制数 4587.29 可以表示为:

$$4587.29 = 4 \times 10^3 + 5 \times 10^2 + 8 \times 10^1 + 7 \times 10^0 + 2 \times 10^{-1} + 9 \times 10^{-2}$$

式中,10^3、10^2、10^1、10^0 分别为千位、百位、十位和个位数码的位权,而小数点以右数码的权值是 10 的负幂。这与珠算盘横梁上所标示的个、十、百、千的位权是相同的。

十进制数的位权表达式可表示为:

$$(N)_D = \sum_{i=-\infty}^{+\infty} K_i \times 10^i \tag{1-2}$$

其中,10 为基数;10^i 为第 i 位的权,K_i 为基数"10"的第 i 次幂的系数。K_i 的取值为 0~9 共 10 个数码。

用数字电路来存储或处理十进制数是不方便的,因为构成数字电路的基本思路是把电路的状态与数码对应起来。而十进制的十个数码要求电路有十种完全不同的状态,这样使得电路很复杂,因此在数字电路中不直接处理十进制数。

1.2.2 二进制

1. 二进制的表示方法

二进制就是以 2 为基数的计数体制。通常用 $(N)_B$ 或 $(N)_2$ 表示二进制数 N,下标 B(Binary)表示二进制。二进制数中,只有 0 和 1 两个数码,并且计数规律是"逢二进一",即 1+1=10(读为"壹零")。必须注意,这里的"10"与十进制数的"10"是完全不同的,它并不代表数"拾"。左边的"1"表示 2^1 位数,右边的"0"表示 2^0 位数,也就是 $10 = 1 \times 2^1 + 0 \times 2^0$。所以任意二进制数的位权表达式可以表示为:

$$(N)_B = \sum_{i=-\infty}^{+\infty} K_i \times 2^i \tag{1-3}$$

式中,2 为基数,2^i 为第 i 位的权,K_i 为基数"2"的第 i 次幂的系数,它可以是 0 或者 1。式(1-3)也可以作为二进制数转换为十进制数的转换公式。

例 1-3 试将二进制数$(1010110)_2$转换为十进制数。

解：将每一位二进制数与其位权相乘，然后按十进制加法相加便得到相应的十进制数。

$$(1010110)_2 = 1 \times 2^6 + 0 \times 2^5 + 1 \times 2^4 + 0 \times 2^3 + 1 \times 2^2 + 1 \times 2^1 + 0 \times 2^0 = (86)_{10}$$

2. 二进制的优点

与十进制相比较，二进制具有以下优点，因此它在计算机技术中被广泛采用。

(1) 二进制的数字装置简单可靠，所用元件少。

二进制只有两个数码 0 和 1，因此它的每一位数都可用任何具有两个不同稳定状态的元件来表示，例如 BJT 的饱和与截止、继电器接点的闭合和断开、灯泡的亮和不亮等。只要规定其中一种状态表示 1，另一种状态表示 0，就可以表示二进制数。这样，数码的存储、分析和传输就可以用简单而可靠的方式进行。

(2) 二进制的基本运算规则简单，运算操作方便。

3. 二进制的缺点

采用二进制也有一些缺点。用二进制表示一个数时位数多，例如，十进制数 49 表示为二进制数时即为 110001，使用起来不方便也不习惯。

因此，在运算时原始数据多用人们习惯的十进制数，在送入机器时，就必须将十进制原始数据转换成数字系统能接受的二进制数。而在运算结束后，再将二进制数转换为十进制数，表示最终结果。

4. 二进制数的波形表示

在数字电子技术和计算机应用中，二值数据常用数字波形来表示。这样，数据比较直观，也便于使用电子示波器进行监视。图 1-7 所示为一个计数器的波形，图中最左列标出了二进制数的位权（2^0、2^1、2^2、2^3）以及最低位（Least Significant Bit, LSB）和最高位（Most Significant Bit, MSB），最后一行标出了 0~15 的等效十进制数。

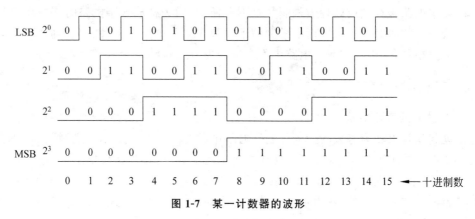

图 1-7 某一计数器的波形

从图 1-7 还可看出，每一位的波形均为对称方波，其占空比均为 50%，但每一波形的频率逐位减半直至最高位。

5. 二进制数据的传输

二进制数据从一处传输到另一处，可以采用串行方式或并行方式。对于串行方式，一组数据在时钟脉冲的控制下逐位传送。串行方式所需的设备简单,只需一根导线和一个共同接地端即可。两台计算机之间或计算机通过电话线与网络连接均采用这种方式。

二进制数据进行串行传输的示意图如图 1-8 所示,图 1-8(a)所示为二进制数据 00110110 从计算机 A 中串行传送到计算机 B。图 1-8(b)所示为数据信号在时钟脉冲 CP 的控制下,由最高位 MSB 到最低位 LSB 依次传输的波形图。注意,每传送一位数需要一个时钟周期,并且在时钟脉冲的下降沿完成。

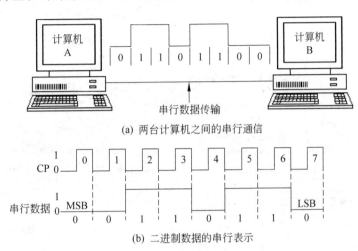

图 1-8 二进制数据串行传输示意图

若要求传输速度快,则可采用并行传输的方式,即将一组二进制数据同时传送。图 1-9 所示为并行传输数据的示意图。图 1-9(a)所示为一台打印机从一台计算机以 8 位数据并行的方式取用数据。传输 8 位数据所需的时间为一个时钟脉冲的周期,只有串行传输时间的 1/8;但所需设备复杂,需用 8 条传输线和其他部件。并行传输在数字系统中是一种常用的技术。

1.2.3 十六进制和八进制

对于同一个数,用二进制数表示比用十进制数表示需要的位数多,不便于书写和记忆,因此在数字计算机的资料中常采用十六进制数或八进制数来表示。计算机中引进八进制数和十六进制数主要是为了弥补二进制数在书写和读取方面的不足。

1. 十六进制

十六进制数是"逢十六进一"并以 16 为基数的计数体制。十六进制数采用 16 个数码,分别为 0、1、2、3、4、5、6、7、8、9、A、B、C、D、E、F,其中 A、B、C、D、E、F 依次相当于十进制数中的 10、11、12、13、14、15。通常十六进制的表示形式为 $(N)_{16}$ 或 $(N)_H$,下标 H (Hexadecimal)表示十六进制。例如,$(A2.9)_H$,也可以写成 $(A2.9)_{16}$。任意十六进制数的位权表达式可以表示为:

$$(N)_H = \sum_{i=-\infty}^{+\infty} K_i \times 16^i \qquad (1\text{-}4)$$

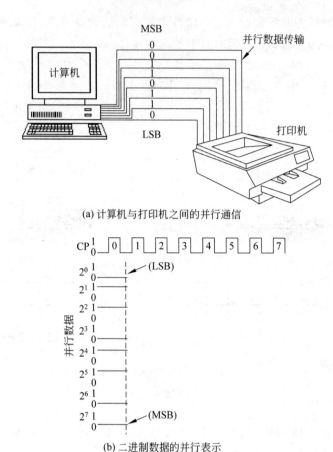

(a) 计算机与打印机之间的并行通信

(b) 二进制数据的并行表示

图 1-9 二进制数据的并行传输示意图

式中，16 为基数，16^i 为第 i 位的权，K_i 为基数"16"的第 i 次幂的系数。式(1-4)也可以作为十六进制数转换为十进制数的转换公式。

例如：$(A2.9)_H$ 的位权表达式为：

$$(A2.9)_H = 10 \times 16^1 + 2 \times 16^0 + 9 \times 16^{-1}$$

2. 八进制

八进制就是"逢八进一"并以 8 为基数的计数体制。八进制数含有 0、1、2、3、4、5、6、7 这 8 个基本数字，通常八进制的表示形式为 $(N)_8$ 或 $(N)_O$，下标 O(Octal) 表示八进制。任意八进制数都可以由这 8 个数组合而成。任意八进制数的位权表达式可以表示为：

$$(N)_O = \sum_{i=-\infty}^{+\infty} K_i \times 8^i \tag{1-5}$$

式中，8 为基数，8^i 为第 i 位的权，K_i 为基数"8"的第 i 次幂的系数。式(1-5)也可以作为八进制数转换为十进制数的转换公式。

例如：$(23.4)_8$ 的位权表达式为：

$$(23.4)_H = 2 \times 8^1 + 3 \times 8^0 + 4 \times 8^{-1}$$

总之，任意 R 进制数的位权表达式为：

$$(N)_R = \sum_{i=-\infty}^{+\infty} K_i \times R^i \qquad (1\text{-}6)$$

其中,R 为基数,R^i 为第 i 位的权,K_i 为基数"R"的第 i 次幂的系数。式(1-6)也可以作为任意 R 进制数转换为十进制数的转换公式。

1.2.4 进制之间的相互转换

既然同一个数可以用二进制和十进制两种不同形式来表示,那么两者之间必然有一定的转换关系。

1. 二进制、八进制或十六进制转换成十进制

将二进制、八进制或十六进制数按位权表达式展开,然后按十进制加法相加便得到相应的十进制数。

例如:$(10010)_B = 1 \times 2^4 + 0 \times 2^3 + 0 \times 2^2 + 1 \times 2^1 + 0 \times 2^0 = (18)_D$

$(154.11)_O = 1 \times 8^2 + 5 \times 8^1 + 4 \times 8^0 + 1 \times 8^{-1} + 1 \times 8^{-2} = (108.140625)_D$

$(1CB.D8)_H = 1 \times 16^2 + 12 \times 16^1 + 11 \times 16^0 + 13 \times 16^{-1} + 8 \times 16^{-2} = (459.84375)_D$

2. 十进制转换成二进制、八进制或者十六进制

将十进制转换成二进制、八进制或者十六进制的方法概括起来就是:

① 十进制整数转换成 R 进制整数采用"除 R 取余法"。

② 十进制小数转换成 R 进制小数采用"乘 R 取整法"。

③ 在将一个十进制数转换成 R 进制数时,需要将分别进行转换后的整数部分和小数部分组合。

(1) 十进制转换成二进制。

具体方法为:将整数部分和小数部分分别进行转换。整数部分"除以 2 取余",小数部分"乘以 2 取整"。下面以将十进制数$(37.6875)_D$ 转换成二进制数为例子说明。

① 十进制数整数部分除以 2,得到一个商数和一个余数;再将商数除以 2,又得到一个商数和一个余数……继续这个过程,直到商数等于零为止。每次得到的余数(必定是 0 或 1)就是对应二进制数的整数部分的各位数字。

但必须注意:第一次得到的余数为二进制数的最低位,最后一次得到的余数为二进制数的最高位。

将十进制数 37 转换成二进制数的具体过程如下。

```
2 | 37    ……余 1 …… b_0
2 | 18    ……余 0 …… b_1
2 |  9    ……余 1 …… b_2
2 |  4    ……余 0 …… b_3
2 |  2    ……余 0 …… b_4
2 |  1    ……余 1 …… b_5
     0
```

结果为：$(37)_D = (b_5 b_4 b_3 b_2 b_1 b_0)_B = (100101)_B$。

② 十进制小数转换成二进制小数采用"乘以 2 取整法"。具体方法为：用 2 乘以十进制小数，得到一个整数部分和一个小数部分；再用 2 乘以小数部分，又得到一个整数部分和一个小数部分……继续这个过程，直到余下的小数部分为 0 或满足精度要求为止。最后将每次得到的整数部分（必定是 0 或 1）从左到右排列，即得到所对应的二进制小数。

将十进制小数 0.6875 转换成二进制小数的过程如下：

$$
\begin{array}{rl}
0.6875 & \\
\times\quad 2 & \\
\hline
1.3750 & \text{整数部分为 1，即 } a_{-1}=1 \\
0.3750 & \text{余下的小数部分} \\
\times\quad 2 & \\
\hline
0.7500 & \text{整数部分为 0，即 } a_{-2}=0 \\
0.7500 & \text{余下的小数部分} \\
\times\quad 2 & \\
\hline
1.5000 & \text{整数部分为 1，即 } a_{-3}=1 \\
0.5000 & \text{余下的小数部分} \\
\times\quad 2 & \\
\hline
1.0000 & \text{整数部分为 1，即 } a_{-4}=1 \\
0.0000 & \text{余下的小数部分为 0，结束}
\end{array}
$$

结果为：$(0.6875)_D = (0.a_{-1} a_{-2} a_{-3} a_{-4})_B = (0.1011)_B$。

注意：一个十进制小数不一定能完全准确地转换成二进制小数。例如，十进制小数 0.1 就不能完全准确地转换成二进制小数。在这种情况下，可以根据精度要求只转换到小数点后某一位为止。

③ 综合①和②的结果得到：$(37.6875)_{10} = (100101.1011)_2$。

(2) 十进制转换成八进制。

例如，将十进制整数 277.140625 转换成八进制整数的过程如下。

① 十进制整数转换成八进制整数采用"除以 8 取余法"。

$$
\begin{array}{r}
8\,\underline{|\,277\,} \quad\cdots\cdots\cdots\cdots \text{余 } 5 \cdots\cdots b_0 \\
8\,\underline{|\,34\,} \quad\cdots\cdots\cdots\cdots \text{余 } 2 \cdots\cdots b_1 \\
8\,\underline{|\,4\,} \quad\cdots\cdots\cdots\cdots \text{余 } 4 \cdots\cdots b_2
\end{array}
$$

结果为：$(277)_{10} = (b_2 b_1 b_0)_8 = (425)_8$。

② 十进制小数转换成八进制小数采用"乘以 8 取整法"。

将十进制小数 0.140625 转换成八进制小数的过程如下。

$$\begin{array}{r} 0.140625 \\ \times 8 \\ \hline 1.125000 \\ 0.125000 \\ \times 8 \\ \hline 1.000000 \\ 0.000000 \end{array}$$
整数部分为 1，即 $a_{-1}=1$
余下的小数部分

整数部分为 1，即 $a_{-2}=1$
余下的小数部分为 0，结束

结果为：$(0.140625)_D = (0.a_{-1}a_{-2})_O = (0.11)_O$。

③ 综合①和②的结果得到：$(277.140625)_D = (425.11)_O$。

(3) 十进制转换成十六进制。

例如，十进制数 91.75 转换成十六进制数的过程如下。

先转换整数部分：

$$\begin{array}{r} 16\underline{|91} \\ 16\underline{|5} \\ 0 \end{array}$$ ……余 B …… b_0
……余 5 …… b_1

因此：$(91)_D = (5B)_H$。

再转换小数部分：

$$\begin{array}{r} 0.75 \\ \times 16 \\ \hline 12.00 \\ 0.00 \end{array}$$
整数部分为 12，即 $a_{-1}=C$
余下的小数部分为 0，结束

结果为：$(91.75)_D = (b_1b_0.a_{-1})_H = (5B.C)_H$。

3. 二进制与八进制或者十六进制之间的转换

使用二进制表示一个数所使用的位数要比十进制表示时所使用的位数长得多，书写不方便，不好读也不容易记忆。在计算机科学中，为了口读与书写方便，也经常采用八进制或十六进制表示，因为八进制或十六进制与二进制之间有着直接而方便的换算关系。

二进制与八进制、十六进制之间有着简单的关系，它们之间的转换是很方便的。由于 8 和 16 都是 2 的整数次幂，即 $8=2^3$，$16=2^4$。因此，三位二进制数相当于一位八进制数，四位二进制数相当于一位十六进制数。

(1) 八进制数转换成二进制数的规律：将每位八进制数用相应的三位二进制数代替。

例如，八进制数 $(315.27)_8$ 转换成二进制数为：

$$\begin{array}{ccccccc} 3 & 1 & 5 & . & 2 & 7 \\ \downarrow & \downarrow & \downarrow & & \downarrow & \downarrow \\ 011 & 001 & 101 & . & 010 & 111 \end{array}$$

即 $(315.27)_8 = (11001101.010111)_2$。

(2) 二进制数转换成八进制数的规律：从小数点开始，向前每三位一组构成一位八进制数；向后每三位一组构成一位八进制数。当左端的最后一组不够三位时，应在前面添 0 补足三位，也可以不补 0。当右端的最后一组不够三位时，必须在后面添 0 补足三位。

例如，二进制数 $(1101001101.01)_2$ 转换成八进制数为：

$$\underline{1} \quad \underline{101} \quad \underline{001} \quad \underline{101} \quad . \quad \underline{010}$$
$$\downarrow \quad \downarrow \quad \downarrow \quad \downarrow \quad \quad \downarrow$$
$$1 \quad \quad 5 \quad \quad 1 \quad \quad 5 \quad . \quad 2$$

即 $(1101001101.01)_2 = (1515.2)_8$。

(3) 十六进制数转换成二进制数的规律：将每位十六进制数用相应的四位二进制数代替。

例如，十六进制数 $(2BD.C)_{16}$ 转换成二进制数为：

$$2 \quad \quad B \quad \quad D \quad . \quad C$$
$$\downarrow \quad \downarrow \quad \downarrow \quad \quad \downarrow$$
$$0010 \quad 1011 \quad 1101 \quad . \quad 1100$$

即 $(2BD.C)_{16} = (1010111101.11)_2$。

(4) 二进制数转换成十六进制数的规律：从小数点开始，向前每四位一组构成一位十六进制数；向后每四位一组构成一位十六进制数。当左端的最后一组不够四位时，应在前面添 0 补足四位，也可以不补 0。当右端的最后一组不够四位时，必须在后面添 0 补足四位。

例如，二进制数 $(1101001101.01)_2$ 转换成十六进制数为：

$$\underline{11} \quad \underline{0100} \quad \underline{1101} \quad . \quad \underline{0100}$$
$$\downarrow \quad \downarrow \quad \downarrow \quad \quad \downarrow$$
$$3 \quad \quad 4 \quad \quad D \quad . \quad 4$$

即 $(1101001101.01)_2 = (34D.4)_{16}$。

1.3 二进制数的算术运算

在数字电路中，0 和 1 既可以表示逻辑状态，又可以表示数量大小。当表示数量时，两个二进制数可以进行算术运算。本节将介绍无符号二进制数和有符号二进制数的算术运算。

1.3.1 无符号二进制数的算术运算

无符号二进制数的计算既可以采用原码进行运算，也可以用补码进行计算。无符号二进制数的加、减、乘、除四种运算的运算规则与十进制数类似，两者唯一的区别在于进位或借位规则不同。

(1) 二进制加法运算法则

$0+0=0$　　　　$0+1=1$　　　　$1+0=1$　　　　$1+1=10$(逢二进一)

(2) 二进制减法运算法则

$0-0=0$　　　　$10-1=1$(借一当二)　　　$1-0=1$　　　　$1-1=0$

(3) 二进制乘法运算法则

0×0＝0　　　　　0×1＝0　　　　　1×0＝0　　　　　1×1＝1

(4) 二进制除法运算法则

0÷0＝0　　　　　0÷1＝0　　　　　1÷0(无意义)　　　1÷1＝1

二进制的加减运算可借助于十进制数的加减运算竖式,即在进行两数相加时,首先写出被加数和加数,然后按照由低位到高位的顺序,根据二进制加法运算法则把两个数逐位相加即可。

例 1-4　二进制加、减、乘、除运算。

(1) 求 1001＋1010＝?

解：

```
    1 0 0 1
  + 1 0 1 0
  ─────────
  1 0 0 1 1
```

所以 1001＋1010＝10011

(2) 求 11010－10100＝?

解：

```
    1 1 0 1 0
  - 1 0 1 0 0
  ───────────
    0 0 1 1 0
```

所以 11010－10100＝110

(3) 求 10010×1001＝?

解：

```
            1 0 0 1 0
        ×       1 0 0 1
        ─────────────────
            1 0 0 1 0
          0 0 0 0 0
        0 0 0 0 0
      1 0 0 1 0
      ─────────────────
      1 0 1 0 0 0 1 0
```

所以 10010×1001＝10100010

(4) 求 1010÷111＝?

解：

```
           1. 0 1 1
       ┌─────────────
   111 )1 0 1 0
         1 1 1
         ─────
         1 1 0 0
         1 1 1
         ─────
           1 0 1 0
             1 1 1
             ─────
             1 1 ……余数
```

所以 1010÷111＝1.011 余 0.011

二进制的移位运算与十进制数的移位运算比较如下：

十进制中每左移 1 位相当于乘以 10，左移 n 位相当于乘以 10^n。

例如，$2000＝2×10^3$（左移三位）。

二进制中每左移 1 位相当于乘以 2，左移 n 位相当于乘以 2^n。

例如，$(10)_2×2＝(100)_2$（左移一位）。

所以二进制乘法运算可以转换为左移位和加法运算，除法可以转换为右移位和减法运算。

1.3.2　带符号二进制数的算术运算

在数字电路中,为简化电路常将减法运算变为加法运算。故引入原码、反码和补码的概念。

1. 无符号数字

对于基数为 R、位数为 n 的原码 N，其反码和补码的计算公式分别如下：

$$(N)_\text{反}＝R^n－N－1 \quad (N)_\text{补}＝R^n－N \tag{1-7}$$

以常用的十进制数为例,2 和 46 的补码分别为 $10-2=8$ 和 $10^2-46=54$。

例 1-5 利用补码分别计算出 $8-2$ 和 $82-46$。

解:根据式(1-7)有

$$8-2=8+(2)_{补}-10=8+8-10=6$$
$$82-46=82+(46)_{补}-10^2=82+54-100=36$$

2. 带符号二进制数的补码表示

带符号二进制数最高位用 0 和 1 表示该数的符号＋和－。下面对原码、反码和补码都以 8 位二进制为例进行说明。

当二进制数为正数时,其原码、反码和补码三种形式完全相同。例如:

$X_1=+85=01010101$　$[X_1]_原=01010101$　$[X_1]_反=01010101$
$[X_1]_补=01010101$。

当二进制数为负数时,反码最高位为 1,数值位为原码逐位求反。负数的补码为该负数的反码加 1。例如:

$X_2=-85=-1010101$　$[X_2]_原=11010101$　$[X_2]_反=10101010$
$[X_2]_补=[X_2]_反+1=10101011$。

在原码中,0 的原码有两种表达方式:

$$[+0]_原=00000000 \quad [-0]_原=10000000$$

由于 0 占用两个编码,因此 8 位的二进制数表示范围为 $-127 \sim -0$ 和 $+0 \sim 127$,共包含 256 个数,其中 0 占用了两个编码——00000000 和 10000000。

在反码表示中,0 的反码有两种表达方式:

$$[+0]_反=00000000 \quad [-0]_反=11111111$$

因此,8 位带符号数的反码表示范围也是 $-127 \sim -0$ 和 $+0 \sim 127$,共包含 256 个数。

总之,在原码和反码中,n 位二进制数的表示范围是 $-2^{n-1}+1 \sim -0$ 和 $+0 \sim 2^{n-1}-1$。

在补码表示中,0 的补码只有一种表达方式:$[+0]_补=00000000=[-0]_补$,而用 10000000 来表示 -128,所以 8 位带符号数的补码表示范围是 $-128 \sim 127$,共包含 256 个数。

在数字系统中带符号数一律用补码进行存储和计算,可通过例 1-6 了解其中的原因。

例 1-6 计算 $1-1=?$

利用二进制数的原码来进行计算,可将该式做一下变换,$1-1=1+(-1)=?$

$[1]_原=00000001 \quad [-1]_原=10000001$

```
    0 0 0 0 0 0 0 1
 +  1 0 0 0 0 0 0 1
 ───────────────────
    1 0 0 0 0 0 1 0
```

很显然结果不对,带符号位的原码进行减法运算的时候出现了问题,问题出现在(＋0)和(－0)上。在人们的计算概念中零是没有正负之分的,而原码和反码中 0 都有两种表示方法,所以在计算机系统中对带符号数值一律用补码表示(存储)。

所以,将上例采用补码计算,结果如下:

$$[1]_{补}=00000001 \quad [-1]_{补}=11111111$$

$$\begin{array}{r} 0\,0\,0\,0\,0\,0\,0\,1 \\ +\ 1\,1\,1\,1\,1\,1\,1\,1 \\ \hline 0\,0\,0\,0\,0\,0\,0\,0 \end{array}$$

注意：两个用补码表示的数相加时，如果最高位（符号位）有进位，则舍弃进位。结果 00000000 即为数 0 的补码形式，即 $1-1=0$，结果正确。

例 1-7 试用 4 位二进制补码计算 $5-2$。

$$(5-2)_{补}=(5)_{补}+(-2)_{补}$$
$$=0101+1110$$
$$=0011$$

$$\begin{array}{r} 0\,1\,0\,1 \\ +\ 1\,1\,1\,0 \\ \hline [1]\ 0\,0\,1\,1 \end{array}$$

自动丢弃 ↲

所以，$5-2=3$。

注意：进行二进制补码加法运算时，被加数的补码和加数的补码的位数要相等。两个用补码表示的数相加时，如果最高位（符号位）有进位，则舍弃进位。

例 1-8 试用 4 位二进制补码计算 $5+7$。

解：
$$(5+7)_{补}=(5)_{补}+(7)_{补}$$
$$=0101+0111$$
$$=1100$$

计算结果 1100 表示 -4，而显然正确的结果应为 12。因为在 4 位二进制补码中，只有 3 位是数值位，即它所表示的范围为 $-8 \sim +7$。而本例的正确结果需要 4 位数值位 (12D=1100B) 表示，因而产生溢出。解决溢出的办法是进行位扩展。

两个符号相反的数相加不会产生溢出，但两个符号相同的数相加可能产生溢出。下面通过具体例子说明溢出的判别方法。

例 1-9

$$\begin{array}{r} +\ 4 \\ +)\ +\ 3 \\ \hline +\ 7 \end{array} \quad \begin{array}{r} 0\,1\,0\,0 \\ +\ 0\,0\,1\,1 \\ \hline [0]\ 0\,1\,1\,1 \end{array} \qquad \begin{array}{r} -\ 5 \\ +)\ -\ 3 \\ \hline -\ 8 \end{array} \quad \begin{array}{r} 1\,0\,1\,1 \\ +\ 1\,1\,0\,1 \\ \hline [1]\ 1\,0\,0\,0 \end{array}$$

(a) (b)

$$\begin{array}{r} +\ 2 \\ +)\ +\ 6 \\ \hline +\ 8 \end{array} \quad \begin{array}{r} 0\,0\,1\,0 \\ +\ 0\,1\,1\,0 \\ \hline [0]\ 1\,0\,0\,0 \end{array} \qquad \begin{array}{r} -\ 3 \\ +)\ -\ 6 \\ \hline -\ 9 \end{array} \quad \begin{array}{r} 1\,1\,0\,1 \\ +\ 1\,0\,1\,0 \\ \hline [1]\ 0\,1\,1\,1 \end{array}$$

(c) (d)

4 位二进制补码 $b_3b_2b_1b_0$ 表示的范围为 $-8 \sim +7$。所以 (a) 和 (b) 无溢出；(c) 和 (d) 的运算结果应分别为 $+8$ 和 -9，均超过了允许范围，产生溢出。

事实上，比较四种情况可以看出，当进位位（如例 1-9 中所示的方框中的 b_4 位）与和数的符号位（如例 1-9 的 b_3 位）相反时，则意味着运算结果是错误的，产生溢出。

1.4 二进制代码

数字系统中的信息分为两类,一类是数值,另一类是文字符号(包括控制符)。因此计算机中二进制数码不仅可以用来表示数值的大小,还可以表示文字、符号(包括控制符)等信息。为了表示这些信息,往往用一定位数的二进制数码表示,此时数码不代表数值大小,仅是个代号。这些特定的二进制数码称为代码。n 位代码可以表示 2^n 个不同的信息。以一定的规则编制代码用以表示十进制数、字母和符号等不同信息的过程称为编码,将代码还原成所表示的十进制数、字母和符号等的过程称为解码或者译码。

1.4.1 自然二进制码

按自然数顺序排列的二进制码(例如 4 位自然二进制码)可表示 0~15 之间的 16 个十进制数。

1.4.2 二-十进制编码

二-十进制编码是用 4 位二进制数码表示 0~9 之间的 10 个十进制数码,简称 BCD 码。4 位二进制数码有 16 种不同的组合方式,即 16 种代码,根据不同的规则从中选择 10 种来表示十进制的 10 个数码,方案有很多种。表 1-3 所示为几种常见的 BCD 码。

表 1-3 常见 BCD 码

十进制数码	8421 码	2421 码	5421 码	余 3 码	余 3 循环码
0	0000	0000	0000	0011	0010
1	0001	0001	0001	0100	0110
2	0010	0010	0010	0101	0111
3	0011	0011	0011	0110	0101
4	0100	0100	0100	0111	0100
5	0101	1011	1000	1000	1100
6	0110	1100	1001	1001	1101
7	0111	1101	1010	1010	1111
8	1000	1110	1011	1011	1110
9	1001	1111	1100	1100	1010

8421 码是最常用的一种 BCD 码,它是由 4 位自然二进制数 0000(即 0)~1111(即 15)共 16 种组合的前 10 种组成,也就是 0000(即 0)~1001(即 9),其余 6 种组合是无效的。其编码中每位的值都是固定数,即每位都有位权,因此它属于有权码。

在一般情况下,有权码的十进制数与二进制数之间可用下式来表示。式中,$W_3 \sim W_0$ 为二进制码中各位的权,$b_3 \sim b_0$ 表示二进制码中各位上的数值。

$$(N)_D = W_3 b_3 + W_2 b_2 + W_1 b_1 + W_0 b_0 \tag{1-8}$$

2421 码也是有权码,对应 b_3、b_2、b_1 和 b_0 的权分别是 2、4、2 和 1。它的特点是,将任意一个十进制数 D 的代码各位取反,所得代码正好表示 D 对 9 的补码。例如 2 的代码 0010 各位取反为 1101,它是 7 的代码,而 2 对 9 的补码为 7,这种特性称为自补性。具有自补特性的代码称为自补码。

5421 码也是有权码,由高到低各位的权依次为 5、4、2、1。

余 3 码是自补码,与 2421 码有类似的自补性。余 3 码还是无权码,它的每一位没有一定的权值,不能用式(1-8)表示其编码关系,但其编码可以由 8421 码加 3(即 0011)得出。

余 3 循环码也是一种无权码,它的特点是具有相邻性,任意两个相邻代码之间仅有 1 位取值不同。例如,4 和 5 两个代码 0100 和 1100 仅 b_3 不同。余 3 循环码可以看成是将格雷码首尾各 3 种状态去掉得到的。下面介绍格雷码。

1.4.3 格雷码

格雷码也是一种常见的无权码,其编码如表 1-4 所示。它也具有相邻性,即两个相邻代码之间仅有 1 位取值不同,因而常用于将模拟量转换成用连续二进制数序列表示数字量的系统中,当模拟量发生微小变化而引起数字量从 1 位变化到相邻时,例如从 3 到 4,格雷码的变化是从 0010 变为 0110,只有 B_2 位从 0 变为 1,其余三位保持不变。如果对于自然二进制码,其变化是从 0011 变为 0100,即有三位发生变化,并且如果 B_2 位从 0 到 1 变化所需的时间比 B_1 和 B_0 从 1 变化到 0 的时间长,则在转换过程中,会出现瞬间错误数码 0000。而格雷码可以避免这一点。

表 1-4 格雷码

二 进 制 码				格 雷 码			
B_3	B_2	B_1	B_0	G_3	G_2	G_1	G_0
0	0	0	0	0	0	0	0
0	0	0	1	0	0	0	1
0	0	1	0	0	0	1	1
0	0	1	1	0	0	1	0
0	1	0	0	0	1	1	0
0	1	0	1	0	1	1	1
0	1	1	0	0	1	0	1
0	1	1	1	0	1	0	0
1	0	0	0	1	1	0	0
1	0	0	1	1	1	0	1
1	0	1	0	1	1	1	1
1	0	1	1	1	1	1	0
1	1	0	0	1	0	1	0
1	1	0	1	1	0	1	1
1	1	1	0	1	0	0	1
1	1	1	1	1	0	0	0

1.4.4 ASCII 码

计算机不仅用于处理数字,而且用于处理字母、符号等信息。人们通过键盘上的字母、符号和数值向计算机发送数据和指令,每一个键可用一个二进制码来表示,ASCII 码即是目前国际上最通用的一种字符码。它使用 7 位二进制码来表示 128 个十进制数、英文大小写字母、控制符、运算符以及特殊符号,如表 1-5 所示。

表 1-5 ASCII 码表

码值	字符	码值	字符	码值	字符	码值	字符	码值	字符	码值	字符	码值	字符	码值	字符
0	NUL	16	DLE	32	SP	48	0	64	@	80	P	96	`	112	p
1	SOH	17	DC1	33	!	49	1	65	A	81	Q	97	a	113	q
2	STX	18	DC2	34	"	50	2	66	B	82	R	98	b	114	r
3	ETX	19	DC3	35	#	51	3	67	C	83	S	99	c	115	s
4	EOT	20	DC4	36	$	52	4	68	D	84	T	100	d	116	t
5	ENQ	21	NAK	37	%	53	5	69	E	85	U	101	e	117	u
6	ACK	22	SYN	38	&	54	6	70	F	86	V	102	f	118	v
7	BEL	23	ETB	39	`	55	7	71	G	87	W	103	g	119	w
8	BS	24	CAN	40	(	56	8	72	H	88	X	104	h	120	x
9	HT	25	EM	41	)	57	9	73	I	89	Y	105	i	121	y
10	LF	26	SUB	42	*	58	:	74	J	90	Z	106	j	122	z
11	VT	27	ESC	43	+	59	;	75	K	91	[	107	k	123	{
12	FF	28	FS	44	,	60	<	76	L	92	\	108	l	124	|
13	CR	29	GS	45	−	61	=	77	M	93	]	109	m	125	}
14	SO	30	RS	46	.	62	>	78	N	94	^	110	n	126	~
15	SI	31	US	47	/	63	?	79	O	95	_	111	o	127	DEL

1.5 二值逻辑变量与基本逻辑运算

当 0 和 1 表示逻辑状态时,两个二进制数码按照某种指定的因果关系进行的运算称为逻辑运算。逻辑运算与算术运算完全不同,它所使用的数学工具是逻辑代数(又称布尔代数)。逻辑代数是 1847 年由英国数学家乔治·布尔(George Boole)首先创立的,所以通常人们又称逻辑代数为布尔代数。逻辑代数与普通代数有着不同的概念,逻辑代数表示的不是数的大小之间的关系,而是逻辑关系,它仅有两种状态,即 0 和 1。它是分析和设计数字系统的数学基础。与普通代数一样,它由逻辑变量和逻辑运算组成,其中变量可以用 A、B、C、x、y、z 等字母组成。所不同的是,在普通代数中,变量的取值可以是任意的,而在逻辑代数中的变量(即逻辑变量)只有两个可取的值,即 0 和 1,因而称为二值逻辑变量。这里的 0 和 1 并不表示数量大小,而是用来表示完全对立的逻辑状态。

在逻辑代数中,有与、或、非三种基本的逻辑运算。众所周知,运算是一种函数关系,它可以用语言描述,亦可以用逻辑代数表达式描述,还可以用表格或图形来描述。输入逻辑变量所有取值的组合与其所对应的输出逻辑函数值构成的表格称为真值表。用规定的逻辑符号表示的图形称为逻辑图。下面分别讨论几种基本的逻辑运算。

1. 与运算

定义:只有决定事物结果的全部条件同时具备时,结果才发生。图 1-10(a)是与逻辑的电路图。

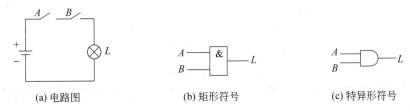

(a) 电路图 (b) 矩形符号 (c) 特异形符号

图 1-10　与逻辑运算

从图 1-10(a)可以看出,当开关 A、B 有一个断开时,灯泡处于灭的状态;仅当两个开关同时合上时,灯泡 L 才会亮。

如果用 0 表示开关处于断开状态,1 表示开关处于合上的状态;同时灯泡的状态 L 取 0 表示灭,取 1 表示亮,则可列出与逻辑所对应真值表,如表 1-6 所示。真值表是表示变量与函数关系的表格。从表 1-6 可看出,只有输入 A、B 都为 1 时,输出 L 才为 1,否则为 0。于是可以将与逻辑的关系速记为:"有 0 出 0,全 1 出 1"。

表 1-6　与逻辑真值表

A	B	L = AB
0	0	0
0	1	0
1	0	0
1	1	1

能实现与逻辑的电路称为与门。图 1-10(b)和图 1-10(c)给出了与逻辑(与门)的逻辑符号(Logic Symbol),& 在英文中是 AND 的速写。

与逻辑的关系还可以用表达式的形式表示为:$L = A \cdot B$。式中小圆点"·"表示 A 和 B 进行与运算,也称为逻辑乘。在不造成误解的情况下可简写为 $L = AB$。

推广到 n 个逻辑变量情况,"与运算"的布尔代数表达式为 $L = A_1 A_2 A_3 \cdots A_n$。

从电路上可以看出,图 1-10(a)所示的电路为一种串联电路形式,下面来看一下并联电路形式的逻辑关系。

2. 或运算

定义:在决定事物结果的诸条件中只要任何一个条件满足,结果就会发生。

图 1-11(a)为一种并联直流电路,当两个开关 A、B 都处于断开时,灯泡不会亮;当两个开关中有一个或两个一起上时,灯泡就会亮。如开关合上的状态用 1 表示,开关断开的状态用 0 表示;灯泡的状态亮时用 1 表示,不亮时用 0 表示,则可列出真值表 1-7。这种逻辑关系就是通常讲的"或逻辑"。从表 1-7 中可看出,只要输入 A、B 两个中有一个为 1,则输出为 1,否则为 0。所以或逻辑可速记为"有 1 出 1,全 0 出 0"。

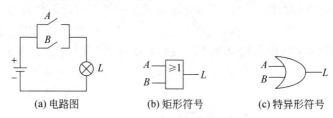

图 1-11　或逻辑运算

表 1-7　或逻辑真值表

A	B	$L=A+B$
0	0	0
0	1	1
1	0	1
1	1	1

能实现或逻辑的电路称为或门。图 1-11(b)和图 1-11(c)为或逻辑(或门)的逻辑符号,其方块中的"≥1"表示如果输入中有一个或一个以上的 1,输出就为 1。

或逻辑的表达式为 $L=A+B$。

3. 非运算

定义:条件与结果反相。图 1-12 是非逻辑的实例。

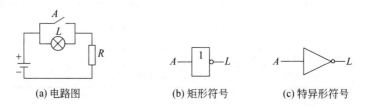

图 1-12　非逻辑运算

非逻辑又常称为反相运算(Inverter)。图 1-12(a)所示的电路实现的逻辑功能就是非运算的功能,从图上可以看出当开关 A 合上时,灯泡反而灭;当开关断开时,灯泡才会亮,故其输出 L 的状态与输入 A 的状态正好相反。非运算的逻辑表达式为 $L=\overline{A}$。

图 1-12(b)和图 1-12(c)给出了非逻辑(非门)的逻辑符号。表 1-8 为非逻辑的真值表。

表 1-8　非逻辑真值表

A	$L=\overline{A}$
0	1
1	0

4. 复合逻辑运算

在数字系统中,除了与运算、或运算、非运算之外,常常使用的逻辑运算还有一些是通过这三种运算派生出来的运算,这种运算通常称为复合运算,常见的复合运算有:与非、或非、同或及异或等。

(1) 与非逻辑(NAND Logic)。

与非逻辑是由与、非逻辑复合而成的。其逻辑表达式为 $L=\overline{AB}$,可描述为"输入全部为 1 时,输出为 0;否则始终为 1"。图 1-13 为与非运算(与非门)的逻辑符号,表 1-9 为与非逻辑真值表。

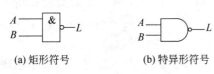

(a) 矩形符号　　(b) 特异形符号

图 1-13　与非逻辑符号

表 1-9　与非逻辑真值表

A	B	$L=\overline{AB}$
0	0	1
0	1	1
1	0	1
1	1	0

(2) 或非逻辑(NOR Logic)。

图 1-14 为或非运算(或非门)的逻辑符号,该逻辑运算的输出取 A 端和 B 端逻辑或结果的反状态。或非的逻辑表达式为 $L=\overline{A+B}$。表 1-10 为或非逻辑真值表。

(a) 矩形符号　　(b) 特异形符号

图 1-14　或非逻辑符号

表 1-10　或非逻辑真值表

A	B	$L=\overline{A+B}$
0	0	1
0	1	0
1	0	0
1	1	0

(3) 异或逻辑。

图 1-15 为异或运算(异或门)的逻辑符号。异或运算表示当两个输入中一个为 1,另一个为 0 时,输出为 1,否则为 0。异或运算的逻辑表达式为 $L=A\oplus B=A\overline{B}+\overline{A}B$。表 1-11 为异或逻辑真值表。

(a) 矩形符号　　(b) 特异形符号

图 1-15　异或逻辑符号

表 1-11　异或逻辑真值表

A	B	$L=A\oplus B$
0	0	0
0	1	1
1	0	1
1	1	0

（4）同或逻辑。

图 1-16 为同或的逻辑符号，从图上可以看出同或实际上是异或的非逻辑。同或运算表示当两个输入端同为 0 或者同为 1 时，输出为 1，否则输出为 0。同或运算的逻辑表达式为 $L = A \odot B = AB + \overline{A}\overline{B}$。

表 1-12　同或逻辑真值表

A	B	$L = A \odot B$
0	0	1
0	1	0
1	0	0
1	1	1

(a) 矩形符号　　(b) 特异形符号

图 1-16　同或逻辑符号

1.6　逻辑函数及其表示方法

从 1.5 节介绍的逻辑运算中可以知道，逻辑变量分为两种：输入逻辑变量和输出逻辑变量。描述输入逻辑变量和输出逻辑变量之间的因果关系的是逻辑函数。由于逻辑变量是只取 0 或 1 的二值逻辑变量，因此逻辑函数也是二值逻辑函数。

一般来说，一个比较复杂的逻辑电路往往是受多种因素控制的，就是说有多个逻辑变量，输出变量与输入变量之间的逻辑函数的描述方法有真值表、逻辑函数表达式、逻辑图、波形图和卡诺图等。下面举一个简单实例介绍前面四种逻辑函数的表示，卡诺图表示方法将在下一章介绍。

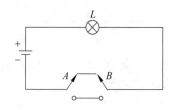

图 1-17　楼梯灯开关电路示意图

图 1-17 所示为一个控制楼梯照明灯的电路，单刀双掷开关 A 装在楼下，B 装在楼上。这样在楼下开灯后，可在楼上关灯；同样，也可在楼上开灯，而在楼下关灯。因为只有当两个开关都向上扳或向下扳时，灯才亮；其中一个向上扳而另一个向下扳时，灯就不亮。

1. 真值表

图 1-17 所示电路的逻辑关系可用真值表来描述。设 L 表示灯的状态，即 L=1 表示灯亮，L=0 表示灯不亮。用 A 和 B 表示开关 A 和开关 B 的位置，用 1 表示开关向上扳，用 0 表示开关向下扳。L 与 A、B 的逻辑关系的真值表如表 1-13 所示。

表 1-13　楼梯灯开关电路真值表

A	B	$L = A \odot B$
0	0	1
0	1	0
1	0	0
1	1	1

2. 逻辑表达式

逻辑表达式是用与、或、非等运算组合起来的,是表示逻辑函数与逻辑变量之间关系的逻辑代数式。

由真值表可知,在 A、B 状态的四种不同组合中,只有第一种($A=B=0$)和第四种($A=B=1$)这两种组合才能使灯亮($L=1$)。逻辑变量之间是与的关系,而两种状态组合之间则是或的关系。对于变量 A、B 或输出 L,凡取 1 值的用原变量表示,取 0 值则用反变量表示。故可写出图 1-17 所示电路的逻辑函数表达式。

$$L = AB + \overline{A}\overline{B} = A \odot B \tag{1-9}$$

3. 逻辑图

用与、或、非等逻辑符号表示逻辑函数中各变量之间的逻辑关系所得到的图形称为逻辑图。

将式(1-9)中所有的与、或、非运算符号用相应的逻辑符号代替,并按照逻辑运算的先后次序将这些逻辑符号连接起来,就得到图 1-17 所示电路对应的逻辑图,如图 1-18(a)所示。式(1-9)表示的是同或逻辑关系,为简便起见,也可以用同或逻辑符号表示,得到图 1-18(b)所示逻辑图。

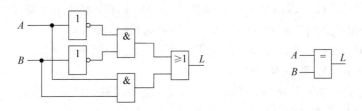

(a) 与、或、非逻辑符号构成的逻辑图　　(b) 同或逻辑符号构成的逻辑图

图 1-18　楼梯灯开关电路逻辑图

4. 波形图

波形图是用输入端在不同逻辑信号作用下所对应的输出信号的波形图表示电路的逻辑关系。在图 1-19 所示的波形图中,在 t_1 时间段内,A、B 输入端均为高电平 1,根据式(1-9)或表 1-13 可知,此时输出 L 为高电平 1。依照此方法,可得出 t_2、t_3 和 t_4 时间段内输出 L 的波形图。从图 1-19 中可以直观地看出,对于同或逻辑关系,只要输入 A 和 B 相同,输出就为 1;A 和 B 不相同时,输出则为 0。

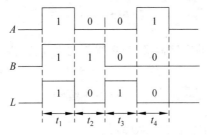

图 1-19　楼梯灯开关电路波形图

上述四种不同的表示方法所描述的是同一种逻辑关系,因此它们之间有着必然的联系,可以从一种表示方法得到其他表示方法。

本 章 小 结

(1) 由于模拟信息具有连续性,实际上难以存储、分析和传输;应用二值数字逻辑构成的数字电路或数字系统较易克服这些困难,其实质是利用数字 1 和 0 来表示信息。

(2) 用 0 和 1 组成的二进制数可以表示数量的大小,也可以表示对立的两种逻辑状态。数字系统中常用二进制数来表示数值。所谓二进制是以 2 为基数的计数体制。十六进制是二进制的简写,它是以 16 为基数的计数体制,常用于数字电子技术、微处理器、计算机和数据通信中。此外八进制也是一种常见的计数体制,任意一种格式的数可以在十六进制、二进制和十进制之间相互转换。

(3) 二进制数也有加、减、乘、除四种运算,加法是各种运算的基础。二进制数可以用原码、反码或补码表示。在数字系统或计算机中常采用二进制补码表示有符号的数,并进行有关运算。

(4) 二进制数码不仅可以用来表示数值的大小,还可以表示文字和符号(包括控制符)等信息。用一定位数的二进制数码代表某种特定的信息,这些特殊的二进制数码称为代码。常见的代码有 8421 码、2421 码、5421 码、余 3 码、余 3 循环码、格雷码等。也有用 7 位二进制数来表示符号-数字混合码,如 ASCII 码。

(5) 与、或、非是逻辑运算中的三种基本运算,其他的逻辑运算可以由这三种基本运算构成。数字逻辑是计算机的基础。布尔代数是分析设计逻辑电路的重要数学工具。

(6) 逻辑函数的描述方法有真值表、逻辑函数表达式、逻辑图、波形图和卡诺图(卡诺图将在第 2 章中详细介绍)等。

课 后 习 题

1-1 一种数字信号波形如题图 1-1 所示,请问该波形所代表的二进制数是什么。

题图 1-1

1-2 试绘出下列二进制数的数字波形,设逻辑 1 的电压为 5V,逻辑 0 的电压为 0V。
(1) 001100110011　　　　(2) 0111010　　　　(3) 1111011101

1-3 一种周期性数字波形如题图 1-2 所示,试计算:(1)周期;(2)频率;(3)占空比。

题图 1-2

1-4 一种数字波形如题图 1-3 所示,时钟频率为 4kHz,试确定:(1)它所表示的二进制数;(2)以串行方式传送 8 位数据所需要的时间;(3)以 8 位并行方式传送数据所需要的时间。

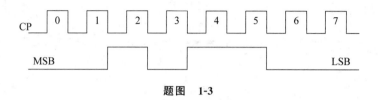

题图 1-3

1-5 将下列十六进制数转换为十进制数。
 (1) (103.2)$_H$ (2) (A45D.0BC)$_H$

1-6 将下列十进制数转换为二进制数、八进制数和十六进制数(要求转换误差不大于 2^{-4})。
 (1) 43 (2) 127 (3) 254.25 (4) 2.718

1-7 将下列二进制数转换成十六进制数。
 (1) (101001)$_B$ (2) (11.01101)$_B$

1-8 写出以下有符号二进制数的反码和补码。
 (1) 00011010 (2) 10011010 (3) 00101101 (4) 10101101

1-9 写出下列有符号二进制补码所表示的十进制数。
 (1) 0010111 (2) 11101000

1-10 试用 8 位二进制补码计算下列各式,并用十进制数表示结果。
 (1) 12+9 (2) 11−3 (3) −29−25 (4) −120+30

1-11 将下列数码作为自然二进制数或 8421BCD 码时,分别求出相应的十进制数字。
 (1) 10010111 (2) 100010010011
 (3) 000101001001 (4) 10000100.10010001

1-12 用 ASCII 代码写出"Well Come!"。

1-13 请各举出一个现实生活中存在的与、或、非逻辑关系的事例。

1-14 两个变量的异或运算和同或运算之间是什么关系?

1-15 在题图 1-4 中,已知输入信号 A、B 的波形,画出各门电路输出 L 的波形。

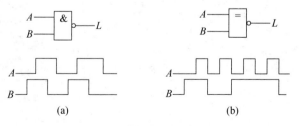

题图 1-4

1-16 写出题图 1-5 所示电路的逻辑函数式。

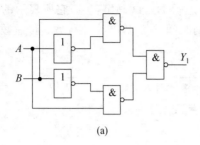
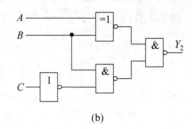

(a)   (b)

题图 1-5

1-17 (1) $(1011001.101)_2 = ($ $)_{16} = ($ $)_8$

(2) $(0011\ 1001\ 1000)_{5421BCD} = ($ $)_{10}$。

(北京科技大学 2011 年硕士研究生入学考试信号系统与数字电路考题)

1-18 (1) 格雷码的特点是任意两个相邻的代码中仅有(   )位二进制码不同。

(2) 将十六进制数$(8C)_{16}$转换为等值的十进制数为($)_{10}$。

(浙江理工大学 2012 年硕士研究生入学考试数字电路考题)

1-19 (1) 十进制数$(727)_{10}$的 2421BCD 码是($)_{2421BCD}$。

(2) 用补码表示符号数,十位二进制补码能表示十进制整数的个数是(   )个。

(电子科技大学 2011 年硕士研究生入学考试数字电路考题)

1-20 $(110110)_2 = ($ $)_{16} = ($ $)_8 = ($ $)_{10} = ($ $)_{8421BCD}$。

(山东大学 2011 年硕士研究生入学考试数字电路考题)

1-21 $(0111\ 1000)_{8421BCD}$ 表示的二进制数为(   )。

(浙江理工大学 2011 年硕士研究生入学考试数字电路考题)

第 2 章 逻辑代数基础

[主要教学内容]

1. 逻辑运算定理。
2. 逻辑函数的代数法变换与化简。
3. 逻辑函数的标准形式。
4. 逻辑函数的卡诺图表示。
5. 逻辑函数的卡诺图化简法。

[教学目的和要求]

1. 掌握逻辑代数的基本定律。
2. 熟练使用代数法对逻辑函数进行化简和变换。
3. 熟练使用卡诺图对逻辑函数进行化简和变换。

2.1 逻 辑 代 数

逻辑代数亦称为布尔代数,其基本思想是英国数学家布尔于 1854 年提出的。1938 年,香农把逻辑代数用于开关和继电器网络的分析和化简,率先将逻辑代数用于解决实际问题。经过几十年的发展,逻辑代数已成为分析和设计逻辑电路不可缺少的数学工具。由于逻辑代数可以使用二值函数进行逻辑运算,对于一些用语言描述显得十分复杂的逻辑命题,使用数学语言描述后就变成了简单的代数式。逻辑电路中的一个命题不仅包含"肯定"和"否定"两重含义,而且包含条件与结果的多种组合,用真值表则一目了然,用代数式表达就更为简明。逻辑代数有一系列的定律和规则,用它们对逻辑表达式进行处理,可以完成电路的化简、变换、分析和设计。

2.1.1 逻辑代数的基本定律和恒等式

根据第 1 章介绍过的逻辑与、或、非三种基本运算法则,可以推导出下面常用的逻辑代数基本定律和恒定式。

1. 逻辑相等

有两个逻辑函数 F 和 G,如果对于 F 和 G 的每一种取值组合,对应的输出都相同,则认为这两个逻辑函数相等,记作 $F=G$。

由逻辑函数相等的概念,可以得到下面的推论:

如果 $F=G$,则 F 和 G 对应的真值表完全相同,反之亦然。

例 2-1 证明 $A+\bar{A}B=A+B$。

解：根据题意,列出真值表如表 2-1 所示。

表 2-1 例 2-1 的真值表

A	B	$A+\bar{A}B$	$A+B$
0	0	0	0
0	1	1	1
1	0	1	1
1	1	1	1

由表 2-1 可以看出,对于 $A+\bar{A}B$ 和 $A+B$ 两个逻辑函数的每一种取值组合,它们的输出完全相同。所以,$A+\bar{A}B=A+B$。

逻辑函数相等的概念是逻辑函数运算、化简和变换的基础。本书介绍的定理和公式都可以利用逻辑函数相等的概念加以证明。

2. 逻辑运算公理

常用的逻辑运算公理如表 2-2 所示。

表 2-2 常用的逻辑运算公理

原 等 式	对 偶 式
$0 \cdot 0 = 0$	$1+1=1$
$0 \cdot 1 = 1 \cdot 0 = 0$	$1+0=0+1=1$
$1 \cdot 1 = 1$	$0+0=0$
$\bar{0}=1$	$\bar{1}=0$
若 $A \neq 0$,则 $A=1$	若 $A \neq 1$,则 $A=0$

3. 逻辑运算定理

常用的逻辑运算定理如表 2-3 所示。

表 2-3 常用的逻辑运算定理

逻辑运算定理	原 等 式	对 偶 式
交换律	$A \cdot B = B \cdot A$	$A+B=B+A$
结合律	$A(BC)=(AB)C$	$A+(B+C)=(A+B)+C$
分配律	$A(B+C)=AB+AC$	$A+BC=(A+B)(A+C)$
自等律	$A \cdot 1 = A$	$A+0=A$
0-1 律	$A \cdot 0 = 0$	$A+1=1$
互补律	$A \cdot \bar{A}=0$	$A+\bar{A}=1$
重叠律	$A \cdot A = A$	$A+A=A$
吸收律	$A+AB=A$	$A \cdot (A+B)=A$
非非律	$\bar{\bar{A}}=A$	$\bar{\bar{A}}=A$
反演律(摩根定律)	$\overline{AB}=\bar{A}+\bar{B}$	$\overline{A+B}=\bar{A} \cdot \bar{B}$

在以上所有定律中，反演律具有特殊的重要意义。反演律又称为摩根定律，它经常用于求一个原函数的非函数或者对逻辑函数进行变换。为了证明 $\overline{A+B}=\overline{A}\ \overline{B}$ 和 $\overline{AB}=\overline{A}+\overline{B}$，按 A 和 B 所有可能的取值情况列出真值表，如表 2-4 所示。将表中第 3 列和第 4 列进行比较，并将第 5 列和第 6 列进行比较，可见等式两边的真值表相同，故等式成立。

表 2-4 摩根定律的证明

A	B	$\overline{A}$	$\overline{B}$	$\overline{A+B}$	$\overline{A}\,\overline{B}$	$\overline{AB}$	$\overline{A}+\overline{B}$
0	0	1	1	$\overline{0+0}=1$	1	$\overline{0\cdot 0}=1$	1
0	1	1	0	$\overline{0+1}=0$	0	$\overline{0\cdot 1}=1$	1
1	0	0	1	$\overline{1+0}=0$	0	$\overline{1\cdot 0}=1$	1
1	1	0	0	$\overline{1+1}=0$	0	$\overline{1\cdot 1}=0$	0

4. 常用公式

逻辑运算的公式有许多，在表 2-5 中列出了 5 个常用公式。实际上，只要经过证明的等式都可以在以后的变换和化简时使用。

表 2-5 常用公式

序号	常用公式	推论或证明
1	$AB+A\overline{B}=A$	无
2	$A+AB=A$	$A+AB+ABC+\cdots+=A$
3	$A+\overline{A}B=A+B$	$A+\overline{A}B=A+AB+\overline{A}B=A+B$
4	$AB+\overline{A}C+BC=AB+\overline{A}C$	$AB+\overline{A}C+BC$ $=AB+\overline{A}C+(A+\overline{A})BC$ $=AB+\overline{A}C+ABC+\overline{A}BC$ $=AB(1+C)+\overline{A}C(1+B)$ $=AB+\overline{A}C$
5	$AB+\overline{A}C=(A+C)(\overline{A}+B)$	$(A+C)(\overline{A}+B)$ $=AB+\overline{A}C+BC+A\overline{A}$ $=AB+\overline{A}C$

注：公式 1 和公式 2 为吸收律和分配律的应用，公式 3 为多余因子定律，公式 4 为多余项定律，公式 5 为与或和或与转换定律。

本节所列出的基本公式反映了逻辑关系，而不是数量关系，在运算中不能简单套用初等代数的运算规则。例如初等代数中的移项规则就不能用，这是因为逻辑代数中没有减法和除法的缘故。这一点在使用时必须注意。

2.1.2 逻辑代数的基本规则

1. 代入规则

在任何一个逻辑等式中，如果将等式两边出现的某变量 A 都用一个函数代替，则等式依然成立，这个规则称为代入规则。

因为任何一个逻辑函数都和一个逻辑变量一样，只有两种可能的取值（0 和 1），所以代入规则是正确的。

有了代入规则,就可以将基本等式(定理、常用公式)中的变量用某一逻辑函数来代替,从而扩大了它们的应用范围。

例 2-2 在等式 $B(A+C)=BA+BC$ 中,将所有出现 A 的地方都用函数 $E+F$ 代替,试证明等式仍成立。

解:原式左边 $=B[(E+F)+C]=B(E+F)+BC=BE+BF+BC$

原式右边 $=B(E+F)+BC=BE+BF+BC$

所以等式 $B[(E+F)+C]=B(E+F)+BC$ 成立。

注意:在使用代入规则时,必须将所有出现被代替变量的地方都用同一函数代替,否则不正确。

代入规则可以扩展所有基本定律或定理的应用范围。例如前面用真值表证明了二变量表示的摩根定律 $\overline{AB}=\overline{A}+\overline{B}$,若用 $L=CD$ 代替等式中的 A,则 $\overline{(CD)B}=\overline{CD}+\overline{B}=\overline{C}+\overline{D}+\overline{B}$,以此类推,摩根定律对任意多个变量都成立。

2. 反演规则

根据摩根定律,由原函数 L 的表达式求它的非函数 $\overline{L}$ 时,可以将 L 中的与($\cdot$)换成或($+$),或($+$)换成与($\cdot$);再将原变量换为反变量(如 A 换成 $\overline{A}$),反变量换为原变量;并将 1 换成 0,0 换成 1,那么所得的逻辑函数式就是 $\overline{L}$。这个规则称为反演规则。

利用反演规则,可以比较容易地求出一个原函数的非函数。运用反演规则时必须注意以下两个规则。

(1) 保持原来的运算优先级,即先进行与运算,后进行或运算。并注意优先考虑括号内的运算。

(2) 对于反变量以外的非号应保持不变。

例 2-3 试求 $L=\overline{A}\overline{B}+CD+0$ 的非函数 $\overline{L}$。

解:按照反演规则,可得:

$$\overline{L}=(A+B)\cdot(\overline{C}+\overline{D})\cdot 1=(A+B)(\overline{C}+\overline{D})$$

例 2-4 试求 $L=A+\overline{B\overline{C}+\overline{D}+\overline{E}}$ 的非函数 $\overline{L}$。

解:按照反演规则,并保留反变量以外的非号不变,可得:

$$\overline{L}=\overline{A}\cdot\overline{(B+C)\cdot\overline{DE}}$$

3. 对偶规则

设 L 是一个逻辑表达式,若把 L 中的与($\cdot$)换成或($+$),或($+$)换成与($\cdot$);并将 1 换成 0,0 换成 1,那么就得到一个新的逻辑函数式,这就是 L 的对偶式,记作 L'。变换时仍需注意保持原式中"先括号、然后与、最后或"的运算顺序。例如,$L=(A+\overline{B})(A+C)$,则 $L'=A\overline{B}+AC$。

当某个逻辑恒等式成立时,则该恒等式两侧的对偶式也相等,这就是对偶规则。

利用对偶规则,可从已知公式中得到更多的运算公式,例如,吸收律 $A+\overline{A}B=A+B$ 成立,则它的对偶式 $A(\overline{A}+B)=AB$ 也是成立的。

2.1.3 逻辑函数的变换及代数化简法

根据逻辑函数表达式,可以画出相应的逻辑图,然而直接根据某种逻辑要求归纳出来的逻辑函数表达式往往不是最简形式,这就需要对逻辑函数表达式进行化简。利用化简后的逻辑函数表达式构成逻辑电路时,可以节省器件,降低成本,提高数字系统的可靠性。

1. 逻辑函数的变换

例 2-5 函数 $L = \overline{A \cdot \overline{AB} + B \cdot \overline{AB}}$ 对应的逻辑图如图 2-1 所示,利用逻辑代数的基本定律对上述表达式进行变换。

解:
$$L = \overline{A \cdot \overline{AB} + B \cdot \overline{AB}}$$
$$= \overline{\overline{AB}(A+B)}$$
$$= \overline{\overline{AB}} \cdot \overline{\overline{AB}}$$
$$= AB + \overline{AB}$$

结果表明,图 2-1 所示的电路是一个同或门。根据表达式 L 化简后的结果,可以画出同或门逻辑电路的另外一种结构,如图 2-2 所示。

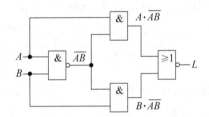

图 2-1 同或门逻辑电路之一

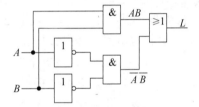

图 2-2 同或门逻辑电路之二

例 2-6 求同或函数的反函数。

解: $\overline{L} = \overline{AB + \overline{A}\overline{B}} = \overline{AB} \cdot \overline{\overline{A}\overline{B}} = (\overline{A}+\overline{B})(A+B) = A\overline{B} + \overline{A}B$

上式表明同或函数的反函数为异或函数,它表明两个输入变量取值不同(一个为 0,另一个为 1)时,输出函数值为 1。上面的推导更明确地告诉我们,异或门和同或门互为非函数,所以如果在异或门电路的输出端再加一级反相器,也能得到同或门,如图 2-3 所示。

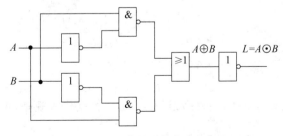

图 2-3 同或门逻辑电路之三

对应同或函数唯一的真值表已列举出三种不同形式的逻辑表达式和三个逻辑电路,

事实上还可以列举许多。由此可以得出结论：一个特定的逻辑问题对应的真值表是唯一的，但实现它的电路多种多样。可以通过函数表达式的变换，使用不同的器件实现相同的逻辑功能。

2. 逻辑函数的化简

根据逻辑表达式，可以画出相应的逻辑图，但是直接根据某种逻辑要求而归纳出来的逻辑表达式及其对应的逻辑图往往并不是最简形式，这就需要对逻辑表达式进行化简。

一个逻辑函数可以有多种不同的逻辑表达式，如与-或表达式、或-与表达式、与非-与非表达式、或非-或非表达式以及与-或-非表达式等。例如：

$$L = AC + \overline{C}D \quad \cdots\cdots（与-或式）$$

$$= \overline{\overline{AC} \cdot \overline{\overline{C}D}} \quad \cdots\cdots（与非-与非式）$$

$$= (A + \overline{C})(C + D) \quad \cdots\cdots（或-与式）$$

$$= \overline{\overline{A + \overline{C}} + \overline{(C + D)}} \quad \cdots\cdots（或非-或非式）$$

$$= \overline{\overline{AC} + \overline{\overline{C}D}} \quad \cdots\cdots（与-或-非式）$$

以上 5 个式子是同一函数不同形式的最简表达式，从上至下依次是与-或、与非-与非、或-与、或非-或非、与-或-非。以下将着重讨论与-或表达式的化简，因为该表达式易于从真值表直接写出，且只需运用一次摩根定律，就可以从最简与-或表达式变换为与非-与非表达式，从而可以用与非门电路来实现。

最简与或表达式有以下两个特点：与项（即乘积项）的个数最少；每个乘积项中变量的个数最少。代数法化简逻辑函数的依据是逻辑代数的基本定律和常用公式，常用的方法有并项法、吸收法、消去法和配项法。

（1）并项法。

利用 $A + \overline{A} = 1$ 的公式，将两项合并成一项，并消去一个变量。

例 2-7 试用并项法化简下列与-或逻辑函数表达式。

① $L_1 = \overline{A}BC + \overline{A}B\overline{C}$

② $L_2 = A(BC + B\overline{C}) + A(B\overline{C} + \overline{B}C)$

解：①
$$L_1 = \overline{A}B(C + \overline{C}) = \overline{A}B$$

②
$$L_2 = ABC + AB\overline{C} + AB\overline{C} + A\overline{B}C$$
$$= AB(C + \overline{C}) + A\overline{B}(C + \overline{C})$$
（此处按原图）
$$= A(B + \overline{B}) = A$$

（2）吸收法。

利用 $A + AB = A$ 的公式，消去多余的项 AB。根据代入规则，A、B 可以是任何一个复杂的逻辑式。

例 2-8 试用吸收法化简逻辑函数表达式 $L = \overline{A}B + \overline{A}BCDE + \overline{A}BCDF$。

解：$L = \overline{A}B + \overline{A}BCD(E + F) = \overline{A}B$

(3) 消去法。

利用 $A+\bar{A}B=A+B$，消去多余的因子。

例 2-9 试用消去法化简逻辑函数表达式 $L=AB+\bar{A}C+\bar{B}C$。

解：
$$L = AB+(\bar{A}+\bar{B})C$$
$$= AB+\overline{AB}C$$
$$= AB+C$$

(4) 配项法。

先利用 $A=A(B+\bar{B})$，增加必要的乘积项，再用并项或吸收的办法使项数减少。

例 2-10 试用配项法化简逻辑函数表达式 $L=AB+\bar{A}C+B\bar{C}$。

解：
$$L = AB+\bar{A}C+(A+\bar{A})B\bar{C}$$
$$= AB+\bar{A}C+AB\bar{C}+\bar{A}B\bar{C}$$
$$= (AB+AB\bar{C})+(\bar{A}C+\bar{A}B\bar{C})$$
$$= AB+\bar{A}C$$

使用配项的方法要有一定的经验，否则越配越繁。通常对逻辑表达式进行化简，要综合使用上述技巧。以下再举几例。

例 2-11 化简 $L=AD+A\bar{D}+AB+\bar{A}C+BD+A\bar{B}EF+\bar{B}EF$。

解：
$$L = A+AB+\bar{A}C+BD+A\bar{B}EF+\bar{B}EF (利用 A+\bar{A}=1)$$
$$= A+\bar{A}C+BD+\bar{B}EF (利用 A+AB=A)$$
$$= A+C+BD+\bar{B}EF (利用 A+\bar{A}B=A+B)$$

例 2-12 化简 $Y=AB+A\bar{C}+\bar{B}C+\bar{C}B+\bar{B}D+\bar{D}B+ADE(F+G)$。

解：$Y = AB+A\bar{C}+\bar{B}C+\bar{C}B+\bar{B}D+\bar{D}B+ADE(F+G)$
$$= A(B+\bar{C})+\bar{B}C+\bar{C}B+\bar{B}D+\bar{D}B+ADE(F+G)(分配律)$$
$$= A(\overline{\bar{B}C})+\bar{B}C+\bar{C}B+\bar{B}D+\bar{D}B+ADE(F+G)(摩根定律)$$
$$= A+\bar{B}C+\bar{C}B+\bar{B}D+\bar{D}B+ADE(F+G)(利用 A+\bar{A}B=A+B)$$
$$= A+\bar{B}C(D+\bar{D})+\bar{C}B+\bar{B}D+\bar{D}B(C+\bar{C})(利用 A+AB=A;A+\bar{A}=1)$$
$$= A+\bar{B}CD+\bar{B}C\bar{D}+\bar{C}B+\bar{B}D+\bar{D}BC+\bar{D}B\bar{C}(分配律)$$
$$= A+(\bar{B}DC+\bar{B}D)+(\bar{B}C\bar{D}+BC\bar{D})+(\bar{C}B+\bar{C}B\bar{D})(结合律)$$
$$= A+\bar{B}D+C\bar{D}+B\bar{C}(利用 A+AB=A;A+\bar{A}=1)$$

例 2-13 已知逻辑函数表达式为 $L=AB\bar{D}+\bar{A}B\bar{D}+ABD+\bar{A}B\bar{C}D+\bar{A}BCD$，要求：

(1) 最简的与-或逻辑函数表达式，并画出相应的逻辑图；

(2) 仅用与非门画出最简表达式的逻辑图。

解：
$$L = AB(\bar{D}+D)+\bar{A}B\bar{D}+\bar{A}BD(\bar{C}+C)(分配律)$$
$$= AB+\bar{A}B\bar{D}+\bar{A}BD(利用 A+\bar{A}=1)$$
$$= AB+\bar{A}B(\bar{D}+D)(利用 A+\bar{A}=1)$$
$$= AB+\bar{A}B(与-或表达式)$$
$$= \overline{\overline{AB+\bar{A}B}}(先利用 \bar{\bar{A}}=A，再利用摩根定律)$$
$$= \overline{\overline{AB}\cdot\overline{\bar{A}B}}(与非-与非表达式)$$

最简与-或表达式的逻辑图如图 2-2 所示,使用与非门的等效逻辑图如图 2-4 所示。

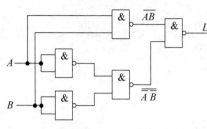

图 2-4 例 2-13 使用与非门的等效逻辑图

图 2-2 所示为根据最简与-或表达式画出的逻辑图,它用到与门、或门和非门三种类型的门;图 2-4 所示为根据与非-与非表达式画出的逻辑图,它只用到两输入端与非门这一种类型的逻辑门。通常在一片集成电路器件内部有多个同类型的门电路,所以利用摩根定律对逻辑函数表达式进行变换,可以减少门电路的种类和集成电路的数量,具有一定的实际意义。

将与-或表达式变换成与非-与非表达式时,首先对与-或表达式取两次非,然后根据摩根定律分开下面的取非线。将与-或表达式变换成或非-或非表达式时,首先对与-或非表达式中的每个乘积项单独取两次非,然后按照摩根定律分开下面的取非线。下面再举一例说明逻辑函数的变换。

例 2-14 试对逻辑函数表达式 $L = \overline{A}BC + A\overline{B}\overline{C}$ 进行变换,仅用或非门画出该表达式的逻辑图。

解:
$$L = \overline{\overline{\overline{A}BC + A\overline{B}\overline{C}}}$$
$$= \overline{\overline{A + \overline{B} + \overline{C}} + \overline{\overline{A} + B + C}} \quad (摩根定律)$$
$$= \overline{\overline{\overline{A + \overline{B} + \overline{C}} + \overline{\overline{A} + B + C}}} \quad (或非-或非表达式)$$

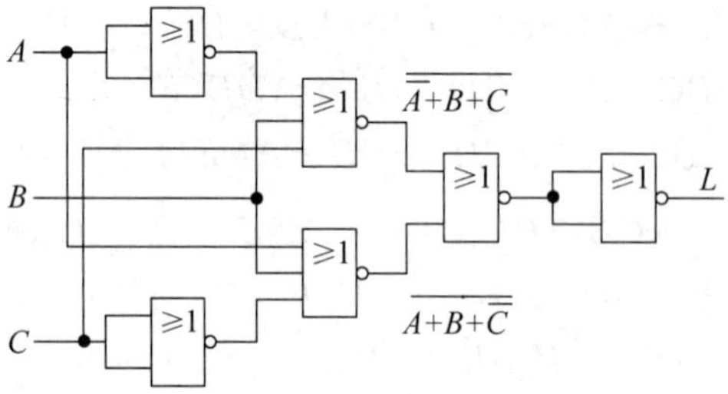

图 2-5 例 2-14 的逻辑图

2.2 逻辑函数的卡诺图化简法

利用代数法可使逻辑函数变成较简单的形式,但这种方法要求熟练掌握逻辑代数的基本定律,而且需要一些技巧。特别是经代数法化简后得到的逻辑表达式是否是最简式较难掌握,这就给使用逻辑函数带来一定的困难,使用卡诺图法可以比较简便地得到最简的逻辑表达式。

2.2.1 最小项的定义及其性质

1. 最小项的意义

根据逻辑函数的概念,一个逻辑函数的表达式不是唯一的,例如:

$$F(A,B,C) = AB + \overline{A}C$$
$$= AB(C+\overline{C}) + \overline{A}(B+\overline{B})C$$
$$= ABC + AB\overline{C} + \overline{A}BC + \overline{A}\overline{B}C$$

在最后一个函数的表达式中,可以看到:

(1) 每个乘积项都包含了全部输入变量。

(2) 每个乘积项中的输入变量可以是原变量,或者反变量。

(3) 同一输入变量的原变量和反变量不会同时出现在同一乘积项中,这样的乘积项称为最小项。

n 个变量 $X_1, X_2, \cdots, X_n$ 的最小项是 n 个因子的乘积,每个变量都以它的原变量或反变量的形式在乘积项中出现,且仅出现一次。全部由最小项相加构成的与-或表达式称为最小项形式,这是与-或表达式的标准形式,又称为标准与-或表达式,或者标准积之和式。

2. 最小项的性质

为了分析最小项的性质,下面列出 3 个变量 A、B、C 所有最小项的真值表,如表 2-6 所示。

表 2-6 3 变量最小项真值表

A	B	C	$\overline{A}\overline{B}\overline{C}$	$\overline{A}\overline{B}C$	$\overline{A}B\overline{C}$	$\overline{A}BC$	$A\overline{B}\overline{C}$	$A\overline{B}C$	$AB\overline{C}$	ABC
0	0	0	1	0	0	0	0	0	0	0
0	0	1	0	1	0	0	0	0	0	0
0	1	0	0	0	1	0	0	0	0	0
0	1	1	0	0	0	1	0	0	0	0
1	0	0	0	0	0	0	1	0	0	0
1	0	1	0	0	0	0	0	1	0	0
1	1	0	0	0	0	0	0	0	1	0
1	1	1	0	0	0	0	0	0	0	1

观察表可以看出,最小项具有下列性质:

(1) 对于任意一个最小项,输入变量只有一组取值使得它的值为 1;而在变量取其他各组值时,这个最小项的值都是 0。

(2) 对于不同的最小项,使它们的值为 1 的那一组输入变量取值也不同。

(3) 对于输入变量的任一组取值,任意两个最小项的乘积为 0。

(4) 对于输入变量的任一组取值,全体最小项之和为 1。

3. 最小项的编号

最小项通常用 m_i 表示,下标 i 即最小项编号,用十进制数表示。将最小项中的原变量用 1 表示,反变量用 0 表示,可得到最小项的编号。以 $\overline{A}BC$ 为例,因为它和 011 相对应,所以就称 $\overline{A}BC$ 是和变量 011 相对应的最小项,而 011 相当于十进制中的 3,所以把 $\overline{A}BC$ 记作 m_3。按此原则,3 个变量的最小项代表符号如表 2-7 所示。

表 2-7 3 变量最小项标号

最小项	变量取值 A	B	C	表示符号	最小项	变量取值 A	B	C	表示符号
$\bar{A}\bar{B}\bar{C}$	0	0	0	m_0	$A\bar{B}\bar{C}$	1	0	0	m_4
$\bar{A}\bar{B}C$	0	0	1	m_1	$A\bar{B}C$	1	0	1	m_5
$\bar{A}B\bar{C}$	0	1	0	m_2	$AB\bar{C}$	1	1	0	m_6
$\bar{A}BC$	0	1	1	m_3	ABC	1	1	1	m_7

2.2.2 逻辑函数的最小项表达式

逻辑函数 $L(A,B,C)=AB+\bar{A}C$ 不是最小项表达式,利用 $A+\bar{A}=1$ 的基本运算关系,将逻辑函数中的每一个乘积项都化成包含所有变量 A、B、C 的项,即:

$$L(A,B,C)=AB+\bar{A}C=AB(C+\bar{C})+\bar{A}C(B+\bar{B})$$
$$=ABC+AB\bar{C}+\bar{A}BC+\bar{A}\bar{B}C$$

此项由 4 个最小项构成,它是一组最小项之和,因此是一个最小项表达式。

对照表 2-7,上式中最小项可分别表示为 m_7、m_6、m_3、m_1,所以可以写为:

$$L(A,B,C)=m_1+m_3+m_6+m_7$$

为了简化,常用最小项下标编号来代表最小项,故上式又可写为:

$$L(A,B,C)=\sum m(1,3,6,7)$$

例 2-15 将逻辑函数 $L(A,B,C)=\overline{(AB+\bar{A}\bar{B}+C)\overline{AB}}$ 转换成最小项表达式。

解:可利用下列几步来进行转换:

(1) 多次利用摩根定律去掉非号,直至最后得到一个只在单个变量上有非号的表达式。

$$L(A,B,C)=\overline{(AB+\bar{A}\bar{B}+C)\overline{AB}}=\overline{(AB+\bar{A}\bar{B}+C)}+AB$$
$$=(\overline{AB}\cdot\overline{\bar{A}\bar{B}}\cdot\bar{C})+AB=(\bar{A}+\bar{B})(A+B)\bar{C}+AB$$

(2) 利用分配律消去括号,直至得到与-或表达式。

$$L(A,B,C)=(\bar{A}+\bar{B})(A+B)\bar{C}+AB$$
$$=\bar{A}B\bar{C}+A\bar{B}\bar{C}+AB$$

(3) 在所得式子中,有一项 AB 不是最小项(缺少变量 C),则用 $(C+\bar{C})$ 进行配项。

$$L(A,B,C)=\bar{A}B\bar{C}+A\bar{B}\bar{C}+AB(C+\bar{C})$$
$$=\bar{A}B\bar{C}+A\bar{B}\bar{C}+ABC+AB\bar{C}$$
$$=m_3+m_5+m_6+m_7=\sum m(3,5,6,7)$$

由此可见,任一个逻辑函数经过变换,都能表示成唯一的最小项表达式。

2.2.3 用卡诺图表示逻辑函数

1. 逻辑函数的卡诺图表示法

一个函数可以用表达式表示,也可以用真值表来描述,但是用真值表来表示时,对函数进行化简很不直观。美国工程师卡诺(Karnaugh)提出了一种利用方格图描述逻辑函数的特殊方法。在这个方格图中,每个小方格代表逻辑函数的一个最小项,而且几何相邻的小方格具有逻辑相邻性,即两个相邻小方格所代表的最小项仅一个变量取值不同,这种特殊的小方格图通常称为卡诺图(K-Map)。

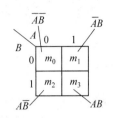

图 2-6 2 变量卡诺图

图 2-6、图 2-7 和图 2-8 中分别画出了 2 变量、3 变量和 4 变量最小项的卡诺图。图形两侧标注的 0 和 1 表示使对应小方格内的最小项为 1 的变量取值。同时,这些 0 和 1 组成的二进制数所对应的十进制数大小即为对应的最小项的编号。

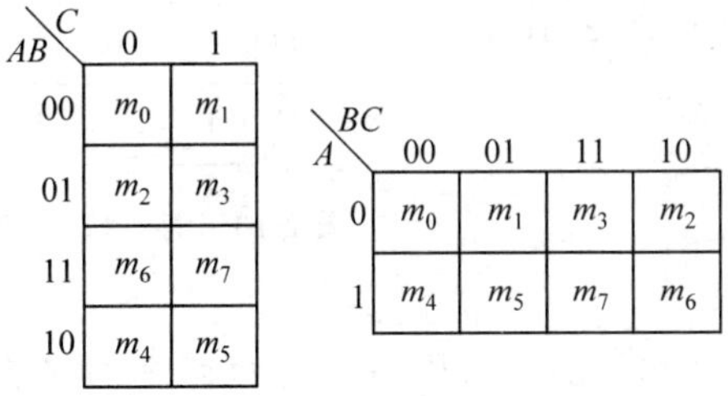

图 2-7 3 变量卡诺图

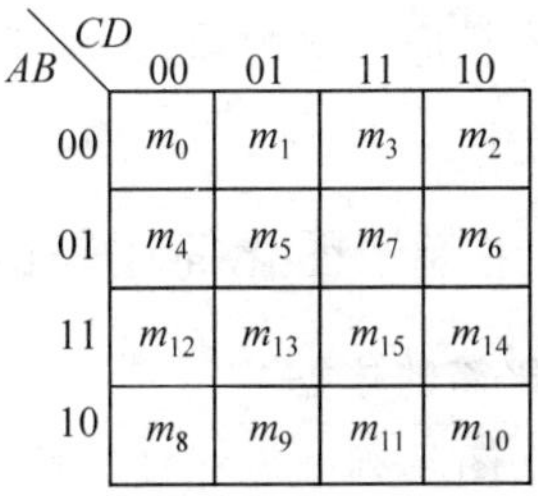

图 2-8 4 变量卡诺图

为了保证图中几何位置相邻的最小项在逻辑上也具有相邻性,这些数码不是按自然二进制数从小到大的顺序排列,而必须按在图中的方式排列,以确保相邻的两个最小项仅有一个变量是不同的。例如图 2-8 中,m_4 对应于 $\overline{A}B\overline{C}\overline{D}$,$m_5$ 对应于 $\overline{A}B\overline{C}D$,它们的差别仅在 D 和 $\overline{D}$,m_5 和 m_{13} 的差别在于 A 和 $\overline{A}$,其余类推。要特别指出的是,卡诺图水平方向上的同一行里,最左端和最右端的方格也是符合上述相邻规律的。例如,m_4 和 m_6 的差别在于 C 和 $\overline{C}$。同样,垂直方向同一列里最上端和最下端两个方格也是相邻的,这是因为都只有一个因子有差别。4 个对角(m_0、m_2、m_8、m_{10})也符合上述相邻规律,这个特点说明卡诺图呈现循环邻接的特性。

2. 已知逻辑函数画卡诺图

既然任何一个逻辑函数都能表示为若干最小项之和的形式,那么自然也就可以设法用卡诺图来表示任意一个逻辑函数。具体的步骤如下:

(1) 将逻辑函数化为最小项表达式。

(2) 按最小项表达式填卡诺图,凡式中包含了的最小项,其对应方格填 1,其余方格填 0。即任何一个逻辑函数都等于它的卡诺图中填入 1 的那些最小项之和。

例 2-16 画出逻辑函数 $L(A,B,C,D)=\sum m(0,1,2,3,4,8,10,11,14,15)$ 的卡诺图。

解: 根据图 2-8 所示 4 变量卡诺图的简化形式,对上述逻辑函数表达式中的各个最小项,在卡诺图相应小方格内填入 1,其余填入 0,即可得图 2-9 所示的 $L(A,B,C,D)$ 的卡

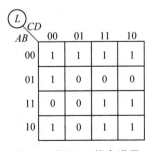

图 2-9 例 2-16 的卡诺图

诺图。

当逻辑函数的表达式为其他形式时,可将其变换为最小项表达式后,再画出卡诺图。

例 2-17 画出下列逻辑函数的卡诺图。

$$L(A,B,C,D) = (\overline{A}+\overline{B}+\overline{C}+\overline{D})(\overline{A}+\overline{B}+C+\overline{D})(\overline{A}+B+\overline{C}+D)$$
$$(A+\overline{B}+\overline{C}+D)(A+B+C+D)$$

解:(1) 由摩根定律,可将上式化成:

$$\overline{L} = ABCD + AB\overline{C}D + A\overline{B}CD + \overline{A}BC\overline{D} + \overline{A}\,\overline{B}\,\overline{C}\,\overline{D}$$
$$= \sum m(15,13,10,6,0)$$

(2) 因上式中最小项之和为 $\overline{L}$,故对 $\overline{L}$ 中的各最小项,在卡诺图相应方格内填入 0,其余填入 1,即得图 2-10 所示的卡诺图。

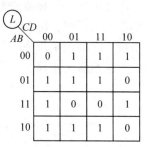

图 2-10 例 2-17 的卡诺图

2.2.4 用卡诺图化简逻辑函数

1. 化简的依据

卡诺图具有循环邻接的特性,若图中两个相邻的方格均为 1,则这两个相邻最小项的和将消去一个变量。例如图 2-8 所示 4 变量卡诺图中的方格 5 和方格 7,其最小项之和为 $\overline{A}BCD + \overline{A}B\overline{C}D = \overline{A}BD(\overline{C}+C) = \overline{A}BD$,消去了变量 C,即消去了相邻方格中不同的那个因子。若卡诺图中 4 个相邻的方格为 1,则这 4 个相邻的最小项之和将消去 2 个变量,如上述 4 变量卡诺图中的方格 0、2、8、10,它们的最小项和为:

$$m_0 + m_2 + m_8 + m_{10}$$
$$= \overline{A}\,\overline{B}\,\overline{C}\,\overline{D} + \overline{A}\,\overline{B}C\overline{D} + A\overline{B}\,\overline{C}\,\overline{D} + A\overline{B}C\overline{D} = \overline{B}\,\overline{D}$$

消去了变量 A 和 C,即消去相邻 4 个方格中不相同的那 2 个因子,这就反复应用了 $A+\overline{A}=1$ 的关系,就可使逻辑表达式得到简化。这就是利用卡诺图法化简逻辑函数的基本原理。

2. 化简的步骤

用卡诺图化简逻辑函数的步骤如下:

(1) 将逻辑函数写成最小项表达式。

(2) 按最小项表达式填充卡诺图,凡式中包含了的最小项,其对应方格填 1,其余方格填 0。

(3) 合并最小项,即将相邻的 1 方格圈成一组(包围圈),每一组含 2^n 个方格,对应每个包围圈写成一个新的乘积项。本书中包围圈用虚线框表示。

(4) 将所有包围圈对应的乘积项相加。

有时也可以由真值表直接填卡诺图,这样以上的(1)、(2)两步就合为一步。

画包围圈时应遵循以下原则:

(1) 包围圈内的方格数必定是 2^n 个,n 等于 0、1、2、3、4……。

(2) 相邻方格包括上下底相邻、左右相邻和四角相邻。

(3) 同一方格可以被不同的包围圈重复包围,但新增包围圈中一定要有新的方格,否则该包围圈为多余。

(4) 包围圈内的方格数要尽可能多,包围圈的数目要尽可能少。

化简后,一个包围圈对应一个与项(乘积项),包围圈越大,所得乘积项中的变量越少。实际上,如果做到了使每个包围圈尽可能大,结果包围圈个数也就会少,使得消失的乘积项个数也越多,就可以得到逻辑函数最简的与-或表达式。下面通过举例来熟悉卡诺图化简逻辑函数的方法。

例 2-18 用卡诺图法化简下列逻辑函数。
$$L(A,B,C,D) = \sum m(0,2,5,7,8,10,13,15)$$

解:(1) 由 L 画出卡诺图,如图 2-11 所示。

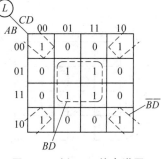

图 2-11 例 2-18 的卡诺图

(2) 画包围圈合并最小项,得到最简与-或表达式 $L = BD + \overline{BD}$。

例 2-19 一个逻辑电路有 4 个逻辑变量 A、B、C 和 D,它的真值表如表 2-8 所示,用卡诺图法化简得最简的与-或表达式及与非-与非表达式。

表 2-8 例 2-19 的真值表

A	B	C	D	L	A	B	C	D	L
0	0	0	0	1	1	0	0	0	1
0	0	0	1	0	1	0	0	1	0
0	0	1	0	0	1	0	1	0	1
0	0	1	1	0	1	0	1	1	0
0	1	0	0	1	1	1	0	0	1
0	1	0	1	1	1	1	0	1	0
0	1	1	0	0	1	1	1	0	0
0	1	1	1	0	1	1	1	1	1

解:(1) 由真值表画出卡诺图,如图 2-12 所示。

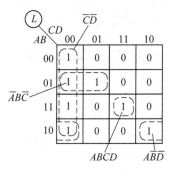

图 2-12 例 2-19 的卡诺图

(2) 画包围圈合并最小项,得到化简的与-或表达式。
$$L = \overline{C}\overline{D} + \overline{A}B\overline{C} + A\overline{B}\overline{D} + ABCD$$

(3) 求与非-与非表达式,二次求非。
$$L = \overline{\overline{\overline{C}\overline{D} + A\overline{B}\overline{D} + \overline{A}B\overline{C} + ABCD}}$$

然后利用摩根定律得到:
$$L = \overline{\overline{\overline{C}\overline{D}} \cdot \overline{A\overline{B}\overline{D}} \cdot \overline{\overline{A}B\overline{C}} \cdot \overline{ABCD}}$$

利用卡诺图表示逻辑函数式时,如果卡诺图中各小方格被 1 占去了大部分,虽然可用包围 1 的方法进行化简,但由于要重复利用 1 项,往往显得零乱而易出错。这时可以采用包围 0 方格的方法进行化简,求出反函数 $\overline{L}$,再对 $\overline{L}$ 求非,其结果相同,这种方法更简单。下面举例说明。

例 2-20 化简逻辑函数 $L(A,B,C,D) = \sum m(0\sim3, 5\sim11, 13\sim15)$。

解：(1) 由 L 画出卡诺图，如图 2-13(a) 所示。

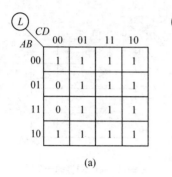
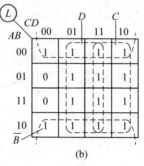
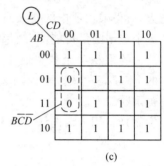

图 2-13　例 2-20 的卡诺图

(2) 用包围 1 的方法化简，如图 2-13(b) 所示，得到 $L = \overline{B} + C + D$。

(3) 用包围 0 的方法化简，如图 2-13(c) 所示，得到 $\overline{L} = B\overline{C}\overline{D}$，对 $\overline{L}$ 求非，可得：
$$L = \overline{B} + C + D$$

3. 任意项的处理

实际中经常会遇到如下问题：在真值表内对于变量的某些取值组合，函数的值可以是任意的；或者这些变量的取值根本不会出现，那么这些变量取值所对应的最小项就称为无关项或任意项。

既然任意项的值可以是任意的，或者我们根本不关心，那么在化简逻辑函数时，它的值可以取 0 或 1，具体取什么值，可以根据使函数尽量得到简化而定。

例 2-21 设计一个逻辑电路，能够判断 1 位十进制数是奇数还是偶数。当十进制数为奇数时，电路输出为 1；当十进制数为偶数时，电路输出为 0。

解：(1) 列写真值表。用 8421BCD 码表示十进制数，4 位码即为输入变量。当对应的十进制数为奇数时，函数值为 1，反之为 0，得到表 2-9 所示的真值表。

表 2-9　例 2-21 的真值表

对应十进制数	输入变量				输出	对应十进制数	输入变量				输出
	A	B	C	D	L		A	B	C	D	L
0	0	0	0	0	0	8	1	0	0	0	0
1	0	0	0	1	1	9	1	0	0	1	1
2	0	0	1	0	0	无关项	1	0	1	0	×
3	0	0	1	1	1		1	0	1	1	×
4	0	1	0	0	0		1	1	0	0	×
5	0	1	0	1	1		1	1	0	1	×
6	0	1	1	0	0		1	1	1	0	×
7	0	1	1	1	1		1	1	1	1	×

因为 8421BCD 码只有 10 个，所以表 2-9 中 4 位十进制码的后 6 种组合不可能输入，它们都是无关项，所对应的函数值可以任意假设，为 0 或 1 都可以，通常以"×"表示。

(2) 将真值表的内容填入 4 变量卡诺图,如图 2-14 所示。

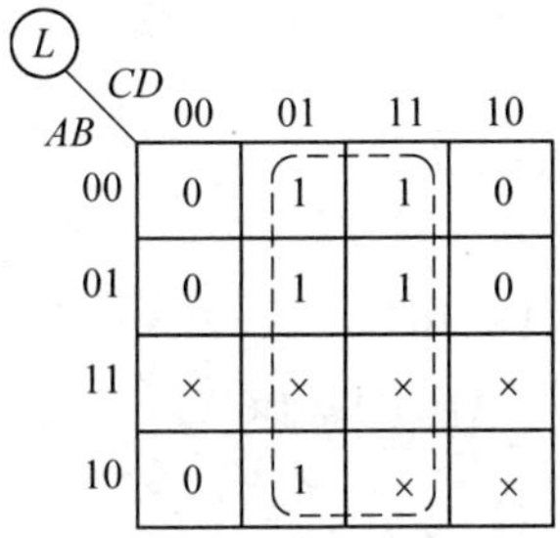

图 2-14 例 2-21 的卡诺图

(3) 画包围圈,此时应利用无关项。显然,将 m_{13}、m_{15} 和 m_{11} 对应的方格视为 1,可以得到最大包围圈,由此可写出 $L=D$。

若不利用无关项,则 $L=\overline{A}D+\overline{B}CD$,显然结果比 $L=D$ 要复杂得多。

本 章 小 结

- 数字电路的研究方法是把输入变量所有可能的状态组合一一列出,并将对应的输出变量的状态填入,形成真值表。
- 逻辑代数是分析和设计逻辑电路的工具。一个逻辑问题可用逻辑函数来描述。逻辑函数可用真值表、逻辑表达式、卡诺图和逻辑图表达,这 4 种表达方式各具特点,可根据需要选用。

课 后 习 题

2-1 用真值表证明下列恒等式。
(1) $(A\oplus B)\oplus C=A\oplus(B\oplus C)$
(2) $(A+B)(A+C)=A+BC$
(3) $\overline{A\oplus B}=\overline{A}\,\overline{B}+AB$

2-2 写出 3 变量的摩根定律表达式,并用真值表验证其正确性。

2-3 用逻辑代数定律证明下列等式。
(1) $A+\overline{A}B=A+B$
(2) $ABC+A\overline{B}C+AB\overline{C}=AB+AC$
(3) $A+A\overline{B}\,\overline{C}+\overline{A}CD+(\overline{C}+\overline{D})E=A+CD+E$

2-4 用代数法化简下列各式。
(1) $AB(BC+A)$
(2) $(A+B)(A\overline{B})$
(3) $\overline{\overline{A}BC(B+\overline{C})}$

(4) $\overline{\overline{A\bar{B}+ABC}+A(B+\overline{A\bar{B}})}$

(5) $AB+\overline{AB}+\bar{A}B+A\bar{B}$

(6) $\overline{\overline{(\bar{A}+B)}+\overline{(A+B)}+\overline{\bar{A}B}\overline{A\bar{B}}}$

(7) $\bar{B}+ABC+\overline{AC}+\overline{A\bar{B}}$

(8) $\overline{A\bar{B}C}+A\bar{B}C+ABC+A+B\bar{C}$

(9) $ABC\bar{D}+ABD+BC\bar{D}+ABCD+B\bar{C}$

(10) $\overline{AC+\bar{A}BC+\bar{B}C+AB\bar{C}}$

2-5 将下列各式转换成与-或形式。

(1) $\overline{A\oplus B\oplus C\oplus D}$

(2) $\overline{\overline{A+B+C+D}+\overline{C+D+\bar{A}+D}}$

(3) $\overline{\overline{AC\cdot BD}\ \overline{BC\cdot \bar{A}B}}$

2-6 已知逻辑函数表达式为 $L=\bar{A}BC\bar{D}$，画出实现该式的逻辑电路图，限使用非门和二输入与非门。

2-7 画出实现下列逻辑表达式的逻辑电路图,限使用非门和二输入与非门。

(1) $L=AB+AC$

(2) $L=\overline{D(A+C)}$

(3) $L=\overline{(A+B)(C+D)}$

2-8 已知逻辑函数表达式为 $L=A\bar{B}+\bar{A}C$，画出实现该式的逻辑电路图，限使用与非门和二输入或非门。

2-9 将下列函数展开为最小项表达式。

(1) $L=A\bar{C}D+\bar{B}C\bar{D}+ABCD$

(2) $L=\bar{A}(B+\bar{C})$

(3) $L=\overline{AB}+ABD(B+\bar{C}D)$

(4) $L=\overline{A+\bar{B}}+\bar{A}BC$

(5) $L(A,B,C)=\overline{(AB+\bar{A}B+\bar{C})\overline{AB}}$

2-10 已知函数 $L(A,B,C,D)$ 的卡诺图如题图 2-1 所示,试写出函数 L 的最简与或表达式。

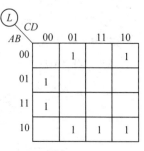

题图 2-1

2-11 用卡诺图化简下列各式。

(1) $A\bar{B}CD + AB\bar{C}D + A\bar{B} + A\bar{D} + A\bar{B}C$

(2) $(A\bar{B} + B\bar{D})\bar{C} + BD\overline{(AC)} + \bar{D}\,\overline{(\bar{A}+\bar{B})}$

(3) $A\bar{B}CD + D(\bar{B}CD) + (A+C)B\bar{D} + \bar{A}\,\overline{(\bar{B}+C)}$

(4) $L(A,B,C,D) = \sum m(0,2,4,8,10,12)$

(5) $L(A,B,C,D) = \sum m(0,1,2,5,6,8,9,10,13,14)$

(6) $L(A,B,C,D) = \sum m(0,2,4,6,9,13) + \sum d(1,3,5,7,11,15)$

(7) $L(A,B,C,D) = \sum m(0,13,14,15) + \sum d(1,2,3,9,10,11)$

2-12 已知逻辑函数 $L = A\bar{B} + B\bar{C} + C\bar{A}$,试用真值表、卡诺图和逻辑图(限使用非门和与非门)表示。

2-13 约束条件 $\bar{A}B = 0$,用卡诺图化简下面的三个输出函数(北京航空航天大学 2001 年硕士研究生入学考试数字电路考题)。

$$Z_1(A,B,C,D) = \sum m(4,8,9,10,12,13,14)$$

$$Z_2(A,B,C,D) = \sum m(4,8,9,10,11,12,14)$$

$$Z_3(A,B,C,D) = \sum m(9,11,13)$$

2-14 用卡诺图法化简下面两个输出逻辑函数(北京航空航天大学 2005 硕士研究生入学考试数字电路考题)。

$$Z_1(A,B,C,D) = \sum m(0,2,5,6,8,10,13,14) + \sum d(7,15)$$

$$Z_2(A,B,C,D) = \sum m(1,6,9,14); 约束条件为: B\bar{C} = 0$$

2-15 用代数法化简以下逻辑函数(浙江大学 2007 年硕士研究生入学考试数字电路考题)。

(1) $Y_1 = \bar{A}(C \oplus D) + B\bar{C}D + AC\bar{D} + A\bar{B}\bar{C}D$

(2) $Y_2 = 1 \oplus A \oplus B \oplus C \oplus AB \oplus AC \oplus BC \oplus ABC$

第 3 章　逻辑门电路

[主要教学内容]

1. MOS 管的基本工作原理。
2. CMOS 门电路的电路结构、工作原理和电气特性。
3. 双极型三极管的基本工作原理和开关特性。
4. TTL 门电路的电路结构、工作原理和电气特性。
5. 典型逻辑门电路实际使用中的一些问题。

[教学目的和要求]

1. 了解逻辑门电路的分类和特点。
2. 掌握典型逻辑门的功能、外特性和实际使用中的一些问题。
3. 了解正负逻辑的概念及相互关系。
4. 了解 TTL 与 CMOS 门的接口问题。

3.1　MOS 逻辑门电路

3.1.1　概述

我们把实现基本逻辑运算和复合逻辑运算的电子电路统称为逻辑门电路，简称门电路。作为基本逻辑运算和复合逻辑运算的有与、或、非、与非、或非、与或非、异或、同或等。因此，从逻辑功能上区分，门电路也有与门、或门、非门(习惯上经常称之为反相器)、与非门、或非门、与或非门、异或门、异或非门(也称为同或门)等几种。按开关管的类型分，门电路包括 MOS 逻辑门电路和 TTL 逻辑门电路。

MOS 逻辑门电路是在 TTL 逻辑门电路之后出现的一种广泛应用的数字集成器件。按照器件结构的不同形式，可以分为 NMOS、PMOS 和 CMOS 三种逻辑门电路。由于制造工艺的不断改进，CMOS 电路已成为占主导地位的逻辑器件，其工作速度已经赶上甚至超过 TTL 电路，它的功耗和抗干扰能力则远优于 TTL 电路。因此，几乎所有的超大规模存储器以及 PLD 器件都采用 CMOS 工艺制造，且费用较低。

早期生产的 CMOS 门电路为 4000 系列，后来发展为 4000B 系列，其工作速度较慢，与 TTL 不兼容，但它具有功耗低、工作电压范围宽、抗干扰能力强的特点。随后出现了高速CMOS器件74HC和74HCT系列。与4000B系列相比,其工作速度快、带负载能力强。74HCT系列与TTL兼容,可与TTL器件交换使用。另一种新型CMOS系列是74VHC和74VHCT系列,其工作速度达到了74HC和74HCT系列的两倍。对于54系列产品,其引脚编号及逻辑功能与74系列基本相同,所不同的是54系列是军用产品,适用的温度范围更宽,测试和筛选标准更严格。

近年来,随着便携式设备(例如笔记本计算机、数字相机、手机等)的发展,要求使用体积小、功耗低、电池耗电少的半导体器件,因此先后推出了低电压CMOS器件74LVC系列,以及超低电压CMOS器件74AUC系列,并且半导体制造工艺可以使它们的成本更低、速度更快,同时大多数低电压器件的输入输出电平可以与5V电源的CMOS或TTL电平兼容。不同的CMOS系列器件对电源电压要求不一样,表3-1所示为几种CMOS集成电路的电源电压和电源最大电压额定值。

表3-1 几种CMOS电路的电源电压值

类　　型	电源电压/V	电源最大电压值/V
4000B	3～18	20
74HC	2～6	7
74HCT	4.5～5.5	7
74LVC	1.2～3.6	6.5
74AUC	0.8～2.7	3.6

CMOS是数字逻辑电路的主流工艺技术,但CMOS技术却不适合用在射频和模拟电路中。因此BiMOS成为射频系统中用得最多的工艺技术。BiMOS集成电路结合了BJT的高速性能和高驱动能力以及CMOS的高密度、低功耗和低成本等优点,它既可用于数字集成电路,也可用于模拟集成电路。BiMOS技术主要用于高性能集成电路的生产。

目前使用的两种双极型数字集成电路是TTL和ECL系列。TTL是应用最早、技术比较成熟的集成电路,曾被广泛使用。大规模集成电路的发展要求每个逻辑单元电路的结构简单,并且功耗低。TTL电路不能满足这个条件,因此逐渐被CMOS电路取代,退出其主导地位。由于TTL技术在整个数字集成电路设计领域中的历史地位和影响,很多数字系统设计技术仍采用TTL技术,特别是从小规模到中规模数字系统的集成,因此推出了新型的低功耗和高速TTL器件,这种新型的TTL使用肖特基势垒二极管(BSD),以避免BJT工作在饱和状态,从而可以提高工作速度。

最早的TTL门电路是74系列。后来出现了改进型的74H系列,其工作速度提高了,但功耗却增加了。而74L系列的功耗降低了很多,但工作速度也降低了。为了解决功耗和速度之间的矛盾,推出了低功耗和高速的74S系列,它使用肖特基晶体三极管,使电路的工作速度和功耗均得到改善。之后又生产出74LS系列,其速度与74系列相当,但功耗却降低到74系列的1/5。74LS系列广泛应用于中、小规模集成电路。随着集成电路的发展,生产出进一步改进的74AS和74ALS系列。74AS系列与74S系列相比,功耗相当,但速度却提高了两倍。74ALS系列将74LS系列的速度和功耗又进一步提高。

而74F系列的速度和功耗介于74AS和74ALS之间,广泛应用于速度要求较高的TTL逻辑电路。

ECL也是一种双极型数字集成电路,其基本器件是差分对管。在饱和型的TTL电路中,晶体三极管作为开关在饱和区和截止区切换,其退出饱和区需要的时间较长。而ECL电路中晶体三极管不工作在饱和区,因此工作速度较高。但ECL器件功耗比较高,不适合制成大规模集成电路,因此不像CMOS或TTL系列被广泛使用。ECL电路主要用于高速或超高速数字系统或设备中。

砷化镓是继锗和硅之后发展起来的新一代半导体材料。由于砷化镓器件中载流子的迁移率非常高,因而其工作速度比硅器件快得多,并且具有功耗低和抗辐射的特点,已成为光纤通信、移动通信以及全球定位系统等应用的首选电路。

3.1.2 MOS管的开关特性

MOS管具有集成度高、输入阻抗高、功耗低、工艺简单且没有电荷存储效应等优点,在数字电路中具有后来者居上的地位;主要缺点是工作速度稍慢。与NPN半导体三极管类似,MOS管的伏安特性曲线可以分为三个工作区域:非饱和区(可变电阻区)、截止区和饱和区(恒流区)。图3-1(a)为N沟道增强型MOS管构成的开关电路,其实是NMOS管构成的反相器。其中,$v_I=v_{GS}$,$v_o=v_{DS}$,V_T为开启电压。图3-1(b)为NMOS管的输出特性曲线,其中斜线为直流负载线。

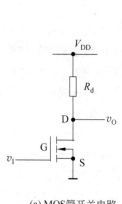

(a) MOS管开关电路

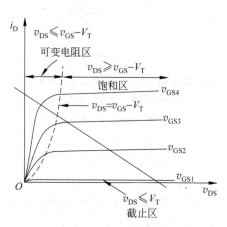

(b) N沟道MOS管的输出特性曲线

图3-1 MOS管开关电路及其输出特性曲线

当$v_I<V_T$时,MOS管处于截止状态,$i_D=0$,输出电压$v_o=V_{DD}$。此时器件不损耗功率。

当$v_I>V_T$并且比较大,使得$v_{DS}>v_{GS}-V_T$时,MOS管工作在饱和区。随着v_I增加,i_D增加,v_{DS}随之下降,MOS管最后工作在可变电阻区。从特性曲线的可变电阻区可以看到,当v_{GS}一定时,D、S之间可近似等效为线性电阻。v_{GS}越大,输出特性曲线越倾斜,等效电阻越小。此时MOS管可以看成是一个受v_{GS}控制的可变电阻。v_{GS}的取值足够大时,使得R_d远远大于D、S之间的等效电阻时,电路输出为低电平。

由此可见,MOS 管相当于一个由 v_{GS} 控制的无触点开关,当输入为低电平时,MOS 管截止,相当于开关"断开",输出为高电平,其等效电路如图 3-2(a)所示;当输入为高电平时,MOS 管工作在可变电阻区,相当于开关"闭合",输出为低电平,其等效电路如图 3-2(b)所示。图中 R_{on} 为 MOS 管导通时的等效电阻,约在 1kΩ 以内。

在图 3-1(a)所示 MOS 管的开关电路的输入端,加一个理想的脉冲波形,如图 3-3(a)所示。

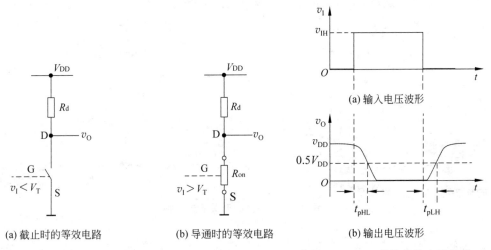

图 3-2　MOS 管的开关等效电路　　　　图 3-3　MOS 管的开关电路波形

由于 MOS 管中栅极与衬底之间的电容 C_{GB}、漏极与衬底间的电容 C_{DB}、栅极与漏极间的电容 C_{GD} 以及导通电阻等的存在,使其在导通和闭合两种状态之间转换时不可避免地会受到电容充、放电过程的影响。输出电压 v_O 的波形已不是和输入一样的理想脉冲,上升沿和下降沿都变得缓慢了,而且输出电压的变化滞后于输入电压的变化。

3.1.3　CMOS 反相器和传输门

由于 CMOS 电路中巧妙地利用了 N 沟道增强型 MOS 管和 P 沟道增强型 MOS 管特性的互补性,因而不仅电路结构简单,而且在电气特性上也有突出的优点。正因为如此,CMOS 电路的制作工艺在数字集成电路中得到了广泛的应用。

在 CMOS 逻辑电路中,反相器(非门)和传输门是最基本的两种电路单元。各种逻辑功能门电路和很多更加复杂的逻辑电路都是在这两种单元的基础上组合而成的。

1. CMOS 反相器

图 3-4 是 CMOS 反相器的电路结构图。由该图可见,它由一个 N 沟道增强型 MOS 管 T_N 和一个 P 沟道增强型 MOS 管 T_P 组成,两管的栅极相连作为输入端,P 沟道管的源极接至电源的正端,N 沟道管的源极接至电源的公共端(电源的负

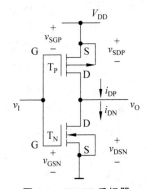

图 3-4　CMOS 反相器

端),两管的漏极相连作为输出端。按照图中标明的电压与电流方向,$v_I = v_{GSN}$,$v_O = v_{DSN}$,并设 $i_{DN} = i_{DP} = i_D$。为了使电路正常工作,要求电源电压 V_{DD} 大于两只 MOS 管的开启电压的绝对值之和,即 $V_{DD} > (V_{TN} + |V_{TP}|)$。

假定电源电压 V_{DD} 为 $+5V$,输入信号的高电平 V_{IH} 等于 5V,低电平 $V_{IL} = 0V$,并且 V_{DD} 大于 T_N 的开启电压 V_{TN} 和 T_P 开启电压 V_{TP} 的绝对值之和。当输入为低电平 $V_{IL} = 0$ 时,T_N 的 $v_{GS} = 0$,所以 T_N 截止;而 T_P 的 $v_{GS} = -V_{DD}$,所以 T_P 导通。由于 T_N 的截止电阻远大于 T_P 的导通电阻,所以反相器的等效电路可以用图 3-5(a)表示,故输出为高电平 $V_{OH} = V_{DD}$。

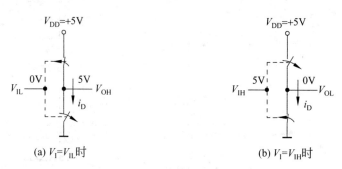

图 3-5 反相器的开关等效特性

当输入为高电平 $V_{IH} = V_{DD}$ 时,T_P 的 $v_{GS} = 0$,T_P 截止;而 T_N 的 $v_{GS} = V_{DD}$,T_N 导通。这时反相器的等效电路可以画成图 3-5(b)的形式,故输出为低电平 $V_{OL} = 0$。

从图 3-5 的等效电路可以看到,无论输入是高电平还是低电平,T_N 和 T_P 当中总有一个处于导通状态而另一个处于截止状态,因此称这种电路结构为互补输出结构。而且不管输入是高电平还是低电平,同时流过 T_N 和 T_P 的电流 i_D 始终近似等于 0。这是 CMOS 电路最大的一个优点。当然,实际的 MOS 管截止内阻不会是无穷大,i_D 也不绝对等于 0,但它的数值极小,所以在分析输出的高、低电平时可以忽略不计。

CMOS 反相器电压传输特性是指其输出电压 v_O 随输入电压 v_I 变化所得到的曲线,如图 3-6(a)所示。电流传输特性是指漏极电流 i_D 随输入电压 v_I 变化的曲线,如图 3-6(b)所示,图中 $V_{DD} = 5V$,$V_{TN} = |V_{TP}| = V_T = 1V$。根据 T_N 和 T_P 两管工作原理的不同,可将传输特性曲线分为五段。在传输特性曲线的 AB 段或 EF 段,根据 CMOS 反相器的两种极限情况分析可知,不论输出为高电平或是低电平,总有一只 MOS 管工作在截止区,因此流过两管的电流接近于零值。

在 BC 段或 DE 段,T_N 和 T_P 两管中总有一个工作在饱和区,另一个工作在可变电阻区。此时输出电流比较大,传输特性变化比较快,两管在 $v_I = V_{DD}/2$ 处转换状态。

在 CD 段,由于 T_N 和 T_P 两管均工作在饱和区,此时 $v_I = V_{DD}/2$,电流 i_D 达到最大值。在两管均导通的过渡区域,由于电流较大,因而产生较大的功耗。使用时应避免使两管长时间工作在此区域,以防止功耗过大而损坏。

当 $V_{TN} < v_I < V_{DD} - |V_{TP}|$ 时,T_N 和 T_P 两管同时导通。考虑到电路是互补对称的,一个器件可将另一个器件视为它的漏极负载。还应注意到,器件在饱和区呈现恒流特性,两

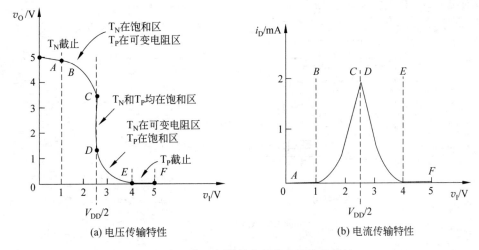

(a) 电压传输特性　　　　　(b) 电流传输特性

图 3-6　CMOS 反相器的电压和电流传输特性

管之一可当作高阻值的负载。因此,在过渡区域,传输特性变化比较急剧。两管在 $v_1=V_{DD}/2$ 处转换状态。

2. CMOS 传输门

CMOS 传输门是由一个 N 沟道增强型 MOS 管和一个 P 沟道增强型 MOS 管接成的双向开关,如图 3-7(a)所示。它的开关状态由加在 P 和 N 的控制信号决定。图 3-7(b)是它的逻辑符号。当 $P=0V$ 且 $N=V_{DD}$ 时,两个 MOS 管均为导通状态,A—B 间呈低导通电阻(可以达到 10Ω 以内),这样 A—B 间相当于开关接通。反之,若 $P=V_{DD}$、$N=0V$,则两只 MOS 管同时截止,A—B 间相当于开关断开。

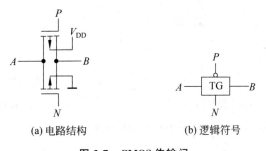

(a) 电路结构　　　　　(b) 逻辑符号

图 3-7　CMOS 传输门

3.1.4　CMOS 与非门、或非门和异或门

在反相器的基础上,通过在反相器上并联或串联而附加一些 MOS 管,就很容易构成与非门和或非门了。图 3-8 是与非门的电路结构和逻辑符号。

由图 3-8(a)可见:

当 $A=B=0$ 时,T_1 和 T_2 截止,T_3 和 T_4 导通,$L=1$。

当 $A=0$、$B=1$ 时,T_1 截止,T_3 导通,$L=1$。

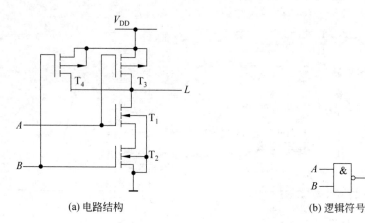

(a) 电路结构　　　　　　　　(b) 逻辑符号

图 3-8　CMOS 与非门

当 $A=1$、$B=0$ 时，T_2 截止，T_4 导通，$L=1$。

当 $A=B=1$ 时，T_1 和 T_2 导通，T_3 和 T_4 截止，$L=0$。

因此，L 和 A、B 之间为与非关系，即 $L=\overline{AB}$。

图 3-9 是或非门的电路结构。由该图可见，只要 A、B 当中有一个是 1，L 就等于 0，只有 A、B 同时为 0 时，L 才等于 1。因此，L 和 A、B 间为或非关系，即 $L=\overline{A+B}$。

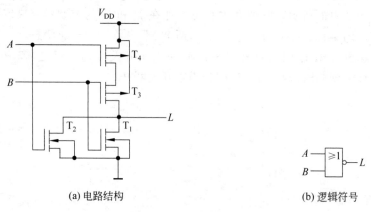

(a) 电路结构　　　　　　　　(b) 逻辑符号

图 3-9　CMOS 或非门

CMOS 异或门电路如图 3-10 所示。它由一级或非门和一级与或非门组成。或非门的输出为 $X=\overline{A+B}$，而与或非门的输出 L 则为输入 A、B 的异或，即：

$$L=\overline{AB+X}=\overline{AB+\overline{A+B}}=\overline{AB+\overline{A}\,\overline{B}}=A\oplus B$$

3.1.5　CMOS 漏极开路门电路和三态输出门电路

在 CMOS 门电路的输出结构中，除了已经讲过的互补输出结构以外，还有漏极开路输出结构和三态输出结构。下面分别讨论。

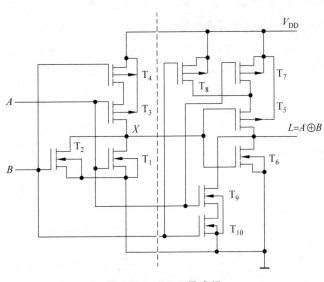

图 3-10　CMOS 异或门

1. CMOS 漏极开路门电路—OD 门

(1) 电路及逻辑符号。

漏极开路输出结构的门电路又称为 OD 门。所谓漏极开路是指 CMOS 门输出电路只有 NMOS 管,并且它的漏极是开路的。图 3-11 是漏极开路输出与非门的电路结构和逻辑符号。从它的输出端看进去是一只漏极开路的 MOS 管。这里用与非门逻辑符号里面的菱形标记表示它是漏极开路输出结构,同时用菱形下面的短横线表示当输入为低电平时输出端的 MOS 管是导通的,门电路的输出电阻为低电阻。

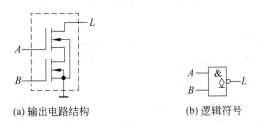

(a) 输出电路结构　　　　　(b) 逻辑符号

图 3-11　漏极开路(OD)与非门电路及其逻辑符号

(2) OD 门的典型应用。

OD 门在计算机中应用很广泛,它可实现"线与"逻辑、总线传输及逻辑电平的转换等。下面分别加以说明。

① 实现"线与"逻辑。

漏极开路输出门电路的一个特有功能是可以将它们的输出端直接相连,实现输出信号之间的逻辑与运算。图 3-12(a)为电路接线图,图 3-12(b)为电路逻辑图。我们把这种连接方式称为"线与"(Wire And)。由图中可以看出,只有在 Y_1 和 Y_2 同时为高电平时 L 才等于 1,因此 L 和 Y_1、Y_2 之间是与逻辑关系,即

$$L = Y_1 Y_2 = \overline{AB}\,\overline{CD}$$

在使用这一类门电路时,需要在输出端与电源之间外接一个上拉电阻 R_P,如图 3-12(a) 所示。只要 R_P 的阻值远远小于 Y_1 或 Y_2 的截止电阻 R_{OFF},而又远远大于 Y_1 和 Y_2 的导通电阻 R_{ON},则输出的高、低电平将近似为 $V_{OH} = V_{DD}$、$V_{OL} = 0$。

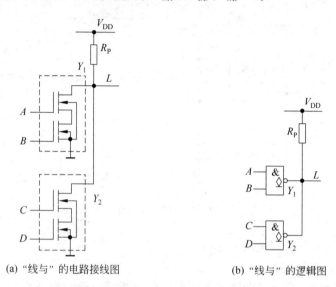

(a) "线与" 的电路接线图　　(b) "线与" 的逻辑图

图 3-12　漏极开路与非门"线与"电路及其逻辑符号

下面讨论一下 R_P 阻值的计算方法。若将 n 个 OD 门接成"线与"结构,并考虑存在负载电流 I_L 的情况下,电路将如图 3-13 所示。

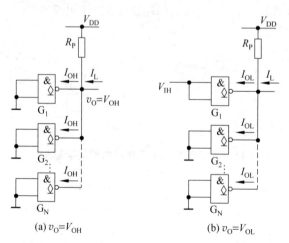

(a) $v_O = V_{OH}$　　(b) $v_O = V_{OL}$

图 3-13　计算 R_P 取值范围所用的电路

由图 3-13(a) 可见,当输出为高电平 V_{OH} 时,所有 OD 门输出端的 MOS 管全都处于截止状态。这些 OD 门输出管的漏电流 I_{OH} 和负载电流 I_L 同时流过 R_P,并在 R_P 上产生压降。为保证输出电压高于要求的 V_{OH} 值,R_P 的阻值不能太大,必须满足:

$$v_O = V_{DD} - (nI_{OH} + |I_L|)R_P \geq V_{OH}$$

由此即可得 R_P 的最大允许值 $R_{P(max)}$。

$$R_P \leq (V_{DD} - V_{OH})/(nI_{OH} + |I_L|) = R_{P(max)} \quad (3-1)$$

因为输出为高电平时负载电流 I_L 是 OD 门流出的，和图 3-13(a) 箭头所标示的规定正方向相反，所以应取其绝对值代入式(3-1)计算。

在输出为低电平 V_{OL} 的情况下，当只有一个 OD 门的输出管导通时，负载电流 I_L 和流过 R_P 的电流将全部流入这个 MOS 管，如图 3-13(b) 所示。为了保证流入这个导通 OD 门的电流不超过允许的低电平输出电流最大值 $I_{OL(max)}$，R_P 的阻值不能太小，必须满足：

$$I_L + (V_{DD} - V_{OL})/R_P \leq I_{OL(max)}$$

由此得到 R_P 的最小允许值：

$$R_P \geq (V_{DD} - V_{OL})/(I_{OL(max)} - I_L) = R_{P(min)} \quad (3-2)$$

例 3-1 计算图 3-14 所示电路中 OD 门外接上拉电阻 R_P 取值的允许范围。已知 $V_{DD} = 5V$，OD 门 $G_1 \sim G_3$ 输出端 MOS 管截止时的漏电流 $I_{OH} = 5\mu A$，导通时允许流入的最大负载电流为 $I_{OL(max)} = 4mA$。负载 $G_4 \sim G_7$ 是四个反相器，它们的高电平输入电流为 $I_{IH} = 1\mu A$，低电平输入电流为 $I_{IL} = -1\mu A$（从输入端流出）。要求输出的高、低电平满足 $V_{OH} \geq 4.4V, V_{OL} \leq 0.2V$。

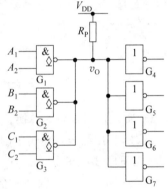

图 3-14 例 3-1 的电路图

解：根据式(3-1)得到：

$$\begin{aligned} R_{P(max)} &= (V_{DD} - V_{OH})/(nI_{OH} + |I_L|) \\ &= (5 - 4.4)/(3 \times 5 \times 10^{-6} + 4 \times 10^{-6})\Omega \\ &= 31.6 k\Omega \end{aligned}$$

根据式(3-2)又可得到：

$$\begin{aligned} R_{P(min)} &= (V_{DD} - V_{OL})/(I_{OL(max)} - I_L) \\ &= (5 - 0.2)/(4 \times 10^{-3} - 4 \times 10^{-6})\Omega \\ &= 1.2 k\Omega \end{aligned}$$

故得到 R_P 允许的取值范围为 $1.2 k\Omega \leq R_P \leq 31.6 k\Omega$。

注意，这种"线与"连接方法不能用于普通的互补输出门电路。以图 3-15 中的两个互补输出的与非门为例，假定与非门 G_1 的两个输入为低电平，而与非门 G_2 的两个输入为高电平，则 G_1 的 T_3 和 T_4 导通，T_1 和 T_2 截止，而 G_2 的 T_7 和 T_8 截止，T_5 和 T_6 导通。如果将 G_1 和 G_2 的输出端相连，则由于 T_3、T_4、T_5 和 T_6 都处于低内阻的导通状态，流过它们的电流 I_L 将远远超过正常工作状态下的允许值。因此，不能将它们的输出端并联使用。

② 实现总线传输。

漏极开路输出的门电路还可以用于接成总线结构的系统。例如在图 3-16 中，三个漏极开路输出的与非门输出端接到了同一条总线上。只要任何时候 B_1、B_2 和 B_3 当中只有一个为 1，就可以在同一条总线上传送相应的信号 $\overline{A_1}$、$\overline{A_2}$ 和 $\overline{A_3}$。

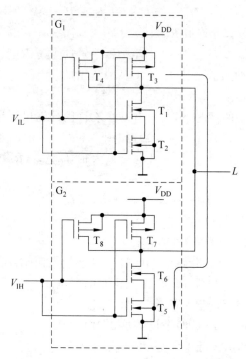

图 3-15　两个互补输出与非门输出并联情况

③ 实现逻辑电平的转换。

此外,利用漏极开路输出的门电路还能很方便地实现输入信号逻辑电平与输出信号逻辑电平的变换。由图 3-16 可知,输出的高电平 $V_{OH}=V_{DD}$。这个 V_{DD} 值可以不等于输入信号的高电平 V_{IH}。我们完全可以根据对输出高电平的要求选定这个 V_{DD} 值。

④ 驱动发光二极管。

通常数字逻辑电路要外接指示电路。图 3-17 所示为 OD 与非门驱动发光二极管 D 的接口电路,当 OD 与非门输出低电平时,有较大的电流从 V_{CC} 经电阻 R 和发光二极管 D 到 OD 门输出端,发光二极管 D 导通发亮。当 OD 与非门输出高电平时,就不足以使二极管 D 发亮的电流流过,发光二极管就变暗。

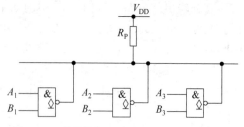

图 3-16　利用漏极开路输出门接成总线结构

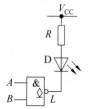

图 3-17　驱动发光二极管的接口电路

2. 三态(TSL)输出的门电路

三态门是一种计算机广泛使用的特殊门电路。它有三种输出状态:高电平 V_{OH}、低

电平 V_{OL} 和高阻抗状态。其中 V_{OH} 和 V_{OL} 为工作态,高阻抗状态为禁止态。

注意:三态门不是具有三个逻辑值,在工作状态下,它的输出可为逻辑"1"和逻辑"0";在禁止态下,输出高阻表示输出端悬浮,此时该门电路与其他门电路无关,因此不是一个逻辑值。

图 3-18(a)所示为高电平使能的三态输出缓冲电路,其中 A 是输入端,L 是输出端,EN 是控制信号输入端,也称使能端。图 3-18(b)是它的逻辑符号。

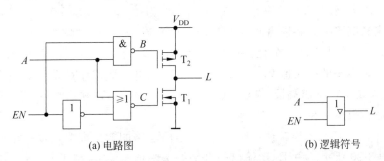

(a) 电路图   (b) 逻辑符号

图 3-18   三态输出门电路及其逻辑符号

由图可见,当控制端 $EN=1$ 时,如果 $A=0$,则 $B=1,C=1$,使得 T_1 导通,T_2 截止,输出端 $L=0$;如果 $A=1$,则 $B=0,C=0$,使得 T_1 截止,T_2 导通,输出端 $L=1$。

当控制端 $EN=0$ 时,不论 A 的取值为何,都使得 $B=1,C=0$,则 T_1 和 T_2 均截止,电路的输出端出现开路,既不是低电平,又不是高电平,这就是第三种状态——高阻工作状态。

其他逻辑功能的门电路(如与非门、或非门等)也可以在输出端接入三态输出反相器,组成三态输出结构的门电路。

三态输出的门电路广泛地用于采用总线连接的数字系统中。例如在图 3-19 的总线结构电路中,只要轮流地令 EN_1、EN_2 和 EN_3 为 1,就可以用同一根总线(bus)轮流传送 A、B、C 三个数字信号。

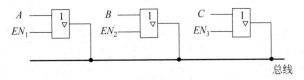

图 3-19   用三态输出门实现总线连接

3.1.6   CMOS 门电路的电气特性和参数

当选用各种数字集成电路器件组成所需要的数字电路时,不仅需要知道这些器件的逻辑功能,还需要了解它们的电气特性。只有这样,才能正确地处理这些集成电路之间以及它们和外围其他电路之间的连接问题。

1. 直流电气特性和参数

所谓直流电气特性(也称静态特性)是指电路处于稳定工作状态下的电压和电流特

性,通常用一系列电气参数来描述。对于不同系列产品,这些电气参数的具体数值也不相同,可查阅附录B。下面以74HC系列CMOS集成电路为例,说明这些参数的物理意义。

(1) 输入高电平 V_{IH} 和输入低电平 V_{IL}。

由图 3-6 中的 CMOS 反相器的电压传输特性上可以看到,在保证输出电平基本不变的情况下,允许输入高、低电平有一定范围的变化。因此,在指定的电源电压下,都给出输入高电平的最小值 $V_{IH(min)}$ 和输入低电平的最大值 $V_{IL(max)}$。在电源电压 V_{DD} 为 $+5V$ 时,74HC 系列集成电路的 $V_{IH(min)}$ 约为 3.5V,$V_{IL(max)}$ 约为 1.5V。

(2) 输出高电平 V_{OH} 和输出低电平 V_{OL}。

V_{OH} 和 V_{OL} 同样也各有一个允许的数值范围,所以同样也给出输出高电平的最小值 $V_{OH(min)}$ 和输出低电平的最大值 $V_{OL(max)}$。在 $+5V$ 电源电压下,74HC 系列 CMOS 集成电路的 $V_{OH(min)}$ 约为 3.84V(输出端接 TTL 负载),$V_{OL(max)}$ 约为 0.33V(输出端接 TTL 负载)。

(3) 噪声容限 V_{NH} 和 V_{NL}。

在将两个门电路互相连接使用时,前面一个门电路的输出即为后面一个门电路的输入信号,如图 3-20 所示。由于 G_1 输出高电平的下限值 $V_{OH(min)}$ 高于 G_2 输入电压高电平下限值 $V_{IH(min)}$,所以允许在高电平输入信号上叠加一定限度内的噪声电压,并称这个允许的限度为高电平噪声容限 V_{NH}。由图 3-20 可知:

$$V_{NH} = V_{OH(min)} - V_{IH(min)} \tag{3-3}$$

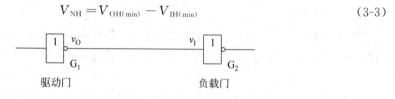

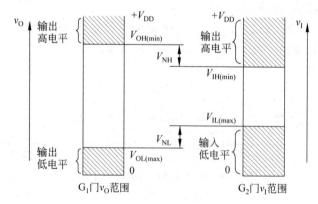

图 3-20 CMOS 电路的输入、输出电平和噪声容限

同理,定义低电平噪声容限为:

$$V_{NL} = V_{IL(max)} - V_{OL(max)} \tag{3-4}$$

在图 3-20 给定的高、低电平情况下,可以算出 74HC 系列门电路的噪声容限为:

$$V_{NH} = 3.84 - 3.5 = 0.34V$$
$$V_{NL} = 1.5 - 0.33 = 1.17V$$

2. 开关电气特性和参数

开关电气特性也称作动态特性,是指电路在状态转换过程中的电压和电流特性。用于描述开关特性的重要参数如下。

(1) 传输延迟时间 t_{pd}(propagation delay)。

图 3-21(a)所示为由保护电路和 MOS 管构成的 CMOS 反相器。由于 MOS 管开关状态的转换不是瞬间完成的,而且输出端又存在着负载电容 C_L,所以当输入电压突变时,输出电压的变化要比输入电压的变化延迟一段时间,如图 3-21(b)所示。考虑到输入电压和输出电压的变化都不可能是理想的突变,需要经历一段上升时间或下降时间,所以便于计算起见,取输出波形下降沿和上升沿的中点与对应的输入波形对应沿中点之间的时间间隔,分别用 t_{PLH} 和 t_{PHL} 表示。

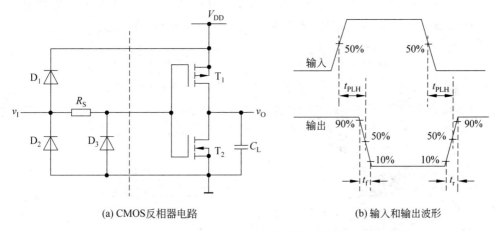

(a) CMOS 反相器电路　　　　(b) 输入和输出波形

图 3-21　CMOS 门电路传输延迟时间

在 CMOS 门电路中,输出电压由高电平变为低电平时的传输延迟时间 t_{PHL} 和由低电平变为高电平时的传输延迟时间 t_{PLH} 相近,所以通常只给出一个 t_{pd} 参数。在 t_{PHL} 与 t_{PLH} 不相等时,t_{pd} 通常标示二者的平均值。此外,不仅是反相器,在所有各种门电路中都存在着传输延时的问题。传输延迟时间的大小与门电路的负载电容 C_L 有关,即电容 C_L 越大,传输延迟时间将越长,而且输出电压波形的上升和下降时间也越长。因此,C_L 越小,越有利于减小 t_{pd} 和改善输出电压波形。然而,在任何实际电路中,C_L 总是不可避免地存在着。C_L 不仅包括输出端外接负载电路的电容,还包括门电路内部输出端的电容以及接线和封装的杂散电容。集成电路器件手册上给出的传输延迟时间都是在规定 C_L 条件下测得的数据。在 $C_L=50\text{pF}$ 的条件下,反相器 74HC04 的传输延迟时间 t_{pd} 约为 9ns。

(2) 功耗。

功耗分为静态功耗和动态功耗。静态功耗指的是当电路的输出没有状态转换时的功耗,即门电路空载时电源总电流 I_D 与电源电压 V_{DD} 的乘积。CMOS 电路处于稳定状态下的静态功耗 P_Q 是非常小的。这是因为无论输出保持在高电平还是低电平,电源电流都极小。例如 74HC04 集成电路中有 6 个反相器,静态下的电源电流在 $1\mu\text{A}$ 以下,所以这时的功耗几乎可以忽略不计。

动态功耗指的是电路在输出状态转换时的功耗。CMOS 电路在状态转换过程中产生的动态功耗要比静态功耗大得多。由图 3-21(a)可以看到,在输出电压 v_O 由低电平跳变为高电平的过程中,电源电压 V_{DD} 经过 T_2 的导通内阻 $R_{ON(P)}$ 向 C_L 充电,充电电流流经 $R_{ON(P)}$ 产生功率损耗。在 v_O 由高电平跳变为低电平的过程中,电容上的电荷将通过 T_1 的导通内阻 $R_{ON(N)}$ 放电,放电电流流经 $R_{ON(N)}$ 也产生功率损耗。可以证明,由于 C_L 充、放电产生的功耗 P_L 可用下式计算:

$$P_L = C_L V_{DD}^2 f \tag{3-5}$$

式中,f 为输出电压变化的频率。

此外,在电路的输出电平从高到低或从低到高的转换过程中,输出端的一对 MOS 管会出现短暂时间内同时导通的状态,因而有一个尖峰电流流过两个 MOS 管,产生瞬变功耗 P_T。P_T 的大小和输入保护电路的电路参数、MOS 管的特性以及输入信号频率 f 有关。在输入信号的变化速度很快(低于规定的上升、下降时间)的情况下,瞬变功耗可近似用下式计算:

$$P_T = C_{pd} V_{DD}^2 f \tag{3-6}$$

式中,C_{pd} 称为功耗电容,它的数值由器件手册给出。需要说明的是 C_{pd} 并不是一个接在输出端的实际电容,它只是一个用于计算瞬变功耗的等效参数。

综合以上两部分,就得到了总的动态功耗 P_D 为:

$$P_D = P_L + P_T = (C_L + C_{pd}) V_{DD}^2 f \tag{3-7}$$

例 3-2 已知 CMOS 反相器的电源电压 $V_{DD} = 5\text{V}$,静态电源电流 $I_{DD} = 0.2\mu\text{A}$,负载电容 $C_L = 100\text{pF}$,功耗电容 $C_{pd} = 20\text{pF}$,输入信号频率 $f = 500\text{kHz}$,试求反相器的动态功耗和静态功耗。

解:根据式(3-7)得到动态功耗为:

$$\begin{aligned} P_D &= (C_L + C_{pd}) V_{DD}^2 f \\ &= (100 + 20) \times 10^{-12} \times 5^2 \times 5 \times 10^5 \text{W} \\ &= 1.5 \text{mW} \end{aligned}$$

静态功耗为:

$$\begin{aligned} P_Q &= V_{DD} I_D \\ &= 5 \times 0.2 \times 10^{-6} \text{W} \\ &= 1\mu\text{W} \end{aligned}$$

可见,与动态功耗 P_D 相比,静态功耗 P_Q 可忽略不计。

(3) 输入电容 C_I。

CMOS 集成电路的输入电容 C_I 包含了输入级一对 MOS 管的栅极电容以及输入保护电路的接线杂散电容。74HC 系列门电路 C_I 的典型数值为 3pF。当输入信号来自前一级门电路时,它将成为前一级门电路输出端的一个负载电容。

3. 扇入数与扇出数

门电路的扇入数取决于它的输入端的个数,例如一个 3 输入端与非门,其扇入数 $N_1 = 3$。

门电路的扇出数是指其在正常工作情况下,所能带同类门电路的最大数目。扇出数的计算要稍复杂些,这时要考虑两种情况,一种是负载电流从驱动门流向外电路,称为拉电流负载;另一种是负载电流从外电路流入驱动门,称为灌电流负载。"拉"与"灌"形象地表明了负载的性质,下面分别予以介绍。

(1) 拉电流工作情况图。

图 3-22(a)所示为拉电流负载的情况,图中左边为驱动门,右边为负载门,负载门的输入电流为 I_{IH}。当负载门的个数增加时,总的拉电流将增加,会引起输出高电压的降低。但不得低于输出高电平的下限值,这就限制了负载门的个数。这样,输出为高电平时的扇出数可表示如下:

$$N_{OH} = \frac{I_{OH}(驱动门)}{I_{IH}(负载门)} \tag{3-8}$$

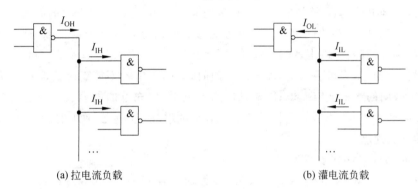

(a) 拉电流负载 (b) 灌电流负载

图 3-22 计算扇出数的两种情况

(2) 灌电流工作情况图。

图 3-22(b)所示为灌电流负载的情况,当驱动门的输出端为低电平时,负载电流 I_{OL} 流入驱动门,它是负载门输入端电流 I_{IL} 之和。当负载门的个数增加时,总的灌电流 I_{OL} 将增加,同时也将引起输出低电压 V_{OL} 的升高。当输出为低电平并且保证不超过输出低电平的上限值时,驱动门所能驱动同类门的个数由下式决定:

$$N_{OL} = \frac{I_{OL}(驱动门)}{I_{IL}(负载门)} \tag{3-9}$$

一般在逻辑器件的手册中并不给出扇出数,而必须用计算或实验的方法求得,并注意在设计时留有余地,以保证数字电路或系统能正常地运行。在实际的工程设计中,如果输出高电平电流 I_{OH} 与输出低电平电流 I_{OL} 不相等,则 $N_{OL} \neq N_{OH}$,常取二者中的最小值。

对于 CMOS 门电路扇出数的计算分两种情况,一种是带 CMOS 负载,另一种是带 TTL 负载。负载类型不同,数据手册中给出的输出高电平电流 I_{OH} 或者输出低电平电流 I_{OL} 也不同。当所带负载为 CMOS 电路时,根据数据手册,查得 74HC/74HCT 的输出电流 $I_{OH} = -20\mu A$,$I_{OL} = 20\mu A$,输入电流 $I_{IH} = 1\mu A$,$I_{IL} = -1\mu A$。数据前的负号表示电流从器件流出,反之表示电流流入器件,计算时只取绝对值。所以 $N_{OH} = N_{OL} = 20\mu A/1\mu A = 20$,即最多可接同类型电路的输入端数为 20 个。

上述 CMOS 扇出数的计算是保证 CMOS 驱动门的高电平输出为 4.9V。如果允许其高电平输出降至 TTL 门的逻辑电平 3.84V(低电平亦然),则 I_{OH} 和 I_{OL} 分别为 $-4mA$ 和 $4mA$,此时计算出的扇出数为 4000,实际不可能达到这么大的数,因为 CMOS 门的输入电容比较大,电容的充放电电流不能忽略。

74HCT 系列与 TTL 兼容,如果 CMOS 所带负载为 74LS 系列的 TTL 门电路,此时 $I_{OH}=I_{OL}=4\text{mA}$,而 $I_{IH}=0.02\text{mA}$,$I_{IL}=0.4\text{mA}$,根据式(3-8)可计算高电平输出时的扇出数:

$$N_{OH}=\frac{I_{OH}}{I_{IH}}=\frac{4\text{mA}}{0.02\text{mA}}=200$$

根据式(3-9)可计算低电平输出时的扇出数:

$$N_{OL}=\frac{I_{OL}}{I_{IL}}=\frac{4\text{mA}}{0.4\text{mA}}=10$$

因此,根据上述两种情况的计算,取数值小的为扇出数,即 CMOS 最多可接 10 个 74LS 系列 TTL 门电路的输入端。这里考虑每个负载门只有一个输入端与驱动门相接,如果每个负载门有两个以上的输入端接入驱动门,则扇出数实为输入端数目。

值得指出的是,当负载为 CMOS 逻辑门时,其输入电容不能忽略。驱动门为高电平时,会向负载门的输入电容充电;而驱动门为低电平时,充电的电容会通过驱动门输出电阻放电。因此,增加负载门数量将导致总电容值的增加,致使充、放电时间增加,从而影响门电路的开关速度。

4. 各种系列 CMOS 数字集成电路的性能比较

到目前为止,各国生产的 CMOS 数字集成电路已有 4000 系列、HC/HCT 系列、AHC/AHCT 系列、LVC 系列和 ALVC 系列等定型产品,其中 4000 系列是最早投放市场的 CMOS 数字集成电路定型产品。由于当时生产工艺水平的限制,虽然它的工作电压范围比较宽(3~18V),但存在着传输延迟时间长(60~100ns)、负载能力弱的缺点。例如工作在 5V 的电源电压下时,允许的高电平输出电流和低电平输出电流的最大值只有 0.5mA。因此,现在已经很少使用 4000 系列产品了。

HC/HCT 系列是高速 CMOS 逻辑(High-speed CMOS Logic)系列的简称。经过改进制造工艺生产的 HC/HCT 系列产品大大缩短了传输延迟时间,同时也提高了负载能力。当电源电压为 5V 时,HC/HCT 系列的传输延迟时间约为 10ns,几乎是 4000 系列的十分之一;输出高、低电平时的最大负载电流达 4mA。

HC 系列和 HCT 系列的区别在于,HC 系列的工作电压范围较宽(2~6V),但它的输入、输出电平和负载能力不能和下面将要介绍的 TTL 电路完全兼容,所以适于用在单纯由 CMOS 器件组成的系统中。而 HCT 系列一般仅工作在 5V 电源电压下,在输入、输出电平以及负载能力上均可与 TTL 电路兼容,所以适于用在 CMOS 与 TTL 混合的系统中。

AHC/AHCT 系列是改进的高速 CMOS 逻辑(Advanced HC/HCT Logic)系列的简称。通过进一步改进生产工艺,AHC/AHCT 系列在电气性能上又有了进一步提高。它的传输延迟时间约为 HC/HCT 系列的三分之一,而负载能力提高了一倍。

LVC 系列是低压 CMOS 逻辑(Low-Voltage CMOS Logic)系列的简称。LVC 系列不仅能在很低的电源电压(1.65~3.6V)下工作,而且传输延迟时间非常短(在 5V 的极限电源电压下仅为 3.8ns),还可提供高达 24mA 的输出驱动电流。此外,LVC 系列还提供了多种用于 3.3～5V 逻辑电平转换的器件。

ALVC 系列是改进的 LVC 逻辑(Advanced Low-Voltage CMOS Logic)系列的简称。它在电气性能上比 LVC 系列更加优越。LVC 和 ALVC 系列是目前 CMOS 电路中最新也是性能最好的产品,可以满足当今一些最先进的高性能数字系列设计的需要。

在诸多系列的 CMOS 电路产品中,只要产品型号最后的数字相同,它们的逻辑功能就是一样的。例如 74/54HC00、74/54HCT00、74/54AHCT00、74/54LVC00 和 74/54ALVC00 的逻辑功能是一样的,它们都是 4-2 输入与非门,即内部有四个两输入端的与非门。但是,它们的电气性能和参数就大不相同了。54HC00 和 74HC00 仅在允许的工作环境温度范围上有所区别,其他方面(逻辑功能、主要的电气参数、外形封装和引脚排列等)完全相同。54HC 系列的工作环境温度范围为 $-55℃\sim125℃$,而 74HC 系列的工作环境温度为 $-40℃\sim85℃$。

3.2 TTL 逻辑门电路

TTL 逻辑门电路由若干三极管和电阻组成。这种门电路于 20 世纪 60 年代问世,随后经过电路结构和工艺方面的改进,至今仍广泛应用于各种数字电路或系统中。TTL 电路的基本环节是带电阻负载的三极管反相器(非门),为了改善它的开关速度和其他性能,往往还需要增加其他元器件。

3.2.1 三极管的开关特性

在数字电路中,晶体三极管和二极管一样也常作为开关使用。在模拟电路中已介绍了三极管的伏安曲线可分为三个工作区域:放大区、截止区和饱和区。对应这三个工作区域,三极管具有放大、截止和饱和三种工作状态。在模拟电路中,三极管主要工作于放大状态;在数字电路中,三极管作为开关元件,主要工作于截止和饱和这两种状态,而放大状态只是三极管从一种稳定状态向另一种状态转换的过渡状态。这就要求三极管要有良好的稳定开关特性、接通(饱和状态)和断开(截止状态)特性,以及良好的瞬态开关特性(经过放大区)。图 3-23 给出了 NPN 型硅三极管的开关等效电路。

当输入电平是负值即 $V_{BE}<0$ 时,其发射结反向偏置,$V_{BC}<0$,集电结也反向偏置,三极管截止。这时只有少数载流子形成极小的漂移电流,若将它们忽略,基极电路 $I_B\approx0$,集电极电路 $I_C\approx0$,由于集电极电阻 R_C 上无压降,输出电压 $V_{CE}=V_{CC}$。此时,C-E 间导通电阻很大,相当于开关断开。这种状态称为三极管的截止状态,也称为"关态"。即使输入电压 $v_I>0$,但只要不超过死区电压 V_r,三极管仍然处于截止状态。

如果输入电压 v_I 升高,使 $v_I>0.5V$(锗管为 0.2V),即超过死区电压 V_r,三极管处于放大状态。此时基极电路 $I_B>0$,集电极电路 $I_C=\beta I_B$,C-E 间导通电阻相当于一个受 I_B 控制的电流源的内阻。三极管导通后,发射结正向压降钳位 $V_{BE}=0.7V$(锗管为 0.3V),输出电压 $V_{CE}=V_{CC}-I_C R_C$,其值大于 V_{BE},因此放大状态下的集电结始终反向偏置。

放大区是晶体三极管开关转换时候的过渡状态,从截止到饱和或从饱和到截止,工作点迅速沿着负载线转移。晶体三极管的功耗也主要产生在放大区,转移时间越短,功耗

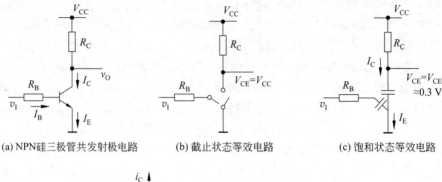

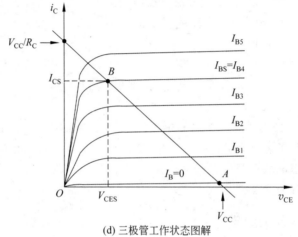

(d) 三极管工作状态图解

图 3-23 三极管的开关等效电路

越低。

三极管导通以后，随着输入电平 v_I 的增大，基极电流 I_B 和集电极电流 $I_C=\beta I_B$ 随之增大，输出电压 $V_{CE}=V_{CC}-I_C R_C$ 不断下降。而当 V_{CE} 下降至 $V_{BC}<0$ 时，即硅管 0.7V、锗管 0.3V 以下，发射结仍保持正偏，集电结则由反向偏置转为正向偏置，此时三极管进入饱和状态。在饱和状态下，C-E 间的压降很小（约 0.3V），称为三极管的饱和压降 V_{CES}。此时，C-E 间导通电阻很小，相当于一个闭合的开关。晶体管饱和压降越小，越接近理想开关的接通。因此这种状态也称为三极管的"开态"。虽然饱和也是一种导通状态，但此时集电极饱和电流 $I_{CS}=\dfrac{V_{CC}-V_{CES}}{R_C}$，它不受 I_B 控制。

3.2.2 反相器的基本电路

1. 电路结构和工作原理

TTL 门电路的基本结构形式也是反相器。图 3-24 中给出了 74 系列（也称标准系列）TTL 反相器的电路结构。这个电路可以划分为输入级、倒相级和输出级三个组成部分。

输入级由 T_1 和 R_1 组成，它为后面的倒相级提供驱动信号。

倒相级由 T_2 和 R_2、R_3 组成。当 T_2 的基极电流增加时，集电极电流和发射极电流也随之增加，T_2 的发射极电位升高而集电极的电位下降。可见，由 T_2 的发射极和集电极输出的信号具有相反的变化方向，因此把这部分电路称为倒相级。

由 T_3、T_4 和 R_4 组成的输出级通常称为推拉式（push-pull）电路，也称为图腾柱（totem-pole）电路。其特点是提升开关速度和带负载能力。如果能够保证输出高电平时 T_3 导通、T_4 截止，而输出低电平时 T_4 导通、T_3 截止，就可以保证无论输出为高电平还是低电平，电路都具有很低的输出电阻，而且流过 T_3 和 T_4 支路的电流基本为零。

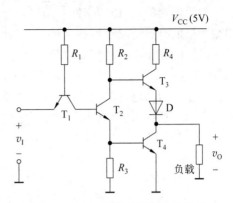

图 3-24　TTL 反相器的基本电路图

TTL 电路正常的工作电压规定为 5V。若输入为低电平 $V_{IL}=0.2V$，则电路的工作状态如图 3-25(a) 所示。

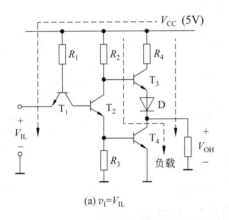

(a) $v_I=V_{IL}$

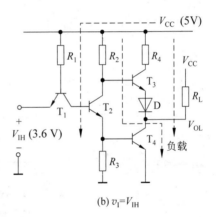

(b) $v_I=V_{IH}$

图 3-25　TTL 反相器工作状态分析

这时 T_1 的发射结（BE 结）导通，使 T_1 的基极电位为 $V_{B1}=0.2+0.7=0.9V$。因为只有在 V_{B1} 高于 T_1 的集电结（BC 结）开启电压与 T_2 的发射结开启电压之和（1.4V）以后 T_2 才能导通，所以这时 T_2 截止。而要想使 T_4 导通，V_{B1} 需要大于 T_1 的 BC 结开启电压、T_2 的 BE 结开启电压和 T_4 的 BE 结开启电压之和（2.1V），因此 T_4 也处于截止状态。与此同时，T_3 工作在导通状态，故输出为高电平 V_{OH}。图 3-25(a) 中的虚线箭头表示实际的电流方向。在输出电流 $I_{OH}=-0.4mA$（因为实际电流的方向与规定的 I_{OH} 正方向相反，所以写作 $-0.4mA$）时，T_3 的 BE 结和 D 均处于导通状态。设 T_3 的 BE 结和 D 的导通压降均为 0.7V，则得到：

$$V_{OH}=V_{CC}-V_{R2}-V_{BE3}-V_D$$

如果忽略 V_{R2}，则得到：

$$V_{OH}=V_{CC}-V_{BE3}-V_D=5-0.7-0.7=3.6V$$

需要说明的是,即使是同一型号的器件,在电路参数上也存在一定的分散性,而且输出端所接的负载情况也不一定相同,因此 V_{OH} 值也会有差异。例如在输出端空载的情况下,流过 T_3 的 BE 结和 D 的电流接近于零(T_4 截止时有极小的漏电流),它们均未充分导通,压降远小于 0.7V,因此 V_{OH} 要比 3.6V 高得多。

当输入为高电平 $V_{IH}=3.6V$ 时,电路的工作状态如图 3-25(b)所示。在 v_1 从 V_{IH} 开始上升的过程中,T_1 的基极电位 V_{B1} 也随之升高,在升至 $V_{B1}=2.1V$ 以后,T_4 的 BE 结和 T_2 的 BE 结经 R_1 和 T_1 的 BC 结导通,T_2 和 T_4 进入饱和导通状态,输出为低电平 V_{OL}。因此,v_1 继续升高时 V_{B1} 基本维持不变。T_2 导通后为饱和导通状态,集电极电位 V_{C2} 等于 T_4 的 BE 结压降(0.7V)与 T_2 饱和导通压降(0.1V)之和,约 0.8V。因为只有在 V_{C2} 高于 1.4V 时 T_3 的 BE 结和 D 才可能导通,所以这时 T_3 必然截止。图中用虚线箭头标明了电流的实际方向。

以上分析表明,图 3-24 电路实现了反相器的逻辑功能。

将输出电压随输入电压的变化用曲线表示出来,就得到了图 3-26 所示的电压传输特性。把电压传输特性转折区中点对应的输入电压称为阈值电压。由图可见,它的阈值电压 V_{TH} 约为 1.4V。

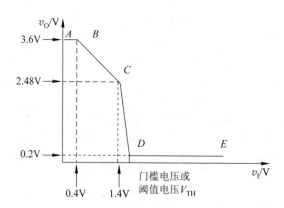

图 3-26 TTL 反相器的典型传输特性

由上述分析可知,在传输特性曲线的 AB 段,$v_1 < 0.4V$ 时,T_1 饱和导通,T_2 和 T_4 截止,而 T_3 导通,输出高电平 $v_O = 3.6V$。当 v_1 增加至 BC 段,T_2 导通并工作在放大区,v_O 随着 v_1 的增加而下降。当 v_1 继续增加至 CD 段时,使 T_4 导通并工作在放大区,v_O 迅速下降。当 v_1 增加至 D 点时,T_2 和 T_4 饱和,T_3 截止,输出低电平 $v_O = 0.2V$。

2. 输入特性

从图 3-25 上还可以看到,无论输入为高电平还是低电平,输入电流都不等于零,而且空载下的电源电流也比较大,这两点与 CMOS 电路形成了鲜明的对照。由于 TTL 电路的功耗比较大,所以难以做成大规模集成电路。

以反相器 SN7404 为例,由图 3-25(a)可见,当 $v_1 = V_{IL} = 0.2V$ 时,低电压输入电流 I_{IL} 的实际流向是从输入端流出的,与规定的正方向相反,因而记作负值。由图得到:

$$I_{IL} = -(V_{CC} - V_{BE1} - V_{IL})/R_1$$
$$= -(5 - 0.7 - 0.2)/4 \times 10^3$$

$$= -1\text{mA}$$

当 $v_I = V_{IH} = 3.6\text{V}$ 时，由图 3-25(b)可知，T_1 的 BC 结处于正向偏置而 BE 结处于反向偏置，相当于将原来的发射极和集电极互换使用了。在这种"倒置"状态下，三极管的电流放大系数 β 被设计得非常小（小于 0.01），所以这时的输入电流 I_{IH} 非常小，而且在输入高电平范围内几乎不随输入电平的不同而改变。通常在产品手册上都会给出每种门电路产品 I_{IH} 的最大值。

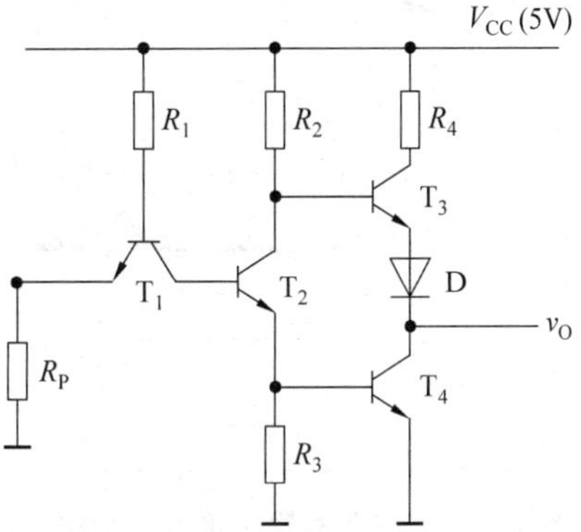

另外，如果将 TTL 电路的输入端经过一个电阻 R_P 接地（见图 3-27），则输入端的电位 v_I 将不等于零，而且 v_I 随 R_P 的增加而升高。

由图 3-27 可得

$$v_I = (V_{CC} - V_{BE1})R_P/(R_1 + R_P)$$

图 3-27 **TTL 反相器输入端经电阻接地时的工作状态**

但是在 v_I 升至 1.4V 以后，由于 T_1 的 BC 结和 T_2、T_4 的 BE 结同时导通，将 V_{B1} 钳制在 2.1V，所以即使 R_P 再增大，v_I 也不会再升高了，基本上维持在 1.4V 左右。

由此可知，当 TTL 反相器的输入端悬空时（R_P 为无穷大），输出必为低电平。如果从输出端看，就如同输入端接高电平信号一样。所以对于输出端状态而言，TTL 输入的悬空状态和接逻辑 1 电平是等效的。

需要提醒注意的是，在 CMOS 电路中如果将输入端经过一个电阻接地，由于电阻上没有电流流过，所以输入端电位始终为零。

3. 输出特性

当反相器的输出端接有负载电路时，因为反相器的输出电阻不等于零，所以输出的高、低电平将随负载电流的变化而改变。不过 TTL 电路输出高、低电平时的输出电阻都很小，所以负载电路在允许的工作范围内变化时，输出的高、低电平变化不大。反相器 7404 的高电平输出阻值 R_{OH} 在 100Ω 以内，低电平输出电阻 R_{OL} 小于 8Ω。由于高电平输出电阻比较大，而且允许的负载电流又比较小，所以在需要驱动较大的负载电流时，总是用输出低电平去驱动。

3.2.3 TTL 逻辑门电路

TTL 系列逻辑门电路中，除上述介绍的非门外，还有与非门、或非门和与或非门等门电路。下面仍以 74 系列为例，分别加以介绍。

1. 与非门电路

将基本 TTL 反相器的输入级 T_1 改为多发射极的 BJT，就构成了与非门，如图 3-28 所示。在 P 型的基区上扩展两个高浓度的 N 型区，形成彼此独立的两个发射极，而基区和集电区是公用的。

图 3-29 所示为采用多发射极 BJT 构成的 2 输入端 TTL 与非门。当任一输入端为低电平时，T_1 的发射结将正向偏置而导通，其基极电压为 $V_{B1} = 0.9\text{V}$。所以 T_2、T_3 都截止，

输出为高电平。只有当全部输入端为高电平时，T_1 将转入倒置放大状态，T_2 和 T_3 均饱和，输出为低电平。

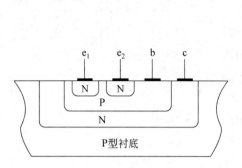

图 3-28　NPN 型多发射极 BJT 的结构示意图　　图 3-29　具有多发射极 BJT 的与非门电路

2. 或非门电路

图 3-30 所示为 TTL 或非门逻辑电路。图中 T_{1A}、T_{2A} 和 R_{1A} 组成的电路与 T_{1B}、T_{2B} 和 R_{1B} 组成的电路相同。若 A、B 两输入端均为低电平，则 T_{2A} 和 T_{2B} 均将截止，$i_{B3}=0$，T_3 截止。同时，T_{2A} 和 T_{2B} 的集电极为高电平 V_{C2}，使 T_4 和 D 饱和导通，输出为高电平。若 A、B 两输入端中有一个为高电平，则 T_{2A} 或 T_{2B} 将饱和，导致 $i_{B3}>0$，i_{B3} 使 T_3 饱和，T_4 截止，输出为低电平。这就实现了或非功能。

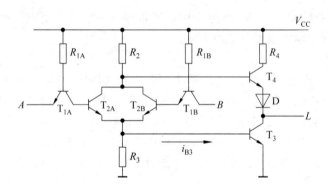

图 3-30　TTL 或非门电路

将或非门的两个输入管 T_{1A} 和 T_{1B} 改成多发射极的 BJT，就构成与或非门电路。

3.2.4　集电极开路门和三态门

1. 集电极开路与非门（OC 门）

如图 3-31(a)所示的是一个 OC 门（Open Collector Gate）电路，在此电路中，输出管 T_3 集电极开路。在使用时必须外接上拉电阻和电源。当输入端有"0"电平时，T_1 深度饱和，T_2、T_3 均截止，输出端为"1"电平。当输入端全为"1"电平时，T_2、T_3 均饱和导通，输出端为"0"电平。所以，该电路具有与非逻辑功能。OC 门电路符号如图 3-31(b)所示。

OC 门在计算机中应用很广泛，功能与 OD 门类似，也可实现"线与"逻辑、逻辑电平

第 3 章 逻辑门电路

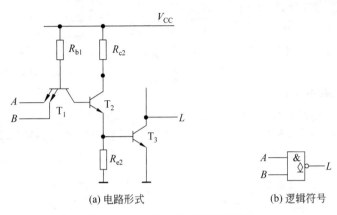

(a) 电路形式 (b) 逻辑符号

图 3-31 OC 门电路及其逻辑符号

的转换及总线传输等功能。此处不再赘述。

2. 三态(TSL)输出门电路

(1) 电路及逻辑符号。

如图 3-32(a)所示为三态门输出与非门电路,其中 T_5、T_6 和 T_7 构成使能控制电路,EN 为使能控制输入端,A、B 为与非门的输入端。在此电路中,当控制端 $EN=1$ 时,T_5 处于倒置放大状态,T_6 饱和,T_7 截止,即其集电极相当于开路。此时电路处于工作状态,$L=\overline{AB}$;当控制端 $EN=0$ 时,T_7 导通,使 T_4 的基极钳制于低电平。同时使能端的低电平信号送到 T_1 的输入端,迫使 T_2 和 T_3 截止。这样 T_3 和 T_4 均截止,与输出端 L 相接

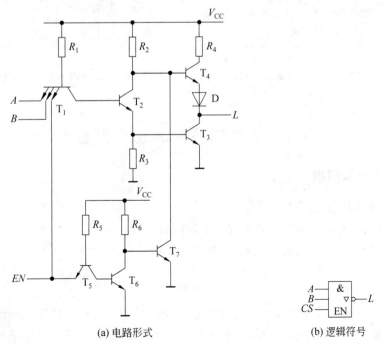

(a) 电路形式 (b) 逻辑符号

图 3-32 三态与非门电路形式及其逻辑符号

的上、下两个支路均开路,输出端处于高阻状态。

(2) 三态门典型应用。

三态门在数字系统中,主要应用于总线传送,它可进行单向数据传送,也可进行双向数据传送。

① "三态门"构成单向总线。

如图 3-33 所示为用三态门构成的单向数据总线。在任何时刻,n 个三态门中仅允许其中一个处于工作状态,而其他门均处于高阻态,此门相应的数据就被与非门送上总线传送出去。若某一时刻同时有两个门处于工作状态,那么总线传送信息就会出错。

② "三态门"构成双向总线。

如图 3-34 所示的是用不同控制输入的三态门构成的双向总线。当控制输入信号 CS 为高电平时,G_1 三态门处于工作态,G_2 三态门处于禁止态,数据输入信号 D_1 的非送到数据总线上传输;当控制输入信号 CS 为低电平时,G_1 三态门处于禁止态,G_2 三态门处于工作态,这时就将数据总线上的信号 D 的非送到 D_2。这样就可以通过改变控制信号 CS 的状态,实现分时的数据双向传送。

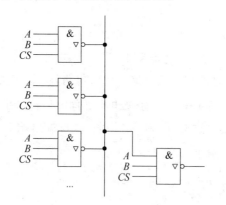

图 3-33 三态与非门构成的单向数据总线

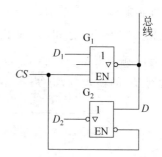

图 3-34 三态非门构成的双向数据总线

3.3 逻辑描述中的几个问题

3.3.1 正负逻辑问题

1. 正负逻辑的规定

在数字电路中,可以采用两种不同的逻辑体制表示电路输入和输出的高、低电平。在前面讨论时,将高电平用逻辑 1 表示,低电平用逻辑 0 表示,这种表示方法称为正逻辑体制。如果将高电平用逻辑 0 表示,低电平用逻辑 1 表示,则这种表示方法称为负逻辑体制。

对于同一电路的输入与输出关系的描述,既可以采用正逻辑,也可以采用负逻辑。正逻辑和负逻辑两种体制不涉及逻辑电路本身的结构问题,但根据所选正负逻辑的不同,即使同一电路也具有不同的逻辑功能。例如某个逻辑门电路的输入和输出电平如表 3-2 表示，其中 H 和 L 分别表示高、低电平。如果采用正逻辑体制，令 H＝1，L＝0，得到如表 3-3 所示的真值表，它表示与非逻辑关系 $L=\overline{AB}$。如果采用负逻辑体制，令 H＝0，L＝1，得到如表 3-4 所示的真值表，它表示或非逻辑关系 $L=\overline{A+B}$。因此，正逻辑的与非门等效于负逻辑的或非门。正逻辑和负逻辑只是看问题的角度或分析问题的方法不同而已，问题的实质是不变的，即电路输入与输出的电平关系始终不变。本书如无特殊说明，一律采用正逻辑，即规定高电平为逻辑 1，低电平为逻辑 0。

表 3-2　某电路输入与输出电平表

A	B	L
L	L	H
L	H	H
H	L	H
H	H	L

表 3-3　正与非门真值表

A	B	L
0	0	1
0	1	1
1	0	1
1	1	0

表 3-4　负或非门真值表

A	B	L
1	1	0
1	0	0
0	1	0
0	0	1

2. 正负逻辑的等效变换

工程实践中，电路描述一般采用正逻辑体制，负逻辑体制用得比较少。如果需要，可以按下列方式进行两种体制的互换。

$$\text{与非} \Leftrightarrow \text{或非} \qquad \text{与} \Leftrightarrow \text{或} \qquad \text{非} \Leftrightarrow \text{非}$$

3.3.2　基本逻辑门电路的等效符号及其应用

1. 基本逻辑门电路的等效符号

利用摩根定律对基本逻辑运算进行变换，可以得到不同形式的表达式。例如与非逻辑运算的表达式可以写成：

$$L=\overline{AB}=\overline{A}+\overline{B}$$

由此，可以得到与非门的等效符号，如图 3-35 所示。输入端的小圆圈表示先对信号进行非运算，然后进行或运算。

图 3-35　与非门及其等效符号

对于或非运算的逻辑表达式，可以写成：

$$L=\overline{A+B}=\overline{A}\cdot\overline{B}$$

可以得到其等效符号，如图 3-36 所示。

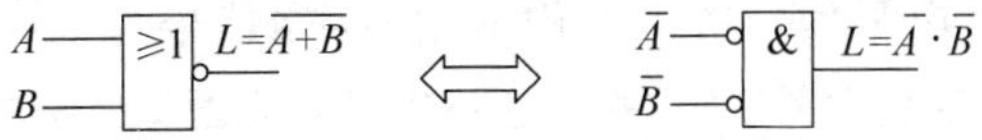

图 3-36　或非门及其等效符号

同理，利用摩根定律对与门和或门的逻辑表达式进行交换，可以得到它们的等效符号，分别如图 3-37 和图 3-38 所示。

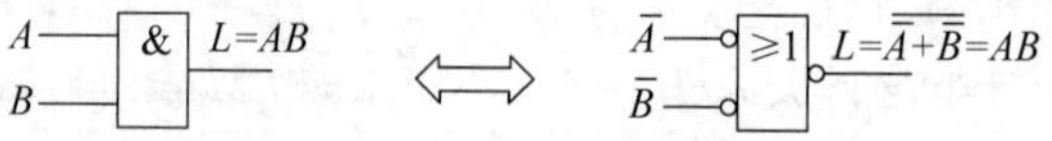

A —&— $L=AB$ ⇔ $\bar{A}$ —≥1— $L=\overline{\bar{A}+\bar{B}}=AB$
B $\bar{B}$

图 3-37　与门及其等效符号

A —≥1— $L=A+B$ ⇔ $\bar{A}$ —&— $L=\overline{\bar{A}\cdot\bar{B}}=A+B$
B $\bar{B}$

图 3-38　或门及其等效符号

上述各图所示的逻辑符号及其等效符号是在同一逻辑体制下，用两种不同的方式描述同一逻辑运算。因此，不能将等效符号看成是负逻辑体制或者负逻辑表示方法。本书采用正逻辑体制，所以对于输入和输出均是高电平为 1，低电平为 0。可以用真值表验证各逻辑符号及其等效符号是等价的。

2. 逻辑门等效符号的应用

利用逻辑门等效符号对逻辑电路进行交换，在不改变电路逻辑功能的前提下，可以简化电路，以便能减少实现电路的门或芯片的种类。

图 3-39(a)所示电路由两级组成，第一级是两个与门，第二级是一个或门。如果用标准集成芯片实现，需要与门和或门两种芯片。

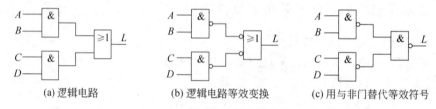

(a) 逻辑电路　　　　(b) 逻辑电路等效变换　　　(c) 用与非门替代等效符号

图 3-39　逻辑门等效符号的应用

利用摩根定律 $\bar{\bar{x}}=x$，在图 3-39(a)中间连线的两端各加一个圆圈，相当于进行两次非运算，但并没有改变电路的功能，得到图 3-39(b)所示电路。然后将图 3-39(b)所示电路第二级的与非门的等效符号用与非门符号代替，就可以得到图 3-39(c)所示电路，该电路由三个与非门构成。一片 74HC00 包含四个 2 输入与非门，因此，用一片 74HC00 即可实现图 3-39 所示电路的逻辑功能。

3. 逻辑门等效符号强调低电平有效

在介绍三态门时，就涉及有效电平的概念。三态门的使能控制信号可以是高电平有效，也可以是低电平有效。对于高电平使能的三态门，当使能端信号为 1 时，电路处于正常逻辑工作状态；对于低电平使能的三态门，当使能端信号为 0 时，电路正常工作。有效电平的概念不止限于使能端信号。在实际电路中，特别是大规模集成芯片中，任何输入或者输出信号都有可能是高电平有效，或者是低电平有效。所谓低电平有效，是指当信号为低电平时，电路完成规定的操作；而高电平有效，是指信号为高电平时，电路完成规定的操作。

图 3-40 所示的是一个可以控制数据传输的电路。其中集成芯片 IC 的使能端 $\overline{EN}$ 要

求低电平有效,电路的两个控制信号分别是请求信号 RE 和允许信号 $\overline{AL}$。图中,G_2 门是输入、输出均为低电平有效的与门。根据图 3-38 可知,G_2 门实际上是或门的等效符号。这里之所以采用等效符号是为了强调低电平有效,以便于理解在实际电路中请求信号 RE、允许信号 $\overline{AL}$ 以及 IC 芯片的使能信号 $\overline{EN}$ 之间的逻辑关系。当请求信号 RE 为有效高电平信号而允许信号 $\overline{AL}$ 为有效低电平信号时,G_2 门的两个输入端均为有效信号,即低电平,则产生一个有效的输出信号,即 $\overline{L}$ 为低电平,使 $\overline{EN}$ 为低电平,允许 IC 传输数据。

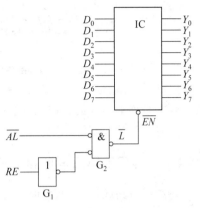

图 3-40 数据传输控制电路

信号名称 $\overline{EN}$、$\overline{AL}$ 和 $\overline{L}$ 上面的横线表示该信号是低电平有效,在进行逻辑运算时,应该作为一个整体符号。如果在运算过程中,变量上面的"−"符号参与运算,则在画逻辑电路图或者验证真值表时,应该将其还原为低电平有效符号。

图 3-40 中的 G_1 门可以用包含 6 个非门的 74HCT04 实现。G_2 门是或门的等效信号,因此可以用包含四个 2 输入的或门 74HCT32 实现。

需要注意的是,如果一根连线的两端都有圆圈,并且都包含非运算的含义,可以用"圈圈相消"进行电路化简,如图 3-39 所示。但在图 3-40 中,G_2 门的输出与使能端之间的连线也有圆圈,但这两个圆圈不能抵消,因为集成芯片 IC 使能端的圆圈是表示低电平有效,不能去掉。

如果要求请求信号 RE 和允许信号 AL 均为高电平有效,而芯片 IC 的使能端 $\overline{EN}$ 仍为低电平有效,可以采用如图 3-41(a)所示的控制电路。G_2 门可以看成是输入为高电平有效而输出为低电平有效的与门,用一片包含 4 个 2 输入的与非门 74HCT00 实现。

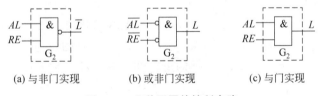

(a) 与非门实现　　　　(b) 或非门实现　　　　(c) 与门实现

图 3-41 几种不同的控制电路

如果要求请求信号 $\overline{RE}$ 和允许信号 $\overline{AL}$ 均为低电平有效,而芯片 IC 的使能端 EN 为高电平有效,则采用如图 3-41(b)所示的控制电路。G_2 门可以看成是输入为低电平有效而输出为高电平有效的与门。根据图 3-36 可知,G_2 门是或非门的等效符号,可以用或非门 74HCT02 实现。

同理,如果要求请求信号 RE 和允许信号 AL 均为高电平有效,芯片 IC 的使能信号也为高电平有效,则采用如图 3-41(c)所示的控制电路。G_2 门为输入、输出均是高电平有效的与门,用与门 74HCT08 实现。

3.4 逻辑门电路使用中的几个实际问题

以上讨论了几种逻辑门电路,重点讨论了 CMOS 和 TTL 两种电路。在具体的应用中,可以根据传输延迟时间、功耗、噪声容限、带负载能力等要求来选择器件。有时需要将两种逻辑系列的器件混合使用,因此就出现了不同逻辑门电路之间的接口问题,以及门电路与负载之间的匹配等问题。下面对几个实际问题进行讨论。

3.4.1 各种门电路之间的接口问题

在数字电路或系统的设计中,往往由于工作速度或者功耗指标的要求,需要将多种逻辑器件混合使用,例如,同时使用 CMOS 和 TTL 两种器件。由于不同逻辑器件的电压和电流参数各不相同,因而需要采用接口电路,需要考虑以下因素。

第一是逻辑门电路的扇出问题,即驱动器件必须能对负载器件提供足够的灌电流或者拉电流。

灌电流情况下应满足:

$$I_{OL(max)} \geq I_{IL(total)} \tag{3-10}$$

拉电流情况下应满足:

$$I_{OH(max)} \geq I_{IH(total)} \tag{3-11}$$

第二是逻辑电平兼容性问题,驱动器件的输出电压必须满足负载器件所要求的高电平或者低电平输入电压的范围。即:

$$V_{OH(min)} \geq V_{IH(min)} \tag{3-12}$$

$$V_{OL(max)} \leq V_{IL(max)} \tag{3-13}$$

其余如噪声容限、输入和输出电容以及开关速度等参数在某些设计中也必须予以考虑。下面分别就 5V 供电电压的 CMOS 电路与 TTL 电路以及不同供电电压的逻辑电路之间的接口问题进行讨论。

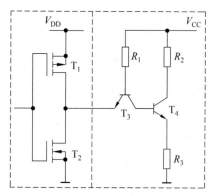

图 3-42 CMOS 门驱动 TTL 门

1. CMOS 门驱动 TTL 门

在 CMOS 电路的供电电源为 +5V 时,两者的逻辑电平参数可满足式(3-12)和式(3-13),不需另加接口电路,仅按电流大小计算出扇出数即可。

图 3-42 表示 CMOS 门驱动 TTL 门的简单电路。当 CMOS 门的输出为高电平时,它为 TTL 负载提供拉电流,反之则提供灌电流。

例 3-3 用一个 74HC00 与非门电路驱动一个 74 系列 TTL 反相器和 6 个 74LS 系列逻辑门电路。试验算此时的 CMOS 门电路是否过载? 已知 74 系列 TTL 反相器的参数 $I_{IL(max)} = 1.6\text{mA}$, $I_{IH(max)} = 0.04\text{mA}$,其他参数可查阅附录 B。

解： 由附录 B 查得 74HC00 和 74LS 系列参数如下：

(1) 灌电流情况下，74HC00 电路的 $I_{OL(max)} = 4\text{mA}$，74LS 门的输入电流 $I_{IL(max)} = 0.4\text{mA}$，总的输入电流为 74 系列 TTL 反相器和 74LS 系列逻辑门电路输入电流之和，即 $I_{IL(max)} = 1.6\text{mA} + 6 \times 0.4\text{mA} = 4\text{mA}$，满足式(3-10)条件。

(2) 拉电流情况下，74HC00 门电路的 $I_{OH(max)} = 4\text{mA}$，74LS 系列的 $I_{IH(max)} = 0.02\text{mA}$，因此总的输入电流 $I_{IH(total)} = 0.04\text{mA} + 6 \times 0.02\text{mA} = 0.16\text{mA}$，满足式(3-11)的条件。

根据以上分析，CMOS 驱动 TTL 门电路未过载，但是灌电流情况刚刚满足条件，在实际电路设计中要考虑留出一定的余量，即增加带灌电流的能力。可以在驱动门和负载门之间增加一个驱动器，由于 TTL 系列 $I_{OL(max)}$ 比 CMOS 的 $I_{OL(max)}$ 大得多，最简单的办法是在 CMOS 门后面加一个 TTL 系列的同相缓冲器，再用这个缓冲器驱动上述 1 个 74 系列 TTL 反相器和 6 个 74LS 系列逻辑门电路。

2. TTL 门驱动 CMOS 门

用 TTL 电路驱动 74HCT 系列 CMOS 电路时，由附录 B 可知，由于高、低电平参数兼容，无须另加接口电路。当 74HC 系列 CMOS 为负载器件时，TTL 输出低电平参数与 74HC 的输入低电平参数兼容，但是高电平参数不兼容。例如 74LS 系列的 $V_{OH(min)}$ 为 2.7V，而 74HC 系列的 $V_{OH(min)}$ 为 3.5V。为了解决这一矛盾，常采用如图 3-43 所示的方法，在 TTL 的输出端与 +5V 电源之间接一个上拉电阻 R_P，上拉电阻的值取决于负载器件的数目以及 TTL 和 CMOS 的电流参数，可以用 OC 门外接上拉电阻 R_P 的计算方法进行计算。如果 R_P 取值不太大，v_{OI} 将被提高至接近 V_{DD}。

由上述可知，TTL 驱动 74HCT 系列 CMOS 时，不需另加接口电路。因此，在数字电路设计中，也常用 74HCT 系列器件当作接口电路，以省去上拉电阻。

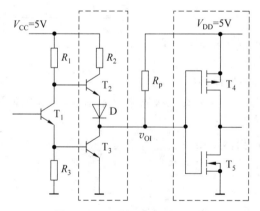

图 3-43 TTL 门驱动 CMOS 门

3. 低电压 CMOS 电路及接口

CMOS 电路的动态功耗为 $P_D = (C_{PD} + C_L)V_{DD}^2 f$，为降低功耗，采用低电源电压。另外，半导体制造工艺使晶体管尺寸越做越小，CMOS 的栅极与源极、栅极与漏极间的绝缘层也越来越薄，不足以承受 5V 电源电压，半导体厂家推出了供电电压分别为 3.3V、2.5V 和 1.8V 等一系列低电压集成电路。为了降低成本，能够与原有外围设备兼容，在同一系统中采用不同供电电压的逻辑器件,为此,需要考虑不同逻辑器件之间的接口问题。

3.3V 供电电源的 CMOS 逻辑器件 74LVC 系列具有 5V 输入容限,即输入端可以承受 5V 输入电压,因此,可以与 HCT 系列 CMOS 或 TTL 系列直接接口。当用 74LVC 系列驱动 HC 系列 CMOS 门时,高电平参数不满足式(3-12),可以用上拉电阻、OD 门或采用专门的逻辑电平转换器。

2.5V 或 1.8V 供电电源的 CMOS 逻辑器件与其他系列的逻辑电路接口时,需要专用的逻辑电平转换电路,例如 74ALVC164245 可用于不同 CMOS 系列或 TTL 系列之间的逻辑电平转换,它采用两种直流电源 V_{CC1} 和 V_{CC2},如图 3-44 所示。74ALVC164245 的结构与功能表分别如图 3-45 和表 3-5 所示,它是双向传输器件,可以接收 2.5V(或 3.3V)供电电压的逻辑电平,输出 3.3V(或 5V)供电电压的逻辑电平。反之,它也可以接收 3.3V(或 5V)供电电压的逻辑电平,输出 2.5V(或 3.3V)供电电压的逻辑电平。

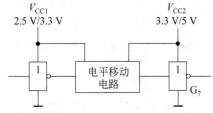

图 3-44 逻辑电平移动电路用作接口

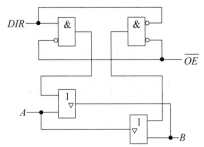

图 3-45 $\frac{1}{16}$ 74ALVC164245 逻辑电平移动电路

表 3-5 逻辑电平移动电路功能表

输入		操作
$\overline{OE}$	DIR	
L	L	数据 B 传送到 A
L	H	数据 A 传送到 B
L	X	隔离

4. 门电路带负载时的接口问题

在数字电路中,往往需要用发光二极管来显示信息,例如电源接通或者断开的指示、七段数码显示和图形符号显示等。

图 3-46 所示为用反相器驱动一发光二极管 LED,电路中接了一个限流电阻 R 以保护 LED。限流电阻 R 的大小可分别按下面两种情况来计算。

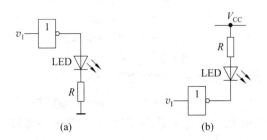

图 3-46 反相器驱动发光二极管 LED

对于图 3-46(a)，当门电路的输入为低电平而输出为高电平时，LED 发光，则：

$$R = \frac{V_{OH} - V_F}{I_D} \qquad (3\text{-}14)$$

反之，对于图 3-46(b)，当门电路的输入为高电平而输出为低电平时，LED 发光，则：

$$R = \frac{V_{CC} - V_F - V_{OL}}{I_D} \qquad (3\text{-}15)$$

在式(3-14)和式(3-15)中，I_D 为 LED 的电流，V_F 为 LED 的正向压降，V_{OH} 和 V_{OL} 为非门的输出高电平和输出低电平的电压值，常取典型值。

例 3-4 试用 74HC04 的 6 个 CMOS 反相器中的一个作为接口电路，使门电路的输入为高电平时，LED 导通发光。

解：LED 正常发光需要几 mA 的电流，并且导通时的压降 V_F 为 1.6V。根据附录 B 查得，当 $V_{CC} = 5\text{V}$ 时，$V_{OL(max)} = 0.1\text{V}$，$I_{OL(max)} = 4\text{mA}$，因此 I_D 取值不能超过 4mA。根据式(3-15)计算限流电阻的最小值为：

$$R = \frac{(5 - 1.6 - 0.1)\text{V}}{4\text{mA}} = 825\,\Omega$$

相应的电路如图 3-46(b)所示。

3.4.2 抗干扰措施

利用逻辑门电路(CMOS 和 TTL)做具体的电路设计时，还应该注意下列几个实际问题：

1. 多余输入端的处理措施

集成逻辑门电路在使用时，一般不让多余的输入端悬空，以防止干扰信号引入。对于多余的输入端的处理以不改变电路工作状态及稳定可靠为原则。如图 3-47 所示。图 3-47(a) 是将多余输入端与其他输入端并接在一起。图 3-47(b)是根据逻辑要求，将与门或者与非门的多余输入端通过 1~3kΩ 电阻接正电源，对 CMOS 电路可以直接接电源；图 3-47(c)是或门或者或非门的多余输入端接地。对于高速电路的设计，并接会增加输入端等效电容性负载，而使信号的传输速度下降，最好采用图 3-47 所示的后两种方法。

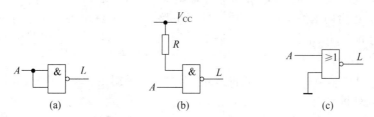

图 3-47 多余输入端的处理电路

特别是 CMOS 电路的多余输入端绝对不能悬空。由于它的输入电阻很大，容易受到静电或工频电磁场引入电荷的影响，而破坏电路的正常工作状态。

2. 去耦合滤波电容

数字电路或系统往往是由多片逻辑门电路构成，并由一个公共的直流电源供电。这种电源是非理想的,一般是由整流稳压电路供电,具有一定的内阻抗。当数字电路在高、低状态之间交替变换时,产生较大的脉冲电流或尖峰电流,当它们流经公共的内阻抗时,必将产生相互影响,甚至使逻辑功能发生错乱。一种常用的处理方法是采用去耦合滤波电容,用 $10\sim100\mu F$ 的大电容器接在直流电源与地之间,滤除干扰信号。除此以外,对于每个集成芯片的电源与地之间接一个 $0.1\mu F$ 的电容器以滤除开关噪声。

3. 接地与安装工艺

正确的接地技术对于降低电路噪声是很重要的。方法是将电源地与信号地分开,先将信号地汇集一点,然后将二者用最短的导线连在一起,以避免含有多种脉冲波形(含尖峰电流)的大电流引到某数字器件的输入端而破坏系统正常的逻辑功能。此外,当系统中同时有模拟和数字两种器件时,同样需将二者的地分别连在一起,然后再选用一个合适的共同点接地,以免除二者之间的影响。必要时,也可设计模拟和数字两块电路板,各备直流电源,然后将二者的地恰当地连接在一起。在印制电路板的设计或安装中,要注意连线尽可能短,以减少接线电容产生寄生反馈而引起寄生振荡。这方面更详细的介绍可参阅有关文献。某些典型电路应用设计也可参考集成数字电路的数据手册。

此外,CMOS 器件在使用和储藏过程中要注意静电感应导致损伤的问题。静电屏蔽是常用的防护措施。

本 章 小 结

(1) 逻辑门电路的主要技术参数有输入和输出高电平、低电平的最大值或最小值、器件噪声容限、传输时间、功耗、扇入数和扇出数等。

(2) 在数字电路中,不论哪一种逻辑门电路,其中的关键器件是 MOS 管或三极管。它们均可以作为开关器件。影响它们开关速度的主要因素是器件的内部各电极之间的结电容。

(3) CMOS 逻辑门电路是目前应用最广泛的逻辑门电路。其优点是集成度高,功耗低,扇出数大(指带同类门负载),噪声容限亦大,开关速度较高。在 CMOS 逻辑门电路中,为了实现"线与"的逻辑功能,可以采用漏极开路门和三态门。

(4) TTL 逻辑门电路是应用较广泛的门电路之一,电路由若干三极管和电阻构成。TTL 反相器的输入级由三极管构成,输出级采用推拉式结构,其目的是为提高开关速度和增强带负载能力。

(5) 在逻辑体制中有正、负逻辑的规定,本书主要采用正逻辑。逻辑门等效符号常用于简化电路的分析和设计。

(6) 在逻辑门电路的实际应用中,有可能遇到不同类型门电路之间、门电路与负载之间的接口技术问题以及抗干扰工艺问题。正确分析与解决这些问题,是数字电路设计工作者应当掌握的。

课 后 习 题

3-1 求题图 3-1 所示电路输出逻辑表达式。

3-2 题图 3-2 表示三态门作为总线传输的示意图，图中 n 个三态门的输出接到数据传输总线，$D_1, D_2, \cdots, D_n$ 为数据输入端，$CS_1, CS_2, \cdots, CS_n$ 为片选信号输入端。试问：(1) CS 信号如何控制，以便数据 $D_1, D_2, \cdots, D_n$ 通过该总线进行正常传输？(2) CS 信号能否有两个或两个以上同时有效？(3) 如果所有 CS_i 信号均无效，总线处在什么状态？

3-3 在题图 3-3 所示的电路中，已知 OD 门 G_1、G_2 输出高电平时输出端 MOS 管的漏电流 $I_{OH(max)} = 5\mu A$；输出电流为 $I_{OL(max)} = 10mA$ 时，输出低电平为 $V_{OL} \leqslant 0.3V$。若取 $V_{DD} = 5V$，试计算在保证 $V_{OH} \geqslant 3.5V$ 且 $V_{OL} \leqslant 0.3V$ 的条件下，外接电阻 R_P 的取值范围。

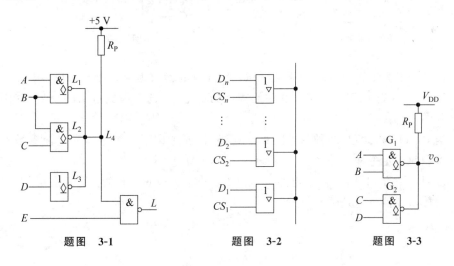

题图 3-1　　　题图 3-2　　　题图 3-3

3-4 求下列情况下 TTL 逻辑门的输出数：(1) 74LS 门驱动同类门；(2) 74LS 门驱动 74ALS 系类 TTL 门。

3-5 已知题图 3-4 所示各 MOSFET 管的 $|V_T| = 2V$，忽略电阻上的压降，试确定其工作状态（导通或截止）。

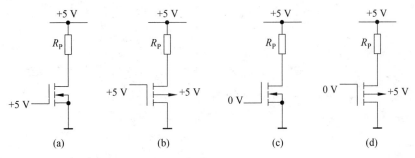

题图 3-4

3-6 为什么说 TTL 与非门的输入端对于以下 4 种接法都属于逻辑 1：(1)输入端悬空；(2)输入端高于 2V 的电源；(3)输入端接同类与非门的输出高电压 3.6V；(4)输入端接 10kΩ 的电阻到地。

3-7 为什么说 TTL 与非门的输入端对于以下 4 种接法都属于逻辑 0：(1)输入端接地；(2)输入端低于 0.8V 的电源；(3)输入端接同类与非门的输出低电压 0.2V；(4)输入端接 500Ω 的电阻到地。

3-8 试对题图 3-5 所示电路的逻辑门进行变换,使其可用单一的或非门实现。

3-9 电路如题图 3-6 所示,用与非门实现。

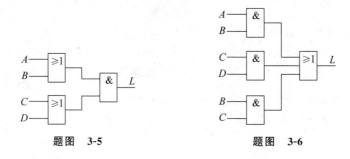

题图 3-5　　　　　题图 3-6

3-10 设计一发光二极管(LED)驱动电路,设 LED 的参数为 $V_F=2.5\text{V}$, $I_D=4.5\text{mA}$。若 $V_{CC}=5\text{V}$,当 LED 发亮时,电路的输出为低电平,选用集成电路的型号,并画出电路图。

3-11 当 CMOS 和 TTL 两种门电路相互连接时,要考虑哪几个电压和电流参数？这些参数应满足怎样的关系？

3-12 复习一下 TTL 门的输出电路。若 TTL 的输出级超载时,电路会出现什么现象？用什么仪器进行判断？

第4章 组合逻辑电路

[主要教学内容]

1. 组合逻辑电路的分析与设计。
2. 组合逻辑电路中的竞争冒险。
3. 常用组合逻辑集成电路：编码器、译码器、数据选择器、数据分配器、数值比较器、算术运算电路等。

[教学目的和要求]

1. 熟练掌握组合逻辑电路的分析方法和设计方法。
2. 熟悉中规模组合逻辑电路(编码器、译码器、全加器、数据选择器、数据分配器、数值比较器、算术运算电路等)的原理、功能和应用。
3. 掌握组合逻辑电路的瞬态现象——竞争冒险。
4. 了解典型的组合集成电路，并掌握其应用。

4.1 概　　述

数字电路按逻辑功能和电路结构的不同特点来划分可分为两类：组合逻辑电路(简称组合电路)和时序逻辑电路(简称时序电路)。

在任何时刻，输出状态只取决于该时刻各输入状态的组合，而与电路以前的状态无关的逻辑电路称为组合逻辑电路。组合逻辑电路的特点是：①输出与输入之间没有反馈延时通路；②电路中没有记忆元件；③基本单元电路为各种逻辑门。

对于任何一个多输入、多输出的组合逻辑电路，都可以用图 4-1 所示的框图来表示。图中 $A_1,A_2,\cdots,A_n$ 表示输入变量，$L_1,L_2,\cdots,L_m$ 表示输出变量。输出与输入间的逻辑关系可以用一组逻辑函数表示，即 $L_i=f_i(A_1,A_2,\cdots,A_n), i=1,2,\cdots,m$。

从组合电路逻辑功能的特点不难想到，既然它的输出与电路的历史状况无关，那么电路中就不包含存储单元。这就是组合逻辑电路在电路结构上的共同特点。

组合逻辑电路的表示方法除函数表达式外，

图 4-1　组合逻辑电路框图

还可以由真值表、卡诺图和逻辑电路图来表达,实际上,由一种表示方法可推导出另一种表示方法。

4.2 组合逻辑电路的分析

组合逻辑电路分析的主要任务是根据逻辑电路图确定逻辑功能。一般可采用下列步骤分析。

(1) 根据逻辑电路图,从输入到输出逐级写出逻辑函数表达式,直到写出最后输出端与输入信号的逻辑函数表达式。

(2) 化简和变换各逻辑函数表达式,以得到最简的表达式。

(3) 根据最简表达式列出真值表。

(4) 根据真值表和化简后的逻辑表达式对逻辑电路进行分析,最后确定电路的逻辑功能,并可附加简单说明。

下面举例说明组合逻辑电路的分析方法。

例 4-1 试分析图 4-2 所示逻辑电路的逻辑功能,要求写出表达式并列出真值表。

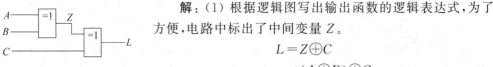

图 4-2 例 4-1 的逻辑电路图

解:(1) 根据逻辑图写出输出函数的逻辑表达式,为了方便,电路中标出了中间变量 Z。

$$L = Z \oplus C$$
$$= (A \oplus B) \oplus C$$
$$= A \oplus B \oplus C$$

(2) 列写真值表,该表达式无须化简和变换,可直接列出真值表。将 3 个输入变量的 8 种可能的组合一一列出。分别将每一组变量的取值代入逻辑函数表达式,然后算出中间变量 Z 值和输出 L 值,填入表中,如表 4-1 所示。

表 4-1 例 4-1 的真值表

A	B	C	$Z = A \oplus B$	$L = A \oplus B \oplus C$
0	0	0	0	0
0	0	1	0	1
0	1	0	1	1
0	1	1	1	0
1	0	0	1	1
1	0	1	1	0
1	1	0	0	0
1	1	1	0	1

(3) 确定逻辑功能。分析真值表可知,当 A、B、C 三个输入变量的取值中有奇数个 1 时,L 为 1,否则 L 为 0,电路具有奇校验功能,可用于检查 3 位二进制码的奇偶性。当输入电路的二进制码中含有奇数个 1 时,输出 1 为有效信号,所以称为奇校验电路。

如果在上述电路的输出端再加一级反相器,当输入电路的二进制码中含有偶数个 1 时,输出为 1,则称此电路为偶校验电路。

波形图可以比较直观地反映输入与输出之间的逻辑关系,所以对于比较简单的组合逻辑电路,也可用画波形图的方法进行分析。为了避免出错,通常是根据输入波形的变化分段,然后逐段画出波形。例如,图 4-3 所示为例 4-1 的波形图,第一段的输入信号 A、B、C 的值均为 0,代入表达式中得出 Z 和 L 的值。最后根据逻辑图的输出端和输入端波形之间的关系确定逻辑功能。

例 4-2 试分析图 4-4 所示电路的逻辑功能,要求写出表达式并列出真值表。

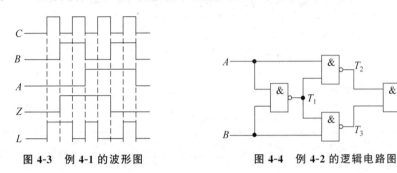

图 4-3 例 4-1 的波形图   图 4-4 例 4-2 的逻辑电路图

解:(1) 从给出的逻辑图,由输入到输出的电路关系,写出各逻辑门的输出表达式。

$$T_1 = \overline{AB},\ T_2 = \overline{A\ \overline{AB}},\ T_3 = \overline{B\ \overline{AB}},\ F = \overline{\overline{A\ \overline{AB}}\ \overline{B\ \overline{AB}}}$$

(2) 进行逻辑变换和化简。

$$F = \overline{\overline{A\ \overline{AB}}\ \overline{B\ \overline{AB}}}$$
$$= A\ \overline{AB} + B\ \overline{AB}$$
$$= A(\overline{A} + \overline{B}) + B(\overline{A} + \overline{B})$$
$$= A\overline{B} + \overline{A}B$$

(3) 写出真值表,如表 4-2 所示。

表 4-2 例 4-2 的真值表

A	B	F
0	0	0
0	1	1
1	0	1
1	1	0

(4) 由表达式和真值表可知:图 4-4 所示逻辑电路实现的逻辑功能是异或运算。

例 4-3 试分析图 4-5 所示电路的逻辑功能,要求写出表达式并列出真值表。

解:(1) 根据逻辑电路写出各输出端的逻辑表达式,并进行化简和变换。

$$X = A$$
$$Y = \overline{\overline{A\overline{B}} \cdot \overline{\overline{A}B}} = A\overline{B} + \overline{A}B$$
$$Z = \overline{\overline{A\overline{C}} \cdot \overline{\overline{A}C}} = A\overline{C} + \overline{A}C$$

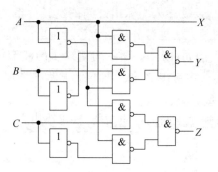

图 4-5　例 4-3 的逻辑电路图

（2）列写真值表，如表 4-3 所示。

表 4-3　例 4-3 的真值表

A	B	C	X	Y	Z
0	0	0	0	0	0
0	0	1	0	0	1
0	1	0	0	1	0
0	1	1	0	1	1
1	0	0	1	1	1
1	0	1	1	1	0
1	1	0	1	0	1
1	1	1	1	0	0

（3）确定电路逻辑功能。通过分析真值表可知，输出最高位 X 与输入最高位 A 相等。当 A 为 0 时，输出 Y、Z 分别与所对应的输入 B、C 相同；而当 A 为 1 时，输出 Y、Z 分别与所对应的输入 B、C 相反。故该电路逻辑功能是对输入的二进制码求反码。最高位为符号位，0 表示正数，1 表示负数，正数的反码与原码相同；负数的数值部分是在原码的基础上逐位求反。

4.3　组合逻辑电路的设计

实际上，组合逻辑电路的设计与分析过程是一个相反的过程。组合逻辑电路设计的任务是根据给定的逻辑问题（课题），设计出能实现其逻辑功能的组合逻辑电路，最后画出实现逻辑功能的电路图。通常要求电路最简，即电路中所用器件的种类和每种器件的数目要尽可能少，所以前面介绍的利用代数法和卡诺图法化简逻辑函数，就是为了获得最简的逻辑表达式，有时还需要一定的变换，以便能用最少的门电路来组成逻辑电路，使电路结构紧凑，工作可靠而且经济。电路的实现可以采用小规模集成门电路、中规模组合逻辑器件或者可编程逻辑器件。因此，逻辑函数的化简也要结合所选用的器件。

组合逻辑电路的设计步骤大致如下。

(1) 明确实际问题的逻辑功能。根据实际逻辑问题的因果关系确定输入、输出变量,并定义逻辑状态的含义。

(2) 根据逻辑描述列出真值表。

(3) 由真值表写出逻辑表达式。

(4) 化简、变换逻辑表达式,并画出逻辑图。

这样逻辑电路原理设计的工作任务就完成了,实际设计工作还包括集成电路芯片的选择、电路板工艺设计、安装和调试等内容。

下面举例说明组合逻辑电路的设计方法和步骤。

例 4-4 某火车站有特快、直快和慢车三种类型的客运列车进出,试用两输入与非门和反相器设计一个指示列车等待进站的逻辑电路,3 个指示灯一、二、三号分别对应特快、直快和慢车。列车的优先级别依次为特快、直快和慢车,要求当特快列车请求进站时,无论其他两种列车是否请求进站,一号灯亮。当特快没有请求而直快请求进站时,无论慢车是否请求,二号灯亮。当特快和直快均没有请求而慢车有请求时,三号灯亮。

解:(1) 明确逻辑功能。设特快、直快和慢车的进站请求信号分别为 3 个输入信号 I_0、I_1、I_2,且规定有进站请求时为 1,没有请求时为 0。3 个指示灯的状态表示 3 个输出信号 L_0、L_1、L_2,且规定灯亮为 1,灯灭为 0。

电路的逻辑功能是:当输入 I_0 为 1 时,输出 L_0 为 1,L_1 和 L_2 为 0,此时 I_1 和 I_2 可以为 1 或 0,因此用×表示取任意值;当输入 I_0 为 0、I_1 为 1 且 I_2 为×时,输出 L_1 为 1,其余两个输出为 0;当输入 I_2 为 1 且 I_0 和 I_1 都为 0 时,输出 L_2 为 1,其余两个输出为 0。

根据题意列出真值表,如表 4-4 所示。

表 4-4 例 4-4 的真值表

输 入			输 出		
I_0	I_1	I_2	L_0	L_1	L_2
0	0	0	0	0	0
1	×	×	1	0	0
0	1	×	0	1	0
0	0	1	0	0	1

(2) 根据真值表写出各输出逻辑表达式。

$$L_0 = I_0 \qquad L_1 = \overline{I_0} I_1 \qquad L_2 = \overline{I_0}\, \overline{I_1} I_2$$

(3) 根据要求将上式变换为与非形式。

$$L_0 = I_0 \qquad L_1 = \overline{\overline{\overline{I_0} I_1}} \qquad L_2 = \overline{\overline{\overline{I_0}\,\overline{I_1} I_2}}$$

(4) 根据输出逻辑表达式画出逻辑图,如图 4-6 所示。

如果选用的器件不同,则实现逻辑电路的方案也不同。例如,可用一片内含 4 个 2 输入端 CMOS 与非门集成芯片 74HC00 和一片内含 6 个 CMOS 反相器集成芯片 74HC04 实现上述逻辑图;也可以用两片 CMOS 与非门集成芯片 74HC00 实现。

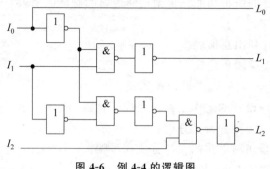

图 4-6 例 4-4 的逻辑图

由此例子可以看出，变换前的逻辑表达式虽然是最简形式，但不能满足规定器件类型的要求，因此需要进行变换，但是变换后的表达式不一定是最简式。变换的宗旨是在满足设计要求的前提下，减少所用器件的数目和种类，使电路得到简化。

在不同的数字系统中，可能采用不同的码制对信息进行编码和处理。如果在两个采用不同码制的数字系统之间进行信息传输，则需要一个码转换电路，以保证两者之间的相互匹配。

例 4-5 试设计一个码转换电路，将 4 位格雷码转换为自然二进制码。可以采用任何逻辑门电路来实现。

解：(1) 明确逻辑功能，列出真值表。

设电路的 4 个输入变量 G_3、G_2、G_1 和 G_0 为格雷码，4 个输出变量 B_3、B_2、B_1 和 B_0 为自然二进制码。当输入格雷码按照 0~15 递增排序时，对应输出的自然二进制码如表 4-5 所示。

表 4-5 例 4-5 的真值表

输入（格雷码）				输出（自然二进制码）			
G_3	G_2	G_1	G_0	B_3	B_2	B_1	B_0
0	0	0	0	0	0	0	0
0	0	0	1	0	0	0	1
0	0	1	1	0	0	1	0
0	0	1	0	0	0	1	1
0	1	1	0	0	1	0	0
0	1	1	1	0	1	0	1
0	1	0	1	0	1	1	0
0	1	0	0	0	1	1	1
1	1	0	0	1	0	0	0
1	1	0	1	1	0	0	1
1	1	1	1	1	0	1	0
1	1	1	0	1	0	1	1
1	0	1	0	1	1	0	0

续表

输入（格雷码）				输出（自然二进制码）			
G_3	G_2	G_1	G_0	B_3	B_2	B_1	B_0
1	0	1	1	1	1	0	1
1	0	0	1	1	1	1	0
1	0	0	0	1	1	1	1

（2）画出各输出函数的卡诺图，如图 4-7 所示。

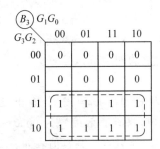

图 4-7　例 4-5 的卡诺图

（3）由卡诺图写出各输出逻辑表达式，并化简和变换，如下式所示。

$$\begin{cases} B_3 = G_3 \\ B_2 = \overline{G_3}G_2 + \overline{G_3}G_2 = G_3 \oplus G_2 \\ B_1 = G_3\overline{G_2}\,\overline{G_1} + \overline{G_3}G_2\overline{G_1} + G_3G_2G_1 + \overline{G_3}\,\overline{G_2}G_1 \\ \quad\;\, = (G_3\overline{G_2} + \overline{G_3}G_2)\overline{G_1} + \overline{(G_3\overline{G_2} + \overline{G_3}G_2)}G_1 \\ \quad\;\, = G_3 \oplus G_2 \oplus G_1 \\ B_0 = G_3 \oplus G_2 \oplus G_1 \oplus G_0 \end{cases}$$

（4）根据逻辑表达式画出逻辑图，如图 4-8 所示。

从以上逻辑表达式和卡诺图可以看出，用异或门代替与门和或门能使逻辑电路比较简单。在化简和变换逻辑表达式时，注意综合考虑，使各式中的相同项尽可能多，使某些输出作为另一些门的输入，这样可以减少门电路的数目。例如，利用 B_2 作为 B_1 的一个输入，B_1 又作为 B_0 的一个输入。该电路可由一片内含 4 个 CMOS 异或门的集成芯片 74HC86 实现。

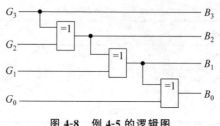

图 4-8 例 4-5 的逻辑图

例 4-6 试设计一个用来判别一位十进制数的 8421BCD 码是否大于 5 的电路。当输入值大于或等于 5 时,电路输出为 1;当输入小于 5 时,电路输出为 0。注意:一位十进制数在数字电路中用 4 位二进制数表示。十进制数 X 与 4 位二进制数 $ABCD$ 的关系是 $X=8A+4B+2C+D$,该电路用于实现十进制数的四舍五入运算。

解:(1)明确逻辑功能,列出真值表。

设电路的 4 个输入变量 A、B、C 和 D 为 8421BCD 码,1 个输出变量为 F。由于 8421BCD 码的每一位数都是由 4 位二进制数组成,且其有效编码为 0000~1001,而 1010~1111 是不可能出现的,故在真值表中当作任意项×来处理。其真值表如表 4-6 所示。

表 4-6 例 4-6 的真值表

十进制数	输入对应的 8421BCD 码				输 出
	A	B	C	D	F
0	0	0	0	0	0
1	0	0	0	1	0
2	0	0	1	0	0
3	0	0	1	1	0
4	0	1	0	0	0
5	0	1	0	1	1
6	0	1	1	0	1
7	0	1	1	1	1
8	1	0	0	0	1
9	1	0	0	1	1
10	1	0	1	0	×
11	1	0	1	1	×
12	1	1	0	0	×
13	1	1	0	1	×
14	1	1	1	0	×
15	1	1	1	1	×

(2)画出输出函数 F 的卡诺图,如图 4-9 所示。由卡诺图写出逻辑表达式的最简"与-或"表达式 $F=A+BD+BC$,并进行变换,得出其"与非-与非"表达式,如下式所示。

$$F = \overline{\overline{A+BD+BC}}$$
$$= \overline{\overline{A} \cdot \overline{BD} \cdot \overline{BC}}$$

(3) 根据"与非-与非"逻辑表达式画出逻辑图,如图 4-10 所示。

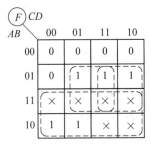

图 4-9　例 4-6 的卡诺图

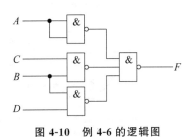

图 4-10　例 4-6 的逻辑图

4.4　组合逻辑电路中的竞争冒险

在 4.2 节和 4.3 节中介绍组合逻辑电路的分析和设计时,都没有考虑逻辑门的延迟时间对电路产生的影响,而是基于稳定状态这一前提的。所谓稳定状态,是指输入变量和输出变量都不会发生变化的情况。实际上,信号经过逻辑门电路都需要一定的时间。由于不同的路径上门的级数不同,信号经过不同路径传输的时间就不同。或者门的级数相同,而各个门的延迟时间有差异,也会造成传输时间的不同。因此,电路在信号电平变化瞬间可能与稳态下的逻辑功能不一致,导致电路输出错误的结果。这种现象就是电路中的竞争冒险。

4.4.1　产生竞争冒险的原因

下面通过两个简单电路的工作情况,说明产生竞争冒险的原因。图 4-11(a)所示的与门在稳态情况下,当 $A=0$ 且 $B=1$ 或者 $A=1$ 且 $B=0$ 时,输出 L 始终为 0。如果信号 A、B 的变化同时发生,则能满足要求。若由于前一级门电路的延迟差异或其他原因,致使 B 从 1 变为 0 的时刻滞后于 A 从 0 变为 1 的时刻,则在很短的时间间隔内,与门的两个输入端均为 1,其输出出现一个高电平窄脉冲(干扰脉冲),如图 4-11(b)所示,图中考虑了与门的延迟时间。

同理,图 4-12(a)所示的或门在稳态情况下,当 $A=0$ 且 $B=1$ 或者 $A=1$ 且 $B=0$ 时,输出 L 始终为 1。当 A 从 0 变为 1 的时刻,滞后于 B 从 1 变为 0 的时刻,则在很短的时间间隔内,或门的两个输入端均为 0,其输出出现一个低电平窄脉冲(干扰脉冲),如图 4-12(b)所示。

下面进一步分析组合逻辑电路产生的竞争冒险。图 4-13(a)所示逻辑电路的输出逻辑表达式为 $L=AC+B\overline{C}$。由此式可知,当 A 和 B 都为 1 时,表达式简化成两个互补信号相加,即 $L=C+\overline{C}$,因此,该电路存在竞争冒险。由图 4-13(b)所示的波形可以看出,在 C 由 1 变 0 时,$\overline{C}$ 由 0 变 1 有一个延迟时间,G_3 和 G_2 的输出 AC 和 $B\overline{C}$ 分别相对于 C 和 $\overline{C}$ 均有延迟,AC 和 $B\overline{C}$ 经过 G_4 的延迟而使输出出现一个负跳变的窄脉冲。

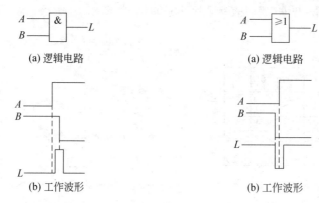

图 4-11 产生正跳变脉冲的竞争冒险　　　图 4-12 产生负跳变脉冲的竞争冒险

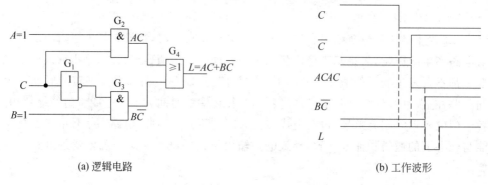

图 4-13 组合逻辑电路的竞争冒险

综上所述,当一个逻辑门的两个输入端的信号同时向相反方向变化时,如果变化的时间有差异的现象,就称为竞争。两个输入端可以是不同变量所产生的信号,但其取值的变化方向是相反的,如图 4-11 和图 4-12 中的 AB 和 $A+B$。也可以是在一定条件下门电路输出端的逻辑表达式简化成两个互补信号相乘或者相加,即 $L=A \cdot \overline{A}$ 或者 $L=A+\overline{A}$,如图 4-13 所示。由于竞争而使电路的输出端产生尖峰脉冲,从而导致后级电路产生错误动作的现象称为冒险。产生负尖峰脉冲的称为 0 型冒险,产生正尖峰脉冲的称为 1 型冒险。

在考虑延迟的条件下,若与门的两个输入端 A 和 $\overline{A}$ 中有一个先从 0 变 1,则 $A \cdot \overline{A}$ 会向其非稳定值 1 变化,此时会产生冒险;若或门的两个输入端 A 和 $\overline{A}$ 中有一个先从 1 变 0,则 $A+\overline{A}$ 会向其非稳定值 0 变化,此时也会产生冒险。两者之间存在对偶关系。值得注意的是,有竞争现象时不一定都会产生干扰脉冲,如图 4-11(a)所示,如果 A 从 0 变 1 时刻没有滞后信号 B 的变化,则输出不会产生冒险。在一个复杂的逻辑系统中,由于信号的传输路径不同,或者各个信号延迟时间的差异、信号变化的互补性以及其他一些因素,很容易产生竞争冒险现象。

4.4.2 竞争冒险现象的识别

判断一个组合逻辑电路是否存在竞争冒险有两种常用的方法:代数判别法和卡诺图

判别法。

1. 代数判别法

在一个组合逻辑电路中,如果某个门电路的输出表达式在一定条件下简化为 $F=A\cdot\overline{A}$ 或 $F=A+\overline{A}$ 的形式,而式中的 A 和 $\overline{A}$ 是变量 A 经过不同传输途径来的,则该电路存在竞争冒险现象。若 $F=A+\overline{A}$,则存在 0 型冒险;若 $F=A\cdot\overline{A}$,则存在 1 型冒险。

例 4-7 判断图 4-14 所示的逻辑电路是否存在冒险。

解:从逻辑图可以写出如下逻辑表达式:

$$Z=\overline{\overline{A\overline{B}C}\cdot\overline{\overline{A}D}}=A\overline{B}C+\overline{A}D$$

从表达式可以看出,当 $B=0$、$C=D=1$ 时,$Z=A+\overline{A}$。因此,该电路存在 0 型冒险。

例 4-8 判断图 4-15 所示的逻辑电路是否存在冒险。

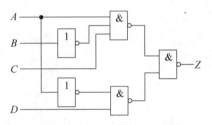

图 4-14 例 4-7 的逻辑电路图

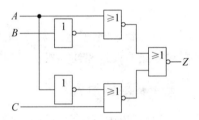

图 4-15 例 4-8 的逻辑电路图

解:从逻辑图可以写出如下逻辑表达式:

$$Z=\overline{\overline{A+\overline{B}}+\overline{\overline{A}+C}}=(A+\overline{B})(\overline{A}+C)$$

从表达式可以得到,当 $B=1$、$C=0$ 时,$Z=A\overline{A}$。因此,该电路存在 1 型冒险。

2. 卡诺图判别法

如果逻辑函数对应的卡诺图中存在相切的圈,而相切的两个方格又没有同时被另一个圈包含,则当变量组合在相切方格之间变化时存在竞争冒险现象。

例 4-9 设逻辑函数 $Z=B\overline{C}+\overline{A}BD+A\overline{B}C$,试用卡诺图法判别该电路是否存在冒险。

解:画出与该函数对应的卡诺图,如图 4-16 所示。

由卡诺图可知:1 号圈中编号为 1 的方格和 2 号圈中编号为 5 的方格相切,而且没有同时被另一个圈包含;另外,1 号圈中编号为 3 的方格和 3 号圈中编号为 11 的方格相切,而且也没有同时被另一个圈包含。因此,当变量组合在 1 号方格和 5 号方格之间变化或者在 3 号方格和 11 号方格之间变化时,存在冒险现象。两种情况对应的变量组合如下。

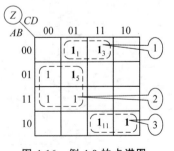

图 4-16 例 4-9 的卡诺图

在 1 号方格和 5 号方格中,$A=0$、$C=0$、$D=1$,此时 $Z=B+\overline{B}$,当 B 变化时存在冒险。

在 3 号方格和 11 号方格中,$B=0$、$C=1$、$D=1$,此时 $Z=\overline{A}+A$,当 A 变化时存在

冒险。

用与非门实现的电路逻辑图如图 4-17 所示。

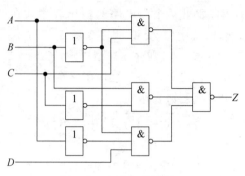

图 4-17　例 4-9 的逻辑图

此外,在实验室中,通过示波器和逻辑分析仪来检查电路的竞争和冒险是常用的方法,并能对电路的设计和计算机仿真的结果进行验证。

4.4.3　竞争冒险的消去方法

消除组合逻辑电路中竞争冒险现象的常用方法有脉冲选通法、滤波法和修改设计法。

1. 脉冲选通法

因为冒险现象仅仅发生在输入信号变化转换的瞬间,在稳定状态下是没有冒险信号的,所以采用选通脉冲,在输入信号发生转换的瞬间,正确反映组合电路稳定时的输出值,可以有效地避免各种冒险。脉冲选通法是在电路中加入一个选通脉冲,在确定电路进入稳定状态后才让电路输出选通,否则封锁电路输出。如图 4-18 所示,因为 p 的高电平出现在电路达到稳定状态后,所以 $G_0 \sim G_3$ 中每个门的输出端都不会出现尖峰脉冲。但需要注意,这时 $G_0 \sim G_3$ 正常的输出信号也将变成脉冲信号,而且其宽度和选通脉冲宽度相同。例如,当输入信号 AB 变成 11 以后,Y_3 并没有马上变成高电平,而要等到 p 端的正选通脉冲出现时才给出一个正脉冲。

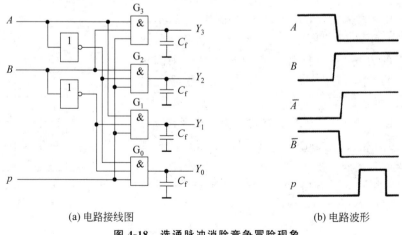

(a) 电路接线图　　　　　　　　　　(b) 电路波形

图 4-18　选通脉冲消除竞争冒险现象

2. 滤波法

滤波法是在门电路的输出端接上一个滤波电容,将尖峰脉冲的幅度削减至门电路的阈值电压以下。由于竞争产生的干扰脉冲一般很窄,所以在电路的输出端对地接一个电容值为 4～20pF 的小电容,如图 4-19(a)所示,R_0 是逻辑门电路的输出电阻。若在图 4-13(a)所示电路的输出端并联电容 C,则当 $A=B=1$ 且 C 的波形与图 4-13 相同的情况下,将得到如图 4-19(b)所示的输出波形。

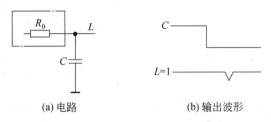

图 4-19 滤波法消除竞争冒险现象

显然,电路对窄脉冲起到平波的作用,使输出端不会出现逻辑错误,但同时也使输出波形的上升沿和下降沿都变得比较缓慢,从而消除冒险现象。

3. 更改逻辑设计法

(1) 代数法

对于逻辑表达式 $L=AB+\overline{A}C$,当 $B=C=1$ 时,存在竞争冒险现象。利用逻辑代数公式,可以增加冗余项 BC,使 $L=AB+\overline{A}C+BC$,图 4-20 是按照增加冗余项后的逻辑表达式实现的电路。当 $B=C=1$ 时,由于 G_5 的输出保持为 1,因此,即使 A 发生变化,G_4 的输出亦恒定为 1。

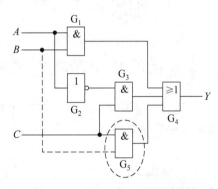

图 4-20 更改逻辑设计消除竞争冒险现象

(2) 卡诺图法

我们知道,当逻辑函数对应的卡诺图中存在相切的圈而相切的两个方格又没有同时被另一个圈包含时,如果变量组合在相切方格之间变化,就存在竞争冒险现象。因而,通过增加由这两个相切方格组成的圈,就可以消除竞争冒险现象。

例 4-10 修改图 4-17 所示电路,消除竞争冒险现象。

解:从图 4-16 可以看出,要消除竞争冒险现象,需要增加由 1 号方格和 5 号方格组成的圈以及由 3 号方格和 11 号方格组成的圈,如图 4-21 所示。

这样,由卡诺图得到的表达式如下:
$$Z = B\bar{C} + \bar{A}BD + A\bar{B}C + \bar{A}CD + \bar{B}CD$$

根据逻辑表达式画出逻辑图,如图 4-22 所示。

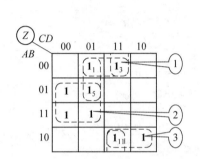

图 4-21 卡诺图法消除竞争冒险现象

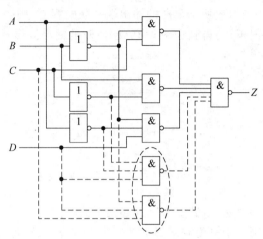

图 4-22 例 4-10 的逻辑图

上述三种方法的适用场合和效果等仍有利有弊。滤波法虽方便易行,但会使输出电压波形变坏,因此仅仅适合于对信号波形要求不高的场合。选通脉冲法虽然比较简单,一般不需要增加电路元件,但选通脉冲必须与输入信号维持严格的时间关系,因此选通脉冲的产生并不容易。更改逻辑设计法虽然可以解决每次只有单个输入信号发生变化时电路的冒险问题,但不能解决多个输入信号同时发生变化时的冒险现象,适用范围非常有限。

4.5 常用组合逻辑集成电路

随着集成电路的不断发展,在单个芯片上集成的电子元件数目愈来愈多,形成了中规模(MSI)、大规模(LSI)和超大规模集成电路(VLSI)。

MSI 和 LSI 的特点如下:

(1) 通用性、兼容性及扩展功能较强,其名称仅代表主要用途,而不是全部用途。

(2) 外接元件少,可靠性高,体积小,功耗低,使用方便。

(3) MSI 和 LSI 封装在一个标准化的外壳内,对内部电路的了解是次要的,关心的是外部功能。通过查器件手册中的引脚图、逻辑符号和功能表,了解其逻辑功能。

(4) 用 MSI 和 LSI 进行设计时和选用的器件有关。

有时选用不同的器件可实现相同的电路功能,就需进行比较,以芯片数最少、最经济为目标。

因此要求:①熟悉芯片的功能和使用方法;②会灵活使用。

下面介绍几种常用的中规模集成电路及其应用。

4.5.1 编码器

将所要处理的信息或数据赋予二进制代码的过程称为编码,实现编码功能的电路称为编码器,如图 4-23 所示。由于 n 位二进制代码有 2^n 个取值组合,可以表示 2^n 种信息,所以输出 n 位代码的编码器可有 $m \leqslant 2^n$ 个输入信号端,故编码器输入端比输出端多。如 BCD 编码器是将 10 个编码输入信号分别编成 10 个 4 位码输出;又如 3-8 线编码器是将 8 个输入信号分别编成 8 个 3 位二进制数码输出。

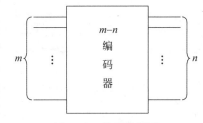

图 4-23 编码器框图

按照输出的代码种类不同,可分为二进制编码器($m=2^n$)和二-十进制编码器($m<2^n$);按是否有优先权编码,可分为普通编码器和优先编码器。

1. 普通编码器

普通编码器指任何时候只允许输入一个编码信号有效,否则输出就会发生混乱。下面以 2-4 线普通编码器为例来详细介绍其原理。2-4 线编码器的真值表如表 4-7 所示。4 个输入 $I_0 \sim I_3$ 为高电平有效,输出是两个二进制代码 $Y_1 Y_0$,任何时刻输入只能有一个取值为 1,并且有一组对应的二进制代码输出。除了表中列出的 4 个输入变量的 4 种取值组合有效外,其余 12 种组合对应的输出都是 00。对于输入或输出变量,凡取值为 1 的用原变量表示,取值为 0 的用反变量表示,由真值表可以列出如下逻辑表达式:

$$Y_1 = \bar{I}_3 I_2 \bar{I}_1 \bar{I}_0 + I_3 \bar{I}_2 \bar{I}_1 \bar{I}_0$$
$$Y_0 = \bar{I}_3 \bar{I}_2 I_1 \bar{I}_0 + I_3 \bar{I}_2 \bar{I}_1 \bar{I}_0$$

表 4-7 2-4 线编码器真值表

输入				输出	
I_3	I_2	I_1	I_0	Y_1	Y_0
0	0	0	1	0	0
0	0	1	0	0	1
0	1	0	0	1	0
1	0	0	0	1	1

根据逻辑表达式画出逻辑图,如图 4-24 所示。

普通编码器存在一个问题,如果输入信号中有 2 个或 2 个以上的取值同时为 1,输出会出现错误编码。例如,I_2 和 I_3 同时等于 1 时,$Y_1 Y_0$ 为 00,此时的输出既不是对 I_2 或 I_3 的编码,更不是对 I_0 的编码。而实际应用中,经常会遇到有两个或更多个输入编码信号同时有效的情况。此时必须根据轻重缓急,规定好这些信号的先后次序,即优先级别。识别多个编码请求信号的优先级别,并进行相应编码的逻辑部件称为优先编码器。

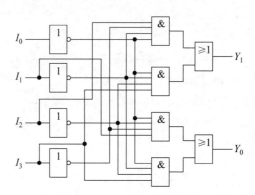

图 4-24 2-4 线编码器逻辑图

2. 优先编码器

优先编码器允许同时输入两个或两个以上的有效编码信号。当同时输入几个有效编码信号时,优先编码器能按预先设定的优先级别,只对其中优先权最高的一个进行编码。

2-4 线优先编码器的真值表如表 4-8 所示,由表可知 4 个输入 $I_0 \sim I_3$ 的优先级别。例如,对于 I_0,只有当 $I_1 \sim I_3$ 均为低电平 0 且 I_0 为 1 时,输出 00。对于 I_3,只要其为高电平 1,无论其他 3 个输入是否为有效电平,输出均为 11。由此可知 I_3 的优先级别最高,且 4 个输入的优先级别的高低次序依次是 I_3、I_2、I_1、I_0。优先编码器允许 2 个及 2 个以上的输入同时为 1,但只对优先级别最高的输入进行编码。

表 4-8 2-4 线优先编码器的真值表

输入				输出	
I_3	I_2	I_1	I_0	Y_1	Y_0
1	×	×	×	1	1
0	1	×	×	1	0
0	0	1	×	0	1
0	0	0	1	0	0

由表 4-8 可以列出优先编码器的逻辑表达式:

$$Y_1 = I_3 + \bar{I}_3 I_2 = I_3 + I_2$$

$$Y_0 = I_3 + \bar{I}_3 \bar{I}_2 I_1 = I_3 + \bar{I}_2 I_1$$

由于真值表里包括了无关项,所以这里的逻辑表达式比前面介绍的普通编码器的逻辑表达式简单些。上述两种类型的编码器仍然存在一个问题,当电路所有的输入为 0 时,输出 $Y_1 Y_0$ 均为 00。而当 I_0 等于 1 且 I_1、I_2 和 I_3 等于 0 时,输出 $Y_1 Y_0$ 也为 00,即输入条件不同而输出代码却相同。这种情况在实际中必须加以区分,解决方法参考下面介绍的键控 8421BCD 码编码器。

3. 键控 8421BCD 码编码器

计算机的键盘输入电路就是由编码器组成的。图 4-25 所示是用十个按键和门电路组成的 8421BCD 码编码器,其真值表如表 4-9 所示。十个按键 $S_0 \sim S_9$ 分别对应十进制数 0~9，编码器的输出为 $ABCD$ 和 GS，GS 为工作状态标志位，用于区别 S_0 输入和无输入的情况。

表 4-9　十个按键的 8421BCD 码编码器的真值表

输入										输出				
S_0	S_1	S_2	S_3	S_4	S_5	S_6	S_7	S_8	S_9	A	B	C	D	GS
1	1	1	1	1	1	1	1	1	1	0	0	0	0	0
1	1	1	1	1	1	1	1	1	0	1	0	0	1	1
1	1	1	1	1	1	1	1	0	1	1	0	0	0	1
1	1	1	1	1	1	1	0	1	1	0	1	1	1	1
1	1	1	1	1	1	0	1	1	1	0	1	1	0	1
1	1	1	1	1	0	1	1	1	1	0	1	0	1	1
1	1	1	1	0	1	1	1	1	1	0	1	0	0	1
1	1	1	0	1	1	1	1	1	1	0	0	1	1	1
1	1	0	1	1	1	1	1	1	1	0	0	1	0	1
1	0	1	1	1	1	1	1	1	1	0	0	0	1	1
0	1	1	1	1	1	1	1	1	1	0	0	0	0	1

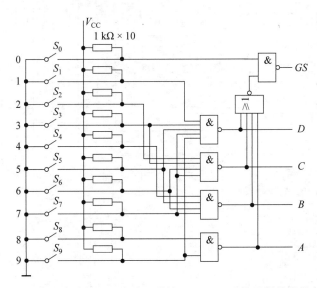

图 4-25　用十个按键和门电路组成的 8421BCD 码编码器的逻辑电路

由真值表和逻辑图可知，该编码器输入为低电平有效；在按下 $S_0 \sim S_9$ 中的任意一个键时，即输入信号中有一个为低电平时 $GS=1$，表示有信号输入；而只有 $S_0 \sim S_9$ 均为高电平时 $GS=0$，此时的输出代码 0000 为无效代码。由此解决了图 4-24 所示电路存在的问题，即输入条件不同而输出代码相同。

4. 集成电路编码器

常用的集成优先编码器有 10-4 线、8-3 线两种。10-4 线优先编码器常见的型号为 CC40147 和 74HC147；8-3 线优先编码器常见的型号为 74HC148 和 CD4532。下面以

CMOS 中规模集成电路 CD4532 为例介绍优先编码器的功能。

8-3 线优先编码器 CD4532 的逻辑图、逻辑符号和引脚图分别如图 4-26(a)、图 4-26(b) 和图 4-26(c)所示。集成芯片引脚的这种排列方式称为双列直插式封装。

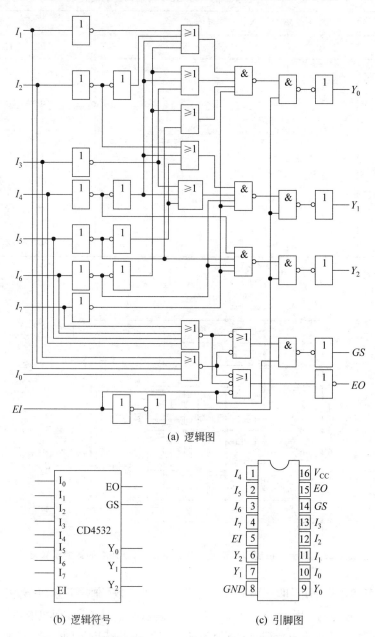

图 4-26 优先编码器 CD4532 的逻辑图、逻辑符号和引脚图

8-3 线 CD4532 优先编码器的功能表如表 4-10 所示。从功能表可以看出,该编码器有 8 个信号输入端和 3 个二进制码输出端。输入端均为高电平有效,而且输入优先级别依次为 $I_7, I_6, \cdots, I_0$。此外为了便于多个芯片连接起来扩展电路的功能,还设置了高电

平有效的输入使能端 EI 和输出使能端 EO,以及优先编码工作状态标志 GS。

表 4-10　8-3 线 CD4532 优先编码器的功能表

输入									输出				
EI	I_7	I_6	I_5	I_4	I_3	I_2	I_1	I_0	Y_2	Y_1	Y_0	GS	EO
L	×	×	×	×	×	×	×	×	L	L	L	L	L
H	L	L	L	L	L	L	L	L	L	L	L	L	H
H	H	×	×	×	×	×	×	×	H	H	H	H	L
H	L	H	×	×	×	×	×	×	H	H	L	H	L
H	L	L	H	×	×	×	×	×	H	L	H	H	L
H	L	L	L	H	×	×	×	×	H	L	L	H	L
H	L	L	L	L	H	×	×	×	L	H	H	H	L
H	L	L	L	L	L	H	×	×	L	H	L	H	L
H	L	L	L	L	L	L	H	×	L	L	H	H	L
H	L	L	L	L	L	L	L	H	L	L	L	H	L

当 EI 为高电平时,编码器工作;而当 EI 为低电平时,编码器禁制工作,此时无论 8 个输入端为何种状态,3 个输出端均为低电平,且 GS 和 EO 均为低电平。

EO 只有在 EI 为高电平且所有输入端均为低电平时,输出为高电平,它可以与另一片相同器件的 EI 连接,以便组成更多输入端的优先编码器。

GS 的功能是,当 EI 为高电平且至少有一个输入端有高电平信号输入时,GS 为高电平,表明编码器处于工作状态,否则 GS 为低电平。由此可以区分当电路所有输入端均无高电平输入或者只有输入端 I_0 为高电平时,$Y_2Y_1Y_0$ 均为 000 的情况。

例 4-11　用 2 片 CD4532 构成 16-4 线优先编码器,即利用 EI/EO 的功能扩展实现。其逻辑图如图 4-27 所示,试分析其工作原理。

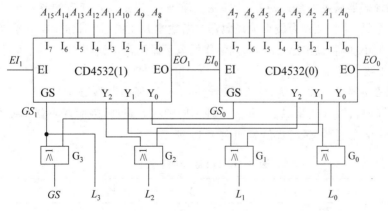

图 4-27　例 4-11 的逻辑图

解:根据 CD4532 的功能表,可知:

(1) 当 $EI_1=0$ 时,片(1)禁止编码,其输出端 $Y_2Y_1Y_0$ 为 000,而且 GS_1 和 EO_1 均为 0。同时 EO_1 使 $EI_0=0$,片(0)也禁止编码,其输出端及 GS_0 和 EO_0 均为 0。由电路图可知,

$GS=GS_0+GS_1=0$,表示此时整个电路的代码输出端 $L_3L_2L_1L_0=0000$ 是非编码输出。

(2) 当 $EI_1=1$ 时,片(1)允许编码,若 $A_{15} \sim A_8$ 均为无效电平,则 $EO_1=1$,使 $EI_0=1$,从而允许片(0)编码,因此片(1)的优先级高于片(0)。

此时由于 $A_{15} \sim A_8$ 没有有效电平输入,片(1)的输出端均为 0,使 4 个或门都打开,$L_3L_2L_1L_0$ 取决于片(0)的输出,而 $L_3=GS_1$ 总是等于 0,所以输出代码在 0000~0111 之间变化。若只有 A_0 有高电平输入,则输出为 0000。若 A_7 及其他输入同时有高电平输入,则输出为 0111。A_0 的优先级别最低。

(3) 当 $EI_1=1$ 且 $A_{15} \sim A_8$ 中至少有一个为高电平输入时,$EO_1=0$,使 $EI_0=0$,片(0)禁止编码。此时 $L_3=GS_1=1$,$L_2L_1L_0$ 取决于片(1)的输出,输出代码在 1000~1111 之间变化。A_{15} 的优先级别最高。

整个电路实现了 16 位输入的优先编码,优先级别从 A_{15} 到 A_0 依次递减。

4.5.2 译码器/数据分配器

译码是编码的逆操作,是将每个代码所代表的信息翻译过来,还原成相应的输出信息。实现译码功能的逻辑电路称作译码器,图 4-28 为其框图,满足关系式 $m \leqslant 2^n$。

图 4-28 译码器框图

常用的译码器有两类:一种是将一系列代码转换成与之一一对应的有效信号,这种译码器称为唯一地址译码器,如二进制译码器($m=2^n$)和二-十进制译码器($m<2^n$);另一种是将一种代码转换成另一种代码的译码器,称为代码转换器或数字显示译码器。

1. 二进制译码器

二进制译码器满足关系式 $m=2^n$,即完全译码,输出是输入变量的各种组合,因此一个输出对应一个最小项,又称为最小项译码器。若输出是 1 有效,则称作高电平译码,一个输出就是一个最小项;若输出是 0 有效,则称作低电平译码,一个输出对应一个最小项的非。

(1) 2-4 线译码器

下面以 2-4 线译码器为例,分析译码器的工作原理和电路结构。

2-4 线译码器输入变量 A、B 共有 4 种不同的状态组合,因而译码器有 4 个输出信号 $\overline{Y}_0 \sim \overline{Y}_3$,且输出低电平有效,真值表如表 4-11 所示。

表 4-11 2-4 线译码器真值表

EI	A	B	$\overline{Y}_0$	$\overline{Y}_1$	$\overline{Y}_2$	$\overline{Y}_3$
1	×	×	1	1	1	1
0	0	0	0	1	1	1
0	0	1	1	0	1	1
0	1	0	1	1	0	1
0	1	1	1	1	1	0

可见输出就是四个最小项的非,另外设置了使能控制端$\overline{EI}$,当$\overline{EI}$为1时,无论A、B为何种状态,输出全为1,译码器处于非工作状态。而当$\overline{EI}$为0时,对应于A、B的某种状态组合,其中只有一个输出量为0,其余各输出量均为1,是低电平译码。例如,$AB=00$时,输出$\overline{Y}_0$为0,$\overline{Y}_1 \sim \overline{Y}_3$均为1,因而实现了译码器功能。由此可见,译码器是通过输出端的逻辑电平识别不同的代码。

根据真值表可写出各输出端的逻辑表达式:

$$\overline{Y}_0 = \overline{\overline{EI}\,\overline{A}\,\overline{B}} \qquad \overline{Y}_2 = \overline{\overline{EI}\,A\,\overline{B}}$$

$$\overline{Y}_1 = \overline{\overline{EI}\,\overline{A}\,B} \qquad \overline{Y}_3 = \overline{\overline{EI}\,A\,B}$$

由逻辑表达式画出逻辑图,如图4-29所示。

(2) 集成电路译码器

常用的集成二进制译码器有CMOS(如74HC138)和TTL(如74LS138)的定型产品,两者在逻辑功能上没有区别,只是电性能参数不同而已,用74X138表示两者中任意一种。74X139是双2-4线译码器,两个独立的译码器封装在一个集成芯片中,其中之一的逻辑符号如图4-30所示。

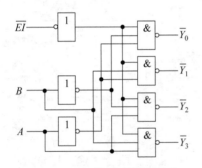

图 4-29 2-4 线译码器逻辑图

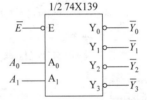

图 4-30 74X139 逻辑符号

逻辑符号说明:74X139逻辑符号框外部的$\overline{E}$和$\overline{Y}_0 \sim \overline{Y}_3$作为变量符号,表示外部输入或输出信号的名称,字母上面的"—"符号说明该输入或输出是低电平有效。符号框内部的输入、输出变量表示其内部的逻辑关系。当输入或输出为低电平有效时,逻辑符号框外部$\overline{E}$和$\overline{Y}_0 \sim \overline{Y}_3$的逻辑状态与符号框内部相应变量的逻辑状态相反。在推导表达式的过程中,如果低电平有效的输入或输出变量上面的"—"符号参与运算,则在画逻辑图或验证真值表时,注意将其还原为低电平有效符号。

下面着重介绍CMOS器件74HC138的逻辑功能及应用。

74HC138是3-8线译码器,其功能表如表4-12所示。输入为三位二进制数A_2、A_1、A_0,它们共有8种状态组合,可译出8个输出信号,输出为低电平有效。此外为了功能扩展,还设置了3个使能端或选通端E_3、$\overline{E}_2$和$\overline{E}_1$。由功能表可知,$E_3=0$,$\overline{E}_1=1$或者$\overline{E}_2=1$时,译码器处于禁止态。当$E_3=1$且$\overline{E}_2=\overline{E}_1=0$时,译码器处于工作态。此时,输出端的逻辑表达式为

$$\overline{Y}_0 = \overline{E_3 \cdot \overline{\overline{E}_2} \cdot \overline{\overline{E}_1} \cdot \overline{A}_2 \cdot \overline{A}_1 \cdot \overline{A}_0}$$
$$\vdots$$
$$\overline{Y}_7 = \overline{E_3 \cdot \overline{\overline{E}_2} \cdot \overline{\overline{E}_1} \cdot A_2 \cdot A_1 \cdot A_0}$$

表 4-12　3-8 线译码器 74HC138 的功能表

输	入					输	出						
E_3	$\overline{E}_2$	$\overline{E}_1$	A_2	A_1	A_0	$\overline{Y}_0$	$\overline{Y}_1$	$\overline{Y}_2$	$\overline{Y}_3$	$\overline{Y}_4$	$\overline{Y}_5$	$\overline{Y}_6$	$\overline{Y}_7$
×	H	×	×	×	×	H	H	H	H	H	H	H	H
×	×	H	×	×	×	H	H	H	H	H	H	H	H
L	×	×	×	×	×	H	H	H	H	H	H	H	H
H	L	L	L	L	L	L	H	H	H	H	H	H	H
H	L	L	L	L	H	H	L	H	H	H	H	H	H
H	L	L	L	H	L	H	H	L	H	H	H	H	H
H	L	L	L	H	H	H	H	H	L	H	H	H	H
H	L	L	H	L	L	H	H	H	H	L	H	H	H
H	L	L	H	L	H	H	H	H	H	H	L	H	H
H	L	L	H	H	L	H	H	H	H	H	H	L	H
H	L	L	H	H	H	H	H	H	H	H	H	H	L

一般逻辑表达式 $\overline{Y}_i = \overline{E_3 \cdot \overline{\overline{E}_2} \cdot \overline{\overline{E}_1} \cdot m_i}$ ($i=0 \sim 7$)，当 $E_3 = 1$ 且 $\overline{E}_2 = \overline{E}_1 = 0$ 时，$\overline{Y}_i = \overline{m}_i$，即每个输出是输入变量所对应的最小项的非，是低电平译码。

由逻辑表达式画出逻辑图，如图 4-31(c) 所示。图 4-31(a) 和图 4-31(b) 所示分别为 74HC138 的逻辑符号和引脚图。

（3）二进制译码器的应用

在中规模译码器中，一般都设置有使能端。使能端有两个用途：其一是作为选通脉冲输入端，消除冒险脉冲的发生；其二是用于功能扩展。

① 构造顺序脉冲发生器。

例 4-12　已知 3-8 线译码器 74HC138 的接线如图 4-32 所示。输入信号 $\overline{E}_2$ 的波形和 A_0、A_1、A_2 的波形如图 4-33(a) 所示，试画出译码器输出的波形。

解：根据 74HC138 的功能表和输入波形，可得输出端的波形如图 4-32(b) 所示。

从图中可以看出，若输入信号按照一定的规律循环，则在译码器的输出端依次出现脉冲信号，将该组脉冲作为控制信号，可以控制数字电路或系统按照事先规定好的顺序进行一系列的操作。因此，译码器可以用于构成顺序脉冲发生器。

② 串行扩展。

例 4-13　用 3-8 线译码器 74HC138 组成 4-16 线译码器。

解：显然 1 片 74HC138 译码器不够，必须 2 片，连接如图 4-34 所示。输入四位码为 $DCBA$，片(0)的 E_3 接 +5V 电源，片(1)的 $\overline{E}_1$、$\overline{E}_2$ 接地。片(0)的 $\overline{E}_1$、$\overline{E}_2$ 和片(1)的 E_3 并接在一起，作为最高位 D 的输入端。当 $D=0$ 时，片(0)正常译码，而片(1)被禁止译码，$\overline{Y}_0 \sim \overline{Y}_7$ 有信号出，$\overline{Y}_8 \sim \overline{Y}_{15}$ 均为 1。当 $D=1$ 时，片(0)被禁止译码，片(1)正常译码，

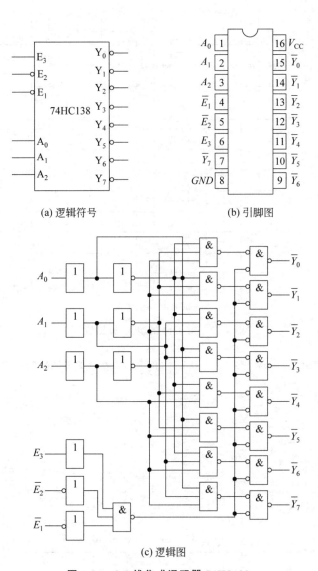

图 4-31 3-8 线集成译码器 74HC138

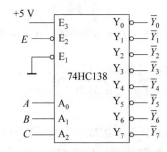

图 4-32 74HC138 译码器接线图

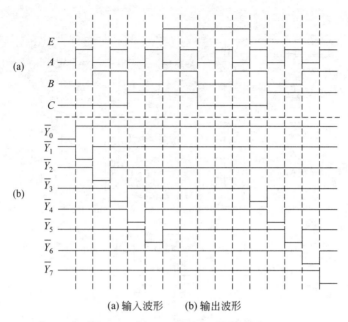

(a) 输入波形　　(b) 输出波形

图 4-33　例 4-12 的输入、输出波形

$\overline{Y}_8 \sim \overline{Y}_{15}$ 有信号输出，$\overline{Y}_0 \sim \overline{Y}_7$ 均为 1，从而实现了 4-16 线译码器功能，使能端可用于进一步扩展，保证正常工作即可。

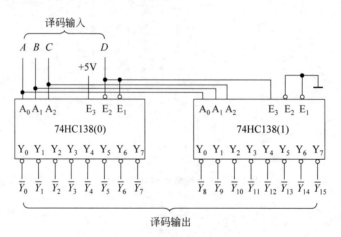

图 4-34　4-16 线译码器扩展连接图

总之，扩展方法为：根据输出线数确定需要的最少芯片数；连接时，同名地址端相连作低位输入，高位输入接使能端，保证每次只有一片处于工作状态，其余处于禁止状态。

③ 并行扩展。

例 4-14　用 74HC139 和 74HC138 构成 5-32 线译码器。

解：由输出线数可知，至少需要 4 片 74HC138 译码器，这时使能端本身已经不能完成高位控制了，常采用树型结构扩展，再加 1 片译码器 74HC139 对高 2 位译码，其 4 个输出分别控制其余 4 片 74HC138 的使能端,选择其中一个工作,连接如图 4-35 所示。

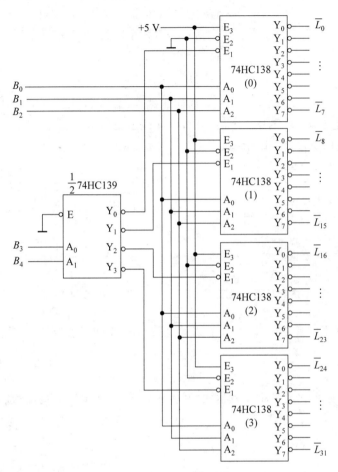

图 4-35 5-32 线译码器扩展连接图

④ 作为函数发生器。

因为 3-8 线译码器的每一个输出分别对应一个最小项(高电平译码)或一个最小项的非(低电平译码),而逻辑函数可以表示为最小项之和的形式,所以只要将二进制译码器的某些输出进行合适的运算就可以得到任意组合的逻辑函数。其特点是方法简单,无须简化,工作可靠。

例 4-15 用 3-8 线译码器 74HC138 实现函数 $F(A,B,C) = \sum(0,3,4,7)$。

解:令 $E_3=1, \overline{E}_2=\overline{E}_1=0$,$A$、$B$、$C$ 分别从 A_2、A_1、A_0 输入,如图 4-36 所示。

由图可得 $F = \overline{\overline{Y}_0 \overline{Y}_3 \overline{Y}_4 \overline{Y}_7} = Y_0 + Y_3 + Y_4 + Y_7 = m_0 + m_3 + m_4 + m_7 = \sum(0,3,4,7)$。

例 4-16 试用一片译码器 74HC138 和适当的逻辑门实现如下组合逻辑函数:
$$L(A,B,C,D) = AB\overline{C} + ACD$$

解:

$$L(A,B,C,D) = AB\bar{C} + ACD$$
$$= AB\bar{C}\bar{D} + AB\bar{C}D + A\bar{B}CD + ABCD$$
$$= A(B\bar{C}\bar{D} + B\bar{C}D + \bar{B}CD + BCD)$$
$$= A(m_4 + m_5 + m_3 + m_7)$$
$$= A \cdot \overline{\bar{m}_3 \cdot \bar{m}_4 \cdot \bar{m}_5 \cdot \bar{m}_7}$$

根据表达式变换之后的结果，令 A 从使能端 E_3 输入，B、C、D 分别从 A_2、A_1、A_0 输入，此处的 m_i 是 B、C、D 的第 i 个最小项，由此画出逻辑图如图 4-37 所示。注意此函数的特殊点：各乘积项含公共因子 A。

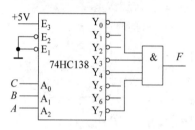

图 4-36　例 4-15 译码器实现函数

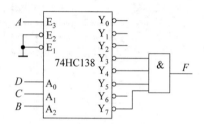

图 4-37　例 4-16 译码器实现函数

例 4-17　试用一片 74HC138 加适当的逻辑门电路，产生如下多个输出的逻辑函数。
$$\begin{cases} L_1 = AC \\ L_2 = \bar{A}\bar{B}C + A\bar{B}C + BC \end{cases}$$

解：将逻辑函数化成最小项表达式，并转化成满足 74HC138 输出的形式：
$$\begin{cases} L_1 = AC(B+\bar{B}) = ABC + A\bar{B}C = \overline{\overline{m_7 + m_5}} = \overline{\bar{m}_7 \bar{m}_5} = \overline{\bar{Y}_7 \bar{Y}_5} \\ L_2 = \bar{A}\bar{B}C + A\bar{B}C + BC \\ \quad = \bar{A}\bar{B}C + A\bar{B}C + BC(A+\bar{A}) \\ \quad = \bar{A}\bar{B}C + A\bar{B}C + ABC + \bar{A}BC \\ \quad = \overline{\overline{m_1 + m_4 + m_7 + m_3}} = \overline{\bar{m}_1 \bar{m}_4 \bar{m}_7 \bar{m}_3} = \overline{\bar{Y}_1 \bar{Y}_4 \bar{Y}_7 \bar{Y}_3} \end{cases}$$

根据表达式变换之后的结果画出逻辑图，如图 4-38 所示。

⑤ 作为数据分配器。

数据分配器相当于多输出的单刀多掷开关，是一种能将数据分时送到多个不同通道上去的逻辑电路，其示意图如图 4-39 所示。

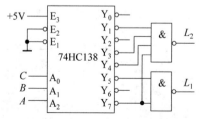

图 4-38　例 4-17 译码器实现多个函数

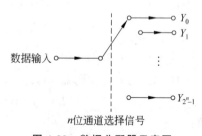

图 4-39　数据分配器示意图

数据分配器可用二进制译码器(全译码器或唯一地址译码器)实现。如用 3-8 线译码器 74HC138 可将数据按要求分配到不同地址的通道上去。具体方法是：使 E_3、$\overline{E}_1$(或 $\overline{E}_2$)使能有效，$\overline{E}_2$(或 $\overline{E}_1$)作为数据输入端，与总线相连；原 3 位二进制码输入端作为 3 位通道选择输入，即控制信号；原输出端作为 8 位通道输出端。

如图 4-40 所示，将 $\overline{E}_1$ 接低电平，使能端 E_3 接 +5V 电源电压，A_2、A_1 和 A_0 作为选择通道地址输入端，$\overline{E}_2$ 作为数据 D 输入。当 $A_2A_1A_0 = 010$ 时，由功能表得到 $\overline{Y}_2$ 的逻辑表达式：

$$\overline{Y}_2 = \overline{E_3 \cdot \overline{\overline{E}_2} \cdot \overline{\overline{E}_1} \cdot \overline{A}_2 \cdot A_1 \cdot \overline{A}_0} = \overline{E}_2$$

显然，当 $m_2 = 1$ 时，$\overline{Y}_2 = D$，而其余输出端均为高电平。因此，当 $A_2A_1A_0 = 010$ 时，总线上的数据 D 被分配到了 $\overline{Y}_2$ 通道上输出。74HC138 译码器作为数据分配器的功能表如表 4-13 所示。

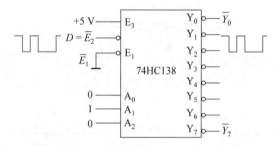

图 4-40 用 74HC138 作为数据分配器

表 4-13 74HC138 译码器作为数据分配器时的功能表

输入						输出							
E_3	$\overline{E}_2$	$\overline{E}_1$	A_2	A_1	A_0	$\overline{Y}_0$	$\overline{Y}_1$	$\overline{Y}_2$	$\overline{Y}_3$	$\overline{Y}_4$	$\overline{Y}_5$	$\overline{Y}_6$	$\overline{Y}_7$
L	×	L	×	×	×	H	H	H	H	H	H	H	H
H	D	L	L	L	L	D	H	H	H	H	H	H	H
H	D	L	L	L	H	H	D	H	H	H	H	H	H
H	D	L	L	H	L	H	H	D	H	H	H	H	H
H	D	L	L	H	H	H	H	H	D	H	H	H	H
H	D	L	H	L	L	H	H	H	H	D	H	H	H
H	D	L	H	L	H	H	H	H	H	H	D	H	H
H	D	L	H	H	L	H	H	H	H	H	H	D	H
H	D	L	H	H	H	H	H	H	H	H	H	H	D

数据分配器用途比较多，例如，与计数器结合使用，可以构成脉冲分配器。

除了以上介绍的译码器的典型应用之外，译码器还可以在计算机系统中用作地址译码器。计算机系统中的众多器件(例如寄存器、存储器)和外设(例如键盘、显示器、打印机等)接口都通过统一的地址总线(Address Bus, AB)、数据总线(Data Bus, DB)、控制总线(Control Bus, CB)与 CPU 相连。

2. 二-十进制译码器

把 BCD 码翻译成 10 个十进制数字信号的电路称为二-十进制译码器,又称为 8421BCD 码-十进制码译码器。

二-十进制译码器的输入是十进制数 R 的 4 位二进制 BCD 码,分别用 A_3、A_2、A_1、A_0 表示;输出的是与 10 个十进制数字相应的 10 个信号,用 $\overline{Y}_0 \sim \overline{Y}_9$ 表示,低电平有效。由于二-十进制译码器有 4 根输入线和 10 根输出线,所以又称为 4-10 线译码器。二-十进制码译码器 74HC42 的逻辑示意图如图 4-41 所示。

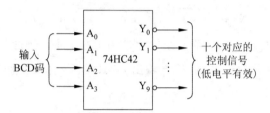

图 4-41 二-十进制译码器示意图

二-十进制译码器的功能表如表 4-14 所示。表中左边是输入的 8421BCD 码,右边是译码输出。其中 1010～1111 共 6 种状态没有使用,是无效状态,称为伪码,对应输出均为高电平。

表 4-14 集成二-十进制译码器 74HC42 的功能表

十进制数	BCD 码输入				输出									
	A_3	A_2	A_1	A_0	$\overline{Y}_0$	$\overline{Y}_1$	$\overline{Y}_2$	$\overline{Y}_3$	$\overline{Y}_4$	$\overline{Y}_5$	$\overline{Y}_6$	$\overline{Y}_7$	$\overline{Y}_8$	$\overline{Y}_9$
0	L	L	L	L	L	H	H	H	H	H	H	H	H	H
1	L	L	L	H	H	L	H	H	H	H	H	H	H	H
2	L	L	H	L	H	H	L	H	H	H	H	H	H	H
3	L	L	H	H	H	H	H	L	H	H	H	H	H	H
4	L	H	L	L	H	H	H	H	L	H	H	H	H	H
5	L	H	L	H	H	H	H	H	H	L	H	H	H	H
6	L	H	H	L	H	H	H	H	H	H	L	H	H	H
7	L	H	H	H	H	H	H	H	H	H	H	L	H	H
8	H	L	L	L	H	H	H	H	H	H	H	H	L	H
9	H	L	L	H	H	H	H	H	H	H	H	H	H	L

由真值表 4-14 可直接写出输出函数,分别为

$$\overline{Y}_0 = \overline{\overline{A}_3 \overline{A}_2 \overline{A}_1 \overline{A}_0} = \overline{m}_0$$
$$\vdots$$
$$\overline{Y}_9 = \overline{A_3 \overline{A}_2 \overline{A}_1 A_0} = \overline{m}_9$$

一般逻辑表达式为 $\overline{Y}_i = \overline{m}_i$,由这些表达式画出逻辑图,如图 4-42 所示。如果要输出为原变量,即为高电平有效,则只需将图 4-42 所示电路中的 10 个与非门换成与门即可。

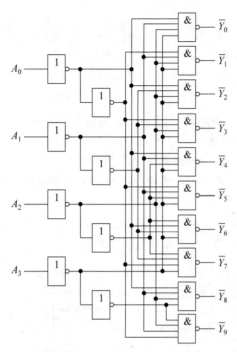

图 4-42　二-十进制码译码器逻辑图

3. 数字显示译码器

在各种数字设备中经常需要将数字、文字和符号直观地显示出来,供人们直接读取结果,或用以监视数字系统的工作情况。因此,显示电路是许多数字设备中必不可少的部分。8421BCD 码→7 段十进制码显示的译码器可以用来驱动各种显示器件,从而将二进制代码表示的数字、文字、符号翻译成人们习惯的形式直观地显示出来,这种电路就称为显示译码器。

显示器件的种类很多,在数字电路中最常见的显示器是半导体显示器(又称为发光二极管显示器 LED)和液晶显示器(LCD)。LED 主要用于显示数字和字母,LCD 可以显示数字、字母、文字和图形等。数字显示电路包括译码驱动电路和数码显示器,其框图如图 4-43 所示。下面介绍常用的 LED 七段显示器及其译码驱动电路。

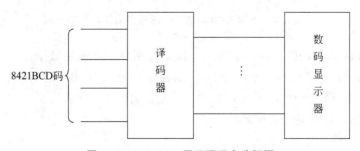

图 4-43　8421BCD 显示译码电路框图

(1) 7段LED显示器

7段LED数码显示器俗称"数码管",是分段式半导体显示器件,7个发光段就是7个发光二极管,它的PN结是由特殊的半导体材料磷砷化镓制成。当外加正向电压时,发光二极管可以将电能转化为光能,从而发出清晰悦目的光线。

数码管中的7个发光二极管显示电路有共阳极和共阴极两种连接方式,分别如图4-44(a)和图4-44(b)所示。共阳极是将7个发光二极管的阳极接在一起并接到正电源上,阴极接到译码器的各输出端,哪个发光二极管的阴极为低电平哪一个发光管就亮;共阴极是将7个发光二极管的阴极连在一起并接地,阳极接到译码器的各输出端,哪一个阳极为高电平哪一个发光管就亮。若用共阴极电路,译码器的输出经输出驱动电路分别加到7个阳极上,当给其中某些段加上驱动信号时,图中的发光二极管 $a \sim g$ 用于显示十进制码的10个数字0~9。图4-45(a)是一种共阴极荧光数码管BS201A(还带一个小数点)的分段布置图,图4-45(b)为其显示的十进制数。

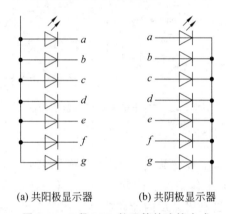

(a) 共阳极显示器　　(b) 共阴极显示器

图4-44　7段LED数码管的连接方式

(a) 分段布置图　　　　　　　(b) 显示字形

图4-45　7段LED数码管分段布置图及显示字形

前已述及,7段数码管是利用不同发光段组合来显示不同的数字。以共阴极显示器为例,若 a、b、c、d、g 各段接高电平,则对应的各段发光,显示出十进制数字3;若 b、c、f、g 各段接高电平,则显示十进制数字4。$a \sim g$ 组合成7位代码,要显示的数字一般首先转换成7位代码,然后驱动7段数码管显示。

(2) 译码驱动电路

7段数码管工作时需要与分段式译码驱动电路相配合。下面介绍一种中规模二-十进制7段显示译码/驱动器74LS48,图4-46是它的逻辑符号,其中 A_3、A_2、A_1、A_0 为

BCD 码输入信号，Y_a、Y_b、Y_c、Y_d、Y_e、Y_f、Y_g 为译码器的 7 个输出(高电平有效)，因为它驱动的是共阴极电路。为增加器件的功能，扩大器件的应用，在译码/驱动电路基础上又附加了辅助功能控制信号 $\overline{LT}$、$\overline{RBI}$、$\overline{BI}/\overline{RBO}$。

74LS48 的功能列于表 4-15 中，可见当辅助功能控制信号(即表中 1～16 行)无效时，A_3、A_2、A_1、A_0 输入一组二进制码，Y_a～Y_g 输出端有相应的输出，电路实现正常译码。如 $A_3A_2A_1A_0=0001$，只有 Y_b、Y_c 输出 1，b、c 字段点燃，显示数字 1。由于已接有上拉电阻，使用时可将输出 Y_a～Y_g 直接驱动 BS201A 的输入。

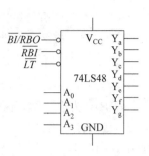

图 4-46　74LS48 逻辑符号

表 4-15　74LS48 真值表

十进制或功能	输入						$\overline{BI}/\overline{RBO}$	输出							字形
	$\overline{LT}$	$\overline{RBI}$	A_3	A_2	A_1	A_0		Y_a	Y_b	Y_c	Y_d	Y_e	Y_f	Y_g	
0	1	1	0	0	0	0	1	1	1	1	1	1	1	0	0
1	1	×	0	0	0	1	1	0	1	1	0	0	0	0	1
2	1	×	0	0	1	0	1	1	1	0	1	1	0	1	2
3	1	×	0	0	1	1	1	1	1	1	1	0	0	1	3
4	1	×	0	1	0	0	1	0	1	1	0	0	1	1	4
5	1	×	0	1	0	1	1	1	0	1	1	0	1	1	5
6	1	×	0	1	1	0	1	0	0	1	1	1	1	1	b
7	1	×	0	1	1	1	1	1	1	1	0	0	0	0	7
8	1	×	1	0	0	0	1	1	1	1	1	1	1	1	8
9	1	×	1	0	0	1	1	1	1	1	0	0	1	1	9
10	1	×	1	0	1	0	1	0	0	0	1	1	0	1	c
11	1	×	1	0	1	1	1	0	0	1	1	0	0	1	Ɔ
12	1	×	1	1	0	0	1	0	1	0	0	0	1	1	u
13	1	×	1	1	0	1	1	1	0	0	1	0	1	1	c̲
14	1	×	1	1	1	0	1	0	0	0	1	1	1	1	t
15	1	×	1	1	1	1	1	0	0	0	0	0	0	0	
消隐	×	×	×	×	×	×	0	0	0	0	0	0	0	0	
脉冲消隐	1	0	0	0	0	0	0	0	0	0	0	0	0	0	
灯测试	0	×	×	×	×	×	1	1	1	1	1	1	1	1	8

下面介绍辅助功能控制信号 $\overline{LT}$、$\overline{RBI}$ 和 $\overline{BI}/\overline{RBO}$ 的作用。

① $\overline{BI}$ 为熄灭信号。当 $\overline{BI}=0$ 时,不论 $\overline{LT}$、$\overline{RBI}$ 及输入 $A_3A_2A_1A_0$ 为何值,输出 $Y_a \sim Y_g$ 均为 0,使 7 段显示都处于熄灭状态,不显示数字,优先权最高。

② $\overline{LT}$ 为试灯信号,用来检查 7 段显示器件是否能正常显示。当 $\overline{BI}=1$ 且 $\overline{LT}=0$ 时,不论输入 $A_3A_2A_1A_0$ 为何值,输出 $Y_a \sim Y_g$ 均为 1,使 7 段显示都点燃,优先权次之。

③ $\overline{RBI}$ 为灭 0 输入信号,当不希望 0(例如小数点前后多余的 0)显示出来时,可以用 $\overline{RBI}$ 信号灭掉。当 $\overline{LT}=1$ 且 $\overline{RBI}=0$ 时,只有当输入 $A_3A_2A_1A_0=0000$ 时,$Y_a \sim Y_g$ 输出均为 0,7 段显示都熄灭,不显示数字 0,而输入 $A_3A_2A_1A_0$ 为其他组合时能正常显示。故 $\overline{RBI}=0$,只能熄灭 0 字,优先权最低。

④ $\overline{RBO}$ 为灭 0 输出信号。当 $\overline{LT}=1$ 且 $\overline{RBI}=0$ 时,若输入 $A_3A_2A_1A_0=0000$,不仅本片灭 0,而且输出 $\overline{RBO}=0$。这个 0 送到另一片 7 段译码器的 $\overline{RBI}$ 端,可以使这两片的 0 都熄灭。

注意:熄灭信号 $\overline{BI}$ 和灭零输出信号 $\overline{RBO}$ 是电路的同一点,故表示为 $\overline{BI}/\overline{RBO}$,即该端口是双重功能的端口,既可作为输入信号 $\overline{BI}$ 端口,又可作为输出信号 $\overline{RBO}$ 端口。

将灭 0 输入 $\overline{RBI}$ 与灭 0 输出 $\overline{RBO}$ 配合使用,可实现多位数码显示系统的灭 0 控制。图 4-47 示出了灭 0 控制的连接方法。只需在整数部分把高位的 $\overline{RBO}$ 与低位的 $\overline{RBI}$ 相连,在小数部分将低位的 $\overline{RBO}$ 与高位的 $\overline{RBI}$ 相连,就可以把前后多余的 0 熄灭了。这样在整数部分,由于百位(片Ⅰ)的 $\overline{RBI}=0$,当百位输入 $A_3A_2A_1A_0=0000$ 时,百位不会显示 0 字,如果十位(片Ⅱ)的输入 $A_3A_2A_1A_0$ 和百位输入 $A_3A_2A_1A_0$ 同时都为 0000 时,使得十位也处于灭 0 状态。若百位输入 $A_3A_2A_1A_0 \neq 0000$,则片Ⅰ输出 $\overline{RBO}=1$,使片Ⅱ $\overline{RBI}=1$,则十位(片Ⅱ)不会灭 0。在小数部分,最低位 1/1000 位(片Ⅵ)的输入 $\overline{RBI}$ 接地,所以 1/1000 位显示器灭 0,而当 1/1000 位的输入和 1/100 位(片Ⅴ)的输入同时为 0000 时,则会实现 1/1000 和 1/100 同时灭 0。例如当各片输入为 002.800,由于 $\overline{RBO}$ 和 $\overline{RBI}$ 的配合,直接显示 2.8。这样,既看起来清晰,又可以减少功耗。

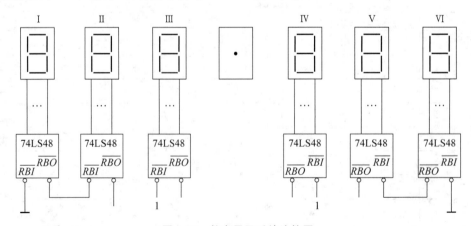

图 4-47 数字显示系统连接图

此外,常用的 7 段显示译码器还有 CMOS 系列器件 74HC4511,这里不再介绍。

4.5.3 数据选择器

数据选择器(Multiplexer/Data Selector)是一种能从多路输入数据中选择一路数据输出的组合逻辑电路,它的作用相当于多个输入的单刀多掷开关,又称"多路开关"。数据选择器的功能是在通道选择信号的作用下,将多个通道的数据分时传送到公共的数据通道上。国标符号中规定用 MUX 作为数据选择器的限定符。目前常用的数据选择器有二选一、四选一、八选一和十六选一等多种类型。其示意图如图 4-48 所示。

1. 数据选择器的工作原理

下面以四选一数据选择器为例说明其工作原理。

图 4-49 所示是四选一选择器的逻辑图,表 4-16 是其功能表。其中,S_1、S_0 为控制数据准确传送的 2 位地址信号,产生 4 个地址信号,$D_0 \sim D_3$ 为供选择的电路并行输入信号,$\overline{E}$ 为使能输入端,$S_1 S_0$ 等于 00、01、10 或 11,分别控制 4 个与门的开闭。显然,任何时候 $S_1 S_0$ 只有一种可能的取值,所以只有一个与门打开,使对应的那一路数据通过,送达 Y 端。$\overline{E}=0$ 时,选择器正常工作允许数据通过。当 $\overline{E}=1$ 时,所有与门都被封锁,无论地址码是什么,Y 总是等于 0;当 $\overline{E}=0$ 时,封锁解除,由地址码决定哪一个与门打开。

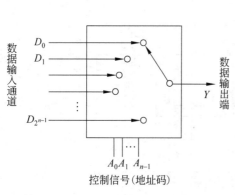

图 4-48 数据选择器示意图

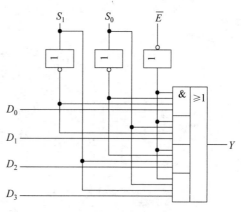

图 4-49 四选一数据选择器逻辑图

表 4-16 四选一数据选择器功能表

输入			输出
使能	地址		
$\overline{E}$	S_1	S_0	Y
1	×	×	0
0	0	0	D_0
0	0	1	D_1
0	1	0	D_2
0	1	1	D_3

同样原理，可以构成更多输入通道的数据选择器。被选数据源越多，所需地址码的位数也越多，若地址输入端为 n，则可选输入端为 2^n。

当 $\bar{E}=0$ 时，根据逻辑图或真值表可列出其输出表达式：

$$Y=\bar{S}_1\bar{S}_0D_0+\bar{S}_1S_0D_1+S_1\bar{S}_0D_2+S_1S_0D_3$$

其一般化表达式为 $Y=\sum_{i=0}^{3}D_im_i$，m_i 为地址变量 S_1S_0 的最小项。

2. 集成电路数据选择器

常用的集成数据选择器有许多种类，并且有 CMOS 和 TTL 产品。例如，四二选一数据选择器 74X157、双四选一数据选择器 74X153 和八选一数据选择器 74X151 等。

还有一些数据选择器具有三态输出功能，例如与上述产品相对应具有三态输出功能的有 74X257、74X253 和 74X251。除了正常的 0 或 1 输出之外，当低电平使能输入端 $\bar{E}$ 为 1 时，输出为高阻状态。利用这一特点，可以将多个芯片的输出端"线与"在一起，共用一根数据传输线，而且不会存在负载效应问题。

（1）74HC153 集成双四选一数据选择器

74HC153 是双四选一数据选择器，在一个芯片上集成了两个完全相同的四选一数据选择器，其逻辑图、引脚图和示意图分别如图 4-50(a)、图 4-50(b) 和图 4-50(c) 所示。其中 S_1、S_0 为两个地址输入端，被两个选择器所共用，每个选择器各有一个使能输入端。其功

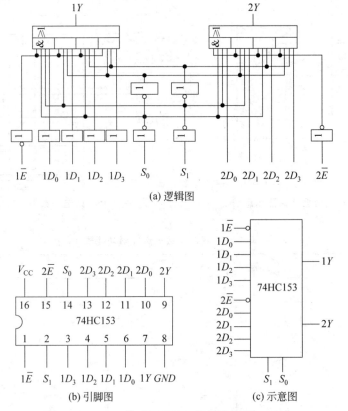

图 4-50　CMOS 集成双四选一数据选择器 74HC153

能表同表 4-16，对芯片中的任意一个四选一数据选择器都适用。

（2）74HC151 集成八选一数据选择器

74HC151 是一种典型的 CMOS 集成电路数据选择器，其逻辑图、引脚图和示意图分别如图 4-51(a)、图 4-51(b) 和图 4-51(c) 所示，其中 S_2、S_1、S_0 为 3 个地址输入端，$D_7 \sim D_0$ 为数据输入端，Y 和 $\overline{Y}$ 为两个互补输出端，$\overline{E}$ 为使能输入端，低电平有效。其功能表如表 4-17 所示。

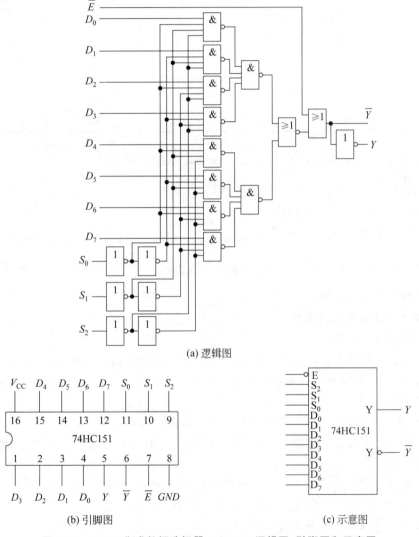

图 4-51　CMOS 集成数据选择器 74HC151 逻辑图、引脚图和示意图

当 $\overline{E} = 0$ 时，根据逻辑图或功能表可列出其输出表达式：

$$Y = \overline{S}_2\overline{S}_1\overline{S}_0 D_0 + \overline{S}_2\overline{S}_1 S_0 D_1 + \overline{S}_2 S_1 \overline{S}_0 D_2 + \overline{S}_2 S_1 S_0 D_3 + S_2 \overline{S}_1 \overline{S}_0 D_4 + S_2 \overline{S}_1 S_0 D_5 + S_2 S_1 \overline{S}_0 D_6 + S_2 S_1 S_0 D_7$$

表 4-17 74HC151 的功能表

输入				输出	
使能 $\overline{E}$	通道选择			Y	$\overline{Y}$
	S_2	S_1	S_0		
H	×	×	×	L	H
L	L	L	L	D_0	$\overline{D}_0$
L	L	L	H	D_1	$\overline{D}_1$
L	L	H	L	D_2	$\overline{D}_2$
L	L	H	H	D_3	$\overline{D}_3$
L	H	L	L	D_4	$\overline{D}_4$
L	H	L	H	D_5	$\overline{D}_5$
L	H	H	L	D_6	$\overline{D}_6$
L	H	H	H	D_7	$\overline{D}_7$

其一般化表达式为 $Y=\sum_{i=0}^{7}D_i m_i$，m_i 为地址变量 $S_2 S_1 S_0$ 的最小项。

由上式可知，当 $S_2 S_1 S_0 = 000$ 时，$Y=D_0$，当 $S_2 S_1 S_0 = 001$ 时，$Y=D_1$，以此类推。即在 $S_2 S_1 S_0$ 的控制下，从八路数据中选择一路送至输出端。

当 $\overline{E}=1$ 时，输出 $Y=0$，处于禁止状态。

同理，可推出 2^n 选 1 数据选择器的输出表达式：$Y=\sum_{i=0}^{2^n-1}m_i D_i$，其中 n 为地址端数，m_i 为地址变量构成的最小项。

3. 集成电路数据选择器的应用

(1) 数据选择器的扩展

位扩展：如果需要选择多位数据时，可由几个 1 位数据选择器并联而成，即将它们的使能端连在一起，相应地选择输入端连在一起。当需要进一步扩充位数时，只需相应地增加器件的数目即可。

例 4-18 用 2 个八选一数据选择器构成两位选择输出。

解： 共需 2 片八选一数据选择器，片(1)和片(0)的同名地址端相并联，使能端相并联。由此构成 2 位八选一数据选择器，如图 4-52 所示。对应 S_2、S_1、S_0 的一组取值，两个数据选择器将分别从两组的 8 个输入信号中选择同一序号的两个信号输出。

字扩展：字扩展是把数据选择器的使能端作为地址选择输入端使用。

例 4-19 用双四选一数据选择器 74HC153 构成八选一数据选择器。

解： 如图 4-53 所示，将双四选一数据选择器的使能端 $1\overline{E}$ 和 $2\overline{E}$ 通过一个反相器接在一起作为地址的最高位 S_2。当 $S_2=0$ 时，低位片(1)工作而高位片(2)不工作，此时 $Y_2=0$，Y_1 按地址输入 000～011 选中数据 D_0～D_3 中的某一个输出；当 $S_2=1$ 时，两片工作情况正好相反，此时 $Y_1=0$，Y_2 按地址输入 100～111 选中数据 D_4～D_7 中的某一个输出，故八选一数据选择器的输出 $Y=Y_1+Y_2=D_i (i=0\sim 7)$。

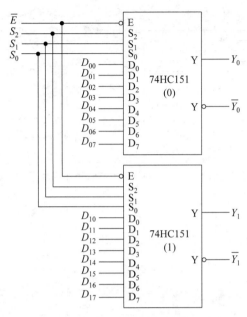

图 4-52 两位八选一数据选择器的连接方法

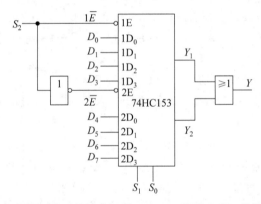

图 4-53 利用四选一数据选择器 74HC153 构成八选一数据选择器

例 4-20 将两片 74HC151 连接成一个十六选一的数据选择器。

解：将两片 74HC151 连接成一个十六选一的数据选择器，其连接方式如图 4-54 所示。十六选一的数据选择器的地址选择输入有 4 位，其最高位 D 与一个八选一数据选择器的使能端连接，经过一个反相器后又与另一个数据选择器的使能端连接。低 3 位地址选择输入端 CBA 与两片 74HC151 的地址输入端相对应连接。

（2）逻辑函数产生器

2^n 选 1 数据选择器的输出表达式为

$$Y = \sum_{i=0}^{2^n-1} m_i D_i$$

其中，n 为地址端数，m_i 为地址变量对应的最小项。将该式与 $F = \sum m_i$ 对比可见，D_i 相

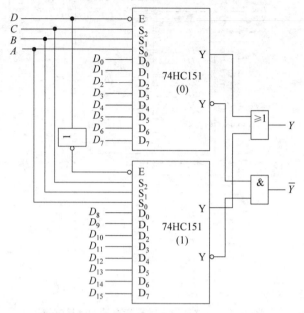

图 4-54 利用两片 74HC151 连接成一个十六选一的数据选择器

当于最小项表达式中的系数。当 $D_i=1$ 时,对应的最小项列入函数式;当 $D_i=0$ 时,对应的最小项不列入函数式。所以将逻辑变量从数据选择器的地址端输入,而在数据端加上适当的 0 或 1,就可以实现逻辑函数。

① 逻辑变量数小于或等于所选用 MUX 地址端数时。

列出真值表,直接在 MUX 的数据输入端加上与真值表对应的值。

例 4-21 用八选一数据选择器 74HC151 实现三变量的奇校验函数。

解:其真值表见本章 4.2 节中的例 4-1,如表 4-1 所示。在数据选择器的数据输入端加上与真值表对应的值,即 $D_1=D_2=D_4=D_7=1$,其余为 0,如图 4-55 所示,则输出函数表达式为:

$$F=m_1+m_2+m_4+m_7=\overline{A}\overline{B}C+\overline{A}B\overline{C}+A\overline{B}\overline{C}+ABC$$

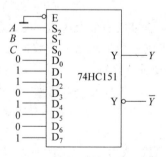

图 4-55 利用八选一数据选择器 74HC151 实现奇校验函数

通过上面例题可以看出,与使用各种逻辑门设计组合逻辑电路相比,数据选择器的好处是无须对函数简化。

连接时注意:使能端;高低位;当变量数小于选用 MUX 地址端数时,不用的地址端和数据端均应接地。如图 4-56 所示,用八选一数据选择器实现异或函数和同或函数。

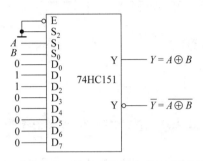

图 4-56 利用八选一数据选择器实现异或和同或函数

② 逻辑变量数 n 等于数据选择器地址端数 $m+1$ 时

首先选出 m 个变量从数据选择器地址端输入,剩下的一个变量只能从数据端输入,故 D_i 不再是简单的 0 或 1,而是其余 $n-m$ 个变量的函数。

例 4-22 用四选一数据选择器实现三变量函数:$F=\overline{A}\overline{B}C+\overline{A}B\overline{C}+AB\overline{C}+ABC$。

若选变量 AB(也可以选其他任何两个变量)作为地址变量,则从上述最小项表达式中提取地址变量最小项的公共因子,整理后如下:

$$F=\overline{A}\overline{B}(\overline{C}+C)+A\overline{B}\overline{C}+ABC=m_0+m_2\overline{C}+m_3C$$

即得四选一数据选择器数据输入 $D_3\sim D_0$。D_0 为 m_0 的系数,$D_0=1$,D_1 为 m_1 的系数,$D_1=0$;同理可得 $D_2=\overline{C}$,$D_3=C$。D_2、D_3 是变量 C 的函数,其逻辑图如图 4-57 所示。

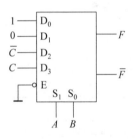

图 4-57 利用四选一数据选择器实现函数的逻辑图

数据选择器实现函数与译码器实现函数相比,在一个芯片前提下,译码器必须外加门才能实现变量数不大于其输入端数的函数,而不能实现变量数大于其输入端数的函数,但可同时实现多个函数;数据选择器不用外加门就能实现变量数等于或大于其地址端数的函数,但一个数据选择器只能实现一个函数。

(3) 实现并行数据到串行数据的转换

数据选择器通用性较强,除了能从多路数据中选择输出信号外,还可以实现并行数据到串行数据的转换等。在数字系统中,往往要求将并行输入的数据转换成串行数据输出,用数据选择器很容易完成这种转换。

图 4-58 所示为由八选一数据选择器构成的并行/串行转换的电路图。选择器地址输入端 S_2、S_1、S_0 的变化,按照图中所给的波形从 000 到 111 依次进行,则选择器的输出 L 随之接通 $D_0,D_1,\cdots,D_7$。当选择器的数据输入端 $D_0\sim D_7$ 与一个并行 8 位数 01001101 相连时,输出端得到的数据依次为 0-1-0-0-1-1-0-1,即串行数据输出。

4.5.4 数值比较器

在计算机和许多数字系统中,经常需要对两个数进行比较。能对两组同样位数的二

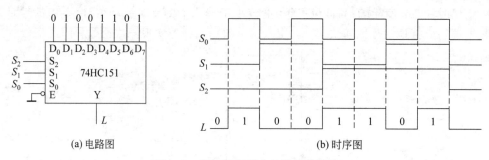

(a) 电路图 (b) 时序图

图 4-58 并行数据到串行数据的转换

进制数值 A、B 进行比较且判断其大小的逻辑电路称为数码比较器。比较结果有 $A>B$、$A<B$ 以及 $A=B$ 三种情况。

1. 一位数值比较器

一位数值比较器是多位比较器的基础。当 A 和 B 都是一位数时,它们只能取 0 或 1 两种值,由此可写出一位数值比较器的真值表,如表 4-18 所示。由真值表得到如下逻辑表达式:

$$F_{A>B} = A\bar{B}$$

$$F_{A<B} = \bar{A}B$$

$$F_{A=B} = \bar{A}\bar{B} + AB$$

表 4-18 一位数值比较器的真值表

输	入	输	出	
A	B	$F_{A>B}$	$F_{A<B}$	$F_{A=B}$
0	0	0	0	1
0	1	0	1	0
1	0	1	0	0
1	1	0	0	1

由以上逻辑表达式可画出图 4-59 所示的逻辑电路。

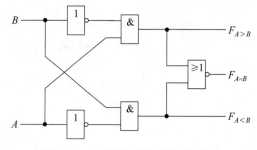

图 4-59 一位数值比较器的逻辑图

2. 2位数值比较器

现在分析比较两位数字 A_1A_0 和 B_1B_0 的情况,用 $F_{A>B}$、$F_{A<B}$ 和 $F_{A=B}$ 表示比较结果。当高位(A_1、B_1)不相等时,无须比较低位(A_0、B_0),两个数的比较结果就是高位比较的结果。当高位相等时,两数的比较结果由低位比较的结果决定。利用一位数值的比较结果,可以列出简化的真值表,如表4-19所示。

表4-19 两位数值比较器的真值表

输入		输出		
A_1 B_1	A_0 B_0	$F_{A>B}$	$F_{A<B}$	$F_{A=B}$
$A_1 > B_1$	×	1	0	0
$A_1 < B_1$	×	0	1	0
$A_1 = B_1$	$A_0 > B_0$	1	0	0
$A_1 = B_1$	$A_0 < B_0$	0	1	0
$A_1 = B_1$	$A_0 = B_0$	0	0	1

由表4-19可以写出如下逻辑表达式:

$$F_{A>B} = A_1\overline{B_1} + (\overline{A_1}\overline{B_1} + A_1B_1)A_0\overline{B_0} = F_{A_1>B_1} + F_{A_1=B_1} \cdot F_{A_0>B_0}$$

$$F_{A<B} = F_{A_1<B_1} + F_{A_1=B_1} \cdot F_{A_0<B_0}$$

$$F_{A=B} = F_{A_1=B_1} \cdot F_{A_0=B_0}$$

根据上式画出逻辑图,如图4-60所示。电路利用了1位数值比较器的输出作为中间结果。它所依据的原理是,如果2位数 A_1A_0 和 B_1B_0 的高位不相等,则高位比较结果就是两数的比较结果,与低位无关。这时,高位输出 $F_{A_1=B_1}=0$,使与门 G_1、G_2、G_3 均封锁,而或门都打开,低位比较结果不能影响或门,高位比较结果则从或门直接输出。如果高位相等,即 $F_{A_1=B_1}=1$,使与门 G_1、G_2、G_3 均打开,同时在 $F_{A_1>B_1}=0$ 和 $F_{A_1<B_1}=0$ 的作用下,或门也打开,将低位相比较的结果直接送达输出端,即低位的比较结果决定两数谁大、谁小或者相等。用以上的方法可以构成更多位数的数值比较器。

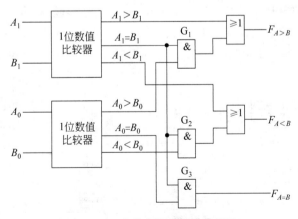

图4-60 2位数值比较器的逻辑图

3. 集成数值比较器

常用的中规模集成数值比较器有 CMOS 和 TTL 的产品。74X85 是 4 位数值比较器，74X682 是 8 位数值比较器。这里主要介绍 74HC85。

（1）集成数值比较器 74HC85 的基本功能

CMOS 中规模集成 4 位数值比较器 74HC85 的功能如表 4-20 所示，输入端包括 $A_3 \sim A_0$ 和 $B_3 \sim B_0$，输出端为 $F_{A>B}$、$F_{A<B}$ 和 $F_{A=B}$，以及扩展输入端为 $I_{A>B}$、$I_{A<B}$ 和 $I_{A=B}$。扩展输入端与其他数值比较器的输出端相连，以便组成位数更多的数值比较器。

表 4-20 集成 4 位数值比较器 74HC85 的功能表

比较输入				级联输入			输出		
$A_3\ B_3$	$A_2\ B_2$	$A_1\ B_1$	$A_0\ B_0$	$I_{A>B}$	$I_{A<B}$	$I_{A=B}$	$F_{A>B}$	$F_{A<B}$	$F_{A=B}$
$A_3>B_3$	×	×	×	×	×	×	H	L	L
$A_3<B_3$	×	×	×	×	×	×	L	H	L
$A_3=B_3$	$A_2>B_2$	×	×	×	×	×	H	L	L
$A_3=B_3$	$A_2<B_2$	×	×	×	×	×	L	H	L
$A_3=B_3$	$A_2=B_2$	$A_1>B_1$	×	×	×	×	H	L	L
$A_3=B_3$	$A_2=B_2$	$A_1<B_1$	×	×	×	×	L	H	L
$A_3=B_3$	$A_2=B_2$	$A_1=B_1$	$A_0>B_0$	×	×	×	H	L	L
$A_3=B_3$	$A_2=B_2$	$A_1=B_1$	$A_0<B_0$	×	×	×	L	H	L
$A_3=B_3$	$A_2=B_2$	$A_1=B_1$	$A_0=B_0$	H	L	L	H	L	L
$A_3=B_3$	$A_2=B_2$	$A_1=B_1$	$A_0=B_0$	L	H	L	L	H	L
$A_3=B_3$	$A_2=B_2$	$A_1=B_1$	$A_0=B_0$	L	L	H	L	L	H

从表 4-20 可以看出，该比较器的比较原理和 2 位比较器的比较原理相同。两个 4 位数的比较是从 A 的最高位 A_3 和 B 的最高位 B_3 进行比较，如果它们不相等，则该位的比较结果可以作为两数的比较结果。若最高位 $A_3=B_3$，则再比较次高位才能得到结果，依此类推。当 4 位均相等时，比较结果和级联输入有关，看 $I_{A>B}$、$I_{A<B}$ 和 $I_{A=B}$ 的级联输入；所以当仅对 4 位数进行比较时，应对 $I_{A>B}$、$I_{A<B}$ 和 $I_{A=B}$ 进行适当处理，即 $I_{A>B}=I_{A<B}=0$，$I_{A=B}=1$。集成 4 位数值比较器 74HC85 的示意图与引脚图如图 4-61 所示。

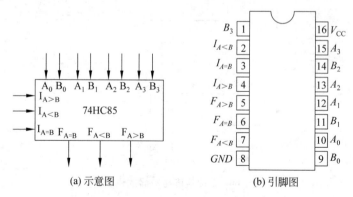

(a) 示意图　　　　　　(b) 引脚图

图 4-61 集成 4 位比较器的示意图与引脚图

（2）集成数值比较器 74HC85 的功能扩展

下面讨论数值比较器的位数扩展问题。数值比较器的扩展方式有串联和并联两种。

① 串行级联

图 4-62 所示为两个 4 位数值比较器串联成为一个 8 位的数值比较器。输入信号同时加到两个比较器的比较输入端，低位片的输出接到高位片的级联输入端 $I_{A>B}$、$I_{A<B}$ 和 $I_{A=B}$，比较结果由高位片的输出端输出。对于两个 8 位数，若高 4 位相同，它们的大小则由低 4 位的比较结果确定。需要注意低位片的级联输入端必须使 $I_{A>B}=I_{A<B}=0$，$I_{A=B}=1$，否则当两数相等时输出端 $F_{A=B}\neq 1$。

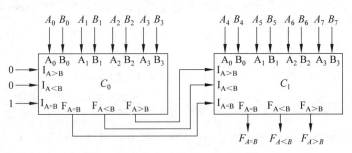

图 4-62　串行级联构成的 8 位比较器

同理可将三片或多片 4 位比较器串行级联，来比较更多位的二进制数。串行级联电路简单，但显然级数愈多，速度愈慢。

② 并行级联

当位数多且要满足一定的速度要求时，可以采取并联方式。图 4-63 所示为 16 位并联数值比较器的原理图。由图可以看出这里采用两级比较法，将 16 位按高低次序分成 4 组，每组 4 位，各组的比较是并行进行的。将每组的比较结果再经 4 位数值比较器进行比较后得出结果。显然，从数据输入到稳定输出只需 2 倍的 4 位比较器延迟时间。若用串

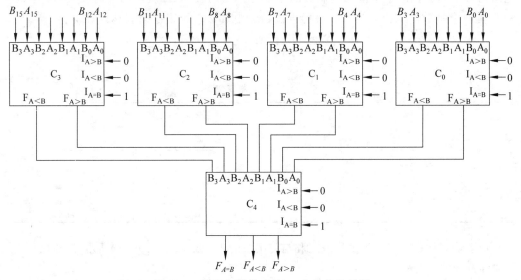

图 4-63　并行级联构成的 16 位数值比较器

联方式,则16位的数值比较器从输入到稳定输出约需4倍的4位比较器延迟时间。

并行级联的特点是速度快,只需经两级芯片的延迟就可得到输出。此例也可将4片串行级联,但速度慢。因此在组成多位比较器时,常采用并行级联。

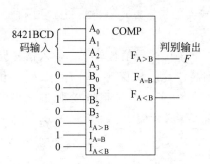

图 4-64 例 4-23 的四舍五入电路

例 4-23 用数码比较器构成用 8421BCD 码表示的一位十进制数的四舍五入电路。

解:用一片四位比较器即能实现上述功能。

设 8421BCD 码为 $A_3A_2A_1A_0$,当其小于或等于4(即0100)时电路输出 F 为0,否则输出 F 为1。将四位 BCD 码接于比较器的 $A_3 \sim A_0$ 端,而将 0100 接于 $B_3 \sim B_0$ 端,输出"$A>B$"端作为判别输出端 F,如图 4-64 所示。

4.5.5 算术运算电路

算术运算是数字系统的基本功能,更是计算机中不可缺少的组成单元。两个二进制数之间的算术运算无论是加、减还是乘、除,目前在数字计算机中都是转化为若干步加法运算进行的,因此加法器是构成算术运算器的基本单元。本书第1章介绍了二进制数的算术运算,下面介绍实现加法运算和减法运算的逻辑电路。

1. 半加器和全加器

(1) 半加器

半加器和全加器是算术运算电路中的基本单元,它们是完成一位二进制数相加的一种组合电路。

只考虑两个加数本身而不考虑低位进位的加法运算称为半加,实现半加运算的逻辑电路称为半加器。两个1位二进制数的半加运算可用表4-21所示的真值表表示,其中 A 和 B 是两个加数,S 表示和数,C 表示进位数。由真值表可得逻辑表达式如下:

$$S = \overline{A}B + A\overline{B} = A \oplus B$$
$$C = AB$$

表 4-21 半加器真值表

输	入	输	出
A	B	S	C
0	0	0	0
0	1	1	0
1	0	1	0
1	1	0	1

由上述表达式可以得出由异或门和与门组成的半加器,如图 4-65(a)所示,图 4-65(b)表示半加器的图形符号。

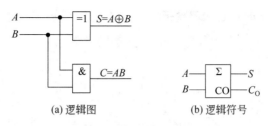

图 4-65 半加器

(2) 全加器

全加器能进行加数、被加数和低位传来的进位信号相加,并根据求和结果给出进位信号。根据全加器的功能,可列出其真值表,如表 4-22 所示。其中 A_i 和 B_i 分别为被加数和加数,C_{i-1} 为低位进位数,S_i 为本位和数(称为全加和),C_i 为向高位的进位数。

表 4-22 全加器真值表

输入			输出	
A_i	B_i	C_{i-1}	S_i	C_i
0	0	0	0	0
0	0	1	1	0
0	1	0	1	0
0	1	1	0	1
1	0	0	1	0
1	0	1	0	1
1	1	0	0	1
1	1	1	1	1

为了求出 S_i 和 C_i 的逻辑表达式,分别画出 S_i 和 C_i 的卡诺图,如图 4-66 所示,其中 C_i 的包围圈是为了便于利用 $A \oplus B$ 的结果,得出下列表达式:

$$S_i = \overline{A}_i \overline{B}_i C_{i-1} + \overline{A}_i B_i \overline{C}_{i-1} + A_i \overline{B}_i \overline{C}_{i-1} + A_i B_i C_{i-1}$$
$$= A_i \oplus B_i \oplus C_{i-1}$$
$$C_i = A_i B_i + A_i \overline{B}_i C_{i-1} + \overline{A}_i B_i C_{i-1}$$
$$= A_i B_i + (A_i \oplus B_i) C_{i-1}$$

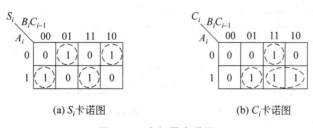

图 4-66 全加器卡诺图

由上式可以画出 1 位全加器的逻辑图,如图 4-67(a)所示,它由两个半加器和一个或门构成,图 4-67(b)所示的是它的逻辑符号。

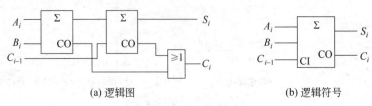

(a) 逻辑图　　　　　　　　(b) 逻辑符号

图 4-67　全加器

2. 多位数加法器

(1) 串行进位加法器

一个全加器只能实现一位二进制数加法,若要实现多位二进制数相加,需要多个全加器。例如,有 2 个 4 位二进制数 $B_3B_2B_1B_0$ 和 $A_3A_2A_1A_0$ 相加,可采用 4 个全加器构成 4 位数加法器,图 4-68 所示的是采用并行相加串行进位的方式来完成两个 4 位数相加的连接图。将低位的进位输出信号接到高位的进位输入端,因此,任意 1 位的加法运算必须在低 1 位的运算完成之后才能进行,这种进位方式称为串行进位。

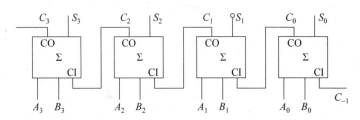

图 4-68　全加器实现的 4 位加法

这种加法器虽然各位相加是并行的,但其进位信号是由低位向高位逐级传递的,因此运算速度较慢。但结构比较简单,在运算速度要求不高的情况下,仍可采用。

(2) 超前进位加法器

为了提高运算速度,必须设法减小或消除由于进位信号逐级传递所耗费的时间。可以通过逻辑电路事先得出每一位全加器的进位信号,而无须再从最低位开始向高位逐位传递进位信号,采用这种结构的加法器叫作超前进位加法器。下面以 4 位超前进位加法器为例来说明。

设两个加数 A 和 B,$A=A_3A_2A_1A_0$,$B=B_3B_2B_1B_0$。

由前面逐位传递加法器可得到各位和与进位表达式为

$$S_0=A_0\oplus B_0\oplus C_{-1} \quad C_0=A_0B_0+C_{-1}(A_0\oplus B_0)$$
$$S_1=A_1\oplus B_1\oplus C_0 \quad C_1=A_1B_1+C_0(A_1\oplus B_1)$$
$$S_2=A_2\oplus B_2\oplus C_1 \quad C_2=A_2B_2+C_1(A_2\oplus B_2)$$
$$S_3=A_3\oplus B_3\oplus C_2 \quad C_3=A_3B_3+C_2(A_3\oplus B_3)$$

在上述表达式中,设 $G_i=A_iB_i$,$P_i=A_i\oplus B_i$。

当 $A_i=B_i=1$ 时,$G_i=1$,可得 $C_i=1$ 产生进位,故 G_i 称为产生变量;当 $A_i\neq B_i$ 时,$P_i=1$,则 $C_i=C_{i-1}$,即低位的进位能传送到高位的进位输出端,故 P_i 称为传输变量。这

两个变量都与进位信号无关。将产生变量和传输变量分别代入 S_i 和 C_i 的表达式可得

$$S_i = P_i \oplus C_{i-1}$$
$$C_i = G_i + P_i C_{i-1}$$

进位信号 C_i 形成速度取决于乘积项 $P_i C_{i-1}$,将进位表达式变换一下,可得:

$$C_0 = G_0 + P_0 C_{-1}$$
$$C_1 = G_1 + P_1 C_0 = G_1 + P_1 G_0 + P_1 P_0 C_{-1}$$
$$C_2 = G_2 + P_2 C_1 = G_2 + P_2 G_1 + P_2 P_1 G_0 + P_2 P_1 P_0 C_{-1}$$
$$C_3 = G_3 + P_3 C_2 = G_3 + P_3 G_2 + P_3 P_2 G_1 + P_3 P_2 P_1 G_0 + P_3 P_2 P_1 P_0 C_{-1}$$

图 4-69 74HC283 逻辑符号

由进位信号的表达式可以看出,进位信号只与变量 G_i、P_i 和 C_{-1} 有关,而 C_{-1} 是向最低位的进位信号,其值为 0,所以各位的进位信号都只与两个加数有关,它们是可以并行产生的。用与门和或门即可实现超前进位产生电路,电路图从略。74HC283 四位超前进位加法器就是基于这种逻辑结构制作的,图 4-69 是其简化逻辑符号。

超前进位加法器大大提高了运算速度。但是,随着加法器位数的增加,超前进位逻辑电路越来越复杂。显然,进位传递时间的节省是以逻辑电路变得复杂为代价换取的。

因此当运算位数较多时常采用折中方法,即将 n 位分为若干组,组内采用超前进位,组间采用串行进位。例如实现两个 8 位二进制数相加,需用两片 74HC283 4 位超前进位加法器串行级联,低位片的进位 CO 接到相邻高位片的 C_{-1},最低位片的 C_{-1} 接 0 即可,如图 4-70 所示。

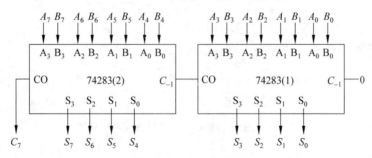

图 4-70 8 位二进制数

加法器除用于二进制加法运算外,还可以广泛用于构成其他功能电路,如代码转换电路、减法器和十进制加法器等。

例 4-24 用 4 位加法器 74HC283 实现 8421BCD 码至余 3BCD 码的转换。

解:由于余 3BCD 码比相应的 8421BCD 多 3(0011),只需将输入 8421BCD 加 3 即可,用一片四位加法器 74HC283 就能实现,如图 4-71 所示。

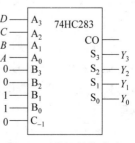

图 4-71 代码转换电路

3. 减法运算

由第 1 章介绍的二进制数算术运算可知，减法运算的原理是将减法运算变成加法运算进行的。上面介绍的加法运算器既能实现加法运算，又可实现减法运算，从而可以简化数字系统结构。

若 n 位二进制的原码为 $N_{原}$，则与它相对应的 2 的补码为

$$N_{补} = 2^n - N_{原}$$

补码与反码的关系是

$$N_{补} = N_{反} + 1$$

设两个数 A、B 相减，利用以上两式可得

$$A - B = A - B + 2^n - 2^n = A + 2^n - B - 2^n = A + (B_{反} + 1) - 2^n$$

上式表明，A 减去 B 可由 A 加 B 的补码并减去 2^n 完成。4 位减法运算电路如图 4-72(a) 所示，具体原理如下。

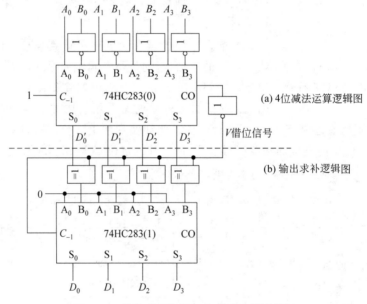

图 4-72　输出为原码的 4 位减法运算逻辑图

由 4 个反相器将 B 的各位反相（求反），并将进位输入端 C_{-1} 接逻辑 1 以实现加 1，由此求得 B 的补码。加法器相加的结果为 $A + (B_{反} + 1)$。

由于 $2^n = 2^4 = 10000B$，相加结果与 2^n 相减的操作只能由加法器进位输出信号完成。当进位输出信号为 1 时，它与 2^n 的差为 0；当进位输出信号为 0 时，它与 2^n 的差值为 1，同时还应发出借位信号。因此，只要将进位信号反相即实现了减去 2^n 的运算，反相器的输出 V 为 1 时需要借位，故 V 也可以当作借位信号。下面分两种情况分析减法运算过程。

(1) $A - B \geqslant 0$ 的情况。设 $A = 0101, B = 0001$。

求补相加演算过程如下：

$$
\begin{array}{r}
(A)\quad 0101\\
(B_\text{反})\quad 1110\\
+\quad\quad 1\\
\hline
10100
\end{array}
$$

↓

借位 0 0 1 0 0 进位反相

直接做减法演算,则有:

$$
\begin{array}{r}
(A)\quad 0101\\
(B)\quad -0001\\
\hline
0100
\end{array}
$$

比较两种运算结果,它们完全相同。在 $A-B\geqslant 0$ 时,所得的差值就是差的原码,借位信号为 0。

(2) $A-B<0$ 的情况。设 $A=0001$, $B=0101$。

求补相加演算过程如下:

$$
\begin{array}{r}
(A)\quad 0001\\
(B_\text{反})\quad 1010\\
+\quad\quad 1\\
\hline
01100
\end{array}
$$

↓

借位 1 1 1 0 0 进位反相

直接做减法演算,则有:

$$
\begin{array}{r}
(A)\quad 0001\\
(B)\quad -0101\\
\hline
\text{符号}\quad -0100
\end{array}
$$

比较两种运算结果可知,前者正好是后者的绝对值的补码。借位信号为 1 时,表示差值为负值;借位信号为 0 时,差为正数。若要求差值以原码形式输出,则还需进行变换,即将补码再求补得到原码。

求补逻辑电路如图 4-72(b)所示,它和图 4-72(a)共同组成输出为原码的完整 4 位减法运算电路。由图 4-72(a)所得的差值输入到异或门的一个输入端,而另一输入端由借位信号 V 控制。当 $V=1$ 时,$D'_3\sim D'_0$ 反相,并与 C_{-1} 相加,实现求补运算;$V=0$ 时,$D'_3\sim D'_0$ 不反相,加法器也不实现加 1 运算,维持原码。

算术运算还包括乘法和除法运算,这里不做介绍。

本 章 小 结

(1) 组合逻辑电路指任一时刻的输出仅取决于该时刻输入信号的取值组合而与电路原有状态无关的电路。它在逻辑功能上的特点是:没有存储和记忆作用;在电路结构上的特点是:由各种门电路组成,不含记忆单元,只存在从输入到输出的通路,没有反馈回路。

（2）组合逻辑电路的描述方法主要有逻辑表达式、真值表、卡诺图和逻辑图等。

（3）组合逻辑电路的基本分析方法是：根据给定电路逐级写出输出函数式，并进行必要的化简和变换，然后列出真值表，确定电路的逻辑功能。

（4）组合逻辑电路的基本设计方法是：根据给定设计任务进行逻辑抽象，列出真值表，然后写出输出函数式并进行适当化简和变换，求出最简表达式，从而画出最简（或称最佳）逻辑电路。

（5）对于以逻辑门为基本单元的电路设计，其最简含义是：逻辑门数目最少，且各个逻辑门输入端的数目和电路的级数也最少，没有竞争冒险。对于以 MSI 组件为基本单元的电路设计，其最简含义是：MSI 组件个数最少，品种最少，组件之间的连线也最少。

（6）竞争冒险可能导致负载电路误操作，应用中需加以注意。同一个门的一组输入信号到达的时间有先有后，这种现象称为竞争。竞争而导致输出产生尖峰干扰脉冲的现象，称为冒险。

（7）用于实现组合逻辑电路的 MSI 组合逻辑部件主要有编码器、译码器、数据选择器、数据分配器、数值比较器和加法器等。

- 编码器的作用是将具有特定含义的信息编成相应二进制代码输出，常用的有二进制编码器、二-十进制编码器和优先编码器。
- 译码器的作用是将表示特定意义信息的二进制代码翻译出来，常用的有二进制译码器、二-十进制译码器和数码显示译码器。
- 数据选择器的作用是根据地址码的要求，从多路输入信号中选择其中一路输出。
- 数据分配器的作用是根据地址码的要求，将一路数据分配到指定输出通道上。
- 数值比较器用于比较两个二进制数的大小。
- 加法器用于实现多位加法运算，其单元电路有半加器和全加器；其集成电路主要有串行进位加法器和超前进位加法器。

课 后 习 题

4-1 写出如题图 4-1(a)和题图 4-1(b)所示电路对应的表达式，列出真值表。

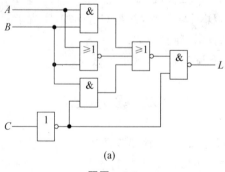

(a)

题图 4-1

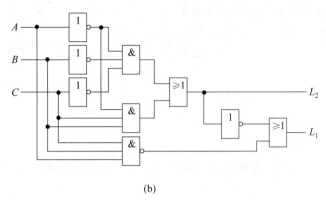

(b)

题图 4-1 （续）

4-2 试分析题图 4-2 所示电路的逻辑功能。

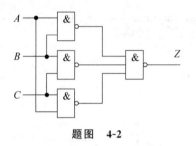

题图 4-2

4-3 设有四种组合逻辑电路，它们的输入波形 A、B、C、D 如题图 4-3(a)所示，其对应的输出波形为 W、X、Y、Z，如题图 4-3(b)所示，试分别写出它们的简化逻辑表达式。

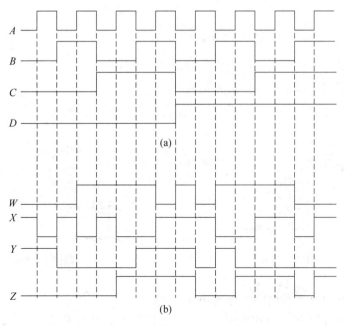

题图 4-3

4-4 试分析题图 4-4 所示电路的逻辑功能。

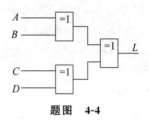

题图 4-4

4-5 画出题图 4-5(a)所示逻辑电路的输出波形,已知电路的输入波形如题图 4-5(b)所示。

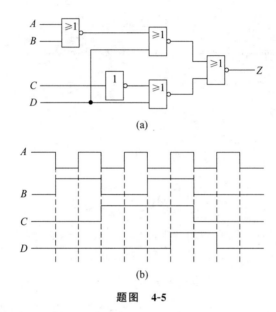

题图 4-5

4-6 试分析题图 4-6 所示电路的逻辑功能。

4-7 试分析题图 4-7 所示电路的逻辑功能。

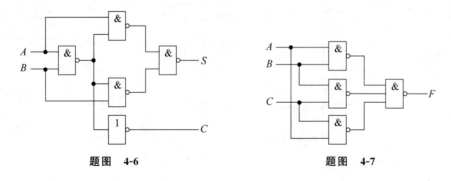

题图 4-6   题图 4-7

4-8 试分析题图 4-8 所示电路的逻辑功能。

4-9 试分析哪些输入码型可使题图 4-9 所示逻辑图中的输出 F 为 1。

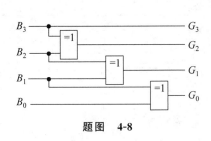

题图 4-8

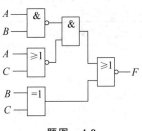

题图 4-9

4-10 试用 2 输入与非门设计一个 3 输入的组合电路。当输入的二进制数码小于 3 时，输出为 0；输入大于等于 3 时，输出为 1。

4-11 设计一个逻辑电路，当 A、B、C 三个输入中至少有两个为低电平时，该电路输出高电平。可以采用任何门电路来实现。

4-12 设计一个 4 输入、4 输出的组合电路。当控制信号 $C=0$ 时，输出状态与输入状态相反；当控制信号 $C=1$ 时，输出状态与输入状态相同。

4-13 试用门电路设计一个将 8421BCD 码转换为余三码的电路。

4-14 一个组合逻辑电路有两个控制信号 C_1 和 C_2，要求：

(1) $C_2C_1=00$ 时，$F=A\oplus B$ (2) $C_2C_1=01$ 时，$F=\overline{AB}$

(3) $C_2C_1=10$ 时，$F=\overline{A+B}$ (4) $C_2C_1=11$ 时，$F=AB$

试设计符合上述要求的逻辑电路。

4-15 设计一个有三个输入、一个输出的组合逻辑电路，输入为二进制数。当输入二进制数能被 3 整除时，输出为 1；否则，输出为 0。

4-16 设计一个电灯控制电路。要求：在三个不同的位置上控制同一盏电灯，任何一个开关拨动都可以使灯的状态发生改变。即原来灯亮，任意拨动一个开关，灯灭；原来灯灭，任意拨动一个开关，灯亮。

4-17 设计一个组合逻辑电路，输入是 4 位二进制数 $ABCD$，当输入大于或等于 9 而小于或等于 14 时输出 Z 为 1，否则输出 Z 为 0。用与非门实现电路。

4-18 雷达站有 A、B、C 三部雷达，其中 A、B 功率消耗相等，C 的功率是 A 的 2 倍。三部雷达由 2 台发电机 X 和 Y 供电。发电机 X 的最大输出功率等于雷达 A 的功率消耗，发电机 Y 的最大输出功率是 X 的 3 倍。要求：设计一个逻辑电路，能根据各个雷达的启动和关闭，以最节约的方式起动和停止发电机。

4-19 一组合逻辑电路的真值表如题表 4-1 所示，用或非门实现该电路。

题表 4-1

输		入		输 出	输		入		输 出
A	B	C	D	Z	A	B	C	D	Z
0	0	0	0	0	1	0	0	0	1
0	0	0	1	0	1	0	0	1	1
0	0	1	0	1	1	0	1	0	1

续表

输		入		输出	输		入		输出
A	B	C	D	Z	A	B	C	D	Z
0	0	1	1	0	1	0	1	1	1
0	1	0	0	0	1	1	0	0	1
0	1	0	1	0	1	1	0	1	0
0	1	1	0	1	1	1	1	0	1
0	1	1	1	0	1	1	1	1	0

4-20 有一火灾报警系统,设有烟感、温感和紫外光感三种不同类型的火灾探测器。为了防止误报警,只有当其中两种或两种以上的探测器发出火灾探测信号时,报警系统才产生报警控制信号。请创建真值表。

4-21 设计一个监视交通灯工作状态的逻辑电路。设一组信号灯由红(R)、黄(Y)、绿(G)三盏灯组成,如题图 4-10 所示。正常情况下,点亮的状态只能是红、绿或黄加绿当中的一种。当出现其他五种状态时,是信号灯发生故障,要求监测电路发出故障报警信号。要求:采用 SSI 组合电路设计方法,应用 74LS00(四个 2 输入与非门)和 74LS20(二个 4 输入与非门),以最少的与非门实现。

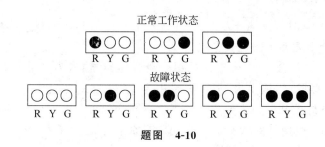

题图 4-10

4-22 用或非门设计一个 8421BCD 码的四舍五入电路。

4-23 设逻辑函数 $F=(A+B)(\overline{B}+C)$,试用卡诺图法判别该电路是否存在冒险。

4-24 判断下列逻辑函数是否存在冒险现象。

(1) $Y=AB+A\overline{B}C$

(2) $Y=\overline{ABCC}+A\,\overline{ABC}$

(3) $Y=\overline{A}\overline{B}+\overline{A}B$

(4) $Y=(\overline{A}+C)(A+C)$

(5) $Y(A,B,C,D)=\sum m(5,7,13,15)$

(6) $Y(A,B,C,D)=\sum m(0,2,4,6,8,10,12,14)$

(7) $Y(A,B,C,D)=\sum m(0,2,4,6,12,13,14,15)$

4-25 试分别画出题图 4-11(a)和题图 4-11(b)所示电路的输出波形。给定输入波形如题图 4-11(c)所示,设门的传输延迟时间为 t_{pd},门 G_2、G_3 的传输延时不予考虑。

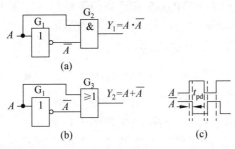

题图 4-11

4-26 判断表达式 $F=\overline{A}\overline{D}+\overline{A}\overline{B}C+ABC+ACD$ 是否存在冒险？若存在，设法消除。

4-27 优先编码器 CD4532 的输入端 $I_1=I_3=I_5=1$，其余输入端均为 0，试确定其输出 $Y_2Y_1Y_0$。

4-28 试用与非门设计一个 4 输入的优先编码器，要求输入、输出及工作标志均为高电平有效，列出真值表，画出逻辑图。

4-29 试用一片 8-3 线优先编码器 74LS148 和外加门构成 8421BCD 码编码器。已知 74LS148 的功能表如题表 4-2 所示，其中 $\overline{I}_0\sim\overline{I}_7$ 分别代表十进制数 0～7，角标越大，优先权越高，$\overline{ST}$ 是使能输入端；$\overline{Y}_2\sim\overline{Y}_0$ 为编码输出端，Y_s 是使能输出端，$\overline{Y}_{EX}$ 是扩展输出端，此两端都用于扩展编码器功能。

题表 4-2

$\overline{ST}$	$\overline{I}_0$	$\overline{I}_1$	$\overline{I}_2$	$\overline{I}_3$	$\overline{I}_4$	$\overline{I}_5$	$\overline{I}_6$	$\overline{I}_7$	$\overline{Y}_2$	$\overline{Y}_1$	$\overline{Y}_0$	$\overline{Y}_{EX}$	Y_s
1	×	×	×	×	×	×	×	×	1	1	1	1	1
0	1	1	1	1	1	1	1	1	1	1	1	1	0
0	×	×	×	×	×	×	×	0	0	0	0	0	1
0	×	×	×	×	×	×	0	1	0	0	1	0	1
0	×	×	×	×	×	0	1	1	0	1	0	0	1
0	×	×	×	×	0	1	1	1	0	1	1	0	1
0	×	×	×	0	1	1	1	1	1	0	0	0	1
0	×	×	0	1	1	1	1	1	1	0	1	0	1
0	×	0	1	1	1	1	1	1	1	1	0	0	1
0	0	1	1	1	1	1	1	1	1	1	1	0	1

4-30 请用 3-8 线译码器 74HC138 和少量门器件实现逻辑函数 $F(A,B,C)=\sum m(0,3,6,7)$。

4-31 为了使 74HC138 译码器第 10 脚输出为低电平，试标出各输入端应置的逻辑电平。

4-32 试用一片 3-8 线译码器 74HC138 和适当的逻辑门实现组合逻辑函数 $F=\overline{A}B\overline{C}+A\overline{B}\overline{C}+AB\overline{C}+ABC$。

4-33 试用一片 3-8 线译码器 74HC138 和适当的逻辑门实现组合逻辑函数 $L(A,B,C,D)=AB\overline{C}+ACD$。

4-34 试用一片 3-8 线译码器 74HC138 和适当的逻辑门实现如下多输出逻辑函数。

$$\begin{cases} F_1 = A\bar{C} + \bar{A}BC + A\bar{B}C \\ F_2 = BC + \bar{A}\bar{B}C \\ F_3 = \bar{A}B + A\bar{B}C \\ F_4 = \bar{A}B\bar{C} + \bar{B}\bar{C} + ABC \end{cases}$$

4-35 已知 3-8 线译码器 74HC138 的接线如题图 4-12 所示,试分析哪个输出引脚有效。

4-36 试用 3-8 线译码器 74HC138 和门电路设计 1 位二进制全减电路。输入为被减数、减数和来自低位的借位。输出为两数之差和向高位的借位信号。

4-37 试用两片双四选一数据选择器 74HC153 和 3-8 线译码器 74HC138 接成十六选一的数据选择器。

4-38 如题图 4-13 所示,试写出由 3-8 线译码器 74HC138 构成的输出 F 的最简与或表达式。

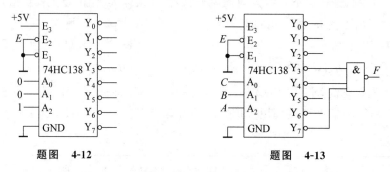

题图 4-12　　　　　　题图 4-13

4-39 用 3-8 线译码器 74HC138 组成 6-64 线译码器。

4-40 已知 7 段译码器电路及对应的输入波形分别如题图 4-14(a) 和题图 4-14(b) 所示,试确定显示器显示的字符序列。

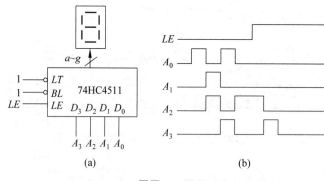

题图 4-14

4-41 用八选一数据选择器 74HC151 构成六十四选一数据选择器。

4-42 用四选一数据选择器 74HC153 实现三变量函数 $F = A\bar{B}\bar{C} + \bar{A}C + BC$。

4-43 用四选一数据选择器 74HC153 实现习题 4-21 所述的交通灯监测电路。

4-44 设计一个故障报警的逻辑电路。已知某实验室有红、黄两个故障指示灯,用来指示三台设备的工作情况。当只有一台设备出故障时,黄灯亮;有两台设备出故障时,红灯亮;只有当三台设备都发生故障时,才会使红、黄两个故障指示灯同时点亮。要求采用 MSI 组合电路的计方法,用双四选一数据选择器 74HC153 实现。

4-45 用四选一数据选择器 74HC153 产生逻辑函数 $L(A,B,C)=\sum m(1,2,6,7)$。

4-46 74HC151 的连接方式和各输入端的波形分别如题图 4-15(a) 和题图 4-15(b) 所示,试画出输出端 Y 的波形。

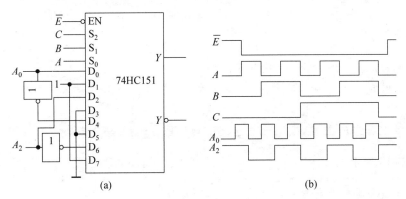

题图 4-15

4-47 试用 74HC151 实现下列逻辑函数:
(1) $F=A\bar{B}\bar{C}+A\bar{B}C+\bar{A}BC$
(2) $F=(A\odot B)\odot C$
(3) $F=AB\bar{C}+\bar{A}BC+\bar{A}\bar{B}$

4-48 试用八选一数据选择器 74HC151 产生下列逻辑函数:
(1) $F(A,B,C)=\sum m(0,1,5,6)$
(2) $F(A,B,C)=\sum m(1,2,4,7)$

4-49 试用八选一数据选择器 74HC151 实现三变量多数表决器。

4-50 试用八选一数据选择器 74HC151 实现习题 4-44 所述故障报警的逻辑电路。

4-51 用异或门、与非门及或非门设计一个 2 位二进制数码比较器。

4-52 试用数值比较器 74HC85 设计一个 8421BCD 码有效性测试电路,当输入为 8421BCD 码时,输出为 1,否则为 0。

4-53 能否用一片 4 位并行加法器 74HC283 将余 3 码转换成 8421 的二-十进制代码?若可能,请画出连线图。

4-54 用八选一数据选择器 74HC151 实现 1 位二进制全加器。

4-55 用数据选择器 74HC153 实现习题 4-16 所述的电灯控制电路。

第 5 章 锁存器与触发器

[主要教学内容]

1. 锁存器：SR 锁存器和 D 锁存器。
2. 触发器的电路结构和工作原理：主从触发器、维持阻塞触发器和利用传输延时的触发器。
3. D 触发器、JK 触发器、T 触发器、SR 触发器、D 触发器的逻辑功能及功能转换。

[教学目的和要求]

1. 了解锁存器和触发器的电路结构和工作原理。
2. 掌握 SR 锁存器、JK 触发器、D 触发器及 T 触发器的逻辑功能。
3. 正确理解锁存器和触发器的动态特性。

5.1 概 述

前面介绍的各种组合逻辑电路虽然逻辑功能不同，但有一个共同点，即某一时刻的输出仅仅由该时刻的输入决定，而与该时刻以前电路的状态没有关系。

从本章开始学习时序逻辑电路(Sequential Logic Circuit)。时序电路的特征是输出不仅和当前的输入有关，而且也和以前的状态有关。换句话说，即使当前的输入是相同的，但由于以前的状态不同，输出也可能不同。因此这类电路必须含有存储电路，以记录以前的状态。

目前在半导体存储器中采用的存储单元有锁存器(Latch)和触发器(Flip-flop)两类。

为了存储一位二进制信息，存储单元都必须具有两个能自行保持的稳定状态，分别用以记忆 1 和 0。同时，还必须能按照输入信号的要求置 1 或 0 状态。这是所有存储单元都必须具备的基本特性。

5.1.1 锁存器与触发器

锁存器和触发器是能存放一位二进制数的最简单的时序电路，是时序逻辑电路的存储单元电路。

锁存器和触发器的共同点包括：

(1) 具有 0 和 1 两个稳定状态,一旦状态被确定,就能自行保持。一个锁存器或触发器能存储一位二进制码。

(2) 能根据输入置 0 或置 1。

(3) 当输入信号消失后,获得的新状态能保持下去,即具有记忆功能。

锁存器和触发器的不同点包括:

(1) 锁存器指对脉冲电平敏感的存储电路在特定输入脉冲电平作用下会改变状态。

(2) 触发器指对脉冲边沿敏感的存储电路在时钟脉冲的上升沿或下降沿的变化瞬间会改变状态,可参考图 5-1。

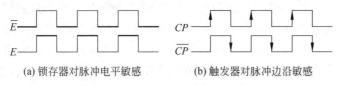

(a) 锁存器对脉冲电平敏感　　(b) 触发器对脉冲边沿敏感

图 5-1　锁存器与触发器的比较

5.1.2　锁存器和触发器逻辑功能描述方法

锁存器和触发器逻辑功能描述方法主要包括特性表、特性方程、波形图和状态图等。

(1) 特性表。特性表又称真值表、功能表,但是与组合逻辑电路中的真值表不同的是变量中含电路的现态。

(2) 特性方程。特性方程是描述电路的次态与现态及输入之间的关系式。现态指输入信号作用前的状态,即现在状态,用 Q^n 表示。次态指输入信号作用后的状态,即下一状态,用 Q^{n+1} 表示。

(3) 波形图。波形图又称时序图,是直观描述输入信号、时钟信号、输出信号及电路状态转换与时间对应关系的图形。

(4) 状态图。状态图是描述锁存器和触发器的次态与输入、现态关系的图形。

5.1.3　双稳态存储单元电路

1. 电路结构

将两个非门 G_1 和 G_2 接成图 5-2 所示的交叉耦合形式,则构成最基本的双稳态电路。下面从逻辑角度对其特性进行分析。

2. 逻辑状态分析

从电路的逻辑关系可知,若 $Q=0$,由于非门 G_2 的作用,则使 $\overline{Q}=1$,$\overline{Q}$ 反馈到 G_1 输入端,又保证了 $Q=0$。由于两个非门首尾相连的逻辑锁定,因而电路能自行保持在 $Q=0$ 和 $\overline{Q}=1$ 的状态,形成第一种稳定状态。反之,若 $Q=1$,则 $\overline{Q}=0$,形成第二种稳定状态。在两种稳定状态中,输出端 Q 和 $\overline{Q}$ 总是逻辑互补的。因为电路只存在这两种

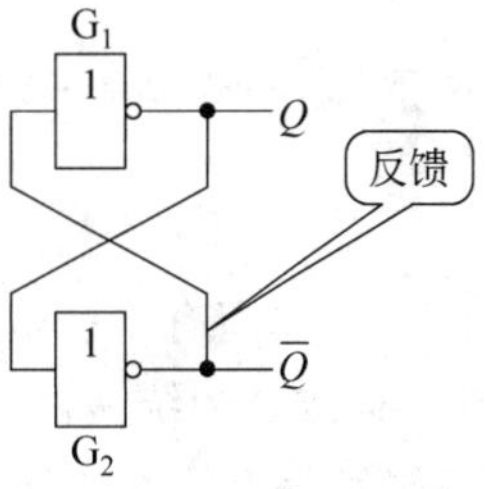

图 5-2　双稳态存储单元电路

可以长期保持的稳定状态,故称为双稳态存储单元电路。可以定义 $Q=0$ 为电路的 0 状态,而当 $Q=1$ 时则为 1 状态。电路接通电源后,可能随机进入其中一种状态,并能长期保持不变,因此,电路具有存储或记忆一位二进制数的功能。因为没有控制信号的输入,所以无法确定图 5-2 所示电路在通电后究竟进入哪一种状态,也无法在运行中改变状态。

5.2 锁 存 器

锁存器和触发器是构成各种时序电路的存储单元电路,其共同特点是都具有 0 和 1 两种稳定状态,一旦状态被确定,就能自行保持,即长期保持一位二进制码,直到有外部信号作用时才有可能改变。锁存器是一种对脉冲电平敏感的存储单元电路,它们可以在特定输入脉冲电平作用下改变状态。而触发器则是一种对脉冲边沿敏感的存储电路,它们只有在作为触发信号的时钟脉冲上升沿或下降沿的变化瞬间才能改变状态。

5.2.1 基本 SR 锁存器

1. 电路结构

基本 SR 锁存器由两个或非门或两个与非门交叉形成,其结构分别如图 5-3(a)和图 5-3(b)所示。其中,S(Set)为置位端,R(Reset)为复位端。图 5-3(c)和图 5-3(d)分别为图 5-3(a)和图 5-3(b)两种结构的基本 SR 锁存器的国标逻辑符号。该电路的基本特点为电路的下一状态是其输入和现在状态的函数。

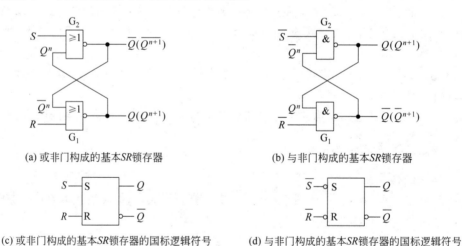

图 5-3 基本 *SR* 锁存器

由于或非门有 1 就输出 0,1 信号起作用,即 1 有效;与非门有 0 就输出 1,0 信号起作用,即 0 有效。为统一两者取值关系,在与非门组成的锁存器输入信号上加非号成 $\overline{S}$、$\overline{R}$,并在逻辑符号上的 S、R 端加一小圆圈,表示 0 有效。图 5-3(a)称为 SR 锁存器,图 5-3(b)称为 $\overline{SR}$ 锁存器。

2. 原理

由图 5-3(a)和图 5-3(b)不难得出两种结构的锁存器具有下面相同的结论。

(1) 当 $\left.\begin{array}{l}S=0,R=0\\\overline{S}=1,\overline{R}=1\end{array}\right\}$ 时，$Q^{n+1}=Q^n$ 锁存器保持原状态。

(2) 当 $\left.\begin{array}{l}S=0,R=1\\\overline{S}=1,\overline{R}=0\end{array}\right\}$ 时，$Q^{n+1}=0$ 复位，锁存器置 0。

(3) 当 $\left.\begin{array}{l}S=1,R=0\\\overline{S}=0,\overline{R}=1\end{array}\right\}$ 时，$Q^{n+1}=1$ 置位，锁存器置 1。

(4) 当 $\left.\begin{array}{l}S=1,R=1\\\overline{S}=0,\overline{R}=0\end{array}\right\}$ 时，或非门 $Q^{n+1}=0,\overline{Q}^{n+1}=0$；与非门 $Q^{n+1}=1,\overline{Q}^{n+1}=1$。

此时：

① 破坏了输出端互补的逻辑关系。

② 当 S、R 同时由 1→0（$\overline{S}$、$\overline{R}$ 由 0→1），两个门的延迟时间不同（$t_{pd1}\neq t_{pd2}$），且谁大谁小具有随机性。当 $t_{pd1}<t_{pd2}$ 时，$Q^{n+1}=1$；$t_{pd1}>t_{pd2}$ 时，$Q^{n+1}=0$，所以新状态不确定。

③ 当 S、R 非同时由 1→0 时，若 S 先由 1→0，$Q^{n+1}=0$；若 R 先由 1→0，$Q^{n+1}=1$。

综合以上情况，基本 SR 锁存器不允许 $S=R=1$ 出现，即约束条件为 $S\cdot R=0$。

5.2.2 锁存器和触发器逻辑功能描述

下面以基本 SR 锁存器为例加以介绍。

1. 特性表（功能表）

特性表为简化的真值表，只列出输入与输出 Q^{n+1} 的对应关系，多用于器件手册。基本 SR 锁存器的特性表如表 5-1 所示。

表 5-1 基本 SR 锁存器的特性表

S	R	Q^{n+1}	功 能 说 明
0	0	Q^n	保持
0	1	0	置 0
1	0	1	置 1
1	1	×	不允许

特性表在形式上与组合逻辑电路的真值表相似，左边是输入的各种组合，右边是相应的输出状态。但这时输出状态取值中除了 0 和 1 之外还有反映现态的 Q^n，这也正体现出时序电路的特性。

根据表 5-1 画出卡诺图，如图 5-4 所示。$S=R=1$ 为不允许输入，在卡诺图中表现为任意项。

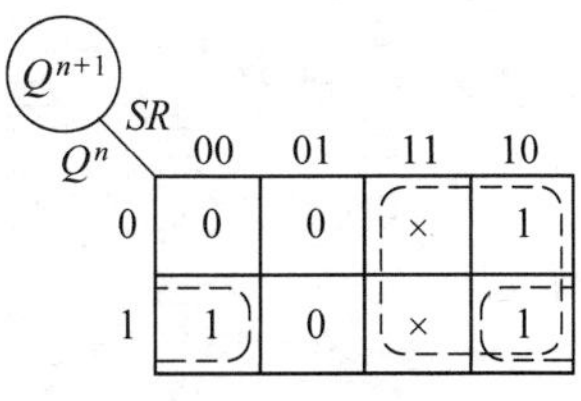

2. 状态方程（特性方程）

将输入 S、R、Q^n 和 Q^{n+1} 之间的关系用函数式表示

图 5-4 基本 SR 锁存器的卡诺图

出来,有如下两种方法。

(1) 化简图 5-4 所示的基本 SR 锁存器的卡诺图,可得:
$$\begin{cases} Q^{n+1} = S + \bar{R}Q^n \\ R \cdot S = 0 \end{cases}$$

(2) 从电路图 5-3(a)中直接求得 $Q^{n+1} = \overline{R + \overline{S + Q^n}} = \bar{R}(S + Q^n) = S\bar{R} + \bar{R}Q^n$,由于有约束条件 $S \cdot R = 0$,在上式中加入一项 SR,可得:
$$\begin{cases} Q^{n+1} = S\bar{R} + \bar{R}Q^n + RS = S + \bar{R}Q^n \\ R \cdot S = 0(或非门) 或 \bar{R} + \bar{S} = 1(与非门) \end{cases}$$

可见两种方法的结论相同,$\overline{SR}$ 锁存器的状态方程和 SR 触发器是一致的。

3. 波形图(时序图)

锁存器输入信号和其输出 Q 之间对应关系的工作波形图称为时序图,可直观地说明锁存器的特性。根据功能表就可由锁存器的现在状态及输入来决定锁存器的下一状态,图 5-5 为基本 SR 锁存器的波形图,设初始状态为 $Q_0 = 0$,图中虚线部分表示状态不确定。

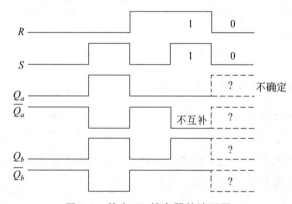

图 5-5 基本 SR 锁存器的波形图

Q_a、$\bar{Q}_a$ 和 Q_b、$\bar{Q}_b$ 分别表示或非门构成的 SR 锁存器和与非门构成的 SR 锁存器的输出信号。

正像所有逻辑电路都有延迟一样,SR 锁存器的输出对输入也有一定的延迟。设每个或非门(与非门)的延迟时间为 t_{pd},则可以得到图 5-6(a)和图 5-6(b)的波形图。图 5-6(a)

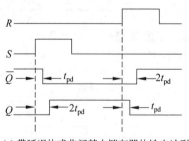

(a) 带延迟的或非门基本锁存器的输出波形

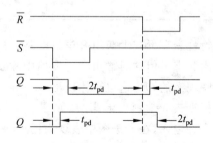

(b) 带延迟的与非门基本锁存器的输出波形

图 5-6 考虑延迟的基本 SR 锁存器波形图

是带延迟的或非门基本锁存器的输出波形；图 5-6(b)是带延迟的与非门基本锁存器的输出波形。在图 5-6(a)中当 S 变为 1 时，经过一个 t_{pd} 后引起 $\overline{Q}$ 的变化，再经过一个 t_{pd} 引起 Q 的变化。而在图 5-6(b)中，则是 $\overline{S}$ 变为低电平后先引起 Q 的变化(延迟 t_{pd})，再经过一个 t_{pd} 后才引起 $\overline{Q}$ 的变化。所以考虑到门延迟的影响，要保证基本 SR 锁存器有稳定的输出，输入信号的持续时间应大于 $2t_{pd}$。

例 5-1 已知基本 SR 锁存器(或非门构成)S、R 端的输入波形如图 5-7(a)所示，试画出输出端 Q、$\overline{Q}$ 的波形。

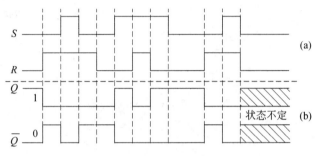

图 5-7 例 5-1 的波形

解：根据基本 SR 锁存器的特性表，得到输出端 Q、$\overline{Q}$ 的波形如图 5-7(b)所示。

4. 状态图(或状态转移图)

状态图以图形方式表示输出状态转换的条件和规律。用圆圈(○)表示各状态，圈内注明状态名或取值。用箭头(→)表示状态间的转移，箭头指向新状态，线上注明状态转换的条件/输出，条件可以有多个。基本 SR 锁存器的状态图如图 5-8 所示。

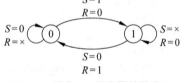

图 5-8 基本 SR 触发器的状态图

5. 基本 SR 锁存器的特点

(1) 电路具有记忆功能，即有两个稳态($Q=0$ 或 $Q=1$)，可用于表示两种对立的逻辑状态或二进制数 0 和 1。

(2) 电路状态的转换依赖于外加输入电平，通常称此锁存器为置 0、置 1 锁存器，或者复位、置位锁存器(用小圆圈表示低电平或逻辑 0 有效)。

(3) 动作特点：由于 S、R 直接加至输出门的输入端，因此在 SR 全部作用时间内敏感。

(4) 有约束条件：$\overline{R}+\overline{S}=1$(与非门输入不能同时为 0)，$SR=0$(或非门输入不能同时为 1)。

5.2.3 逻辑门控 SR 锁存器——同步触发器

前面所讨论的基本 SR 锁存器的输出状态是由输入信号 S 或 R 直接控制的，如图 5-9 所示电路在基本 SR 锁存器前增加了一对逻辑门 G_3 和 G_4，用锁存使能信号 E 控制锁存器在某一指定时刻根据 S、R 输入信号确定输出状态，这种锁存器称为逻辑门控 SR 锁存器。与基本 SR 锁存器相比，逻辑门控 SR 锁存器增加了锁存使能输入端 E。通过控制 E 端电平,可以实现多个锁存器同步进行数据锁存。即为协调各部分的动作,加控制门,引入使能信号 E(或时钟信号),使其只在使能信号 E 到来时才按照输入信号改变其状态。

1. 电路组成及逻辑符号

逻辑门控 SR 锁存器的电路结构和国标逻辑符号分别如图 5-9(a) 和图 5-9(b) 所示。

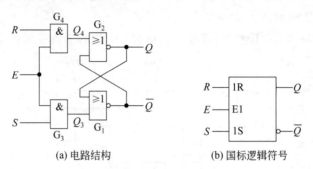

图 5-9　逻辑门控 SR 锁存器

2. 逻辑功能分析

$E=0$：状态不变。

$E=1$：$Q_3=S$, $Q_4=R$。

此时,状态发生变化,等价于由或非门组成的基本 SR 锁存器。

即：

$S=0, R=0$：$Q^{n+1}=Q^n$

$S=1, R=0$：$Q^{n+1}=1$

$S=0, R=1$：$Q^{n+1}=0$

$S=1, R=1$：$Q^{n+1}=\Phi$

这种锁存器必须严格遵守 $SR=0$ 的约束。

3. 特性表

逻辑门控 SR 锁存器特性表如表 5-2 所示。

表 5-2　逻辑门控 SR 锁存器的特性表

E	R	S	Q^n	Q^{n+1}
0	×	×	×	Q^n
1	0	0	0	0
1	0	0	1	1
1	0	1	0	1
1	0	1	1	1
1	1	0	0	0
1	1	0	1	0
1	1	1	0	不定
1	1	1	1	

4. 波形图

设 Q 的初始状态为 0，逻辑门控 SR 锁存器的波形图如图 5-10 所示。

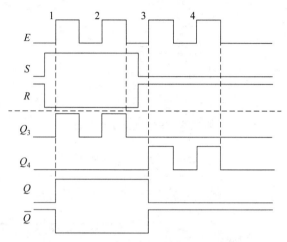

图 5-10　逻辑门控 SR 锁存器的波形图

5. 动作特点

从以上分析可以看出：

(1) 只有当使能信号有效时，才能把输入信号的状态反映到输出端。即通过控制 E 端电平，可以实现多个锁存器同步进行数据锁存。

(2) 在使能信号全部作用时间内，对输入信号敏感。即在 E 有效时，S、R 的改变都将引起输出状态的改变。即此种锁存器的触发被控制在一个时间间隔内，而不是控制在某一时刻进行。

(3) 仍有约束条件，$SR=0$（不能同时为 1），否则输出状态不定。

5.2.4　D 锁存器

1. 逻辑门控 D 锁存器

消除逻辑门控 SR 锁存器不确定状态的最简单的方法是，在图 5-9(a)所示电路的 S 和 R 输入端连接一个非门 G_5，从而保证了 S 和 R 不同时为 1 的条件，其电路结构如图 5-11(a)所示，它只有两个输入端：数据输入 D 和使能输入 E。$E=0$ 时，G_3 和 G_4 输出均为 0，使 G_1、G_2 构成的基本 SR 锁存器处于保持状态，无论 D 信号怎样变化，输出 Q 和 $\overline{Q}$ 均保持不变。当需要更新状态时，可将门控信号 E 置 1，此时根据送到 D 端的新二值信息将锁存器置为新的状态：如果 $D=0$，无论基本 SR 锁存器原来状态如何，都将使 $Q=0$，$\overline{Q}=1$；反之，则将锁存器置为 1 状态。如果 D 信号在 $E=1$ 期间发生变化，电路提供的信号路径将使 Q 端信号跟随 D 而变化。在 E 由 1 跳变为 0 以后，锁存器可以将锁存跳变前 D 端的逻辑值暂存 1 位二进制数据。表 5-3 以表格形式对 D 锁存器的功能做了概括。图 5-11(b)所示的是 D 锁存器的逻辑符号。其中，C1 和 1D 表示二者是关联的，C1 控制着 1D 的输入。

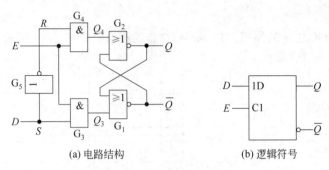

(a) 电路结构　　　　　　　　(b) 逻辑符号

图 5-11　逻辑门控 D 锁存器

表 5-3　D 锁存器的特性表

E	D	Q	功　　能
0	×	不变	保持
1	0	0	置 0
1	1	1	置 1

2. 传输门控 D 锁存器

(1) 电路结构

图 5-12(a)所示的是另一种 D 锁存器的电路结构,多见于 CMOS 集成电路。它与图 5-11(a)所示电路的逻辑功能完全相同,但数据锁存不使用逻辑门控,而是在图 5-2 所示的双稳态电路基础上增加两个传输门 TG_1 和 TG_2 实现的。电路中 E 是锁存使能信号。当 $E=1$ 时,$\overline{C}=0$,$C=1$,TG_1 导通,TG_2 断开,输入数据 D 经 G_1、G_2 两个非门,使 $Q=D$ 且 $\overline{Q}=\overline{D}$,如图 5-12(b)所示。显然,这时 Q 端跟随输入信号 D 的变化。当 $E=0$ 时,$\overline{C}=1$,$C=0$,TG_1 断开,TG_2 导通,构成类似于图 5-2 所示的双稳态电路,如图 5-12(c)所示。由于 G_1、G_2 输入端存在的分布电容对逻辑电平有短暂的保持作用,此时电路将被锁定在 E 信号由 1 变 0 前瞬间 D 信号所确定的状态。由于逻辑功能完全相同,所以传输门控 D 锁存器的逻辑符号仍如图 5-11(b)所示。

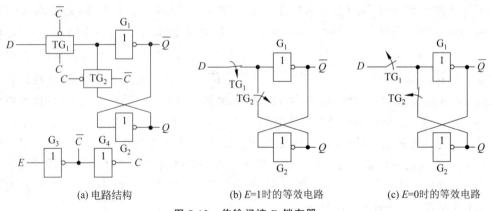

(a) 电路结构　　　(b) $E=1$ 时的等效电路　　　(c) $E=0$ 时的等效电路

图 5-12　传输门控 D 锁存器

(2) 工作原理

① $E=1$ 时，TG_1 导通，TG_2 断开，$Q=D$。等效电路如图 5-12(b)所示。

② $E=0$ 时，TG_2 导通，TG_1 断开，Q 不变。等效电路如图 5-12(c)所示。

(3) 工作波形

根据图 5-12(b)和图 5-12(c)，当 $E=1$ 时，Q 端波形跟随 D 端变化。当 E 跳变为 0 时，锁存器保持在跳变前瞬间的状态，可以画出 Q 和 $\overline{Q}$ 波形，如图 5-13 虚线下边所示，设 Q 的初始状态为 0。由波形图可以看出：在 $E=1$ 的全部时间内输出对输入信号敏感。

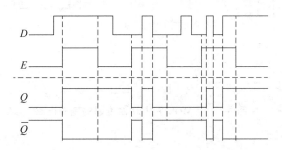

图 5-13　传输门控 D 锁存器波形图

5.3　触发器的电路结构和工作原理

如前所述，D 锁存器在使能信号 E 为逻辑 1 期间更新状态，在图 5-1(a)所示的波形图中以加粗部分表示这个敏感时段。在这期间，它的输出会随输入信号变化，从而使很多时序逻辑功能不能实现。而实现这些功能要求存储电路对时序信号的某一边沿敏感，但在其他时刻状态保持不变，不受输入信号变化的影响。这种在时钟脉冲边沿作用下的状态刷新称为触发，具有这种特性的存储单元称为触发器。不同电路结构的触发器对时钟脉冲的敏感边沿可能不同，分为上升沿触发和下降沿触发。本书以 CP 命名上升沿触发的时钟信号，触发边沿如图 5-1(b)波形中的上箭头（↑）所示；以 $\overline{CP}$ 命名下降沿触发的时钟信号，触发边沿如图 5-1(b)波形中的下箭头（↓）所示。

目前应用的触发器主要有三种电路结构：主从触发器、维持阻塞触发器和利用传输延迟的触发器。下面分别予以讨论。

5.3.1　主从触发器

1. 电路结构

将两个图 5-12(a)所示的 D 锁存器级联，则构成 CMOS 主从触发器，如图 5-14 所示。图中左边的锁存器称为主锁存器，右边的称为从锁存器。主锁存器的锁存使能信号正好与从锁存器相反，利用两个锁存器的交互锁存，则可实现存储数据和输入信号之间的隔离。

4 个传输门中，TG_1 和 TG_4 的工作状态相同，TG_2 和 TG_3 的工作状态相同。

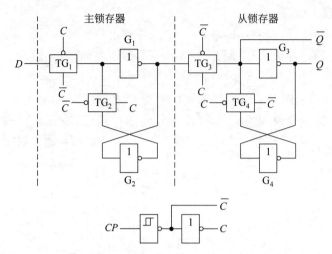

图 5-14 CMOS 主从 D 触发器的逻辑电路

2. 工作原理

图 5-14 中的触发器工作过程分为两个节拍。

(1) 当时钟信号 $CP=0$ 时，$\overline{C}=1$，$C=0$，使 TG_1 导通，TG_2 断开，D 端输入信号进入主锁存器，这时 Q' 跟随 D 端的状态变化，使 $Q'=D$。例如，D 为 1 时，经 TG_1 的输入端，使 $\overline{Q'}=0$，$Q'=1$。同时由于 TG_3 断开，切断了从锁存器与主锁存器之间的联系，而 TG_4 导通，G_3 的输入端与 G_4 的输出端经 TG_4 连通，构成图 5-2 所示的双稳态存储单元电路，使从锁存器维持在原来的状态不变，即触发器的输出状态不变。

(2) 当 CP 由 0 跳变到 1 后，$\overline{C}=0$，$C=1$，使 TG_1 断开，从而切断了 D 端与主锁存器的联系，同时 TG_2 导通，将 G_1 的输入端和 G_2 的输出端连通，使主锁存器维持原态不变。这时，TG_3 导通，TG_4 断开，将 Q' 端信号传输到 Q 端。若 $\overline{Q'}=0$，经 TG_3 传输给 G_3 的输入端，于是 $\overline{Q}=0$，$Q=1$。

可见，从锁存器的工作总是跟随主锁存器的状态变化，触发器因之冠名"主从"。它的输出状态转换发生在 CP 信号上升沿到来后的瞬间，是图 5-1(b) 所示时钟脉冲上升沿触发的触发器。而触发器的状态仅仅取决于 CP 信号上升沿到达前瞬间的 D 信号，从功能上考虑称为 D 触发器。如果以 Q^{n+1} 表示 CP 信号上升沿到达后触发器的状态，则 D 触发器的特性可以用下式来表达：

$$Q^{n+1}=D \tag{5-1}$$

式(5-1)称为 D 触发器的特性方程，它反映了触发器在时钟信号作用后的状态与此前输入信号 D 的关系。

5.3.2 维持阻塞触发器

1. 电路结构

维持阻塞结构的 D 触发器的逻辑电路如图 5-15 所示。该触发器由 3 个用与非门构成的基本 SR 锁存器组成，其中，G_1 和 G_2 以及 G_3 和 G_4 分别构成的两个基本 SR 锁存器

响应外部输入数据 D 和时钟信号 CP，它们的输出 Q_2 和 Q_3 作为 $\bar{S}$ 和 $\bar{R}$ 信号控制着由 G_5 和 G_6 构成的第三个基本 SR 锁存器的状态，即整个触发器的状态。

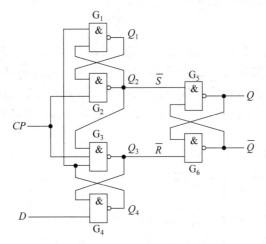

图 5-15　维持阻塞 D 触发器的逻辑电路

2. 工作原理

下面分析其原理。

(1) 当 $CP=0$ 时，与非门 G_2 和 G_3 被封锁，其输出 $Q_2=Q_3=1$，即 $\bar{S}=\bar{R}=1$，使输出锁存器处于保持状态，触发器的输出 Q 和 $\bar{Q}$ 不改变状态。同时，Q_2 和 Q_3 的反馈信号分别将 G_1 和 G_4 两个门打开，使 $Q_4=\bar{D}$，$Q_1=\bar{Q}_4=D$，D 信号进入触发器，为触发器状态刷新做好准备。

(2) 当 CP 由 0 变 1 后瞬间，G_2 和 G_3 打开，它们的输出 Q_2 和 Q_3 的状态由 G_1 和 G_4 的输出状态决定，即 $\bar{S}=Q_2=\bar{Q}_1=\bar{D}$，$\bar{R}=Q_3=\bar{Q}_4=D$，二者状态永远是互补的，也就是说 $\bar{S}$ 和 $\bar{R}$ 中必定有一个是 0。由基本 SR 锁存器的逻辑功能可知，这时 $Q^{n+1}=D$，触发器状态按此前 D 的逻辑值刷新。

(3) 在 $CP=1$ 期间，由 G_1 和 G_2 以及 G_3 和 G_4 分别构成的两个基本 SR 锁存器可以保证 Q_2、Q_3 的状态不变，使触发器状态不受输入信号 D 变化的影响。在 $Q=1$ 时，$Q_2=0$，则将 G_1 和 G_3 封锁。Q_2 至 G_1 的反馈线使 $Q_1=1$，起到维持 $Q_2=0$ 的作用，从而维持了触发器的 1 状态，称为置 1 维持线；而 Q_2 至 G_3 的反馈线使 $Q_3=1$，虽然 D 信号在此期间的变化可能使 Q_4 相应改变，但不会改变 Q_3 的状态，从而阻塞了 D 端输入的置 0 信号，称为置 0 阻塞线。在 $Q=0$ 时，$Q_3=0$，则将 G_4 封锁，使 $Q_4=1$，即阻塞了 $D=1$ 信号进入触发器的路径，又与 $CP=1$ 和 $Q_2=1$ 共同作用，将 Q_3 维持为 0，而将触发器维持在 0 状态，故将 Q_3 至 G_4 的反馈线称为置 1 阻线和置 0 维持线。正因为这种触发器工作中的维持和阻塞特性，所以称为维持阻塞触发器。

虽然维持阻塞 D 触发器的电路结构与图 5-14 所示的电路完全不同，但这两个电路所实现的逻辑功能是完全相同的，都是在 CP 脉冲上升沿到来后瞬间转换输出状态，将输入信号 D 传递到 Q 端并保持下去。因此，它们使用同一逻辑符号，特性方程也是一致的，即式(5-1)。

5.3.3 利用传输延迟的触发器

1. 电路构成

图 5-16 是利用门的传输延迟构成的下降沿 JK 触发器逻辑图。两个与或非门构成基本 SR 触发器,两个与非门 G_7、G_8 用来接收 JK 信号。时钟信号一路送给 G_7、G_8,另一路送给 G_2、G_6,注意 CP 信号是经 G_7、G_8 延时,所以送到 G_3、G_5 的时间比到达 G_2、G_6 的时间晚一个与非门的延迟时间($1t_{pd}$),这就保证了触发器的翻转对准的是 CP 的下降沿。

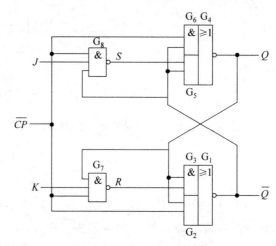

图 5-16 负边沿 JK 触发器

2. 工作原理

下面分三个阶段分析。

(1) 当 $\overline{CP}=0$ 时,与门 G_2 和 $G_6=0$,与非门 G_7 和 G_8 封锁,不接收 JK 输入,输出 $S=R=1$,使触发器的输出保持不变。

(2) 当 $\overline{CP}=1$ 时,与非门 G_7 和 G_8 打开,接收 JK 输入,由图可得输出表达式:

$$Q^{n+1}=\overline{\overline{Q}_n \cdot \overline{CP}+\overline{Q}_n \cdot S}=\overline{\overline{Q}_n+\overline{Q}_n \cdot S}=Q^n \tag{5-2}$$

$$Q^{n+1}=\overline{Q^n \cdot \overline{CP}+Q^n \cdot R}=\overline{Q^n+Q^n \cdot R}=\overline{Q}_n \tag{5-3}$$

可知触发器的输出仍保持不变。

(3) 在 $\overline{CP}$ 由 1→0 的瞬间,$\overline{CP}$ 信号是直接加到与门 G_2 和 G_6 输入端,但 G_7 和 G_8 的输出 R 和 S 需要经过一个与非门延迟 t_{pd} 才能变为 1。设 $\overline{Q}^{n'}$ 为 G_1 在这一瞬间的输出,则 S 和 R 在没有变为 1 以前仍维持 $\overline{CP}$ 下降前的值。

$$S=\overline{J\overline{Q}_n} \qquad R=\overline{KQ^n}$$

由式(5-2)可得

$$Q^{n+1}=\overline{\overline{Q}^{n'} \cdot 0+\overline{Q}^{n'} \cdot S}=\overline{\overline{Q}^{n'} \cdot S} \tag{5-4}$$

由式(5-3)可得

$$\overline{Q^{n'}} = \overline{Q^n \cdot 0 + Q^n \cdot R} = \overline{Q^n \cdot R}$$

代入式(5-4)可得

$$Q^{n+1} = \overline{\overline{Q^n \cdot R} \cdot S}$$
$$= \overline{\overline{Q^n \cdot \overline{KQ^n}} \cdot \overline{J\overline{Q_n}}} \quad (将 S、R 的表达式代入)$$
$$= J\overline{Q_n} + \overline{K}Q^n$$

显然,这是 JK 触发器的特性方程。

由以上分析可知,只有时钟下降前的 JK 值才能对触发器起作用并引起翻转,实现了边沿触发 JK 触发器的功能。

5.4 触发器的逻辑功能

在 5.3 节中以两种 D 触发器和一种 JK 触发器为例介绍了构成触发器的不同电路结构,本节将进一步讨论触发器的逻辑功能。触发器在每次时钟脉冲触发沿到来之前的状态称为现态,而在此之后的状态称为次态。所谓触发器的逻辑功能,是指次态与现态、输入信号之间的逻辑关系,这种关系可以用特性表、特性方程或状态图来描述。按照触发器状态转换的规则不同,通常分为 D 触发器、JK 触发器、T 触发器、SR 触发器等几种逻辑功能类型。它们的逻辑符号如图 5-17 所示。各方框内分别标明了时钟信号与不同输入的控制关联。

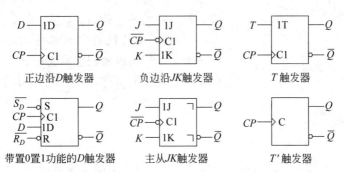

图 5-17 不同逻辑功能触发器的国标逻辑符号

需要指出的是,逻辑功能与电路结构是两个不同的概念。同一逻辑功能的触发器可以用不同的电路结构实现,如前述两种不同电路结构而功能完全相同的 D 触发器;同时,以同一种基本电路结构也可以构成不同逻辑功能的触发器,例如 5.4.6 节将要讨论的 D 触发器逻辑功能的转换。对于某种特定的电路结构,只不过是可能更易于实现某一逻辑功能而已。在本节讨论触发器的逻辑功能时,可以暂不考虑其内部的电路结构。

5.4.1 D 触发器

1. 功能表

以触发器的现态和输入信号为变量,以次态为函数,描述它们之间逻辑关系的真值表称为触发器的特性表。D 触发器的功能表如表 5-4 所示,表中对触发器的现态 Q^n 和输入信号 D 的每种组合都列出了相应的次态 Q^{n+1}。

表 5-4 D 触发器的功能表

Q^n	D	Q^{n+1}
0	0	0
0	1	1
1	0	0
1	1	1

2. 特性方程

触发器的逻辑功能也可以用逻辑表达式来描述,称为触发器的特性方程。根据表 5-4 可以列出 D 触发器的特性方程:

$$Q^{n+1} = D \tag{5-5}$$

该式与 5.3 节中主从触发器结构导出的式(5-1)完全相同。

3. 状态图

触发器的功能还可以用图 5-18 所示的状态图更为形象地表示。状态图同样可以用 D 触发器的特性表导出,图中两个圆圈内标有 1 和 0,表示触发器的两个状态。4 根方向线表示状态转换的方向,分别对应特性表中的 4 行,方向线起点为触发器现态 Q^n,箭头指向相应的次态 Q^{n+1},方向线旁边标出了状态转换的条件,即输入信号 D 的逻辑值。

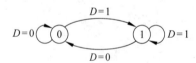

图 5-18 D 触发器的状态图

5.4.2 JK 触发器

1. 特性表

表 5-5 所示的是 JK 触发器的特性表,其中列出了触发器现态 Q^n 和输入信号 J、K 在不同条件下的次态值。图 5-19 是根据该特性表画出的 JK 触发器的卡诺图。

表 5-5 JK 触发器的特性表

J	K	Q^n	Q^{n+1}	说 明
0	0	0	0	状态不变
0	0	1	1	
0	1	0	0	置 0
0	1	1	0	

续表

J	K	Q^n	Q^{n+1}	说　明
1	0	0	1	置 1
1	0	1	1	
1	1	0	1	翻转
1	1	1	**0**	

2. 特性方程

从表 5-5 可以写出 JK 触发器次态的逻辑表达式，经过简化可得其特性方程如下（或由卡诺图得出）：

$$Q^{n+1} = J\bar{Q}_n + \bar{K}Q^n \tag{5-6}$$

3. 状态图

JK 触发器的状态图如图 5-20 所示，它可以从表 5-5 导出。由于存在无关变量（以 × 表示，既可以取 0，也可以取 1），所以 4 根方向线实际对应表中的 8 行，读者可以自己找出它们之间的对应关系。

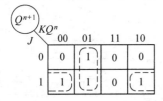
图 5-19　JK 触发器的卡诺图

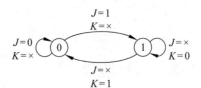
图 5-20　JK 触发器的状态图

由特性表、特性方程或状态图均可以看出，当 $J=1$ 且 $K=0$ 时，触发器的下一状态被置 1（即 $Q^{n+1}=1$）；当 $J=0$ 且 $K=1$ 时，将被置 0（即 $Q^{n+1}=0$）；当 $J=K=0$ 时，触发器状态保持不变（即 $Q^{n+1}=Q^n$）；当 $J=K=1$ 时，触发器翻转（即 $Q^{n+1}=\bar{Q}_n$）。在所有类型的触发器中，JK 触发器具有最强的逻辑功能，它能执行置 1、置 0、保持和翻转四种操作，并可用简单的附加电路转换为其他功能的触发器，因此在数字电路中有较广泛的应用。

例 5-2　设下降沿触发的 JK 触发器时钟脉冲和 J、K 信号的波形如图 5-21(a) 所示，试画出输出端 Q 的波形。设触发器的初始状态为 0。

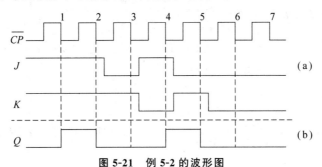
图 5-21　例 5-2 的波形图

解：根据表 5-5、式(5-6)或图 5-20 都可画出 Q 端的波形，如图 5-21(b)所示。

从图 5-21 可以看出，在第 1、2 个 $\overline{CP}$ 脉冲作用期间，J、K 均为 1。每输入一个脉冲，Q 端的状态就改变一次，即触发器翻转一次。触发器的这种工作状态称为计数状态。由触发器翻转的次数可以计算出时钟脉冲的个数。同时，Q 端的方波频率是时钟脉冲频率的 1/2。若以 $\overline{CP}$ 为输入信号，Q 为输出信号，则一个触发器可以作为二分频电路，两个触发器可以获得四分频，依此类推。

5.4.3　T 触发器

在某些应用中，需要对上述记数功能进行控制。当控制信号 $T=1$ 时，每来一个 CP（或 $\overline{CP}$）脉冲，它的状态翻转一次；而当 $T=0$ 时，则不对 CP（或 $\overline{CP}$）信号做出相应反应而保持状态不变。具备这种逻辑功能的触发器称为 T 触发器。

1. 逻辑符号

T 触发器的逻辑符号如图 5-22 所示。

2. 特性表

T 触发器的功能表如表 5-6 所示。

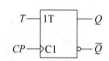

图 5-22　T 触发器的逻辑符号

表 5-6　T 触发器的功能表

T	Q^n	Q^{n+1}
0	0	0
0	1	1
1	0	1
1	1	**0**

3. 特性方程

由表 5-6 可以写出 T 触发器的逻辑表达式：

$$Q^{n+1} = T\overline{Q}_n + \overline{T}Q^n \tag{5-7}$$

4. 状态转换图

T 触发器的状态图如图 5-23 所示。

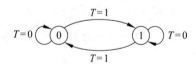

图 5-23　T 触发器的状态转换图

由此可知，T 触发器的功能是：当 $T=1$ 时为记数状态，$Q^{n+1}=\overline{Q}_n$；当 $T=0$ 时为保持状态，$Q^{n+1}=Q^n$。

比较式(5-7)和式(5-6)可知，如果令 $J=K=T$，则两式等效。事实上只要 JK 触发器的 J、K 端连接在一起作为 T 输入端，就可实现 T 触发器的功能。因此，在小规模集成触发器产品中没有专门的 T 触发器，如果有需要，可用其他功能的触发器转换。

5.4.4　T′ 触发器

当 T 触发器的 T 输入端固定接高电平（即 $T \equiv 1$）时，即构成 T′ 触发器，将 $T=1$ 代入式(5-7)可得：

$$Q^{n+1} = \bar{Q}_n \qquad (5\text{-}8)$$

由式(5-8)可以看出,时钟脉冲每作用一次,触发器翻转一次。T'触发器的逻辑符号如图 5-24 所示。

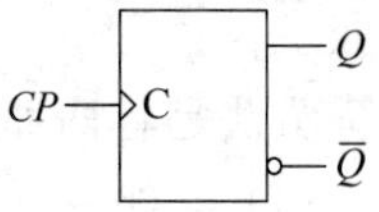

图 5-24 T'触发器的逻辑符号

5.4.5 SR 触发器

仅有置位和复位功能的触发器称为 SR 触发器,它的特性表如表 5-7 所示。从表中可以看出,$S = R = 1$ 时,触发器的次态是不能确定的。如果出现这种情况,触发器将失去控制。因此,SR 触发器的使用必须遵循 $SR = 0$ 的约束条件。从特性表可导出表达次态与现态、输入信号关系的表达式,进而借助约束条件化简,于是得到特性方程:

$$\begin{cases} Q^{n+1} = S + \bar{R}Q^n \\ SR = 0 \end{cases} \qquad (5\text{-}9)$$

也可以从特性表导出状态图,如图 5-25 所示。

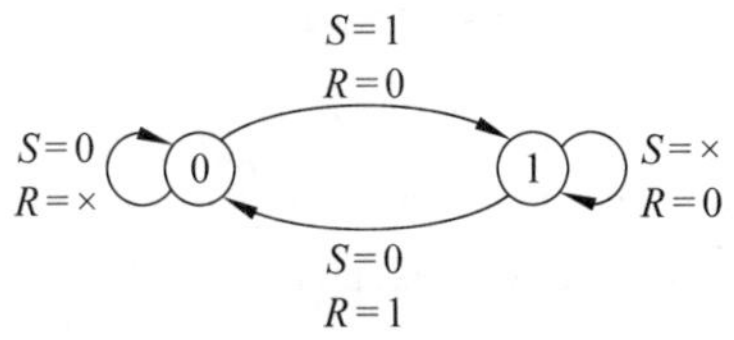

图 5-25 SR 触发器的状态图

表 5-7 SR 触发器的特性表

Q^n	S	R	Q^{n+1}
0	0	0	0
0	0	1	0
0	1	0	1
0	1	1	不确定
1	0	0	1
1	0	1	0
1	1	0	1
1	1	1	不确定

事实上,生产厂家罕有专门的 SR 触发器芯片提供,实际应用中可以由 JK 触发器直接代用。比较图 5-20 和图 5-25 可知,令 $J = S, K = R$,便可用 JK 触发器实现 SR 触发器的全部有效功能。

5.4.6 触发器功能转换

如前所述,D 触发器和 JK 触发器具有较完善的功能,有很多独立的中、小规模集成电路产品。而 T 触发器和 SR 触发器则主要出现于集成电路的内部结构中,用户如有单独需要,可以很容易用前两种类型的触发器转换而成。由于主从结构的 D 触发器所需要的门电路和连接线最少,在芯片上占用面积最少,转换为其他功能的触发器也较容易,因而在大规模 CMOS 集成电路(特别是可编程逻辑器件)中得到普遍应用。这里,将仅讨论 D 触发器的功能转换,对于其他触发器功能间的相互转换,读者可以采用类似的方法举一反三。

方法是将两种触发器的特性方程联立求解。

(1) D 触发器构成 T 触发器：

T 触发器的特性方程为 $Q^{n+1}=T\bar{Q}_n+\bar{T}Q^n=T\oplus Q^n$。

D 触发器的特性方程为 $Q^{n+1}=D$。

于是可以令 $D=T\oplus Q^n$，据此画出电路图，如图 5-26 所示。

(2) D 触发器构成 T' 触发器：

T' 触发器的特性方程为 $Q^{n+1}=\bar{Q}_n$。

D 触发器的特性方程为 $Q^{n+1}=D$。

于是可以令 $D=\bar{Q}_n$，据此画出电路如图 5-27 所示。

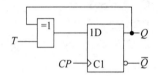 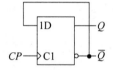

图 5-26 用 D 触发器实现 T 触发器的逻辑功能　　图 5-27 用 D 触发器实现 T' 触发器的逻辑功能

(3) D 触发器构成 JK 触发器：

JK 触发器的特性方程为 $Q^{n+1}=J\bar{Q}_n+\bar{K}Q^n$。

D 触发器的特性方程为 $Q^{n+1}=D$。

于是令 $D=J\bar{Q}_n+\bar{K}Q^n$，电路如图 5-28 所示。

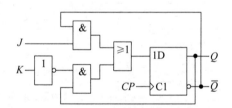

图 5-28 用 D 触发器实现 JK 触发器的逻辑功能

本 章 小 结

(1) 锁存器和触发器都是具有存储功能的逻辑电路，是构成时序电路的基本逻辑单元。每个锁存器或触发器都能存储 1 位二值信息。

(2) 锁存器是对脉冲电平敏感的电路，它们在一定电平作用下改变状态。

(3) 触发器是对时钟脉冲边沿敏感的电路，它们在时钟脉冲的上升沿或下降沿作用下改变状态。

(4) 触发器按逻辑功能分类有 D 触发器、JK 触发器、T 触发器、T' 触发器和 SR 触发器。它们的功能可用特性表、特性方程和状态图来描述。

课 后 习 题

5-1 由或非门构成的锁存器电路如题图 5-1(a)所示,请写出输出 Q 的下一个状态方程。已知输入信号 a、b、c 的波形如题图 5-1(b)所示,画出输出 Q 的波形(设锁存器的初始状态为 1)。

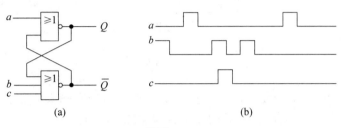

题图 5-1

5-2 由与非门构成的锁存器电路如题图 5-2(a)所示,请写出输出 Q 的下一个状态方程。并根据题图 5-2(b)所示的输入波形,画出输出 Q 的波形(设初始状态 Q 为 1)。

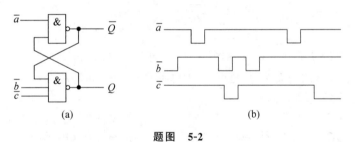

题图 5-2

5-3 用基本 SR 锁存器构成一个消除机械开关震颤的防颤电路,如题图 5-3(a)所示,画出对应于题图 5-3(b)输入波形的输出 Q 的波形,并说明其工作原理。

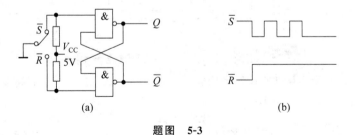

题图 5-3

5-4 由或非门构成的逻辑门控 SR 锁存器信号波形如题图 5-4 所示,画出 Q 和 $\overline{Q}$ 的波形。设初态 $Q=0$,E 为高电平使能。

5-5 上升沿和下降沿触发的 D 触发器的逻辑符号、时钟信号 $CP(\overline{CP})$ 和输入信号 D 的波形如题图 5-5 所

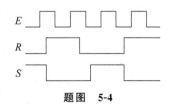

题图 5-4

示，试画出 Q 端的波形图，设初态 $Q=0$。

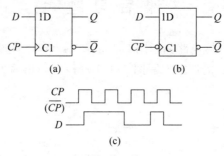

题图 5-5

5-6 下降沿触发的 JK 触发器初始状态为 0，时钟信号 $\overline{CP}$ 和输入信号 J、K 信号的波形如题图 5-6 所示，试画出 Q 端的波形图，设初态 $Q=0$。

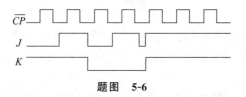

题图 5-6

5-7 下降沿触发的 JK 触发器如题图 5-7(a)、题图 5-7(b)、题图 5-7(c) 和题图 5-7(d) 所示，设各触发器的初态为 0，画出在 $\overline{CP}$ 脉冲作用下的 Q 端波形。

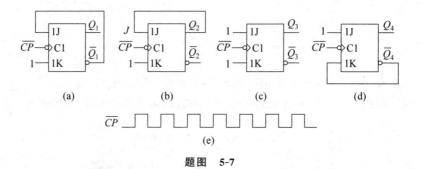

题图 5-7

5-8 题图 5-8(a)是用主从 JK 触发器构成的信号检测电路，用来检测 $\overline{CP}$ 高电平期间 u 是否有输入脉冲。若 $\overline{CP}$、u 的波形如题图 5-8(b)所示，画出输出 Q 的波形。设初态 $Q=0$。

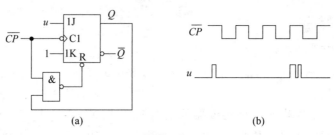

题图 5-8

5-9 逻辑电路如题图 5-9 所示,已知 $\overline{CP}$ 和 X 的波形,试画出 Q_1 和 Q_2 的波形。设触发器的初始状态均为 0。

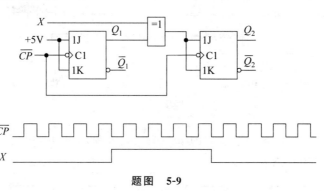

题图 5-9

5-10 两相脉冲产生电路如题图 5-10 所示,试画出在 $\overline{CP}$ 作用下 Y_1、Y_2 的波形,并说明 Y_1 和 Y_2 的时间关系。设各触发器的初始状态为 0。

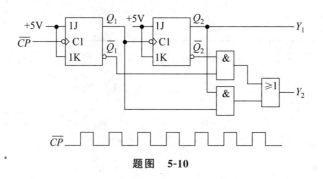

题图 5-10

5-11 写出题图 5-11 所示的各触发器的状态方程。

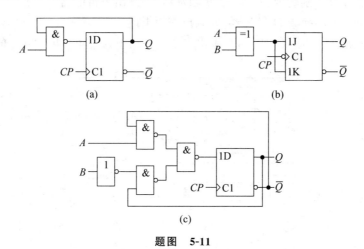

题图 5-11

5-12 对于如题图 5-12(a)所示的电路,输入波形如题图 5-12(b)所示,画出输出 Q_1、Q_2

的波形。设各触发器的初始状态为 0。

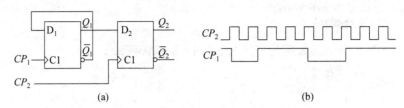

题图 5-12

5-13 写出题图 5-13 中各个触发器的下一个状态方程,并画出各个触发器的输出 Q 的波形(设初始状态为 0)。

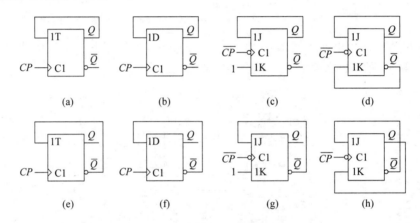

题图 5-13

5-14 将 JK 触发器分别转换为 D 和 T 触发器,并画出逻辑电路。

5-15 将 D 触发器分别转换为 JK 和 T 触发器,并画出逻辑电路。

5-16 将 T 触发器转换为 D 触发器,并画出逻辑电路。

5-17 逻辑电路如题图 5-14 所示,试画出在 CP 作用下,Φ_0、Φ_1、Φ_2 和 Φ_3 的波形。

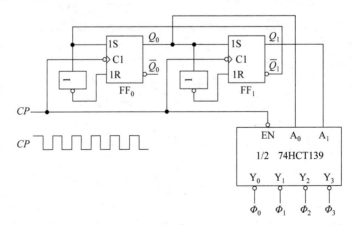

题图 5-14

第6章 时序逻辑电路

[主要教学内容]

1. 时序逻辑电路的基本概念。
2. 同步时序逻辑电路的分析。
3. 异步时序逻辑电路的分析。
4. 若干典型的时序逻辑电路。
5. 同步时序逻辑电路的设计。

[教学目的和要求]

1. 掌握时序逻辑电路的分析方法和设计方法。
2. 了解典型时序逻辑电路(寄存器、计数器等)的结构和工作原理,掌握其功能和应用。
3. 了解异步时序逻辑电路的分析。

6.1 时序逻辑电路的基本概念

在第 4 章所讨论的组合逻辑电路中,任一时刻的输出仅与该时刻输入变量的取值有关,而与输入变量的历史情况无关,这是组合逻辑电路在逻辑功能上的主要特点。在时序逻辑电路中,任一时刻的输出不仅与该时刻输入变量的取值有关,而且与电路的原状态即与过去的输入情况有关。具备这种逻辑功能特点的电路叫作时序逻辑电路,简称时序电路。

6.1.1 时序逻辑电路的特点

图 6-1 所示为时序逻辑电路的结构框图。与组合逻辑电路相比,时序逻辑电路有两个特点:第一,时序逻辑电路包含组合逻辑电路和存储电路两部分,存储电路具有记忆功能,通常由触发器或锁存器组成;第二,存储电路的状态反馈到组合逻辑电路的输入端,与外部输入信号共同决定组合逻辑电路的输出。组合逻辑电路的输出除包含外部输出之外,还包含连接到存储电路的内部输出,它将控

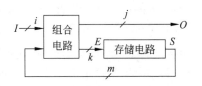

图 6-1 时序逻辑电路的结构框图

制存储电路状态的转移。

在图 6-1 中各组变量均以向量表示,其中,$I(I_1,I_2,\cdots,I_i)$ 为时序电路的输入信号;$O(O_1,O_2,\cdots,O_j)$ 为时序电路的输出信号;$E(E_1,E_2,\cdots,E_k)$ 为存储电路的激励信号,也是组合逻辑电路的内部输出;$S(S_1,S_2,\cdots,S_m)$ 为存储电路的状态输出,亦称为状态变量,它表示时序电路当前的状态,简称现态,也是组合逻辑电路的内部输入。在存储电路中,每一位输出 $S_i(i=1,2,\cdots,m)$ 称为一个状态变量,m 个状态变量可以组成 2^m 个不同的内部状态。时序逻辑电路对于输入变量历史情况的记忆反映在状态变量的不同取值上,即不同的内部状态代表不同的输入变量的历史情况。状态变量 S 反馈到组合电路的输入端,与输入信号 I 一起决定时序电路的输出信号 O,并产生对存储电路的激励信号 E,从而确定其下一个状态,即次态。于是,上述 4 组变量间的逻辑关系可用下列三个向量函数形式的方程来表述,即

$$O = f_1(I,S) \tag{6-1}$$

$$E = f_2(I,S) \tag{6-2}$$

$$S^{n+1} = f_3(E,S^n) \tag{6-3}$$

式(6-1)表示时序电路的输出信号与输入信号、状态变量的关系,称为时序电路输出方程。式(6-2)表示激励信号与输入信号、状态变量的关系,称为驱动方程(或激励方程)。式(6-3)表示存储电路从现态到次态的转换关系,称为状态方程。方程中的上标 n 和 $n+1$ 表示相邻的两个离散时间(或称相邻的两个节拍),如 S^n 表示存储电路中每个触发器的当前状态(也称现态或原态),S^{n+1} 表示存储电路中每个触发器的新状态(也称下一状态或次态)。以上三个向量函数形式的方程分别对应于表达时序电路的三个方程组,即输出方程组、激励方程组和状态方程组。

在后续的学习中我们会看到,有些具体的时序电路并不具备图 6-1 所示的完整形式。例如,有的时序电路中没有组合电路部分,而有的时序电路有可能没有输入变量,但它们在逻辑功能上仍具有时序电路的基本特征。

6.1.2 时序逻辑电路的分类

根据工作方式或者说根据存储单元状态变化的特点,可将时序电路分为同步时序电路和异步时序电路两大类。实际的数字系统多数是同步时序电路构成的同步系统。本章介绍的基本时序逻辑电路也主要是关于同步时序电路的分析和设计。

若电路中所有存储电路的状态变化都是在同一时钟信号作用下同时发生的,则这种电路称为同步时序电路,比如图 6-2 所示的电路。同步时序电路的存储电路一般用触发器实现,所有触发器的时钟输入端都应接在同一个时钟脉冲源上,而且它们对时钟脉冲的敏感沿也都应一致。因此,所有触发器的状态更新均发生在同一时刻,其输出状态变换的时间不存在差异或差异很小。在时钟脉冲两次作用的间隔期间,从触发器输入到状态输出的通路被切断,即使此时输入信号发生变化,也不会改变每个触发器的输出状态,所以很少发生输出不稳定的现象。更重要的是,其电路的状态很容易用固定周期的时钟脉冲边沿清楚地分离为序列步进,其中每一个步进都可以通过输入信号和所有触发器的现态单独进行分析,从而有一套较系统、易掌握的分析和设计方法,电路行为很容易用 VHDL

来描述。所以,目前较复杂的时序电路广泛采用同步时序电路实现,很多大规模可编程逻辑器件(包括大规模存储器)也采用同步时序电路。

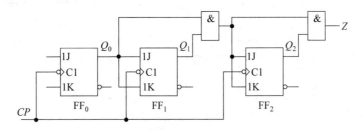

图 6-2 同步时序电路示例

与同步时序电路不同,若电路中各触发器的时钟脉冲不同,或电路中没有时钟脉冲(如 SR 锁存器构成的时序电路),电路中各存储单元状态变化不是同时发生的,则这种电路称为异步时序电路,比如图 6-3 所示的电路。根据电路是对脉冲边沿敏感还是对电平敏感,可将异步时序电路分为脉冲异步时序电路(由触发器构成)和电平异步时序电路(由锁存器构成)两种。异步时序电路的状态转换取决于以任意时间间隔变化的输入信号序列,各存储单元的状态转换因存在时间差异而可能造成输出状态短时间的不稳定,而且这种不稳定的状态有时难以预知,还常常给电路设计和调试带来困难。

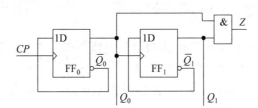

图 6-3 异步时序电路示例

时序电路按输出信号的特点又可以分为 Mealy(米里)型和 Moore(摩尔)型时序电路。

Mealy 型时序电路的输出状态不仅与存储电路的状态有关,还与输入信号有关。图 6-4 所示的是 Mealy 型电路结构框图,图中输出信号 $O=f(I,S)$。

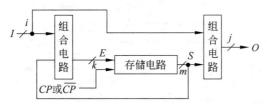

图 6-4 Mealy 型电路结构框图

Moore 型时序电路的输出信号仅仅取决于各触发器的状态,而不受电路当时的输入信号影响或没有输入变量。图 6-5 所示的是 Moore 型电路结构框图,图中输出信号 $O=f(S)$。可见 Moore 型电路只不过是 Mealy 型电路的一种特例而已。

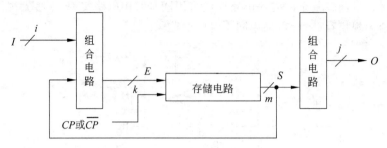

图 6-5 Moore 型电路结构框图

6.1.3 时序逻辑电路的功能描述

组合电路的逻辑功能可以用一组输出方程来描述,也可以用真值表和波形图来描述。相应地,时序电路可以用方程组、状态表、状态图和时序图来描述。从理论上讲,有了输出方程组、激励方程组和状态方程组,时序电路的逻辑功能就可以唯一确定了。但是,对于许多时序电路而言,仅从这三组方程还不易判断其逻辑功能,在设计时序电路时,往往很难根据给出的逻辑需求直接写出这三组方程。因此,还需要用更能直观反映电路状态变化序列全过程的状态表和状态图。三组方程、状态表和状态图之间可以直接实现相互转换,根据其中任意一种描述方式,都可以画出时序图。下面通过具体例子来讨论时序电路逻辑功能的 4 种描述方法。

1. 逻辑方程组

图 6-6 所示的时序电路由组合电路和存储电路两部分组成。其中,存储电路由两个正边沿 D 触发器 FF_1、FF_0 构成,二者共用一个时钟信号 CP,由此构成同步时序电路。电路的输入信号为 A,输出信号为 Y。触发器的激励信号分别为 D_1 和 D_0,Q_1 和 Q_0 为电路的状态变量。

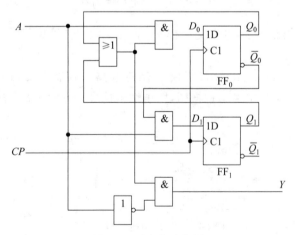

图 6-6 时序电路示例

(1) 输出方程组

图 6-6 所示的逻辑电路中只有一个输出变量 Y,其输出方程为

$$Y = (Q_0 + Q_1)\overline{A}$$

(2) 激励方程组

根据图 6-6 中的组合电路,可写出两个 D 触发器的激励方程组:

$$D_0 = (Q_0 + Q_1)A$$
$$D_1 = \overline{Q}_0 A$$

(3) 状态方程组

将激励方程分别代入 D 触发器的特性方程 $Q_1^{n+1} = D$,得到状态方程组

$$Q_0^{n+1} = (Q_0^n + Q_1^n)A$$
$$Q_1^{n+1} = \overline{Q}_0^n A$$

上述两式表明,触发器的次态是输入变量和触发器现态的函数。

上述三组方程中,只有状态方程组存在触发器从现态到次态的变化,因此需要分别用上标 n 和 $n+1$ 区别这两种状态,其他未标注的变量全部为现态值。

2. 状态表

与组合逻辑电路类似,根据输出方程和状态方程组可以列出真值表,如表 6-1 所示。其中,输入变量为 Q_1^n、Q_0^n 和 A,输出变量为 Q_1^{n+1}、Q_0^{n+1} 和 Y。由于该表反映了触发器从现态到次态的转换,故称为状态转换真值表。

表 6-1 图 6-6 所示时序电路的状态转换真值表

Q_1^n	Q_0^n	A	Q_1^{n+1}	Q_0^{n+1}	Y
0	0	0	0	0	0
0	0	1	1	0	0
0	1	0	0	0	1
0	1	1	0	1	0
1	0	0	0	0	1
1	0	1	1	1	0
1	1	0	0	0	1
1	1	1	0	1	0

在分析和设计时序电路时,更常用的是状态表,如表 6-2 所示。它与表 6-1 完全等效,为其集约形式。表 6-2 用矩阵形式表达出在不同现态和输入条件下电路的状态转换和输出逻辑值。需要注意的是,表中的输出值 Y(斜线后)是现态和输入的函数,而不是次态(斜线前)的函数。

表 6-2 图 6-6 所示时序电路的状态表

$Q_1^n Q_0^n$	$Q_1^{n+1} Q_0^{n+1}/Y$	
	$A=0$	$A=1$
00	00/0	10/0
01	00/1	01/0
10	00/1	11/0
11	00/1	01/0

3. 状态图

将表 6-2 转换为如图 6-7 所示的状态图，可以更直观形象地表示出电路的状态转换过程，它以信号流图方式表达了电路的逻辑功能。图中，圆圈表示电路的状态，圆圈中的二进制码为状态编码。带箭头的方向指示状态转换的方向，当方向线的起点和终点都在一个圆圈上时，表示状态不变。标在方向线旁斜线左、右两侧的二进制数分别表示状态转换前输入信号的逻辑值和相应的输出逻辑值。

需要强调指出，图 6-7 中状态转换的方向取决于电路中下一个时钟脉冲触发沿到来前瞬间的输入信号，如果在此之前输入信号发生改变，则状态转换的方向也会立即改变。例如，当状态处于 10 时，如果输入值保持为 1，则输出为 0，下一个状态转换为 11。若在状态转换前输入由 1 变为 0，则输出值立即变化为 1，下一个状态则转换为 00。

4. 时序图

与组合电路一样，波形图能直观地表达时序电路中各信号在时间上的对应关系，通常把时序电路的状态和输出对时钟脉冲序列和输入信号响应的波形图称为时序图。时序图可以从上述三组逻辑方程、状态表或状态图得到。图 6-6 所示电路的时序图如图 6-8 所示。

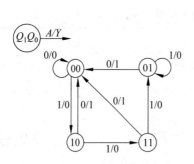

图 6-7　图 6-6 时序电路的状态

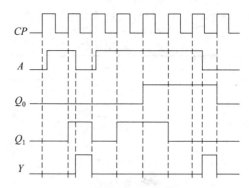

图 6-8　图 6-6 所示时序电路的时序图

使用时序图时需要注意，有时它并不完全表达出电路状态转换的全部过程，而是根据需要仅仅画出部分典型的波形图，例如图 6-8 中就没有表达出当状态为 11 而输入 A 为 0 时的状态转换和输出的波形。

以上几种时序逻辑电路功能描述的方法各有特点，但实质相同，且可以相互转换，它们都是进行时序逻辑电路分析和设计的主要工具。

6.2　同步时序逻辑电路的分析

分析一个时序电路，就是要找出给定时序电路的逻辑功能。具体地说，就是要找出电路的状态和输出状态在输入变量和时钟信号作用下的变化规律，理解其逻辑功能和工作特性。下面先介绍分析同步时序电路的一般步骤，然后通过具体例子加深对分析方法的理解。

6.2.1 分析同步时序逻辑电路的一般步骤

分析同步时序逻辑电路的一般步骤如下。
（1）根据逻辑图求出时序电路的输出方程和各触发器的激励方程。
（2）根据已求出的激励方程和所用触发器的特性方程，获得时序电路的状态方程。
（3）根据时序电路的状态方程和输出方程建立状态表，进而画出状态图和波形图。
（4）分析描述电路的逻辑功能。

6.2.2 同步时序逻辑电路分析举例

例 6-1 分析如图 6-9 所示同步时序电路的逻辑功能。

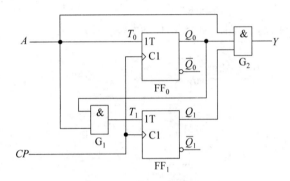

图 6-9 例 6-1 的逻辑电路图

解：这是一个由两个 T 触发器和两个与门组成的时序电路，分析如下。
（1）根据电路列出三个方程组。
① 输出方程组：
$$Y = AQ_1Q_0$$
② 激励方程组：
$$T_0 = A$$
$$T_1 = AQ_0$$
③ 状态方程组。T 触发器的特性方程为 $Q^{n+1} = T\bar{Q}_n + \bar{T}Q^n = T \oplus Q^n$，将两个激励方程分别代入 T 触发器的特性方程，得到状态方程组：
$$Q_0^{n+1} = A \oplus Q_0^n$$
$$Q_1^{n+1} = (AQ_0^n) \oplus Q_1^n$$

（2）列出状态表，如表 6-3 所示。
首先，将电路可能出现的现态和输入在状态表中列出，本例中需要将 00、01、10、11 这四个可能的现态列在 $Q_1^nQ_0^n$ 栏目中，并把输入 $A=0$ 和 $A=1$ 列在 $Q_1^{n+1}Q_0^{n+1}/Y$ 栏目中。然后，将现态和输入 A 的逻辑值一一代入上述输出方程组和状态方程组，分别求出输出和次态逻辑值。例如，将 $Q_1=Q_0=A=0$ 代入上述输出方程，得到 $Y=AQ_1Q_0=0$；将 $Q_1^n=Q_0^n=A=0$ 分别代入两个状态方程，得到 $Q_1^{n+1}=0$ 和 $Q_0^{n+1}=0$。于是可在状态表

$Q_1^{n+1}Q_0^{n+1}/Y$ 栏目下，在 $A=0$ 这一列的第一行填入 00/0。其余依此类推，最后列出的状态表如表 6-3 所示。

表 6-3　例 6-1 的状态表

Q_1^n	Q_0^n	$Q_1^{n+1}Q_0^{n+1}/Y$	
		$A=0$	$A=1$
0	0	00/0	01/0
0	1	01/0	10/0
1	0	10/0	11/0
1	1	11/0	00/1

（3）画出状态图。

根据状态表即可画出状态图，如图 6-10 所示。

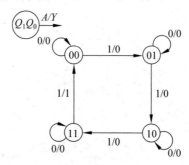

图 6-10　例 6-1 的状态图

（4）画出时序图。

设电路的初始状态为 00，根据状态表和状态图，可画出一系列在 CP 脉冲作用下电路的时序图，如图 6-11 所示。

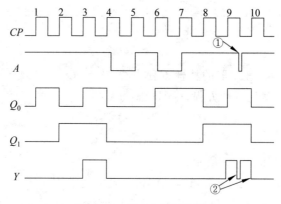

图 6-11　例 6-1 的时序图

（5）分析逻辑功能。

通过观察状态图和时序图可知，该电路是一个由信号 A 控制的可控二进制计数器，

CP 为计数脉冲。当 $A=0$ 时停止计数,即 CP 上升沿到来后电路状态保持不变;当 $A=1$ 时,在 CP 上升沿到来后电路状态值加 1,一旦计数到 11 状态,Y 输出 1,且电路状态将在下一个 CP 上升沿回到 00。输出信号 Y 的下降沿可用于触发进位操作。观察图 6-11 所示的时序图,在第 9 个和第 10 个 CP 脉冲之间,输入信号出现短时间的 0 电平,如图 6-11 中箭头①所示,结果使输出 Y 也出现相应的变化。若信号 A 上的这个低电平脉冲是某个外界干扰造成的(输入信号引线有时较长,易捡拾干扰信号),计数器将输出两次进位触发脉冲沿,如图 6-11 中箭头②所示。

该电路亦可以作为序列信号检测器,用来检测同步脉冲信号序列 A 中 1 的个数,一旦检测到四个 1 状态(这四个 1 状态可以不连续),电路就输出高电平。

例 6-2 分析图 6-12 所示同步时序电路的逻辑功能。

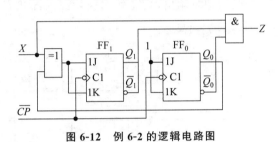

图 6-12 例 6-2 的逻辑电路图

解:这是一个由两个下降沿触发的 JK 触发器、一个异或门和一个与门组成的时序电路,分析如下。

(1) 根据电路列出三个方程组。

① 输出方程组:
$$Z = X\overline{Q}_1\overline{Q}_0$$

② 激励方程组:
$$J_0 = K_0 = 1$$
$$J_1 = K_1 = X \oplus Q_0$$

③ 状态方程组。将两个激励方程分别代入 JK 触发器的特性方程,得到状态方程组:
$$Q_0^{n+1} = J_0\overline{Q}_0^n + \overline{K}_0 Q_0^n = \overline{Q}_0^n$$
$$Q_1^{n+1} = J_1\overline{Q}_1^n + \overline{K}_1 Q_1^n = (X \oplus Q_0^n)\overline{Q}_1^n + \overline{X \oplus Q_0^n}\,Q_1^n = X \oplus Q_0^n \oplus Q_1^n$$

(2) 列出状态表。

根据输出方程组和状态方程组可以列出状态表,如表 6-4 所示。

表 6-4 例 6-2 的状态表

$Q_1^n Q_0^n$	$Q_1^{n+1} Q_0^{n+1}/Z$	
	$X=0$	$X=1$
00	01/0	11/1
01	10/0	00/0
10	11/0	01/0
11	00/1	10/0

(3) 画出状态图。

根据状态表即可画出状态图，如图 6-13 所示。

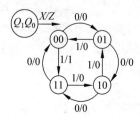

图 6-13 例 6-2 的状态图

(4) 画出时序图。

设 Q_1Q_0 的初始状态为 00，输入变量 X 的波形如图 6-14 的第二行所示。根据表 6-4 的状态表即可画出波形图。例如，第一个 $\overline{CP}$ 下降沿到来前 $X=0$，$Q_1Q_0=00$，从表中查出次态 $Q_1^{n+1}Q_0^{n+1}=01$，因此在画波形时应在第一个 $\overline{CP}$ 下降沿到来后使 Q_1Q_0 进入 01。以此类推，即可画出 Q_1Q_0 的整体波形，如图 6-14 的第三、四行所示。外部输出 $Z=X\overline{Q_1}\overline{Q_0}$，它是组合电路的即时输出，只要外部输入或内部状态发生变化，外部输出 Z 就会跟着改变，画波形时要特别注意。

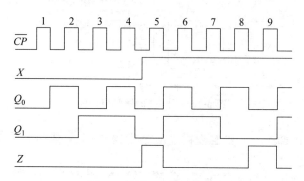

图 6-14 例 6-2 的时序图

(5) 分析逻辑功能。

由状态图可以看出，当外部输入 $X=0$ 时，状态转移按 00→01→10→11→00→… 规律变化，实现模 4 加法计数器的功能，即每来一个时钟脉冲，计数器值 Q_1Q_0 加 1，经过 4 个时钟脉冲作用后，电路的状态循环一次；当 $X=1$ 时，状态转移按 00→11→10→01→00→… 规律变化，实现模 4 减法计数器的功能。所以，该电路是一个同步模 4 可逆计数器。X 为加/减控制信号，Z 为借位输出。有关计数器的详细内容将在 6.4.2 节讨论。

例 6-3 分析图 6-15 所示同步时序电路的逻辑功能。

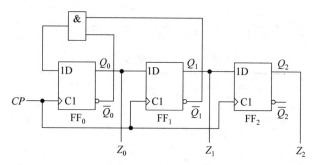

图 6-15 例 6-3 的逻辑电路图

解：该电路由三个正边沿 D 触发器和一个与门构成，除 CP 脉冲外，无其他输入，是一个摩尔型时序电路，分析如下。

（1）根据电路列出三个方程组。

① 输出方程组：

$$Z_0 = Q_0^n$$
$$Z_1 = Q_1^n$$
$$Z_2 = Q_2^n$$

② 状态方程组。将三个激励方程分别代入 D 触发器的特性方程 $Q^{n+1}=D$，可以很方便地从激励方程直接列出状态方程组：

$$Q_0^{n+1} = D_0 = \overline{Q}_0^n \overline{Q}_1^n$$
$$Q_1^{n+1} = D_1 = Q_0^n$$
$$Q_2^{n+1} = D_2 = Q_1^n$$

（2）列出状态表。

由于该电路的输出 Z_0、Z_1、Z_2 就是各个触发器的状态，所以状态表中可不再单独列出输出栏。并且该电路中没有输入信号，其状态表可以简化为如表 6-5 所示。

表 6-5 例 6-3 的状态表

Q_2^n	Q_1^n	Q_0^n	Q_2^{n+1}	Q_1^{n+1}	Q_0^{n+1}
0	0	0	0	0	1
0	0	1	0	1	0
0	1	0	1	0	0
0	1	1	1	1	0
1	0	0	0	0	1
1	0	1	0	1	0
1	1	0	1	0	0
1	1	1	1	1	0

（3）画出状态图。

根据状态表即可画出状态图，如图 6-16 所示。由图可见，001、010、100 三个状态形成闭合回路，电路正常工作时，其状态总是按照回路中的箭头方向循环变化。这三个状态构成了有效序列，称其为有效状态，其余的 5 个状态则称为无效状态。从状态图可以看

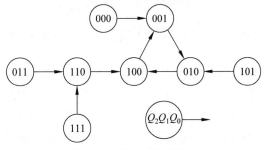

图 6-16 例 6-3 的状态图

出,无论电路的初始状态如何,或当电路因某种原因进入无效状态时,经过 n 个 CP 脉冲后,总能自动回到有效状态。电路具有的这种能力称为自启动能力,因此该电路是具有自启动能力的同步时序电路。

(4) 画出时序图。

设电路的初始状态 $Q_2Q_1Q_0$ 为 000,根据状态表或状态图,可画出波形图,如图 6-17 所示。

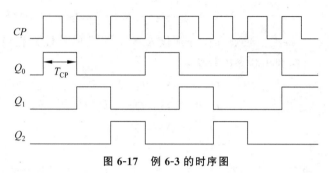

图 6-17　例 6-3 的时序图

(5) 分析逻辑功能。

从以上分析可看出,该电路在 CP 脉冲作用下,把宽度为一个 CP 周期的脉冲依次分配给 Q_0、Q_1 和 Q_2 各端,因此,该电路是一个脉冲分配器或节拍脉冲产生器。由状态图和波形图可以看出,该电路每经过三个时钟周期循环一次,并且该电路具有自启动能力。

6.3　异步时序逻辑电路的分析

异步时序电路的分析过程与同步时序电路的分析过程基本相同,其主要区别在于异步时序电路中没有统一的时钟脉冲,因而各存储电路不是同时更新状态,并且状态之间没有准确的分界,故异步时序电路分析应写出每一级的时钟方程,具体分析过程比同步时序电路要复杂一些。本节主要讨论由触发器构成的脉冲异步时序电路的分析方法,在分析脉冲异步时序电路时必须注意以下几点。

(1) 分析状态转换时必须考虑各触发器的时钟信号作用情况。

异步时序电路中,由于各个触发器只有在其时钟输入 CP_n(或 $\overline{CP_n}$,下标 n 表示电路中第 n 个触发器)端的相应脉冲沿作用时,才有可能改变状态。因此,在分析状态转换时,首先应根据给定的电路列出各个触发器的时钟信号的逻辑表达式,据此分别确定各个触发器的 CP_n(或 $\overline{CP_n}$)端是否有时钟信号的作用。然后再根据激励信号确定各个触发器的状态是否改变。

(2) 每一次状态转换必须从输入信号所能触发的第一个触发器开始逐级确定。

同步时序电路的分析可以从任意一个触发器开始推导状态的转换,而异步时序电路每一次状态转换的分析必须从输入信号所能起作用的第一个触发器开始推导,确定它的状态变化,然后根据它的输出信号分析下一个触发器的时钟信号,进一步确定该触发器是否发生状态转换。像这样依次逐级分析,直到最后一个触发器。待全部触发器的转换状态导出之后,才能最终确定电路的次态。

(3) 每一次状态转换都有一定的时间延迟。

同步时序电路的所有触发器是同时转换状态的,与之不同,异步时序电路各个触发器之间的状态转换存在一定的延迟,也就是说,从现态 S^n 到次态 S^{n+1} 的转换过程中有一段"不稳定"的时间。在此期间,电路的状态是不确定的。只有当全部触发器状态转换完毕,电路才进入新的"稳定"状态,即次态 S^{n+1}。因此,异步时序电路的输入信号(包括时钟信号)必须等待电路进入稳定状态之后才允许发生改变,否则电路会处于不确定的状态。由于延迟时间的存在,对于一系列的集成逻辑电路,功能类似的同步时序电路的速度要快于异步时序电路。

下面通过一个例子具体说明一下异步时序电路的分析方法和步骤。

例 6-4 分析如图 6-18 所示异步时序电路的逻辑功能。

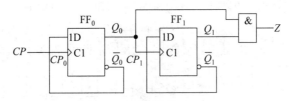

图 6-18 例 6-4 的逻辑电路图

解:该电路由两个上升沿触发的 D 触发器和一个与门组成,两个触发器的时钟信号 CP_0 和 CP_1 没有共用同一个时钟,故属于异步时序电路,分析如下。

(1) 根据电路列出 4 个方程组。

① 时钟方程组:

$$CP_0 = CP \qquad CP_1 = Q_0$$

② 输出方程组:

$$Z = Q_1 Q_0$$

③ 激励方程组:

$$D_0 = \overline{Q}_0 \qquad D_1 = \overline{Q}_1$$

④ 状态方程组。将各激励方程代入 D 触发器的特性方程,得到各触发器的状态方程:

$$Q_0^{n+1} = D_0 = \overline{Q}_0^n (CP \text{ 由 } 0 \to 1 \text{ 时此式有效})$$

$$Q_1^{n+1} = D_1 = \overline{Q}_1^n (Q_0 \text{ 由 } 0 \to 1 \text{ 时此式有效})$$

注意:各触发器如有时钟脉冲的上升沿作用时,其状态会变化;无时钟脉冲上升沿作用时,其状态不变。

(2) 列出状态表。

异步时序电路列出状态表的方法与同步时序电路基本相似,只是应该注意各个触发器的时钟脉冲的触发沿是否到来,因此,可在状态表中增加 CP_1、CP_0 两列。对应于输入信号 CP 的每一个上升沿,将 Q_0 的现态代入状态方程,从而得到次态。因为只有对应于 Q_0 由 0 到 1 的跳变,Q_1 的次态才会发生变化。据此,根据输出方程组和状态方程组可得到如表 6-6 所示的状态表。

表 6-6 例 6-4 的状态表

Q_1^n	Q_0^n	Q_1^{n+1}	Q_0^{n+1}	Z	CP_1	CP_0
0	0	1	1	1	↑	↑
0	1	0	0	0	0	↑
1	0	0	1	0	↑	↑
1	1	1	0	0	0	↑

(3) 画出状态图。

根据状态表即可画出状态图,如图 6-19 所示。

(4) 画出时序图。

根据状态图和具体触发器的传输延迟时间 t_{pLH} 和 t_{pHL},可以画出时序图,如图 6-20 所示。可以看出,由于两个触发器异步翻转之间存在延迟,电路有短时间存在着不确定的状态,如果使用 74HCT74 双 D 触发器实现图 6-18 所示的电路,则这段时间大约为 40ns。

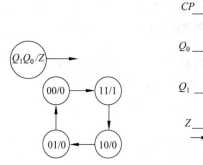

图 6-19 例 6-4 的状态图

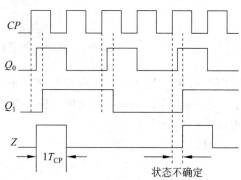

图 6-20 例 6-4 的时序图

(5) 分析逻辑功能。

由状态图和时序图可以看出,该电路一共有 4 个状态 00、11、10、01。在 CP 作用下,按照减 1 规律循环变化,所以是一个四进制异步减法计数器(也可称为异步二进制减计数器),Z 信号的上升沿可触发借位操作。也可把它看作是一个序列信号发生器。输出序列脉冲信号 Z 的重复周期为 $4T_{CP}$,脉宽约为 T_{CP}。

6.4 若干典型的时序逻辑电路

本节介绍数字系统中广泛应用的几种典型的时序逻辑电路——寄存器、移位寄存器和计数器,它们与各种组合电路一起,可以构成逻辑功能极其复杂的数字系统。寄存器、移位寄存器和计数器有很多种类的中规模集成电路定型产品,可以直接应用于一些较简单的数字系统。而对于较复杂的时序逻辑电路,目前一般应选择可编程逻辑器件或专用集成电路实现,而不再用中、小规模集成电路组装。本节介绍的一些中规模集成电路定型产品一般都具有较完善的功能,在一些可编程逻辑器件的集成开发软件中已将它们作为"宏模块"提供给用户使用,从而使数字系统的设计得到简化。因此,充分了解这些典型集成电路的工作原理和电路结构,对于运用 EDA 技术设计复杂逻辑功能的数字系统也是有益的。

6.4.1 寄存器和移位寄存器

1. 寄存器

寄存器是数字系统中用来存储代码或数据的逻辑部件,用于寄存一组二值代码,它被广泛用于各类数字系统和数字计算机中,其主要组成部分是触发器。

因为一个触发器能存储 1 位二进制代码,所以存储 n 位二进制代码的寄存器需要用 n 个触发器组成。寄存器实际上是若干触发器的集合。对寄存器中使用的触发器只要求具有置 1 和置 0 的功能即可,因而无论是用基本 RS 结构的触发器,还是用数据锁存器、主从结构或边沿触发结构的触发器,都能组成寄存器。

图 6-21 是中规模集成四位寄存器 74LS175 的逻辑图,其功能表如表 6-7 所示。74LS175 是由四个负边沿 D 触发器构成的单拍接收四位数据寄存器。当接收端 CP 为逻辑 0 时,寄存器保持原状态不变;当需将四位二进制数据存入数据寄存器时,单拍即能完成——将要保存的数据 $D_3D_2D_1D_0$ 送数据输入端(如 $D_3D_2D_1D_0=1101$),再送入接收信号 CP(一个正向脉冲),要保存的数据将被保存在数据寄存器中($Q_3Q_2Q_1Q_0=1101$),从数据寄存器的输出端 $Q_3Q_2Q_1Q_0$ 可获得所保存的数据。对于功能完善的触发器,如主从 JK 触发器等,都可构成这类数据寄存器。若要扩大寄存器位数,可将多片器件进行级联。

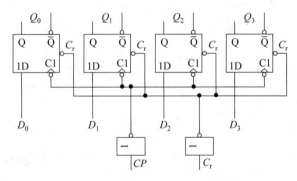

图 6-21 四位寄存器 74LS175 的逻辑图

表 6-7 四位寄存器 74LS175 的功能表

输入			输出	
C_r	CP	D_n	Q_n	$\bar{Q}_n$
0	×	×	0	1
1	↑	1	1	0
1	↑	0	0	1
1	0	×	Q_n	$\bar{Q}_n$

图 6-22 是由 JK 触发器构成的二拍接收四位数据寄存器。当清 0 端为逻辑 1 且接收端为逻辑 1 时,寄存器保持原状态。当需将四位二进制数据存入数据寄存器时,需二拍完成:第一拍发清 0 信号(一个负向脉冲),使寄存器状态为 $0(Q_3Q_2Q_1Q_0=0000)$;第二拍将要保存的数据 $D_3D_2D_1D_0$ 送入数据输入端(如 $D_3D_2D_1D_0=1101$),再送入接收信号 $\overline{CP}$(一个负向脉冲),要保存的数据将被保存在数据寄存器中($Q_3Q_2Q_1Q_0=1101$)。从该数据寄存器的输出端 $Q_3Q_2Q_1Q_0$ 可获得所保存的数据。

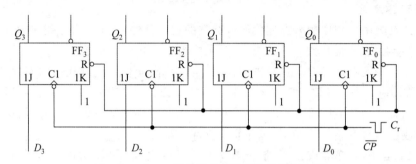

图 6-22　由 JK 触发器构成的四位数据寄存器

集成 8 位 CMOS 寄存器 74HC/HCT374 的逻辑图如图 6-23 所示。与许多中规模集成电路一样,电路在所有的输入端和输出端都插入了缓冲电路,这是现代集成电路的特点之一。一方面,使芯片内部逻辑电路与外部电路得到有效隔离,并使内部逻辑部分的工作更加稳定可靠;另一方面,由于其输入和输出特性可以简单地按该系列标准单门来考虑,从而提高了电路的兼容性,简化了设计工作。

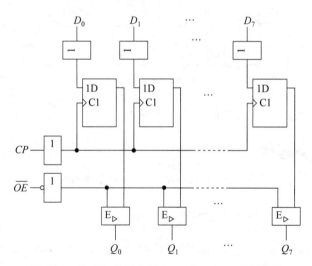

图 6-23　集成 8 位寄存器 74HC/HCT374 的逻辑图

图 6-23 所示的电路中,$D_0 \sim D_7$ 是 8 位数据输入端,在 CP 脉冲上升沿作用下,$D_0 \sim D_7$ 端的数据同时存入相应的触发器。输出数据可通过控制 $\overline{OE}=0$,从三态门输出端 $Q_0 \sim Q_7$ 并行输出。表 6-8 所示的是 74HC/HCT374 的功能表。

表 6-8　74HC/HCT374 的功能表

工作模式	输入			内部触发器	输出
	$\overline{OE}$	CP	D_N	Q_N^{n+1}	$Q_0 \sim Q_7$
存入和读出数据	L	↑	L*	L	对应内部触发器的状态
	L	↑	H*	H	
存入数据,禁止输出	H	↑	L*	L	高阻
	H	↑	H*	H	高阻

注：D_N 和 Q_N^{n+1} 的下标 N 表示第 N 位触发器。L*、H* 表示 CP 上升沿前瞬间 D_N 的状态。

在上述介绍的三种寄存器中,接收数据时所有各位数据是同时输入的,而且触发器中的数据并行出现在输出端,因此将这种输入、输出方式称为并行输入、并行输出方式。

2. 移位寄存器

移位寄存器是既能寄存数码又能在时钟脉冲的作用下使数码向高位或向低位移动的逻辑功能部件。若在移位脉冲(一般就是时钟脉冲)的作用下,寄存器中的数码向左移动一位,则称左移;如依次向右移动一位,则称为右移。移位寄存器具有单向移位功能的称为单向移位寄存器;既可左移又可右移的称双向移位寄存器。移位寄存器的电路形式较多,按移位方向来分有左向移位寄存器、右向移位寄存器和双向移位寄存器;按接收数据的方式可分串行输入和并行输入;按输出方式可分串行输出和并行输出。

(1) 单向移位寄存器

图 6-24 所示电路是由维持-阻塞式 D 触发器组成的四位单向移位(右移)寄存器。在该电路中,D_1 为外部串行数据输入(或称右移输入),D_O 为外部输出(或称移位输出),输出端 $Q_3Q_2Q_1Q_0$ 为外部并行输出,CP 为时钟脉冲输入端(或称移位脉冲输入端),清 0 端信号将使寄存器清 0($Q_3Q_2Q_1Q_0=0000$)。

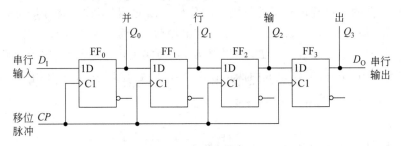

图 6-24　用 D 触发器组成的四位单向移位(右移)寄存器

在该电路中,各触发器的激励方程为 $D_0=D_1, D_1=Q_0, D_2=Q_1, D_3=Q_2$,或 $D_0=D_1, D_{n+1}=Q_n (n=0,1,2)$。设输入 $D_1=1011$,则清 0 后在移位脉冲 CP 的作用下,移位寄存器中数码移动的情况如表 6-9 所示,各触发器输出端 $Q_3Q_2Q_1Q_0$ 的波形如图 6-25 所示。

表 6-9 移位寄存器数码移动状况表

CP	D_1	Q_0	Q_1	Q_2	Q_3
0	1	0	0	0	0
1	0	1	0	0	0
2	1	0	1	0	0
3	1	1	0	1	0
4	0	1	1	0	1
5	0	0	1	1	0
6	0	0	0	1	1
7	0	0	0	0	1
8	0	0	0	0	0

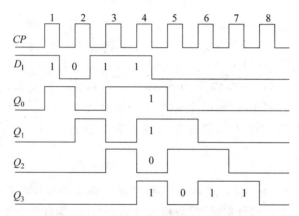

图 6-25 四位移位寄存器的工作波形图

可以看到,经过 4 个 CP 脉冲后,串行输入的 4 位代码全部移入了移位寄存器中,同时在 4 个触发器的输出端得到了并行输出的代码。因此,利用移位寄存器可以实现代码的串行-并行转换。当 4 位代码出现在并行输出端后,继续加入 4 个移位脉冲,则移位寄存器的 4 位代码将从串行输出端 D_O 依次输出,从而实现代码的并行-串行转换。

图 6-26 是用 JK 触发器组成的四位移位寄存器,它和图 6-24 具有相同的逻辑功能。

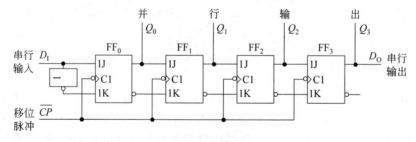

图 6-26 用 JK 触发器组成的四位移位寄存器

单向移位寄存器的典型集成电路有 74HC/HCT164,其内部逻辑图如图 6-27 所示。电路原理与图 6-24 相同,只是把位数扩展到了 8 位。图中,D_{SA} 和 D_{SB} 是两个串行数据输入端,实际上,输入移位寄存器的数据为 $D_{SI} = D_{SA} \cdot D_{SB}$。应用中,可利用其中一个输入端作为串行数据输入的使能端。例如,令 $D_{SA}=1$,则允许 D_{SB} 的串行数据进入移位寄存器;反之,令 $D_{SA}=0$,则禁止 D_{SB} 的数据而输入 0。在输出端 $Q_7 \sim Q_0$ 可得到 8 位并行数据输出,同时在 Q_7 端得到串行数据输出。

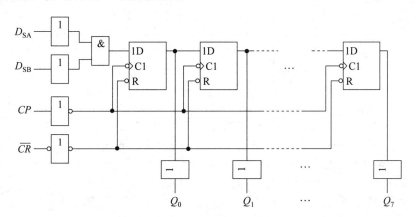

图 6-27　8 位移位寄存器 74HC/HCT164 的内部逻辑图

(2) 多功能双向移位寄存器

有时需要对移位寄存器的数据流向进行控制,实现数据的双向移动,其中一个方向称为右移,另一个方向称为左移,这种移位寄存器称为双向移位寄存器。由于国家标准规定,逻辑图中的最低有效位到最高有效位的电路排列顺序应从上到下、从左到右。因此,定义移位寄存器中的数据从低位触发器移向高位为右移,从高位触发器移向低位为左移。这一点与通常计算机程序中的规定相反,后者从二进制数的自然排列考虑,将数据移向高位定义为左移,反之为右移。

图 6-28 所示电路是由 D 触发器组成的四位双向移位寄存器。在该电路中,D_{SR} 为右移串行输入,D_{SL} 为左移串行输入,D_{OR} 为右移串行输出,D_{OL} 为左移串行输出,输出端 $Q_0 Q_1 Q_2 Q_3$ 为并行输出端,CP 为移位脉冲输入端,S 为移位控制端,清 0 端信号 CR 将使寄存器清 0($Q_0 Q_1 Q_2 Q_3 = 0000$)。

以 FF_0、FF_1 为例,其数据输入端 D 的表达式分别为

$$D_0 = \overline{S\overline{D}_{SR} + \overline{S}\overline{Q}_1}$$

$$D_1 = \overline{S\overline{Q}_0 + \overline{S}\overline{Q}_2}$$

当 $S=1$ 时,$D_0 = D_{SR}$,$D_1 = Q_0$,所以 $Q_i^{n+1} = D_i = Q_{i-1}^n$,即在时钟脉冲 CP 作用下,由 D_{SR} 端输入的数据将向右移位。

当 $S=0$ 时,$D_0 = Q_1$,$D_1 = Q_2$,$Q_i^{n+1} = D_i = Q_{i+1}^n$,即在时钟脉冲 CP 作用下,由 D_{SL} 端输入的数据将向左移位。

为了扩展逻辑功能和提高使用的灵活性,某些双向移位寄存器集成电路产品又附加了并行输入、并行输出、同步置数、异步清零(复位)和保持功能。图 6-29 所示电路中的 CMOS 4 位双向移位寄存器 74HC/HCT194 就是一个典型的例子。

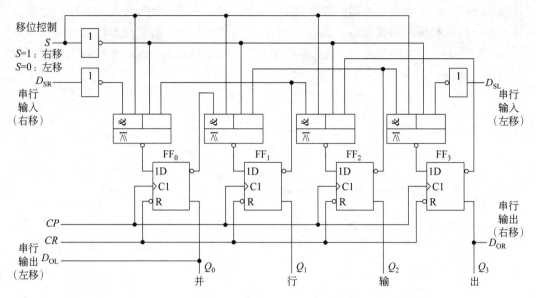

图 6-28 用边沿 D 触发器组成的四位双向移位寄存器

74HC/HCT194 是一个典型的中规模集成移位寄存器。它是由 4 个 RS 触发器和一些门电路所构成的 4 位双向移位寄存器。D_{SR} 为右移串行输入端，D_{SL} 为左移串行输入端，$\overline{CR}$ 为异步清零输入端，CP 是同步时钟脉冲输入端，S_1、S_0 是工作方式选择端。若令触发器 $1R$ 端的输入量为 $\overline{D}$，则 $1S$ 端的输入为 D，将二者分别代入 SR 触发器的特性方程，得到

$$Q^{n+1} = S + \overline{R}Q^n = D + DQ^n = D$$

故图 6-29 中的 SR 触发器和非门实现了 D 触发器的功能，而连接在触发器 $1R$ 端上的与或非门则实现了数据选择器的功能，以 FF_1 为例说明其工作原理。

当 $S_1 = S_0 = 0$ 时，与或非门最右边的输入信号 Q_1^n 被选中，使 SR 触发器 FF_1 的输入为 $S = Q_1^n, R = \overline{Q_1^n}$，故 CP 上升沿到达时 FF_1 被置成 $Q_1^{n+1} = Q_1^n$。因此，移位寄存器工作在保持状态。

当 $S_1 = S_0 = 1$ 时，第二个输入信号 DI_1 被选中，使 SR 触发器 FF_1 的输入为 $S = DI_1, R = \overline{DI_1}$，故 CP 上升沿到达时 FF_1 被置成 $Q_1^{n+1} = DI_1$。因此，移位寄存器处于数据并行输入状态。

当 $S_1 = 0$ 且 $S_0 = 1$ 时，与或非门左边的输入信号 Q_0^n 被选中，使 SR 触发器 FF_1 的输入为 $S = Q_0^n, R = \overline{Q_0^n}$，故 CP 上升沿到达时 FF_1 被置成 $Q_1^{n+1} = Q_0^n$。因此，移位寄存器工作在右移状态。

当 $S_1 = 1$ 且 $S_0 = 0$ 时，与或非门右边的输入信号 Q_2^n 被选中，使 SR 触发器 FF_1 的输入为 $S = Q_2^n, R = \overline{Q_2^n}$，故 CP 上升沿到达时 FF_1 被置成 $Q_1^{n+1} = Q_2^n$。因此，移位寄存器工作在左移状态。

此外，$\overline{CR} = 0$ 时，$FF_0 \sim FF_3$ 将同时被置成 $Q = 0$，所以正常工作时应使 $\overline{CR} = 1$。

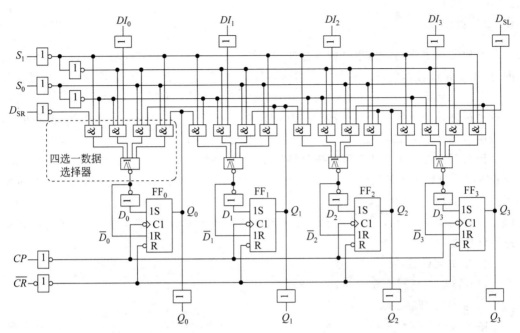

图 6-29　CMOS 4 位双向移位寄存器 74HC/HCT194 的内部逻辑图

其他三个触发器的工作原理与 FF_1 基本相同，这里不再赘述。根据以上的分析，可以列出 74HCT194 的功能表，如表 6-10 所示。

表 6-10　74HCT194 的功能表

输入									输出				行
清零	控制信号		串行输入		时钟	并行输入							
$\overline{CR}$	S_1	S_0	右移 D_{SR}	左移 D_{SL}	CP	DI_0	DI_1	DI_2	DI_3	Q_0^{n+1}	Q_1^{n+1}	Q_2^{n+1}	Q_3^{n+1}	
L	×	×	×	×	×	×	×	×	×	L	L	L	L	1
H	L	L	×	×	×	×	×	×	×	Q_0^n	Q_1^n	Q_2^n	Q_3^n	2
H	L	H	L	×	↑	×	×	×	×	L	Q_0^n	Q_1^n	Q_2^n	3
H	L	H	H	×	↑	×	×	×	×	H	Q_0^n	Q_1^n	Q_2^n	4
H	H	L	×	L	↑	×	×	×	×	Q_1^n	Q_2^n	Q_3^n	L	5
H	H	L	×	H	↑	×	×	×	×	Q_1^n	Q_2^n	Q_3^n	H	6
H	H	H	×	×	↑	DI_0^*	DI_1^*	DI_2^*	DI_3^*	DI_0	DI_1	DI_2	DI_3	7

注：DI_N^* 表示 CP 脉冲上升沿之前瞬间 DI_N 的电平。

有时要求在移位过程中，数据仍保持在寄存器中不丢失。此时，只要将移位寄存器最高位的输出接至最低位的输入，或者将最低位的输出接至最高位的输入，便可实现该功能，这种寄存器称为环形移位寄存器。它亦可作计数器使用，称为环形计数器，详细内容将在 6.4.2 节中讨论。

6.4.2 计数器

计数器的主要功能是累计输入脉冲的个数。它不仅可以用来计数,还可用于分频、定时、产生节拍脉冲和脉冲序列及进行数字运算等,是数字系统中应用最广泛的时序逻辑部件之一。计数器是一个周期性的时序电路,其状态图有一个闭合环,闭合环循环一次所需要的时钟脉冲的个数称为计数器的模值 M。对于由 n 个触发器构成的计数器,其模值 M 一般应满足 $2^{n-1} < M \leqslant 2^n$。

计数器有许多不同的类型。按时钟控制方式分类,有异步计数器和同步计数器两大类;按计数过程中数值的增减来分,有加法计数器、减法计数器和可逆计数器三类;按编码方式分类,有二进制码(简称二进制)计数器、BCD 码(亦称为二-十进制)计数器和循环码计数器。此外,还可以按计数器的计数容量即按模值来分类,有二进制、十进值和任意进制计数器。

1. 二进制计数器

(1) 异步二进制计数器

① 工作原理

图 6-30 所示的是一个 4 位异步二进制计数器的逻辑图,它由 4 个 T' 触发器组成。计数脉冲 CP 通过输入缓冲器加至触发器 FF_0 的时钟脉冲输入端,每输入一个计数脉冲,FF_0 翻转一次。FF_1、FF_2 和 FF_3 都以前一级触发器的 Q 端输出作为触发信号,当低位 Q 端由 1→0 时向高位产生进位,高位翻转。所以,对下降沿触发的触发器,其高位的 $\overline{CP}$ 端应与其邻近低位的原码输出 Q 端相连,即 $\overline{CP}_m = Q_{m-1}$;对上升沿触发的触发器,其高位的 CP 端应与其邻近低位的反码输出 $\overline{Q}$ 端相连,即 $CP_m = \overline{Q}_{m-1}$。分析其工作过程,不难得出输出波形,如图 6-31 所示。由图可见,从初态 0000(可由 CR 输入高电平脉冲使 4 个触发器全部置 0)开始,每输入一个计数脉冲,计数器的状态就按照二进制编码递增 1,输入第 15 个脉冲时,输出 1111,当输入第 16 个脉冲时,输出返回初态 0000,且 Q_3 端输出进位信号下降沿。因此,该电路构成 4 位二进制加法计数器,或称为模 16 加法计数器。其中,Q_0 的频率是 $\overline{CP}$ 的 1/2,即实现了 2 分频,Q_1 得到 $\overline{CP}$ 的 4 分频,依此类推,Q_2、Q_3 分别对 $\overline{CP}$ 进行了 8 分频和 16 分频,因此,计数器也可以作为分频器使用。模为 M 的计数器也是一个 M 分频器,M 分频器的输出信号即为计数器最高位的输出信号。

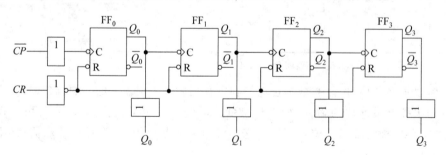

图 6-30　4 位异步二进制计数器逻辑图

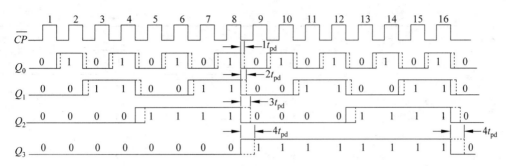

图 6-31 4 位异步二进制计数器时序图

异步二进制计数器的原理和结构都比较简单,图 6-31 中的虚线是考虑了触发器逐级翻转中平均传输延迟时间 t_{pd} 的波形。由于各个触发器的翻转时间有延迟,若用该计数器驱动组合逻辑电路,则可能出现瞬间逻辑错误。例如,当计数值从 0111 加 1 时,先后要经过 0110、0100、0000 几个状态,才最终翻转为 1000。如果对 0110、0100、0000 译码,则译码输出端会出现毛刺状波形。另外,当计数脉冲频率很高时,$Q_0Q_1Q_2Q_3$ 甚至会出现编码输出分辨不清的情况。对于一个 N 位异步二进制计数器来说,从一个计数脉冲开始作用到第一个触发器,到第 N 个触发器翻转达到稳定状态,需要经历的时间为 Nt_{pd}。为了保证正确地检验出计数器的输出状态,计数脉冲的周期 T_{CP} 必须满足 $T_{CP} \gg Nt_{pd}$ 这一条件。

② 典型集成电路

中规模集成电路 74HC/HCT393 中集成了两个如图 6-30 所示的 4 位异步二进制计数器,图 6-32 是它的引脚图。在 5V 和 25℃ 工作条件下,74HC/HCT393 中每级触发器的传输延迟时间的典型值为 6ns。

(2) 同步二进制加法计数器

异步计数器由于进位信号是逐级传递的,所以运算速度慢,且位数越多,累计的翻转时间越长。为了提高计数器的工作速度,可采用同步式计数器。其特点是计数脉冲作为时钟信号同时接于各个触发器的时钟脉冲输入端,在每次时钟脉冲到来之前,根据当前计数器的状态,利用组合逻辑控制,准备好适当的条件。当计数脉冲到来时,所有应翻转的触发器同时翻转,同时也使所有应保持原状态的触发器不改变状态。由于不存在延迟时间累积,所以能取得较高的计数速度,输出编码也不会发生混乱。

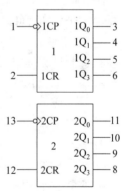

图 6-32 74HC/HCT393 的引脚图

① 工作原理

表 6-11 所示的是 4 位二进制计数器的状态表。

表 6-11 4 位二进制计数器的状态表

计数顺序	电路状态				进位输出
	Q_3	Q_2	Q_1	Q_0	
0	0	0	0	0	0
1	0	0	0	1	0

续表

计数顺序	电路状态				进位输出
	Q_3	Q_2	Q_1	Q_0	
2	0	0	1	0	0
3	0	0	1	1	0
4	0	1	0	0	0
5	0	1	0	1	0
6	0	1	1	0	0
7	0	1	1	1	0
8	1	0	0	0	0
9	1	0	0	1	0
10	1	0	1	0	0
11	1	0	1	1	0
12	1	1	0	0	0
13	1	1	0	1	0
14	1	1	1	0	0
15	1	1	1	1	1
16	0	0	0	0	0

从表 6-11 可以看出,Q_0 在每个计数脉冲 CP 到来时都要翻转一次;Q_1 仅在 $Q_0=1$ 时准备好翻转的条件,并在下一个计数脉冲 CP 到来时翻转;Q_2 仅在 $Q_0=Q_1=1$ 后的下一个计数脉冲 CP 到来时翻转;Q_3 仅在 $Q_0=Q_1=Q_2=1$ 后的下一个计数脉冲 CP 到来时翻转;依此类推,可以扩展到更多的位数。于是,同步二进制加法计数器可用 T 触发器来实现,根据每个触发器状态翻转的条件确定其 T 输入端的逻辑值,以控制它是否翻转。N 位二进制计数器第 i 位 T 触发器激励方程的一般化表达式为

$$\begin{cases} T_0 = 1 \\ T_i = Q_{i-1}Q_{i-2}\cdots Q_2Q_1Q_0 = \prod_{j=0}^{i-1}Q_j \quad (i=1,2,\cdots,N-1) \end{cases} \quad (6\text{-}4)$$

图 6-33 所示的是 4 位同步二进制加法计数器的一种实现方案。

在图 6-33 中,4 个点画线方框内均采用 D 触发器和同或门实现 T 触发器的逻辑功能。由图 6-33 可以列出电路的激励方程组如下:

$$\begin{cases} T_0 = CE \\ T_1 = Q_0 \cdot CE \\ T_2 = Q_1Q_0 \cdot CE \\ T_3 = Q_2Q_1Q_0 \cdot CE \end{cases} \quad (6\text{-}5)$$

可以看出,当计数使能端 $CE=1$ 时,式(6-5)与式(6-4)所表达的意义是一致的。

图 6-34 所示的是图 6-33 所示电路的时序图,其中虚线是考虑到传输延迟时间 t_{pd} 的波形。由该波形图可知,在同步计数器中,由于计数脉冲 CP 同时作用于各触发器,所有触发器的状态刷新是同时进行的,都比计数脉冲 CP 的作用滞后一个 t_{pd}。因此,输出状态比异步二进制计数器稳定,其工作速度一般高于异步计数器。应当指出,同步计数器的

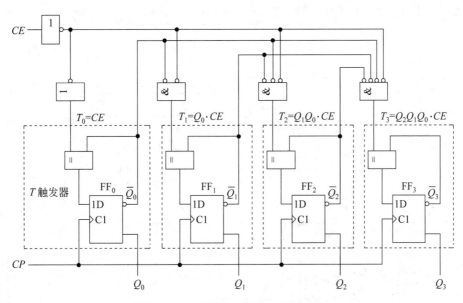

图 6-33 4 位同步二进制加法计数器

电路结构比异步计数器复杂,需要增加一些控制电路,其工作速度也要受到这些电路传输延迟时间的限制。

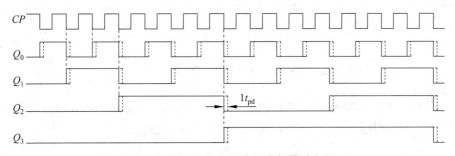

图 6-34 4 位二进制同步加计数器时序图

② 典型集成电路

74LVC161 是一种典型的高性能、低功耗的 CMOS 4 位同步二进制加法计数器,可以在 $1.2 \sim 3.6V$ 电源电压范围内工作,其所有逻辑输入端都可耐受高达 $5.5V$ 的电压,因此电源电压为 $3.3V$ 时可直接与 $5V$ 供电的 TTL 逻辑电路接口。其工作速度很高,从输入时钟 CP 上升沿到 Q_{N-1} 输出的典型延迟时间仅 $3.9ns$,最高时钟工作频率可达 $200MHz$。

图 6-35 为 74LVC161 的内部逻辑电路图,除具有同步二进制计数功能外,电路还具有并行数据的同步预置功能。预置和计数功能的选择是通过在每个 D 触发器的输入端插入一个由与或非门构成的二选一数据选择器来实现的。电路中,当 $\overline{PE}=0$ 时为并行数据预置操作,每个数据选择器左边的与门打开,于是,$D_3 D_2 D_1 D_0$ 到达相应触发器的输入端,当 CP 脉冲沿到达时,该组数据进入触发器而实现同步预置功能;当 $\overline{PE}=1$ 时,每个数据选择器右边的与门打开,各 D 触发器与相应的同或门实现 T 触发器的功能,接收同

步计数器的控制信号,其工作原理与图 6-33 所示电路相同。

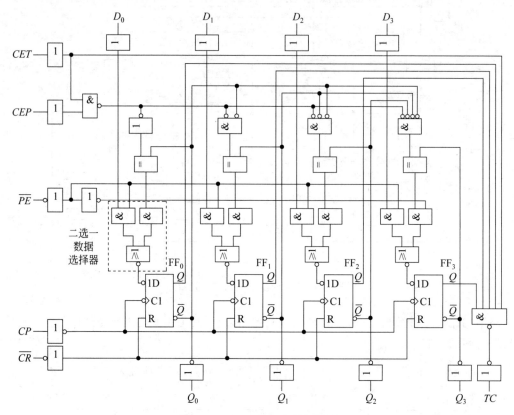

图 6-35 74LVC161 内部逻辑图

表 6-12 所示是 74LVC161 的功能表。下面对照逻辑图和功能表,说明它工作时各个引线端的功能和操作。

表 6-12 74LVC161 的功能表

清零	预置	使能		时钟	预置数据输入				计 数				进位
$\overline{CR}$	$\overline{PE}$	CEP	CET	CP	D_3	D_2	D_1	D_0	Q_3	Q_2	Q_1	Q_0	TC
L	×	×	×	×	×	×	×	×	L	L	L	L	L
H	L	×	×	↑	D_3^*	D_2^*	D_1^*	D_0^*	D_3	D_2	D_1	D_0	*
H	H	L	×	×	×	×	×	×	保持				*
H	H	×	L	×	×	×	×	×	保持				L
H	H	H	H	↑	×	×	×	×	计数				*

注: D_N^* 表示 CP 脉冲上升沿之前瞬间 D_N 的电平,* 表示只有 CET 为高电平,且计数器状态为 1111 时,进位输出才为高电平。

- 时钟脉冲 CP:计数脉冲输入端,也是芯片内 4 个触发器的公共时钟输入端。
- 异步清零 $\overline{CR}$:当其为低电平时,无论其他输入端是何状态(包括时钟信号),都使片内所有触发器状态置 0,称为异步清零。$\overline{CR}$ 有优先级最高的控制权。下述各输

入信号都是在 $\overline{CR}=1$ 时才起作用。
- 并行置数使能 $\overline{PE}$：置数控制端，只需在 CP 上升沿之前保持低电平，数据输入端 $D_3D_2D_1D_0$ 的逻辑值便能在 CP 上升沿到来后置入 4 个相应的触发器中。由于该操作与 CP 上升沿同步，且 $D_3D_2D_1D_0$ 的数据同时置入计数器，所以称为同步并行预置。为保证数据正确置入，要求 $\overline{PE}$ 在 CP 上升沿到来之前建立起稳定的低电平。
- 数据输入端 $D_3D_2D_1D_0$：在 CP 上升沿到来之前将预置数据摆在输入端 $D_3D_2D_1D_0$，且 $\overline{PE}=0$，则 CP 上升沿到来后，数据 $D_3D_2D_1D_0$ 便置入触发器。
- 计数使能 CEP：在 CP 上升沿到来之前保持高电平，且 CET=1，CP 上升沿到来时就能使计数器进行一次计数操作。
- 计数使能 CET：该信号和 CEP 在相与后的运算结果对本芯片进行计数控制，当 $CET \cdot CEP=0$ 即两个计数使能端中有 0 时，无论有没有 CP 脉冲作用，计数器都将停止计数，保持原有状态；当 $\overline{CR}=\overline{PE}=CET=CEP=1$ 时，处于计数状态，其状态转换表与表 6-11 相同。使能 CET 还直接控制进位输出信号 TC，CET 和 CEP 的典型接法和作用可参考例 6-5。
- 计数输出 $Q_3Q_2Q_1Q_0$：计数器中 4 个触发器的 Q 端状态输出。
- 进位信号 TC：只有当 CET=1 且 $Q_3Q_2Q_1Q_0=1111$ 时，进位信号 TC 才为 1，表明下一个 CP 上升沿到来时将会有进位发生。

综合上述功能可以得到 74LVC161 的典型时序图，如图 6-36 所示。图中，当清零信

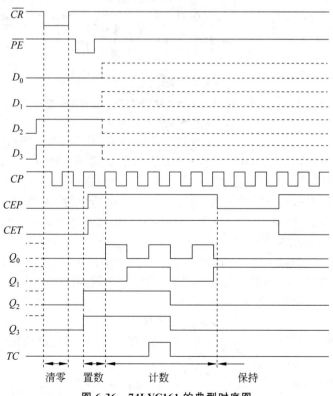

图 6-36　74LVC161 的典型时序图

号 $\overline{CR}=0$ 时，各触发器置 0。当 $\overline{CR}=1$ 时，若 $\overline{PE}=0$，则在下一个时钟脉冲 CP 上升沿到来后，各触发器的输出状态与预置的输入数据相同。在 $\overline{CR}=\overline{PE}=1$ 的条件下，若 $CET=CEP=1$，则电路处于计数状态。图 6-36 中从预置的 1100 开始计数，直到 $CET \cdot CEP=0$，计数状态结束。此后处于保持状态 $Q_3Q_2Q_1Q_0=0010$。进位信号 TC 只有在 $Q_3Q_2Q_1Q_0=1111$ 且 $CET=1$ 时输出为 1，其余时间均为 0。

例 6-5 试用 74LVC161 构成模 2^{16} 的同步二进制计数器。

解：一片 74LVC161 可以构成模 16 的计数器，模 2^{16} 的同步二进制计数器需要用 4 片 74LVC161 构成，电路如图 6-37 所示。图中，$D_0 \sim D_{15}$ 为 16 位并行二进制数据输入端；$Q_0 \sim Q_{15}$ 为 16 位计数器输出端；$\overline{LD}$ 为数据预置控制端；CE 为计数使能端，高电平有效；$\overline{RESET}$ 为复位输入端，低电平有效；CLK 为计数脉冲（时钟脉冲）输入端，上升沿触发。

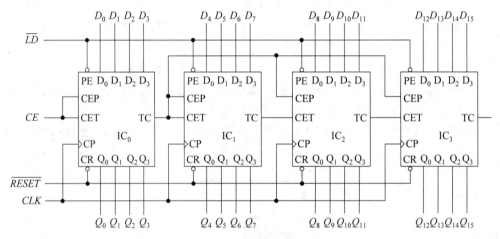

图 6-37 用 74LVC161 构成模 2^{16} 的同步二进制计数器

需要注意的是图 6-37 所示电路中各计数使能端 CEP 和 CET 的接法：电路中低位芯片的进位输出 TC 均与相邻高位芯片的 CET 相连；而最低位的 TC 则还与所有高位的 CEP 相连。这种接线方式主要是为了提高级联电路的可靠性和抗干扰能力，因为进位信号 TC 的脉冲宽度只有一个时钟周期，亦即只有在低位芯片的 TC 处于高电平这一小段时间内才允许高位芯片响应 CP 信号进行计数操作，而其余绝大部分时间内均禁止计数。此外，由于芯片内部 CET 直接控制着进位信号 TC（如图 6-35 所示的逻辑电路），当 IC_1 和 IC_2 均为 1111 状态时，一旦 IC_0 的 TC 端输出高电平的进位信号，只需经过有限个门电路的延迟便将进位信号传递到高位芯片 IC_3 的 CET 端，其 CEP 也因与 IC_0 的 TC 直接相连而同时变为高电平，使 IC_3 迅速进入准备计数状态，在下一个 CP 上升沿到来时完成进位计数操作。这种迅速传递进位信号的连接方法允许大幅度缩短计数脉冲 CP 的周期，从而提高级联计数器的工作频率上限。总之，图 6-37 所示电路的级联方式可以使芯片的速度潜能得到充分的发挥。

2. 非二进制计数器

N 进制计数器又称模 N 计数器。当 $N=2^n$ 时，就是前面讨论的 n 位二进制计数器；

当 $N \neq 2^n$ 时,为非二进制计数器,一般采用中规模集成器件构成。非二进制计数器中最常用的是二-十进制计数器,也称为 BCD 码计数器,其他进制的计数器习惯上称为任意进制计数器。非二进制计数器也分为同步和异步,以及加、减和可逆等各种类型。在此介绍一种集成二-十进制计数器,然后通过例子讨论如何用定型的集成计数器构成任意进制计数器,最后还将介绍一种流行的环形计数器。

(1) 异步二-十进制计数器

一片 74HC/HCT390 中集成了两个相同的二-十进制计数器,每个二-十进制计数器都是由一个二进制和一个五进制计数器级联而成的。图 6-38 所示的是其中一个计数器的逻辑图。为了应用的灵活性,除清零信号 CR 外,二进制计数器和五进制计数器的输入端和输出端均是独立引出的。

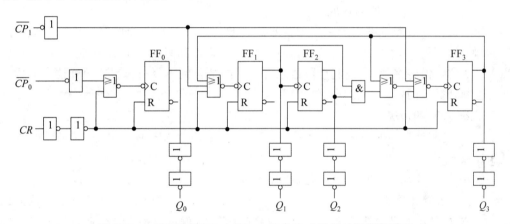

图 6-38　74HC/HCT390 中的一个异步二-十进制计数器逻辑图

例 6-6　将图 6-38 所示的电路按以下两种方式连接。

① $\overline{CP}_0$ 接计数脉冲信号,将 Q_0 与 $\overline{CP}_1$ 相连。

② $\overline{CP}_1$ 接计数脉冲信号,将 Q_3 与 $\overline{CP}_0$ 相连。

试分析它们的逻辑输出状态。

解:按①方式连接时,计数脉冲先进行二分频,然后进行五分频。从 0000 状态开始,依次分析,得到的状态表如表 6-13 左边所示,$Q_3Q_2Q_1Q_0$ 输出为 8421BCD 码。

表 6-13　例 6-6 的两种连接方式的状态表

计数顺序	连接方式 1(8421 码)				连接方式 2(5421 码)			
	Q_3	Q_2	Q_1	Q_0	Q_0	Q_3	Q_2	Q_1
0	0	0	0	0	0	0	0	0
1	0	0	0	1	0	0	0	1
2	0	0	1	0	0	0	1	0
3	0	0	1	1	0	0	1	1
4	0	1	0	0	0	1	0	0
5	0	1	0	1	1	0	0	0
6	0	1	1	0	1	0	0	1

续表

计数顺序	连接方式 1(8421 码)				连接方式 2(5421 码)			
	Q_3	Q_2	Q_1	Q_0	Q_0	Q_3	Q_2	Q_1
7	0	1	1	1	1	0	1	0
8	1	0	0	0	1	0	1	1
9	1	0	0	1	1	1	0	0

按②方式连接时，计数脉冲先进行五分频，然后再进行二分频。得到的状态表如表 6-13 右边所示，Q_0、Q_3、Q_2、Q_1 的权值分别为 5、4、2、1，这种编码称为 5421BCD 码。因此，电路构成 5421BCD 码计数器。

(2) 任意进制计数器的构成方法

任意进制计数器可以用厂家定型的集成计数器产品外加适当的电路连接而成。用 N 进制集成计数器构成 M 进制计数器时，如果 $M<N$，则只需一个 N 进制集成计数器。当 $M>N$ 时，需将多片 N 进制计数器组合。下面结合例子分别介绍这两种情况下构成任意进制计数器的实现方法。

① $M<N$ 的情况

在 N 进制计数器的顺序计数过程中，若设法使之跳越 $N-M$ 个状态，就可以得到 M 进制计数器了。

例 6-7 用 74LVC161 构成九进制加法计数器。

解：九进制计数器应有 9 个状态，而 74LVC161 在计数过程中有 16 个状态。因此属于 $M<N$ 的情况。若设法使之跳越 $16-9=7$ 个状态，就可以得到九进制计数器了。实现跳跃的方法通常有反馈清零法(或称复位法)和反馈置数法(或称置位法)两种。

• 反馈清零法

反馈清零法适用于有清零输入端的集成计数器。其工作原理为：设原有的计数器为 N 进制，当它从全 0 状态 S_0 开始计数并接收 M 个计数脉冲以后，电路进入 S_M 状态。如果将 S_M 状态译码产生一个清零信号加到计数器的清零输入端，则计数器将立刻返回 S_0 状态，这样就可以跳过 $N-M$ 个状态而得到 M 进制计数器(或称为分频器)。图 6-39(a)为反馈清零法原理示意图。

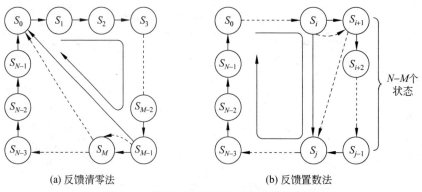

(a) 反馈清零法 (b) 反馈置数法

图 6-39 获得任意进制计数器的两种方法

由于电路一进入 S_M 状态后立即又被置成 S_0 状态,所以 S_M 状态仅在极短的瞬间出现,在稳定的状态循环中不包括 S_M 状态。

集成计数器 74LVC161 具有异步清零功能,在其计数过程中,不管其输出处于哪一状态,只要在异步清零输入端加一低电平电压,使 $\overline{CR}=0$,74LVC161 的输出会立即从那个状态回到 0000 状态。清零信号消失后,74LVC161 又从 0000 状态开始重新计数。结合 74LVC161 的功能表画出用 74LVC161 构造九进制计数器的逻辑图如图 6-40(a)所示。

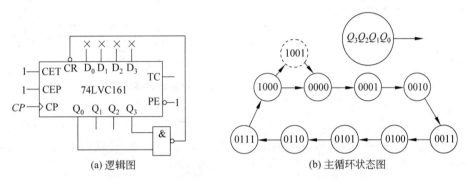

图 6-40　用反馈清零法将 74LVC161 接成九进制计数器

图 6-40(b)所示为该九进制计数器的主循环状态图。由图可知,74LVC161 从 0000 状态开始计数,当第九个 CP 脉冲上升沿到达时,输出 $Q_3Q_2Q_1Q_0=1001$,通过一个与非门译码后,反馈给 $\overline{CR}$ 端一个清零信号,立即使 $Q_3Q_2Q_1Q_0$ 返回到 0000 状态。此刻,产生清零信号的条件已消失,$\overline{CR}$ 端随之变为高电平,74LVC161 又重新从 0000 状态开始新的计数。由此跳跃了 1001～1111 七个状态,故构成九进制计数器。该电路的状态中没有 1111 状态,因此,TC 端始终没有输出信号。此时,进位信号应从 Q_3 引出。需要说明一点,电路是在进入 1001 状态后,才立即被置成 0000 状态的,即 1001 状态会在极短的瞬间出现。因此,在主循环状态图中用虚线表示。

- 反馈置数法

反馈置数法适用于具有预置数功能的集成计数器,置数法与清零法不同,它是通过给计数器重复置入某个数值使之跳越 $N-M$ 个状态,从而获得 M 进制计数器的,如图 6-39(b)所示。

对于具有预置功能的计数器而言,在其计数过程中,可以将它输出的任何一个状态通过译码,产生一个预置控制信号反馈至预置控制端 $\overline{PE}$,在下一个 CP 脉冲作用后,计数器就会把预置数输入端 D_3、D_2、D_1、D_0 的状态置入计数器。预置控制信号消失后,计数器就从被置入的状态开始新的计数。

图 6-41(a)所示电路就是利用 74LVC161 的同步预置功能,采用反馈置数法将 74LVC161 接成九进制加法计数器的。该种连接方式是把输出 $Q_3Q_2Q_1Q_0=1000$ 的状态经译码产生预置信号 0,反馈至 $\overline{PE}$,在下一个 CP 脉冲上升沿到达时置入 0000 状态,图 6-41(b)所示的是图 6-41(a)所示电路的主循环状态图。其中 0001～1000 这 8 个状态是 74LVC161 进行加 1 计数实现的,0000 是由同步反馈置数得到的。该电路的状态中没

有 1111 状态,因此,TC 端始终没有输出信号。此时,进位信号应从 Q_3 引出。

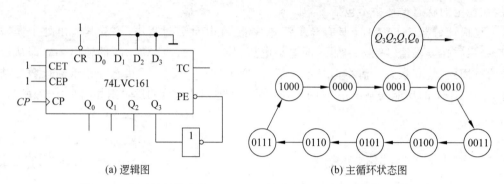

(a) 逻辑图　　　　　　　　　(b) 主循环状态图

图 6-41　用反馈置数法将 74LVC161 接成九进制计数器的第一种电路

置数操作可以在电路的任何一个状态下进行。例如可以将 $Q_3Q_2Q_1Q_0=1111$ 状态的译码信号反馈至 $\overline{PE}$,这时,预置数据输入端应接为 0111 状态,计数器将在 0111~1111 这 9 个状态间循环。

图 6-42(a) 所示电路的接法就是将 74LVC161 计数到 1111 状态时产生的进位信号反相后,反馈到预置控制端。预置数据输入端应置为 0111 状态。该电路从 0111 状态开始加 1 计数,输入第 8 个 CP 脉冲后到达 1111 状态,此时 $TC=CET \cdot Q_3 \cdot Q_2 \cdot Q_1 \cdot Q_0 = 1$,$\overline{PE}=0$,在第 9 个 CP 脉冲作用后,$Q_3Q_2Q_1Q_0$ 被置成 0111 状态,同时使 $TC=0$,$\overline{PE}=1$,新的计数周期又从 0111 开始。

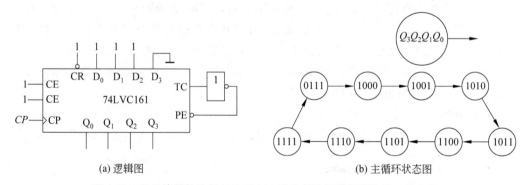

(a) 逻辑图　　　　　　　　　(b) 主循环状态图

图 6-42　用反馈置数法将 74LVC161 接成九进制计数器的第二种电路

以上介绍的两种反馈置数法的主循环状态图分别选择的是 0000~1111 这 16 个状态中的前 9 个和后 9 个状态,还可以选中间任意连续的 9 个状态。图 6-43 所示电路也是用反馈置数法将 74LVC161 接成九进制计数器的,预置数据输入端置为了 0001 状态。该种连接方式是把输出 $Q_3Q_2Q_1Q_0=1001$ 的状态经译码产生预置信号 0,反馈至 $\overline{PE}$,在下一个 CP 脉冲上升沿到达时置入 0001 状态,图 6-43(b) 所示的是图 6-43(a) 所示电路的主循环状态图。其中 0010~1001 这 8 个状态是 74LVC161 进行加 1 计数实现的,0001 是由同步反馈置数得到的。请读者注意该种接线方式和反馈清零法的差异,这里不再赘述。

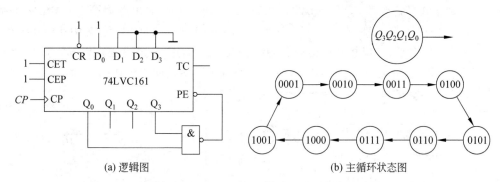

图 6-43 用反馈置数法将 74LVC161 接成九进制计数器的第三种电路

② $M > N$ 的情况

这时必须用多片 N 进制计数器组合起来,才能构成 M 进制计数器。各片之间(或称为各级之间)的连接方式可分为串行进位方式、并行进位方式、整体置零方式和整体置数方式。下面仅以两种之间的连接为例说明这四种连接方式的原理。

- 若 M 可以分解为两个小于 N 的因数相乘,即 $M = N_1 \times N_2$,则可采用并行进位方式或串行进位方式将一个 N_1 进制计数器和一个 N_2 进制计数器连接起来,构成 M 进制计数器。

在串行进位方式中,以低位片的进位输出信号作为高位片的时钟输入信号。在并行进位方式中,以低位片的进位输出信号作为高位片的工作状态控制信号(计数的使能信号),两片的 CP 输入端同时接计数输入信号。

例 6-8 试利用同步四位二进制计数器 74LVC161 实现模 256 计数器。

解:本例中 $M = 256$,$N_1 = N_2 = 16$,将两片直接按并行进位方式或串行进位方式连接即得 256 进制计数器。

图 6-44 所示电路是并行进位方式的接法。以第(0)片的进位输出 TC 作为第(1)片的 CET 和 CEP 输入,只有当第(0)片计数至 15(1111)状态时,其 $TC = 1$,片 1 才能处于计数状态。在下一个计数脉冲 CP 作用后,第(1)片计入 1,而第(0)片由 15(1111)变成 0(0000)状态,它的进位信号 TC 也变成 0,片(1)停止计数。第(0)片的 CET 和 CEP 恒为 1,始终处于计数工作状态。

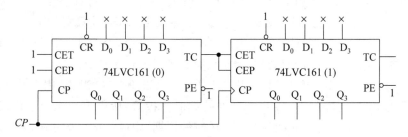

图 6-44 例 6-8 电路的并行进位方式

图 6-45 所示电路是串行进位方式的接法。两片 74LVC161 的 CET 和 CEP 恒为 1,

都处于计数工作状态。第(0)片每计数到15(1111)时 TC 端输出变为高电平,经反相器后使第(1)片的 CP 端为低电平。下一个计数脉冲到达后,第(0)片计成0(0000)状态,TC 端跳变为低电平,经反相器后使第(1)片的 CP 端产生一个正跳变,于是第(1)片计入1,否则保持不变。可见,在这种接法下两片74LVC161不是同步工作的。

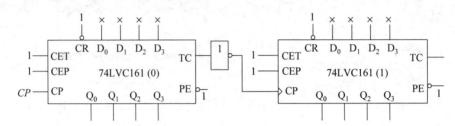

图 6-45 例 6-8 电路的串行进位方式

当 N_1 和 N_2 不等于 N 时,可以先将两个 N 进制计数器分别接成 N_1 进制计数器和 N_2 进制计数器,然后再以并行进位方式或串行进位方式将它们连接起来。

- 当 M 为大于 N 的素数时,不能分解成 N_1 和 N_2,上面讲的并行进位方式或串行进位方式就行不通了。这时必须采取整体清零法或整体置数法构成 M 进制计数器。

所谓整体清零法,是首先将两片 N 进制计数器按最简单的方式接成一个大于 M 进制的计数器(例如 $N \times N$ 进制),然后在计数器计为 M 状态时译出异步清零信号 $\overline{CR}=0$,将两片计数器同时清零。这种方式的基本原理和 $M<N$ 时的反馈清零法是一样的。

整体置数法的原理与 $M<N$ 时的置数法类似。首先需将两片 N 进制计数器用最简单的连接方式接成一个大于 M 进制的计数器(例如 $N \times N$ 进制),然后在选定的某一状态下译出预置数控制信号 $\overline{PE}=0$,将两个 N 进制计数器同时置入适当的数据,跳过多余的状态,获得 M 进制计数器。采用这种接法要求已有的 N 进制计数器本身必须具有预置数的功能。

当然,当 M 不是素数时整体清零法和整体置数法一样可以使用。

例 6-9 试用两片同步十六进制计数器 74LVC161 接成十七进制计数器。

解:因为 $M=17$ 是一个素数,所以必须用整体清零法或整体置数法构成十七进制计数器。

图 6-46 所示电路是用整体清零方式构成的十七进制计数器。首先将两片 74LVC161 以并行进位的方式连接成一个 256 进制计数器,当计数器从全 0 状态开始计数并且计入 17 个脉冲时,即计数到十七(00010001)状态时,经与非门译码产生低电平信号,立刻将两片 74LVC161 同时置零,于是便得到了十七进制计数器。

需要注意的是,计数过程中第(1)片 74LVC161 不出现 1111 状态,因而其 TC 端不能给出进位信号,而且与非门 G_1 输出的脉冲持续时间极短,所以不宜作为进位信号输出。如果要求进位信号输出持续时间为一个 CP 时钟周期,则应从电路的 16(00010000) 状态译码输出。也就是说,当电路计入 16 个脉冲后 G_2 输出变为低电平,第 17 个计数脉冲到达后 G_2 输出跳变为高电平,因为此时输入端已经被置为全 0。

通过这个例子可以看到,整体清零法不仅可靠性较差,而且往往还要另加译码电路才

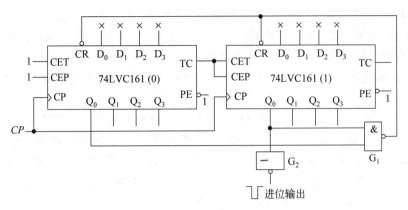

图 6-46 例 6-9 电路的整体清零方式

能得到需要的进位输出信号。

整体置数法可以避免整体清零法的上述缺点。图 6-47 所示电路就是采用整体置数法接成的十七进制计数器。首先仍需将两片 74LVC161 连接成一个二百五十六进制计数器,然后将电路的 16(00010000)状态译码产生 $\overline{PE}=0$ 信号,同时加到两片的预置数控制端上,在下一个计数脉冲(第 17 个输入脉冲)到达时,将 0000 同时置入两片 74LVC161 中,从而得到十七进制计数器。进位信号可以直接由非门 G 的输出端引出。

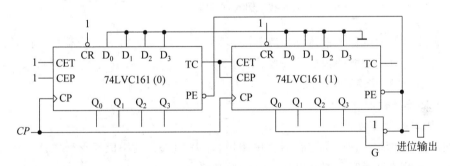

图 6-47 例 6-9 电路的整体置数(置全 0)方式

如果要求所置数据并非全 0,而且要求置数信号从 74LVC161(1) 的进位输出端引出,接线方式又该如何呢?这种情况下的连接方式与 $M<N$ 时的连接方式类似,接线如图 6-48 所示,具体分析这里不再赘述,请读者自己思考。

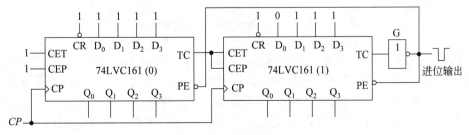

图 6-48 例 6-9 电路的整体置数(置非全 0)方式

例 6-10 试用 74HCT390 构成二十四进制计数器。

解：74HCT390 是 2/5 十进制异步计数器，具有异步清零功能。所以本题可运用反馈清零法实现。因为 $M=24, N=10$，所以需要使用芯片中的两组 2/5 十进制计数器 C_0 和 C_1。先将两组计数器均接成 8421 码二-十进制计数器，然后将它们级联，低位计数器的 Q_3 接高位计数器的 CP_0，接成一百进制计数器。在此基础上，借助与门译码和计数器异步清零功能，将 C_0 的 Q_2 和 C_1 的 Q_1 分别接至与门的输入端。工作时，在第 24 个计数脉冲作用后，计数器输出为 0010 0100 状态（十进制数 24），C_1 的 Q_1 和 C_0 的 Q_2 同时为 1，使与门输出高电平。该高电平作用在计数器 C_0 和 C_1 的清零端 CR（高电平有效），使计数器立即返回到 0000 0000 状态。状态 0010 0100 仅在瞬间出现一下。这样，便构成了一个二十四进制计数器，其逻辑图如图 6-49 所示。

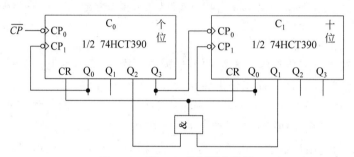

图 6-49 例 6-10 的逻辑电路图

这种连接方式可称为整体反馈清零法，其原理与 $M < N$ 时的反馈清零法相同。也可以用具有预置数功能的集成计数器，采用整体反馈置数法构成二十四进制计数器，其原理与 $M < N$ 时的反馈置数法相似。读者可以自行分析与设计。

（3）环形计数器

① 基本环形计数器

如图 6-50 所示，将移位寄存器首尾相接，即 $D_0 = Q_3$，则构成环形计数器。在连续不断地输入时钟信号时寄存器里的数据将循环右移。

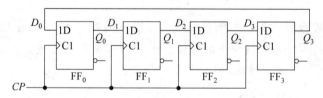

图 6-50 环形计数器逻辑电路图

例如，电路的初始状态为 $Q_0 Q_1 Q_2 Q_3 = 1000$，则在不断输入时钟信号时电路的状态按 1000→0100→0010→0001→1000 的次序循环变化。因此，用电路的不同状态能够表示输入时钟信号的数目，也就是说可以把这个电路作为时钟脉冲的计数器。

根据移位寄存器的工作特点，不必列出环形计数器的状态方程即可直接画出图 6-51 所示的状态转换图。如果选择由 1000、0100、0010 和 0001 所组成的状态循环为所需要的有效循环,那么同时还存在着其他几种无效循环。而且一旦脱离有效循环之后,电路将不会自动返回到有效循环中去,所以图6-50所示的环形计数器不能自启动。为确保它能正常工作,必须首先通过串行端或并行端将电路置成有效循环中的某个状态,然后再开始计数。

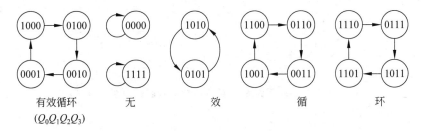

图 6-51　图 6-50 所示电路的状态转换图

环形计数器的突出优点是电路结构极其简单。而且,在有效循环的每个状态只包含一个1(或0)时,可以直接以各个触发器输出端的1状态表示电路的一个状态,不需要另外加译码电路。

环形计数器的主要缺点是没有充分利用电路的状态。用 n 位移位寄存器组成的环形计数器只用了 n 个状态,而电路总共有 2^n 个状态,这显然是一种浪费。

② 扭环形计数器

为了在不改变移位寄存器内部结构的条件下提高环形计数器的电路状态利用率,只能在改变反馈逻辑电路上想办法。

环形计数器是反馈逻辑函数中最简单的一种,即 $D_0=Q_{n-1}$。若将反馈逻辑函数取为 $D_0=\overline{Q}_{n-1}$,则得到的电路如图 6-52 所示。这个电路称为扭环形计数器,也称为约翰逊计数器。

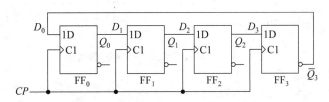

图 6-52　扭环形计数器的逻辑电路图

如将它的转换状态画出,则如图 6-53 所示。可以看出,它有两个状态循环,若取图中左边的一个为有效循环,则余下的一个就是无效循环了。所以说 n 位移位寄存器构成的扭环形计数器可以得到含 $2n$ 个有效状态的循环,状态利用率比环形计数器提高了一倍。并且电路每一次状态转换时均只有一位触发器改变状态,因而在状态译码时不会产生竞争冒险现象。但是该电路仍不能自启动。

为了实现自启动,令 $D_0=\overline{Q}_3+\overline{Q}_2Q_1$,可将图 6-52 所示电路的反馈逻辑函数稍加修改,于是就得到了图 6-54 所示的电路图和图 6-55 所示的状态转换图。可见,修改之后的电路可以实现自启动。

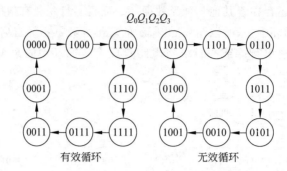

图 6-53　图 6-52 所示电路的状态转换图

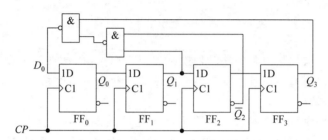

图 6-54　能自启动的扭环形计数器的逻辑电路图

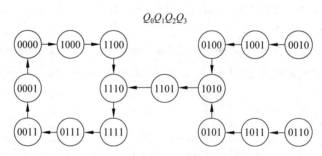

图 6-55　图 6-54 所示电路的状态转换图

6.5　同步时序逻辑电路的设计

时序电路设计又称为时序电路综合,其任务是根据给定的逻辑功能需求,选择适当的逻辑器件,设计出符合要求的时序电路。所得到的设计结果应力求简单。当选用小规模集成电路做设计时,电路最简的标准是所用的触发器和门电路的数目最少,并且触发器和门电路的输入端数目也最少。而当使用中、大规模集成电路时,电路最简的标准则是使用的集成电路数目最少、种类最少,而且互相间的连线也最少。

本节讨论的用触发器及门电路设计同步时序电路的方法是时序电路设计的基础,了解这些设计方法,有助于理解成品时序集成电路的电路结构和工作原理。

6.5.1 设计同步时序逻辑电路的一般步骤

设计同步时序逻辑电路的一般过程如图 6-56 所示。

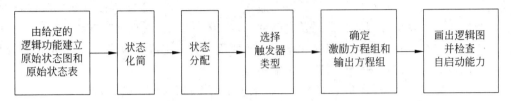

图 6-56 同步时序电路的一般设计过程

下面对设计过程的主要步骤加以说明。

(1) 根据给定的逻辑功能建立原始状态图和原始状态表。

通常,所要设计的时序电路的逻辑功能是通过文字、图形或波形图来描述的,首先必须把它们变换成规范的状态图或状态表。这种直接从图文描述得到的初始状态图或状态表称为原始状态图或原始状态表。这个过程是对实际问题进行分析的过程,具体做法如下。

① 明确电路的输入条件和相应的输出要求,分别确定输入变量和输出变量的数目和符号。同步时序电路的时钟脉冲 CP 或 $\overline{CP}$ 一般不作为输入变量考虑。

② 找出所有可能的状态以及状态转换之间的关系,画出状态转换图。

画状态图的基本思想是:根据文字描述的设计要求,先假定一个初态,从这个初态开始,根据输入(每个输入有 0、1 两种取值;n 个输入有 2^n 个取值组合)条件,就可以确定一个次态和一个输出;此过程一直持续下去,直到把每一个现态对应各种输入情况向其次态的转换都考虑进去,并且不再构成新的状态为止;最后确定需要多少个状态,由此建立起原始状态图。需要注意的是,在现态向次态的转化过程中,该次态可能是现态本身,也可能是已有的另一个状态,或是新增加的一个状态。

③ 根据原始状态图建立原始状态表。

由于以后所有的设计步骤都将在原始状态图或原始状态表的基础上进行,只有在它们全面、正确反映给定设计要求的条件下,才有可能获得成功的设计结果。

(2) 状态化简。

原始状态图或原始状态表很可能隐含多余的状态,去除多余状态的过程称为状态化简,其目的是减少电路中触发器及门电路的数量,但不能改变原始状态图或原始状态表所表达的逻辑功能。状态化简建立在等价状态的基础上:如果两个状态作为现态,其任何相同输入所产生的输出及建立的次态均完全相同,则这两个状态称为等价状态。凡是两个等价状态都可以合并成一个状态而不改变输入-输出关系。

(3) 状态分配。

对每个状态指定一个特定的二进制代码,称为状态分配或状态编码。编码方案不同,设计出的电路结构就不同。编码方案选择得当,设计结果可能相对简单。

首先,确定状态编码的位数。同步时序电路的状态取决于触发器的状态组合,触发器

的个数 n 即状态编码的位数。n 与状态数 M 一般应满足 $2^{n-1}<M\leqslant 2^n$ 的关系。

其次,对每个状态赋予一组二进制代码,即状态编码。从 2^n 个状态中取 M 个状态组合可能存在多种不同的方案,随着 n 值的增大,编码方案的数目会急剧增多,面对大量的编码方案是难以一一进行仔细比较的。一般来说,选取的编码方案应该有利于所选触发器的激励方程及输出方程的化简以及电路的稳定可靠。有时,遵循状态变化的顺序,以自然二进制数递增的顺序编码可以简化电路。而使用具有一定特征的编码,比如格雷码,则有利于减少状态输出出现竞争冒险的可能性。

状态分配完成后,可将简化状态图和状态表中的字符替换为状态编码。

(4) 选择触发器的类型。

触发器类型选择的余地实际上是非常小的。小规模集成电路的触发器产品大多是 D 触发器和 JK 触发器。由于单个 JK 触发器具有较强的功能,选择 JK 触发器有时可使设计灵活方便。中规模集成电路大多已组成为功能模块,对于电路设计来说已无选择余地。如前所述,很多可编程逻辑器件中采用 D 触发器来实现时序逻辑设计,若有特殊要求,用 D 触发器也非常容易构成其他逻辑功能的触发器。

(5) 求出电路的激励方程和输出方程。

根据状态分配后的状态表,用卡诺图或其他方式对逻辑函数进行化简,可求得电路的激励方程组和输出方程组。这两个方程组决定了同步时序电路的组合电路部分。

(6) 画出逻辑图,并检查自启动能力。

按照前一步导出的激励方程组和输出方程组,可画出接近工程实现的逻辑电路图。有些同步时序电路设计中会出现没有用到的无效状态,当电路通电后有可能陷入这些无效状态而不能退出。因此,设计的最后一步应检查电路是否能进入有效状态,即是否具有自启动能力。如果电路不能自启动,则需采取措施加以解决。一种解决办法是在电路开始工作时通过预置值将电路的状态预置成有效状态循环中的某一状态;另一种解决方法是通过修改逻辑设计加以解决。

需要说明的是,上述步骤是设计同步时序电路的一般化过程,实际设计中并不是每一步都要执行,可根据具体情况简化或省略一些步骤,可参考 6.5.2 节的例子。

6.5.2 同步时序逻辑电路设计举例

下面通过不同类型的具体例子进一步深入说明上述设计方法。

例 6-11 用 D 触发器设计一个 8421BCD 码同步十进制加计数器。

解:计数器实际上就是对时钟脉冲进行计数,每来一个时钟脉冲,计数器状态改变一次。8421BCD 码十进制加计数器在每个时钟脉冲作用下,触发器输出编码值加 1,编码顺序与 8421BCD 码一致,每十个时钟脉冲完成一个计数周期。由于电路的状态数、状态转换关系及状态编码等都是明确的,因此设计过程较简单,没有必要严格按照 6.5.1 节所述的设计步骤进行。

(1) 列出状态表。

十进制计数器共有 10 个状态,需要 4 个 D 触发器构成,其状态表如表 6-14 所示。

表 6-14 8421 码同步十进制加计数器的状态表

计数脉冲 CP 的顺序	现态				次态				激励信号			
	Q_3^n	Q_2^n	Q_1^n	Q_0^n	Q_3^{n+1}	Q_2^{n+1}	Q_1^{n+1}	Q_0^{n+1}	D_3	D_2	D_1	D_0
0	0	0	0	0	0	0	0	1	0	0	0	1
1	0	0	0	1	0	0	1	0	0	0	1	0
2	0	0	1	0	0	0	1	1	0	0	1	1
3	0	0	1	1	0	1	0	0	0	1	0	0
4	0	1	0	0	0	1	0	1	0	1	0	1
5	0	1	0	1	0	1	1	0	0	1	1	0
6	0	1	1	0	0	1	1	1	0	1	1	1
7	0	1	1	1	1	0	0	0	1	0	0	0
8	1	0	0	0	1	0	0	1	1	0	0	1
9	1	0	0	1	0	0	0	0	0	0	0	0

（2）确定激励方程组。

按表 6-14 画出各触发器激励信号的卡诺图，如图 6-57 所示。

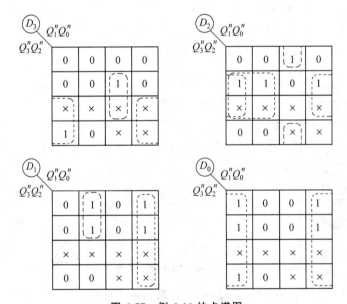

图 6-57 例 6-11 的卡诺图

4 个触发器可组合 16 个状态（0000～1111），其中有 6 个状态（1010～1111）在 8421BCD 码十进制计数器中是无效状态，在如图 6-57 所示的卡诺图中以无关项×表示。

于是，根据卡诺图得到激励方程组（在本例中同时得到状态方程组）如下：

$$Q_3^{n+1} = D_3 = Q_3^n \bar{Q}_0^n + Q_2^n Q_1^n Q_0^n$$

$$Q_2^{n+1} = D_2 = Q_2^n \bar{Q}_1^n + Q_2^n \bar{Q}_0^n + \bar{Q}_2^n Q_1^n Q_0^n$$

$$Q_1^{n+1} = D_1 = Q_1^n \bar{Q}_0^n + \bar{Q}_3^n \bar{Q}_1^n Q_0^n$$

$$Q_0^{n+1} = D_0 = \overline{Q_0^n}$$

(3) 画出逻辑图,并检查自启动能力。

根据激励方程组可画出逻辑图,如图 6-58 所示。图中,各触发器的直接置 0 端为低电平有效,如果系统没有复位信号,电路的 $\overline{RESET}$ 输入端应保持为高电平,计数器才能正常工作。

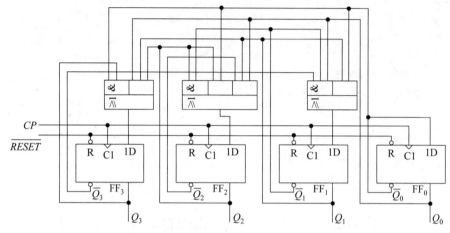

图 6-58 例 6-11 的逻辑图

检查自启动能力的方法是:将该电路的 6 个无效状态(1010、1011、1100、1101、1110 和 1111)分别作为现态,代入电路的状态方程组而求其次态。如果还没有进入有效状态,则再以新的状态作为现态求次态,依次类推,看最终能否进入有效状态。结果证明,这 6 个状态在经历一、两个时钟周期后全部都能进入有效循环状态,电路具有自启动能力。于是,可画出完全状态图,如图 6-59 所示。

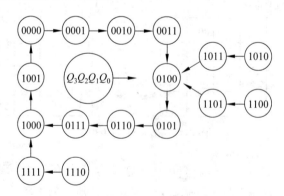

图 6-59 例 6-11 的状态图

如果要求电路必须从 0000 开始计数,则可以在开始计数之前给电路的 $\overline{RESET}$ 输入端输入一个低电平脉冲,强制 4 个触发器进入 0000 的初始状态,待 $\overline{RESET}$ 的低电平脉冲消失后再开始计数。

例 6-12 设计一个序列编码检测器,当检测到输入信号出现 110 序列编码(按自左至右的顺序)时,电路输出为 1,否则输出为 0。

解：(1) 根据给定的逻辑功能建立原始状态图和原始状态表。

由题意可知,电路有一个输入信号 A 和一个输出信号 Y,电路功能是对输入信号 A 的编码序列进行检测。一旦检测到信号 A 出现连续编码为 110 序列时,输出为 1;检测到其他编码序列时,则输出均为 0。

设电路的初始状态为 a,如图 6-60 中的大箭头所指。在此状态下,电路输出 $Y=0$,这时可能的输入有 $A=0$ 和 $A=1$ 两种情况。当 CP 脉冲相应边沿到来时,若 $A=0$,则收到 0,应保持在状态 a 不变;若 $A=1$,则转向状态 b,表示电路收到一个 1。在状态 b 时,若输入 $A=0$,则表明连续输入编码为 10,而不是 110,则应回到初始状态 a,重新开始检测;若 $A=1$,则转向状态 c,表示电路已经连续收到两个 1。在状态 c 时,若 $A=0$,则表示已收到序列编码 110,则输出 $Y=1$,并进入状态 d;若 $A=1$,则收到序列编码 111,应保持在状态 c 不变,看下一个编码输入是否为 $A=0$;由于尚未收到最后的 0,故输出仍为 0。在状态 d 时,若输入 $A=0$,则应回到初始状态 a,重新开始检测;若 $A=1$,则电路应转向状态 b,表示在收到 110 之后又重新收到一个 1,已进入下一轮检测;在 d 状态下,无论输入 A 为何值,输出 Y 均为 0。根据上述分析,可以得出如图 6-60 所示的原始状态图和表 6-15 所示的原始状态表。

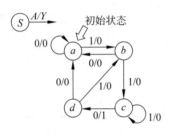

图 6-60 例 6-12 的原始状态图

表 6-15 例 6-12 的原始状态表

现态 S^n	次态 S^{n+1}/输出 Y	
	$A=0$	$A=1$
a	$a/0$	$b/0$
b	$a/0$	$c/0$
c	$d/1$	$c/0$
d	$a/0$	$b/0$

(2) 状态化简。

观察表 6-15 所示的现态栏中 a 和 d 两行可以看出,当 $A=0$ 和 $A=1$ 时,分别具有相同的次态 a、b 及相同的输出 0,因此,a 和 d 是等价状态,可以合并。这里选择去除 d 状态,并将其他行中的次态 d 改为 a。于是,得到简化后的状态表,如表 6-16 所示,状态图亦可进行相应化简。从实际物理意义看也不难理解这种化简:当进入状态 c 后,电路已连续收到两个 1,这时输入若为 0,则意味着已收到编码 110,下一步电路可回到初始状态 a,以准备新的一轮检测,因此原始状态表中的 d 状态显然是多余的。

(3) 状态分配。

化简后的状态有三个,可以用 2 位二进制代码组合 (00,01,10,11) 中的任意三个代码表示,用两个触发器组成电路。观察表 6-16,当输入信号 $A=1$ 时,有 $a \to b \to c$ 的变化;当 $A=0$ 时,又存在 $c \to a$ 的变化。综合这两方面考虑,这里采取 $00 \to 01 \to 11 \to 00$ 的变化顺序,可能使其中的组合电路相对简单。于是,可令 $a=00, b=01, c=11$,得到状态分配后的状态图,如图 6-61 所示。

表 6-16 例 6-12 经化简的状态表

现态 S^n	次态 S^{n+1}/输出 Y	
	$A=0$	$A=1$
a	$a/0$	$b/0$
b	$a/0$	$c/0$
c	$a/1$	$c/0$

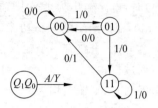

图 6-61 例 6-12 状态分配后的状态图

(4) 选择触发器的类型。

用小规模集成的触发器芯片设计时序电路时,选用逻辑功能较强的 JK 触发器可能得到较简化的组合电路。

(5) 求激励方程组和输出方程组。

用 JK 触发器设计时序电路时,电路的激励方程需要间接导出。在设计时序电路时,状态表已列出现态到次态的转换关系,希望推导出触发器的激励条件。所以需要将特性表做适当变换,以给定的状态转换为条件,列出所需求的输入信号,这样的表格称为激励表。根据 JK 触发器的特性表建立 JK 触发器的激励表,如表 6-17 所示。表中的 × 表示其逻辑值与该行的状态转换无关。

表 6-17 JK 触发器的激励表

Q^n	Q^{n+1}	J	K
0	0	0	×
0	1	1	×
1	0	×	1
1	1	×	0

根据图 6-61 和表 6-17 可以列出状态转换真值表及两个触发器所要求的激励信号,如表 6-18 所示。据此,分别画出两个触发器的输入 J、K 和电路输出 Y 的卡诺图,如图 6-62 所示。图中,不使用的状态均以无关项 × 填入。化简后得到激励方程组和输出方程如下:

$$\begin{cases} J_1 = Q_0 A, & K_1 = \overline{A} \\ J_0 = A, & K_0 = \overline{A} \end{cases}$$

$$Y = Q_1 \overline{A}$$

表 6-18 例 6-12 的状态转换真值表及激励信号

输入	现态		次态		输出	驱动信号			
A	Q_1^n	Q_0^n	Q_1^{n+1}	Q_0^{n+1}	Y	J_1	K_1	J_0	K_0
0	0	0	0	0	0	0	×	0	×
0	0	1	0	0	0	0	×	×	1
0	1	0	×	×	×	×	×	×	×
0	1	1	0	0	1	×	1	×	1
1	0	0	0	1	0	0	×	1	×

续表

输入	现态		次态		输出	驱动信号			
A	Q_1^n	Q_0^n	Q_1^{n+1}	Q_0^{n+1}	Y	J_1	K_1	J_0	K_0
1	0	1	1	1	0	1	×	×	0
1	1	0	×	×	×	×	×	×	×
1	1	1	1	1	0	×	0	×	0

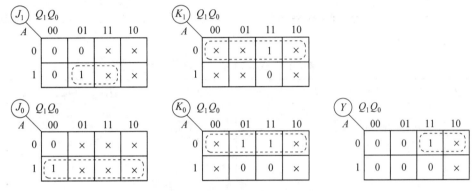

图 6-62 激励信号和输出信号的卡诺图

（6）根据激励方程组和输出方程画出逻辑图，如图 6-63 所示。

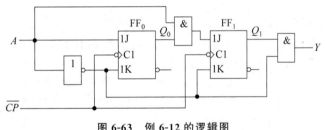

图 6-63 例 6-12 的逻辑图

（7）检查自启动能力。

最后检查该电路图是否具有自启动的能力。当电路进入无效状态 10 后，由激励方程组和输出方程可知，若 $A=0$，则次态为 00；若 $A=1$，则次态为 11，电路能自动进入有效序列。但是从输出来看，若电路在无效状态 10，当 $A=0$ 时，输出错误地出现 $Y=1$。为此，需要对输出方程做适当修改，即将图 6-62 中输出信号 Y 的卡诺图里无关项 $\overline{A}Q_1\overline{Q}_0$ 不画在包围圈里，则输出方程变为 $Y=\overline{A}Q_1Q_0$。根据此式对图 6-63 也做相应的修改即可。

注意：如果发现所设计的电路不能自启动或输出错误，则应修改设计。可以采用两种方法：第一种方法是将原来时序电路中没有描述的状态（即多余的状态）的转移情况加以定义，比如将本例中的无效状态 10 的次态直接定义为 00。这样做肯定能够实现自启动，但是这种方法由于失去了任意项，会增加电路的复杂程度。第二种方法是改变原来的圈法。在激励信号卡诺图的包围圈中，对无关项×的处理做适当修改（可参考例 6-13），即将原来取 1

圈入包围圈的，可试着取 0 而不圈入包围圈，与上述对输出 Y 的处理方法类似。于是，得到新的激励方程组、输出方程组和逻辑图，然后再检查其自启动能力，直到能自启动为止。

例 6-13 用 JK 触发器设计一个五进制同步计数器，要求状态转换关系为：

000 001 011 101 110

解：本例属于给定状态时序电路设计问题。

（1）列状态表。

根据题意，该时序电路有三个状态变量。设状态变量为 Q_2、Q_1、Q_0，可列出二进制状态表，如表 6-19 所示。

表 6-19 例 6-13 的状态表（1）

Q_2^n	Q_1^n	Q_0^n	Q_2^{n+1}	Q_1^{n+1}	Q_0^{n+1}
0	0	0	0	0	1
0	0	1	0	1	1
0	1	0	×	×	×
0	1	1	1	0	1
1	0	0	×	×	×
1	0	1	1	1	0
1	1	0	0	0	0
1	1	1	×	×	×

（2）确定激励方程组。

由表 6-19 所示的状态表分别画出 Q_2、Q_1、Q_0 的次态卡诺图，如图 6-64 所示。

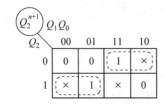 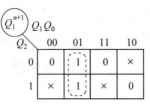 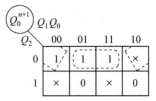

图 6-64 表 6-19 的次态卡诺图

由次态卡诺图分别求出其状态方程如下：

$$Q_2^{n+1} = Q_1^n \bar{Q}_2^n + \bar{Q}_1^n Q_2^n$$

$$Q_1^{n+1} = Q_0^n \bar{Q}_1^n$$

$$Q_0^{n+1} = \bar{Q}_2^n \bar{Q}_0^n + \bar{Q}_2^n Q_0^n$$

将 3 个状态方程分别与特性方程 $Q^{n+1} = J\bar{Q}_n + \bar{K}Q^n$ 对比，求出激励方程如下：

$$J_2 = Q_1, \quad K_2 = Q_1$$

$$J_1 = Q_0, \quad K_1 = 1$$

$$J_0 = \bar{Q}_2, \quad K_0 = Q_2$$

(3) 检查自启动。

根据以上状态方程,检查多余状态(010、100、111)的转移情况,得到新的状态表,如表 6-20 所示,其完整的状态图如图 6-65 所示。

表 6-20 例 6-13 的状态表(2)

Q_2^n	Q_1^n	Q_0^n	Q_2^{n+1}	Q_1^{n+1}	Q_0^{n+1}
0	0	0	0	0	1
0	0	1	0	1	1
0	1	0	1	0	1
0	1	1	1	1	1
1	0	0	1	0	0
1	0	1	1	1	0
1	1	0	0	0	0
1	1	1	0	0	0

根据状态表画出状态图,如图 6-65 所示。从图 6-65 可以看出,该电路一旦进入状态 100,就不能进入计数主循环,因而该电路不能实现自启动,需要修改设计。通过观察图 6-64 所示的次态卡诺图,如果希望能尽量使用任意项,只能对 Q_2 和 Q_0 的圈法做修改。现对 Q_0 的圈法做修改,它仅改变 Q_0 的转移,新的圈法如图 6-66 所示。由新圈法得:

$$Q_0^{n+1} = \overline{Q}_1^n \overline{Q}_0^n + \overline{Q}_2^n Q_0^n$$

$$J_0 = \overline{Q}_1, K_0 = Q_2$$

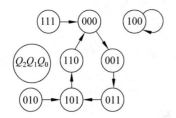

图 6-65 表 6-20 的状态图

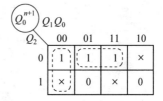

图 6-66 Q_0 修改后的新圈法

分析新圈法可知:状态 010 将转移到 100(原来转移到 101,现在最后一位 Q_0 转为 0),状态 100 将转移到 101(原来转移到 100,现最后一位 Q_0 转为 1)。由分析可以看出,新圈法将克服死循环,也不会增加激励函数的复杂程度。

重新检查多余状态(010、100、111)的转移情况,得到新的状态表,如表 6-21 所示,其完整的状态图如图 6-67 所示。可以看到该电路具有自启动能力。如果修改 Q_2 的圈法,可以得到同样的效果。

表 6-21 例 6-13 的状态表(3)

Q_2^n	Q_1^n	Q_0^n	Q_2^{n+1}	Q_1^{n+1}	Q_0^{n+1}
0	0	0	0	0	1
0	0	1	0	1	1

续表

Q_2^n	Q_1^n	Q_0^n	Q_2^{n+1}	Q_1^{n+1}	Q_0^{n+1}
0	1	0	1	0	0
0	1	1	1	0	1
1	0	0	1	0	1
1	0	1	1	1	0
1	1	0	0	0	0
1	1	1	0	0	0

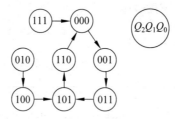

图 6-67 表 6-21 的状态图

(4) 画逻辑图,如图 6-68 所示。

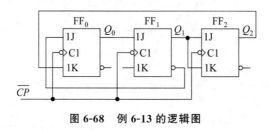

图 6-68 例 6-13 的逻辑图

本 章 小 结

(1) 时序逻辑电路一般由组合电路和存储电路两部分构成。时序逻辑电路的特点是任一时刻输出状态不仅取决于当时的输入信号,还与电路的原状态有关。因此时序电路中必须含有存储器件。

(2) 时序电路可分为同步和异步两大类。逻辑方程组、状态表、状态图和时序图从不同方面表达了时序电路的逻辑功能,是分析和设计时序电路的主要依据和手段。

(3) 在分析时序电路时,首先按照给定电路列出各逻辑方程组,进而列出状态表,画出状态图和时序图,最后分析得到电路的逻辑功能。

(4) 在设计时序电路时,首先根据逻辑功能的需求,导出原始状态图或原始状态表,有必要时需进行状态化简,继而对状态进行编码,然后根据状态表导出激励方程组和输出方程组,最后画出逻辑图完成设计任务。

(5) 寄存器是一种常用的时序逻辑器件。寄存器分为数码寄存器和移位寄存器两种。

（6）计数器是一种简单而又最常用的时序逻辑器件。计数器不仅能用于统计输入脉冲的个数，还常用于分频、定时和产生节拍脉冲等。

（7）用已有的 M 进制集成计数器产品可以构成 N（任意）进制的计数器。

课后习题

6-1 已知状态图如题图 6-1 所示，试列出其状态表。

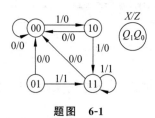

题图 6-1

6-2 已知状态表如题表 6-1 所示，X 为输入信号，Y 为输出信号，试画出其状态图。

题表 6-1

现 态 S^n	次态/输出（S^{n+1}/Y）	
	$X=0$	$X=1$
a	$d/1$	$b/0$
b	$d/1$	$c/0$
c	$d/1$	$a/0$
d	$b/1$	$c/0$

6-3 建立 111 序列检测器的原始状态图和原始状态表。设该电路的输入变量为 X，代表输入串行序列；输出变量为 Z，表示检测结果。已知此检测器的输入序列和输出序列分别为：

输入序列 X：011011111011

输出序列 Z：000000111000

6-4 试分析题图 6-2(a)所示逻辑电路，画出其状态表和状态图。设电路的初始状态为 0，在题图 6-2(b)所示波形作用下，试画出 Q 和 Z 的波形图。

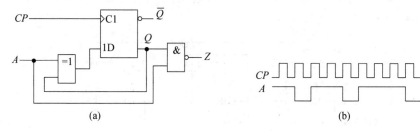

题图 6-2

6-5 已知时序电路如题图6-3所示,写出它的激励方程组、状态方程组和输出方程组,画出状态表和状态图,以及画出输入信号 x 序列为 10101100 的波形图,设起始态 $Q_2Q_1=00$。

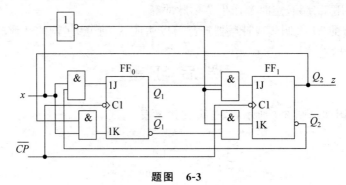

题图 6-3

6-6 试分析题图6-4所示时序电路,写出它的激励方程组、状态方程组和输出方程组,画出状态表和状态图。

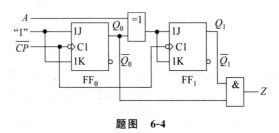

题图 6-4

6-7 分析题图6-5所示电路,写出它的激励方程组、状态方程组和输出方程组,画出状态表和状态图。

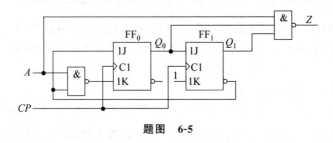

题图 6-5

6-8 分析题图6-6所示电路,写出它的激励方程组、状态方程组和输出方程组,画出状态表和状态图。

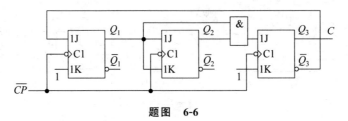

题图 6-6

6-9 试画出题图 6-7(a)所示时序电路的状态图,并画出对应于 $\overline{CP}$(参见题图 6-7(b))的 Q_1、Q_0 和输出 Z 的波形,设电路的初始状态为 00。

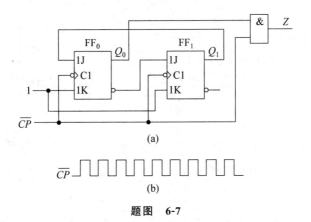

题图 6-7

6-10 已知时序电路如题图 6-8 所示,试分析其功能。

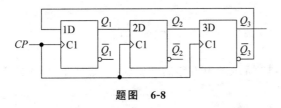

题图 6-8

6-11 已知异步时序电路的逻辑图如题图 6-9 所示,试分析它的逻辑功能,画出电路的状态图。

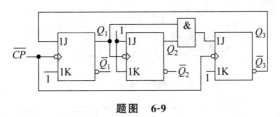

题图 6-9

6-12 已知异步时序电路逻辑图如题图 6-10 所示,试分析它的逻辑功能,画出电路的状态图。

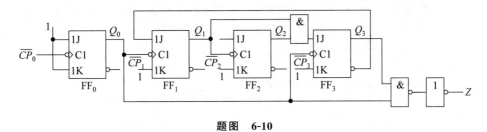

题图 6-10

6-13 已知异步时序电路逻辑图如题图 6-11 所示,试分析它的逻辑功能,画出电路的状态图。

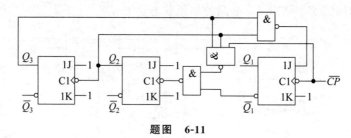

题图 6-11

6-14 试分析如题图 6-12 所示的时序逻辑电路,画出时序图和状态图。

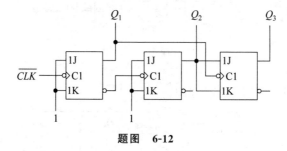

题图 6-12

6-15 试画出题图 6-13 所示逻辑电路的输出($Q_3 \sim Q_0$)波形,并分析该电路的逻辑功能。

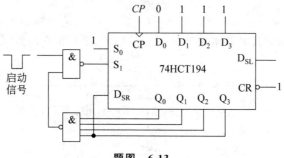

题图 6-13

6-16 试用两片 74HC194 构成 8 位双向移位寄存器。

6-17 已知 74HC194 电路如题图 6-14 所示,列出该电路的状态迁移关系,并指出其功能。

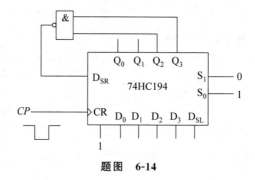

题图 6-14

6-18 试用下降沿触发的 JK 触发器组成异步七进制加法计数器,画出逻辑图。

6-19 试用下降沿触发的 JK 触发器分别组成异步 3 位二进制加法计数器和异步 3 位二进制减法计数器,画出逻辑图。

6-20 试用上升沿触发的 D 触发器及门电路组成同步 3 位二进制加法计数器,画出逻辑图。

6-21 试分析题图 6-15 所示电路是几进制计数器,画出各触发器输出端的波形图。

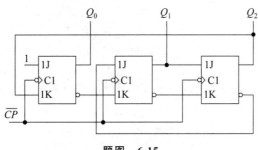

题图 6-15

6-22 试用下降沿触发的 D 触发器设计 8421BCD 码异步计数器。

6-23 试用 D 触发器设计模 6 同步计数器,使用状态为 $S_0=000$,$S_1=001$,$S_2=011$,$S_3=111$,$S_4=110$,$S_5=100$,且当处于状态 S_5 时输出 1。

6-24 试分析题图 6-16 所示电路是几进制计数器,画出状态图。

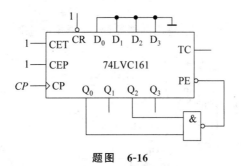

题图 6-16

6-25 试分析题图 6-17 所示电路是几进制计数器,画出状态图。

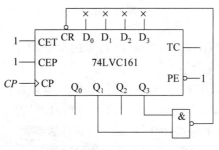

题图 6-17

6-26　试分析题图 6-18 所示电路是几进制计数器，画出状态图。

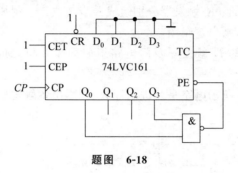

题图　6-18

6-27　试分析题图 6-19 所示电路是几进制计数器，画出状态图。

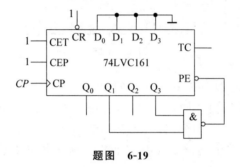

题图　6-19

6-28　试分析题图 6-20 所示电路是几进制计数器，画出状态图。

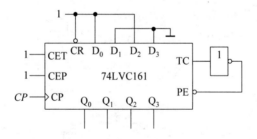

题图　6-20

6-29　试用集成计数器 74HCT161 和与非门，采用反馈清零法组成六进制计数器，画出状态图和逻辑图。

6-30　试用集成计数器 74HCT161 和与非门，采用反馈置数法组成六进制计数器，画出状态图和逻辑图（要求采用置全 0 和非全 0 两种方法）。

6-31　试分析题图 6-21 所示电路，说明它是几进制计数器。

6-32　试分析题图 6-22 所示电路，说明它是几进制计数器。

6-33　用 74HCT161 构成 24 进制计数器，要求用两种方法来实现。

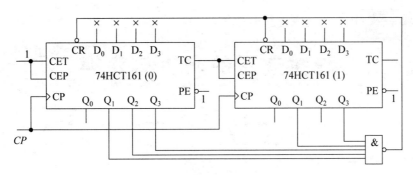

题图 6-21

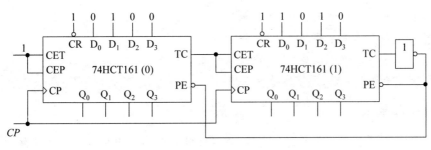

题图 6-22

6-34 已知某时序电路的状态图如题图 6-23 所示，试求用 D 触发器实现的最简激励方程组。

6-35 试用上升沿触发的 JK 触发器设计一个同步时序电路，其状态图如题图 6-24 所示，要求电路使用的门电路最少。

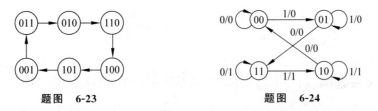

题图 6-23   题图 6-24

6-36 试用 D 触发器设计一个模七同步加法计数器。

6-37 试用下降沿触发的 JK 触发器完成"111"序列检测器的设计。该检测器有一个输入端 X，它的功能是对输入信号进行检测。当连续输入三个(或三个以上的)1 时，该电路输出 $Y=1$，否则输出 $Y=0$。

6-38 试用上升沿触发的 D 触发器完成"1101"序列检测器的设计，它有一个输入端和一个输出端。

第 7 章

脉冲波形的产生与变换

[主要教学内容]

    1. 单稳态触发器的电路组成、工作原理及应用。
    2. 施密特触发器的电路组成、工作原理及应用。
    3. 多谐振荡器的电路组成、工作原理及应用。
    4. 555 定时器的组成、工作原理及应用。

[教学目的和要求]

    1. 掌握门电路组成的单稳态触发器、施密特触发器和多谐振荡器的电路结构及工作原理。
    2. 掌握单稳态触发器、施密特触发器和多谐振荡器的逻辑功能及主要指标的计算。
    3. 掌握 555 定时器的工作原理。
    4. 掌握由 555 定时器组成的单稳态触发器、施密特触发器和多谐振荡器的电路结构、工作原理、外接参数及电路指标的计算。

7.1 概 述

    在数字电路中,要控制和协调整个系统的工作,常常需要时钟脉冲 CP 信号。本章只限于讨论数字电路工作过程中经常出现的矩形脉冲信号。本节简要介绍一下获取矩形脉冲的方法及几种常用的矩形脉冲信号产生电路。

    获取矩形脉冲的方法通常有两种:一种是通过整形电路把已有的周期性变化波形变换为符合要求的矩形脉冲;另一种则是利用多谐振荡器直接产生所需要的矩形脉冲信号。

    整形电路本身不能自行产生矩形脉冲信号,但是它能将特性不符合要求的矩形脉冲或者非矩形信号变换为符合要求的矩形脉冲信号。施密特触发电路和单稳态触发电路是将要重点介绍的两种整形电路。

    多谐振荡器可通过门电路、石英晶体或集成 555 定时器三种方式构成。此振荡器工作时不需要外加任何信号,接通电源后即可自行产生矩形脉冲信号。在后面的小节里将具体介绍多谐振荡电路中常见的几种典型电路。

    以上矩形脉冲信号产生电路中都含有用以产生高、低电平的逻辑门,通常把这些逻辑门称为开关元件;除此之外还含有阻容延时元件,即储能元件。电路的过渡过程是通过开关元件的状态转换来实现的。以下各节通过电路的工作波形图对其工作过程加以详细分析。

7.2 单稳态触发器

单稳态触发器的工作特点如下。

(1) 有稳态和暂稳态两个不同的工作状态。

(2) 在触发脉冲作用下,触发器能从稳态翻转到暂稳态,而暂稳态是一种不能长久保持的状态。

(3) 在暂稳态维持一段时间后,将自动返回稳态,暂稳态维持时间的长短取决于电路本身的参数,与外加触发信号的宽度无关。

单稳态触发器的这些特性被广泛应用于脉宽鉴别、延时(产生滞后于触发脉冲的输出脉冲)以及定时(产生固定时间宽度的脉冲信号)等。

7.2.1 用门电路组成的单稳态触发器

单稳态触发器可由逻辑门和 RC 电路组成。根据 RC 电路连接方式的不同,单稳态触发器可分为微分型单稳态触发器和积分型单稳态触发器两种。

1. 微分型单稳态触发器

(1) 电路组成及工作原理。

图 7-1(a) 和图 7-1(b) 是用不同的 CMOS 门电路和 RC 微分电路构成的微分型单稳态触发器。所用逻辑门不同,电路的触发信号和输出脉冲也不一样。下面以图 7-1(a) 所示电路为例,介绍单稳态触发器的工作原理。

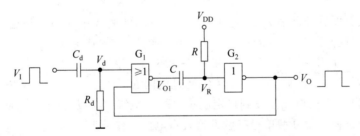

(a) 用或非门和非门构成的微分型单稳态触发器

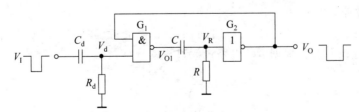

(b) 用与非门和非门构成的微分型单稳态触发器

图 7-1 微分型单稳态触发器

对于 CMOS 门电路，可以近似地认为 $V_{OH} \approx V_{DD}, V_{OL} \approx 0, V_{TH} = \dfrac{V_{DD}}{2}$。

① 没有触发信号时电路工作在稳态。

当没有触发信号时，V_I 为低电平。因为门 G_2 的输入端经电阻 R 接至 V_{DD}，V_R 为高电平，因此 V_O 为低电平；门 G_1 的两个输入均为低电平，其输出 V_{O1} 为高电平，电容 C 两端的电压接近于 0。这是电路的稳态，在触发信号到来之前，电路一直处于这个状态：$V_{O1} \approx V_{DD}$，$V_O \approx 0$。

② 外加触发信号使电路由稳态翻转到暂稳态。

当正触发脉冲到来时，在 V_I 的上升沿，R_d、C_d 微分电路输出正的窄脉冲，当 V_d 上升到门 G_1 的阈值电压 V_{TH} 时，在电路中产生如下的正反馈过程：

$$V_I\uparrow \longrightarrow V_{O1}\downarrow \longrightarrow V_R\downarrow \longrightarrow V_O\uparrow$$

这一正反馈过程使门 G_1 瞬间导通，V_{O1} 迅速由高电平变为低电平，由于电容两端的电压不能突变，V_R 也随之跳变到低电平，使门 G_2 的输出 V_O 跳变为高电平。这个高电平反馈到门 G_1 的输入端，此时即使 V_I 的触发信号撤除，仍能维持门 G_1 的低电平输出。但是电路的这种状态是不能长久保持的，所以称为暂稳态。在暂稳态下，$V_{O1} \approx 0$，$V_O \approx V_{DD}$。

③ 电容充电使电路由暂稳态自动返回到稳态。

在暂稳态期间，V_{DD} 经电阻 R 和门 G_1 的导通工作管对电容 C 充电，随着充电的进行，电容 C 上的电荷逐渐增多，使 V_R 升高。当 V_R 上升到门 G_2 的阈值电压 V_{TH} 时，电路又产生下述的正反馈过程：

$$V_R\uparrow \longrightarrow V_O\downarrow \longrightarrow V_{O1}\uparrow$$

如果此时触发脉冲已消失，上述正反馈使门 G_1 迅速截止，门 G_2 迅速导通，V_{O1} 跳变到高电平，输出返回到 $V_O \approx 0$ 的状态。由于电容电压不能突变，V_R 也随 V_{O1} 上跳变同样的电平值，则 V_R 上升到 $V_{DD} + V_{TH}$。对于 CMOS 门来说，由于门内部保护二极管的作用，V_R 只能上升到 $V_{DD} + 0.7V$。此后电容 C 通过电阻 R 和门 G_2 的输入保护电路向 V_{DD} 放电，最终使电容 C 上的电压恢复到稳定状态时的初始值，电路从暂稳态返回到稳态。

上述工作过程中微分型单稳态触发器各点电压工作波形如图 7-2 所示。

（2）主要参数的计算

① 输出脉冲宽度 t_w

输出脉冲宽度等于暂稳态的持续时间，而暂稳态的持续时间等于从电容 C 开始充电到 V_R 等于 V_{TH} 的时间。根据 RC 电路过渡过程的分析，有：

$$t_w = RC\ln \dfrac{V_C(\infty) - V_C(0^+)}{V_C(\infty) - V_{TH}} \tag{7-1}$$

将 $V_C(0^+) = 0, V_C(\infty) = V_{DD}, V_{TH} = \dfrac{V_{DD}}{2}$ 代入式（7-1）可求得：

$$t_w = RC\ln \dfrac{V_{DD} - 0}{V_{DD} - V_{TH}} = RC\ln 2 \approx 0.69 RC \tag{7-2}$$

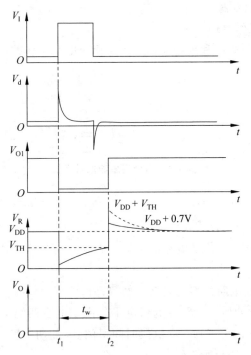

图 7-2 微分型单稳态触发器电压波形图

式(7-2)说明,输出脉冲宽度只取决于电路参数,而与输入的触发脉冲宽度无关。调节 R 或 C,可改变 t_w 的宽度。

② 恢复时间 t_{re}

暂稳态结束后,要使电路完全恢复到触发前的初始状态,还需要经过一段恢复时间,使电容器 C 上的电荷完全释放。一般认为经过 $(3\sim 5)RC$ 时间,电容已经放电完毕,即:$t_{re}\approx(3\sim 5)RC$。

③ 最高工作频率 f_{max}(或最小工作周期 T_{min})

设触发信号的时间间隔为 T,为了使单稳态触发器能够正常工作,应当满足 $T>(t_w+t_{re})$ 的条件,即 $T_{min}=t_w+t_{re}$。因此,单稳态触发器的最高工作频率为 $f_{max}=1/T_{min}=1/(t_w+t_{re})$。

(3) 讨论

① 为保证触发脉冲为窄脉冲,输入端加 RC 微分电路。

② 为避免在瞬态结束瞬间 V_R 上跳变时损坏 CMOS 门,在器件内部有二极管保护电路。

③ 与非门组成的微分型单稳态触发器是负窄脉冲触发,输出负宽脉冲。

④ 若图 7-1(b)是用 TTL 门组成的微分型单稳态触发器,考虑到输入电流,则应使 $R<R_{off}$,$R_d>R_{on}$。而用 CMOS 门组成的单稳态触发器中 R 和 R_d 不受此限制。

⑤ 微分型单稳态触发器采用窄脉冲触发,容易引起误动作。由于电路中有正反馈,所以输出脉冲的边沿比较好。

2. 积分型单稳态触发器

（1）电路组成及工作原理

图 7-3 是用 TTL 与非门和反相器以及 RC 积分电路构成的积分型单稳态触发器。

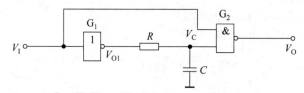

图 7-3 积分型单稳态触发器

① 没有触发信号时电路工作在稳态。

当没有触发信号时，V_I 为低电平，门 G_1、G_2 截止，$V_{O1}=V_O\approx V_{DD}$，V_{O1} 经电阻 R 向电容 C 充电至 $V_C=V_{O1}\approx V_{DD}$，这是电路的稳态。在触发信号到来之前，电路一直处于这个状态：$V_{O1}=V_O\approx V_{DD}$。

② 外加触发信号使电路由稳态翻转到暂稳态。

当输入正的触发脉冲后，V_{O1} 跳变为低电平。由于电容两端电压不能突变，所以在一段时间里 V_C 仍在 V_{TH} 以上。因此，在这段时间里门 G_2 的两个输入端电压同时高于 V_{TH}，使 V_O 输出低电平，电路进入暂稳态。

③ 电容放电使电路由暂稳态自动返回到稳态。

在暂稳态期间，随着电容 C 的放电，V_C 不断下降。当 V_C 下降到门 G_2 的阈值电压 V_{TH} 时，即使 V_I 的正脉冲仍然存在，门 G_2 也会变为截止状态，V_O 由低电平跳变到高电平。触发脉冲消失后，门 G_1 截止，V_{O1} 由低电平跳变到高电平。同时 V_{O1} 又经电阻 R 向电容 C 充电，经过恢复时间 t_{re} 后，V_C 恢复到高电平，电路从暂稳态返回到稳态。

上述工作过程中积分型单稳态触发器各点电压工作波形如图 7-4 所示。

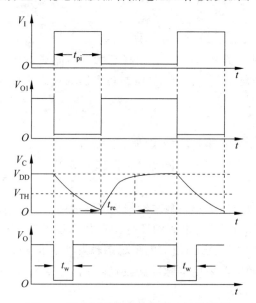

图 7-4 积分型单稳态触发器电压波形图

(2) 主要参数的计算

① 输出脉冲宽度 t_w

输出脉冲宽度 t_w 等于从电容 C 开始放电到使 V_C 等于 V_{TH} 的时间。根据 RC 电路过渡过程的分析，有：

$$t_w = (R + R_O) C \ln \frac{V_C(\infty) - V_C(0^+)}{V_C(\infty) - V_{TH}} \tag{7-3}$$

式中，R_O 是门 G_1 输出为低电平时的输出电阻。

将 $V_C(0^+) = V_{OH} \approx V_{DD}$ 和 $V_C(\infty) = V_{OL} \approx 0$ 代入式(7-3)可求得：

$$t_w = (R + R_O) C \ln \frac{0 - V_{DD}}{0 - V_{TH}} \tag{7-4}$$

由式(7-4)可知，积分型单稳态触发器的输出脉冲宽度也与输入的触发脉冲宽度无关。调节 R 或 C，可改变 t_w 的宽度。

② 恢复时间 t_{re}

恢复时间等于 V_{O1} 跳变为高电平后电容 C 充电至 V_{DD} 所经过的时间。一般认为经过充电时间常数的 3～5 倍，电容已经充电完毕，即 $t_{re} \approx (3 \sim 5)(R + R'_O)C$。其中 R'_O 是门 G_1 输出高电平时的输出电阻。

(3) 讨论

① 在使用积分型单稳态触发器时，输入触发脉冲 V_I 的宽度 t_{pi} 应大于输出脉冲的宽度 t_w，即 $t_{pi} > t_w$，且触发脉冲最小周期 $T_{min} > 5RC$，否则电路不能正常工作。

② 积分型单稳态触发器采用宽脉冲触发，尖峰脉冲的干扰不会引起误动作，抗干扰能力较强。

③ 积分型单稳态触发电路中没有正反馈，电路状态转换过程较慢，输出波形的上升沿较差，一般在输出端加一级反相器加以调整。

7.2.2 集成单稳态触发器

1. 工作原理

用逻辑门构成的单稳态触发器虽然电路简单，但输出脉冲宽度的稳定性较差，调节范围小，而且触发方式单一。因此为提高单稳态触发器的性能指标，实际应用中常采用集成单稳态触发器。根据电路工作特性不同，集成单稳态触发器分为可重复触发和不可重复触发两类。其工作波形分别如图 7-5 和图 7-6 所示。

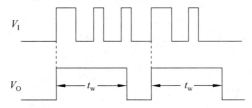

图 7-5 前沿触发的不可重复触发单稳态触发器的工作波形

图 7-5 为前沿触发的不可重复触发单稳态触发器的工作波形。

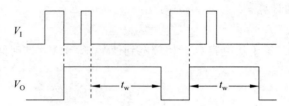

图 7-6 后沿触发的可重复触发单稳态触发器的工作波形

该电路进入暂稳态(被触发状态)期间,不受触发输入影响,只有返回稳态后才可以被再次触发。

图 7-6 为后沿触发的可重复触发单稳态触发器的工作波形。

该电路在暂稳态期间仍然可以接收输入信号,可以被重复触发。每触发一次,电路暂稳态会继续保持 t_w 时间。因此,采用可重复触发单稳态触发器时能比较方便地得到持续时间更长的输出脉冲宽度。

2. 不可重复触发的集成单稳态触发器——74121

TTL 集成器件 74121 是一种不可重复触发的集成单稳态触发器,其引脚图和功能表分别如图 7-7 和表 7-1 所示。

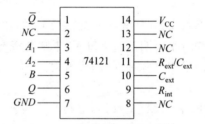

图 7-7 TTL 集成器件 74121 引脚图

表 7-1 TTL 集成器件 74121 的功能表

输入			输出	
A_1	A_2	B	Q	$\bar{Q}$
0	×	1	0	1
×	0	1	0	1
×	×	0	0	1
1	1	×	0	1
1	↓	1	⊓	⊔
↓	1	1	⊓	⊔
↓	↓	1	⊓	⊔
0	×	↑	⊓	⊔
×	0	↑	⊓	⊔

单稳态触发器 74121 既可采用上升沿触发,又可采用下降沿触发。A_1、A_2 是两个下降沿有效的触发信号输入端,B 是上升沿有效的触发信号输入端,Q 和 $\bar{Q}$ 是两个状态互补的输出端。R_{ext}/C_{ext}、C_{ext} 是外接定时电容的连接端,外接定时电阻 R($R=1.4\text{k}\Omega\sim 40\text{k}\Omega$)接在 V_{CC} 和 R_{ext}/C_{ext} 之间;外接定时电容 C($C=10\text{pF}\sim 10\mu\text{F}$)接在 C_{ext} 和 R_{ext}/C_{ext} 之间,如果电容 C 有极性,则正极接 C_{ext} 端。74121 内部已设置了一个 $2\text{k}\Omega$ 的定时电阻,R_{int} 是其引出端,使用时只需将 R_{int} 与 V_{CC} 连接起来即可,不用时则应将 R_{int} 开路。图 7-8 给出了 74121 使用时的连接电路。

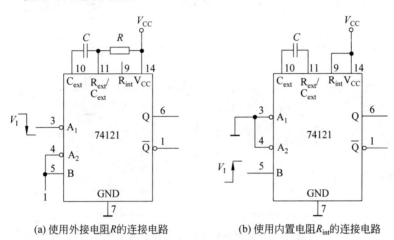

(a) 使用外接电阻 R 的连接电路   (b) 使用内置电阻 R_{int} 的连接电路

图 7-8   74121 定时电容器和电阻器的连接电路

由 74121 的功能表可见,在下述情况下,电路有正脉冲输出。

① 采用触发脉冲的上升沿触发时,以 B 端为输入,同时 A_1 和 A_2 中至少有一个接低电平。

② 采用触发脉冲的下降沿触发时,则以 A_1、A_2 或者 A_1 和 A_2 并联作为输入端,同时将 B 和 A_1、A_2 中未作为输入端的一个接高电平。

根据 74121 的功能表,可以画出 74121 在触发脉冲作用下的工作波形,如图 7-9 所示。电路的输出脉冲宽度为

$$t_w \approx 0.7RC \tag{7-5}$$

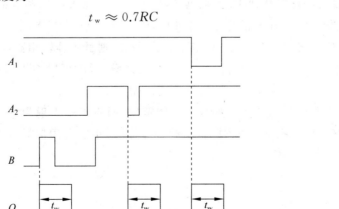

图 7-9   74121 集成单稳态触发器的工作波形

7.2.3 单稳态触发器的应用

1. 定时

在图 7-10 所示的电路中,只有在单稳态触发器输出脉冲的 t_w 时间内,V_A 信号才有可能通过与门。单稳态触发器的 RC 取值不同,与门的开启时间将不同,通过与门的脉冲个数也将随之改变。

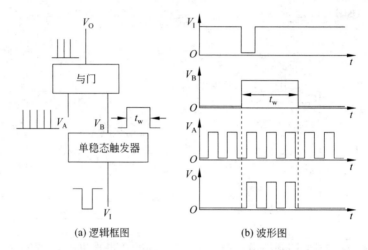

(a) 逻辑框图　　　　　　　(b) 波形图

图 7-10　单稳态触发器作为定时器的应用

2. 延时

实现对脉冲信号的延时是单稳态触发器的另一用途。图 7-11(a)为由两片 74121 组成的延时电路,图 7-11(b)为其工作波形。从图 7-11(b)所示的波形图可以看出,V_O 脉冲的上升沿相对输入信号 V_I 的上升沿延迟了 t_{w1} 时间。

3. 噪声消除电路(脉宽鉴别电路)

噪声消除电路及工作波形分别如图 7-12(a)和图 7-12(b)所示。

该噪声消除电路由集成单稳态触发器 74121 和 D 触发器构成。电路的工作过程如下:当没有触发信号时,V_I 为低电平,D 触发器的输入端 D 和清零端 R 均为低电平,触发器输出低电平;当输入正的触发脉冲后,V_I 为高电平,触发器的 D 端和 R 端均为高电平,若此时 D 触发器的 CP 脉冲端有上升沿到来,则触发器输出高电平。分析波形图可知,对有用信号,在输入仍保持阶段,CP 有上升沿,所以可以输出信号;对干扰信号,在 CP 上升沿到来时,干扰信号已经消失,所以被消除。

一般情况下,有用信号都有一定的宽度,而噪声多表现为尖脉冲的形式。合理选择 R、C 的值,使单稳态触发器的输出脉冲宽度 t_w 小于有用信号宽度,而大于噪声宽度,即可有效地消除噪声。

第7章 脉冲波形的产生与变换

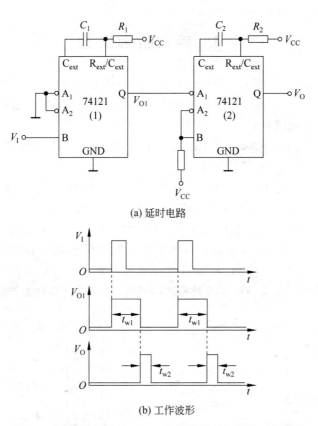

(a) 延时电路

(b) 工作波形

图 7-11 单稳态触发器 74121 组成的延时电路及工作波形

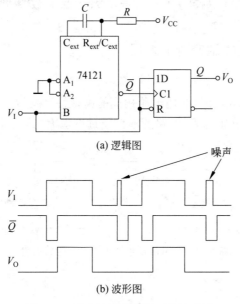

(a) 逻辑图

(b) 波形图

图 7-12 噪声消除电路及工作波形图

7.3 施密特触发器

施密特触发器是脉冲波形变换中经常使用的一种电路,利用它可以将正弦波、三角波以及其他一些周期性的脉冲波形变换成边沿陡峭的矩形波。另外,它还可以完成脉冲鉴幅、整形等工作。该电路具有以下工作特点。

(1) 电路具有两个稳定状态,电路状态的转换与维持均依赖于外加触发电平,输入电压在某一点上会导致输出电压的突变。

(2) 电路有两个阈值电压。输入信号从低电平上升的过程中,电路状态转换时对应的输入电平称为正向阈值电压,用 V_{T+} 表示;而输入信号从高电平下降过程中对应的输入转换电平称为负向阈值电压,用 V_{T-} 表示。正向阈值电压与负向阈值电压之差称为回差电压,用 ΔV_T 表示。根据输入相位和输出相位关系的不同,施密特触发器有同相输出和反相输出两种电路形式。其电压传输特性曲线及逻辑符号分别如图 7-13(a)和图 7-13(b)所示。电路的电压传输特性曲线具有滞回特性,这是施密特触发器的一个重要标志。

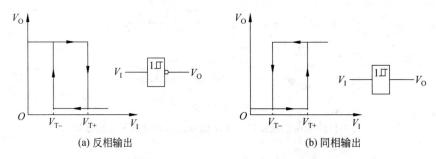

图 7-13 施密特触发器的电压传输特性曲线及逻辑符号

7.3.1 用门电路组成的施密特触发器

1. 电路组成

图 7-14 所示电路是由 CMOS 门电路构成的施密特触发器。电路中两个 CMOS 反相器串接,电阻 R_1、R_2 为分压电阻,电路的输出通过电阻 R_2 进行正反馈。

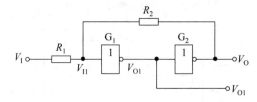

图 7-14 CMOS 反相器构成的施密特触发器

2. 工作原理

设 CMOS 反相器的阈值电压 $V_{TH}=\dfrac{V_{DD}}{2}$,电路中 $R_1<R_2$。

由图 7-14 可知，门 G_1 的输入电平 V_{I1} 决定着电路的输出状态，状态翻转的临界时刻为 $V_{I1}=V_{TH}$。根据叠加原理，有：

$$V_{I1} = \frac{R_2}{R_1+R_2}V_I + \frac{R_1}{R_1+R_2}V_O \tag{7-6}$$

设输入信号 V_I 为三角波，当 $V_I=0V$ 时，$V_{I1}\approx 0V$，门 G_1 截止，$V_{O1}=V_{OH}\approx V_{DD}$，门 G_2 导通，$V_O=V_{OL}\approx 0V$。输入信号 V_I 从 $0V$ 逐渐增加，只要 $V_{I1}<V_{TH}$，电路就保持 $V_O\approx 0V$ 不变。当 V_I 上升到 $V_{I1}=V_{TH}$ 时，门 G_1 进入其电压传输特性的转折区，此时 V_{I1} 的增加在电路中产生如下的正反馈过程：

$$V_I\uparrow \longrightarrow V_{I1}\uparrow \longrightarrow V_{O1}\downarrow \longrightarrow V_O\uparrow$$

这样，电路的输出状态很快从低电平跳变为高电平，$V_O\approx V_{DD}$。由此可求出 V_I 上升过程中电路状态发生转换时所对应的输入电平 V_{T+}，即正向阈值电压。由式(7-6)得：

$$V_{I1}=V_{TH}=\frac{R_2}{R_1+R_2}V_{T+} \tag{7-7}$$

所以

$$V_{T+}=\left(1+\frac{R_1}{R_2}\right)V_{TH} \tag{7-8}$$

V_{I1} 继续上升，电路在 $V_{I1}>V_{TH}$ 时，输出状态维持 $V_O\approx V_{DD}$ 不变。

如果 V_{I1} 上升到 V_{DD} 时开始逐渐下降，当降至 $V_{I1}=V_{TH}$ 时，门 G_1 又进入其电压传输特性的转折区，电路又产生如下的正反馈过程：

$$V_I\downarrow \longrightarrow V_{I1}\downarrow \longrightarrow V_{O1}\uparrow \longrightarrow V_O\downarrow$$

电路的输出状态很快从高电平跳变为低电平，$V_O\approx 0V$。由此又可求出 V_I 下降过程中电路状态发生转换时所对应的输入电平 V_{T-}，即负向阈值电压。由式(7-6)得：

$$V_{I1}=V_{TH}=\frac{R_2}{R_1+R_2}V_{T-}+\frac{R_1}{R_1+R_2}V_{DD} \tag{7-9}$$

将 $V_{DD}=2V_{TH}$ 代入式(7-9)得：

$$V_{T-}=\left(1-\frac{R_1}{R_2}\right)V_{TH} \tag{7-10}$$

V_{I1} 继续下降，到达最小值之后又开始上升，只要 $V_{I1}<V_{TH}$，输出状态将维持 $V_O\approx 0V$ 不变。

定义 V_{T+} 与 V_{T-} 之差为回差电压，记作 ΔV_T。由式(7-8)和式(7-10)得：

$$\Delta V_T = V_{T+}-V_{T-}=2\frac{R_1}{R_2}V_{TH}=\frac{R_1}{R_2}V_{DD} \tag{7-11}$$

由式(7-11)可知，电路的回差电压 ΔV_T 与 $\frac{R_1}{R_2}$ 成正比，改变 R_1 和 R_2 的比值即可调节回差电压的大小。

3. 工作波形及电压传输特性

根据以上分析,可画出电路的工作波形及电压传输特性曲线,如图 7-15 所示。从图 7-15(a)可知,以 V_O 端作为电路的输出,电路为同相输出施密特触发器;若以 V_{O1} 端作为输出,则电路为反相输出施密特触发器,它们的电压传输特性分别如图 7-15(b)和图 7-15(c)所示。

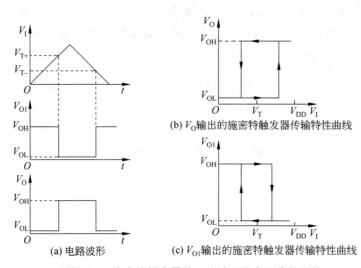

图 7-15 施密特触发器的工作波形及电压传输特性

例 7-1 在图 7-14 所示的施密特触发电路中,若 G_1、G_2 为 CMOS 反相器 74HC04,电源电压 V_{DD} 等于 5V,反相器的阈值电压 V_{TH} 等于 2.5V,$R_1=22\text{k}\Omega$,$R_2=44\text{k}\Omega$,试求电路的正向阈值电压 V_{T+}、负向阈值电压 V_{T-} 和回差电压 ΔV_T。

解:将给定的电路参数代入式(7-8)、式(7-10)和式(7-11)即可得到:

$$V_{T+} = \left(1 + \frac{R_1}{R_2}\right)V_{TH} = \left(1 + \frac{22}{44}\right) \times 2.5\text{V} = 3.75\text{V}$$

$$V_{T-} = \left(1 - \frac{R_1}{R_2}\right)V_{TH} = \left(1 - \frac{22}{44}\right) \times 2.5\text{V} = 1.25\text{V}$$

$$\Delta V_T = V_{T+} - V_{T-} = 3.75 - 1.25 = 2.5\text{V}$$

7.3.2 施密特触发器的应用

1. 波形变换

利用施密特触发器可以把非矩形波(如正弦波、三角波等)的输入信号变换为矩形脉冲信号。在图 7-16(a)中,施密特触发器的输入是一个正弦波;在图 7-16(b)中,施密特触发器的输入是一个三角波。改变施密特触发器的正向阈值电压 V_{T+} 和负向阈值电压 V_{T-},就可调节 V_O 的脉宽。

2. 波形整形(消除噪声干扰)

矩形脉冲信号经传输后,波形往往会发生畸变,例如输出信号有时叠加上了噪声。采用施密特触发器消除干扰,回差电压的选择很重要。若要消除图 7-17(a)所示信号的干

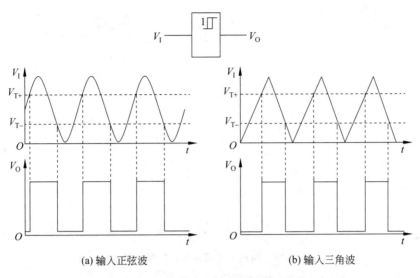

(a) 输入正弦波　　　　　　　(b) 输入三角波

图 7-16　用施密特触发器实现波形变换

扰,回差电压取小了,顶部干扰不能被消除,输出波形如图 7-17(b)所示;调大回差电压才能消除干扰,得到如图 7-17(c)所示的理想波形。

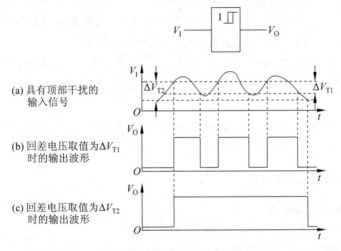

图 7-17　利用施密特触发器消除噪声干扰

3. 脉冲鉴幅

利用施密特触发器的电路输出状态取决于输入信号幅值的特点,可以用它作为脉冲幅度鉴别电路。如图 7-18 所示,在施密特触发器的输入端输入一串幅度不等的矩形脉冲,要鉴别幅度大于某个值的脉冲,只要令 V_{T+} 等于该值即可。根据施密特触发器的特点,对应于那些幅度大于 V_{T+} 的脉冲,电路有脉冲输出;而对于幅度小于 V_{T+} 的脉冲,电路则没有脉冲输出,从而达到幅度鉴别的目的。

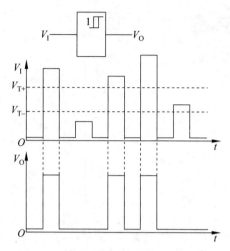

图 7-18 用施密特触发器进行幅度鉴别

7.4 多谐振荡器

多谐振荡器是一种自激振荡器,无须外加触发信号,在接通电源后即可产生一定频率和幅值的矩形脉冲。由于矩形波中含有多种谐波分量,故称为多谐振荡器。又因为电路中没有稳定状态,故也称无稳态多谐振荡器。电路的特点如下。

(1) 含有开关器件,如门电路、电压比较器、BJT 等,用以产生高低电平。

(2) 具有反馈网络,将输出电压反馈给开关器件使之改变输出状态,自动进入振荡状态。

(3) 具有延时环节,利用 RC 电路的充、放电特性实现延时,以获得所需要的振荡频率。

7.4.1 用门电路组成的多谐振荡器

1. 非对称式多谐振荡器

(1) 电路组成及工作原理

图 7-19 是用 CMOS 反相器和 RC 延时电路组成的非对称式多谐振荡器。

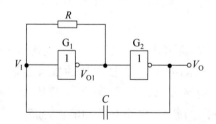

图 7-19 非对称式多谐振荡器

① 第一暂稳态及电路自动翻转的过程

设在 $t=0$ 时刻接通电源，电容 C 尚未充电，此时 $V_{O1}=V_{OH}\approx V_{DD}$，$V_I=V_O=V_{OL}\approx 0$，电路处于第一暂稳态。因 V_{O1} 为高电平，V_O 为低电平，所以 V_{O1} 通过电阻 R 向电容 C 充电，使 V_I 电压值逐渐升高。当 V_I 上升至 V_{TH} 时，电路发生如下的正反馈过程：

$$V_I \uparrow \longrightarrow V_{O1} \downarrow \longrightarrow V_O \uparrow$$

这一正反馈过程使门 G_1 迅速导通，门 G_2 迅速截止，电路进入第二暂稳态，$V_{O1}=V_{OL}\approx 0$，$V_O=V_{OH}\approx V_{DD}$。

② 第二暂稳态及电路自动翻转的过程

电路进入第二暂稳态的瞬间，V_O 迅速从低电平跳变为高电平，由于电容两端电压不能突变，则 V_I 也将上跳 V_{DD}。V_I 本应升至 $V_{DD}+V_{TH}$，对 CMOS 门电路而言，$V_{TH}=\dfrac{V_{DD}}{2}$，所以 V_I 应该上升到 $1.5V_{DD}$，但是由于电路内部保护二极管的钳位作用，V_I 仅上跳至 $V_{DD}+0.7V$。由于 $V_{O1}\approx 0$，$V_O\approx V_{DD}$，电容 C 通过电阻 R 放电或由 V_O 反向充电，V_I 电压逐渐下降。当 V_I 下降至 V_{TH} 时，电路发生如下的正反馈过程：

$$V_I \downarrow \longrightarrow V_{O1} \uparrow \longrightarrow V_O \downarrow$$

从而使门 G_1 迅速截止，门 G_2 迅速导通，$V_{O1}\approx V_{DD}$，$V_O\approx 0$。此时 $V_C=V_{DD}-V_{TH}$，由于电容两端电压不能突变，故 $V_I=V_{TH}-V_{DD}=-(V_{DD}-V_{TH})$，对于 CMOS 门电路，$-(V_{DD}-V_{TH})=-\dfrac{V_{DD}}{2}$，由于保护二极管的作用，$V_I$ 只下降到 $-0.7V$。$V_{O1}\approx V_{DD}$，$V_O\approx 0$，电路又返回到第一暂稳态。

此后，电路通过电容 C 的充、放电，使两个暂稳态过程周而复始地交替出现，在输出端就有矩形脉冲输出。电路的工作波形如图 7-20 所示。

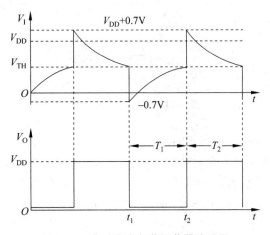

图 7-20 非对称式多谐振荡器波形图

（2）振荡周期的计算

非对称式多谐振荡器的振荡周期与两个暂稳态的时间有关，两个暂稳态的时间分别由电容的充、放电时间决定。设电路的第一暂稳态和第二暂稳态的时间分别为 T_1、T_2，根据以上分析，可计算电路振荡周期的值。

① T_1 的计算

将图 7-20 中的 t_1 作为第一暂稳态的起点，$V_I(0^+) = -0.7\text{V}$，$V_I(\infty) = V_{DD}$，$V_I(T_1) = V_{TH}$。根据 RC 电路过渡过程的分析可知，V_I 从 0V 变化到 V_{TH} 所需要的时间为

$$T_1 = RC\ln\frac{V_{DD}}{V_{DD} - V_{TH}} \tag{7-12}$$

② T_2 的计算

同理，将 t_2 作为第二暂稳态的起点，$V_I(0^+) = V_{DD} + 0.7\text{V} \approx V_{DD}$，$V_I(\infty) = 0\text{V}$，$V_I(T_2) = V_{TH}$，由此可求出：

$$T_2 = RC\ln\frac{V_{DD}}{V_{TH}} \tag{7-13}$$

所以

$$T = T_1 + T_2 = RC\ln\left[\frac{V_{DD}^2}{(V_{DD} - V_{TH}) \cdot V_{TH}}\right] \tag{7-14}$$

将 $V_{TH} = \dfrac{V_{DD}}{2}$ 代入式(7-14)有：

$$T = RC\ln 4 \approx 1.4RC \tag{7-15}$$

2. 环形多谐振荡器

（1）电路组成及工作原理。

如图 7-21 所示的环形多谐振荡器是将奇数个 TTL 反相器首尾相接并添加 RC 延时电路构成的。图中，R_S 是保护电阻，用于防止 V_A 发生负跳变时流过反相器 G_3 输入端钳位二极管的电流过大，所以又称限流电阻。

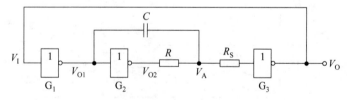

图 7-21 环形多谐振荡器

① 第一暂稳态及电路自动翻转的过程。

设在接通电源的瞬间，V_I 为高电平，则 V_{O1} 为低电平，V_{O2} 为高电平。由于 $V_{O1} < V_{O2}$，则 V_{O2} 经电阻 R 向电容 C 充电，随着充电的进行，V_A 电压值逐渐上升。当 V_A 上升至 V_{TH} 时，门 G_3 迅速导通，V_O 由高电平翻转为低电平，V_{O1}、V_{O2} 也将一起翻转。由于电容两端电压不能突变，当 V_{O1} 发生上跳变时，V_A 也上跳变同样的值。至此，第一暂稳态结束，电路进入第二暂稳态。

② 第二暂稳态及电路自动翻转的过程。

电路进入第二暂稳态的瞬间,$V_A > V_{TH}$,此时 $V_1 = V_O = V_{O2} = V_{OL} \approx 0$,$V_{O1} = V_{OH} \approx V_{DD}$,电容 C 开始经电阻 R 放电,随着放电的进行,V_A 电压值逐渐下降。当 V_A 下降至 V_{TH} 时,门 G_3 迅速截止,V_O 由低电平翻转为高电平,V_{O1}、V_{O2} 也将一起翻转。同样由于电容两端电压不能突变,当 V_{O1} 发生下跳变时,V_A 也下跳变同样的值。第二暂稳态结束,电路又返回第一暂稳态。

此后,电路通过电容 C 的充、放电,使两个暂稳态过程周而复始地交替出现,在输出端就有矩形脉冲输出。电路的工作波形如图 7-22 所示。

(2) 振荡周期的计算。

环形多谐振荡器的振荡周期与非对称式多谐振荡器的振荡周期的计算方法相似,由此可得出环形多谐振荡器振荡周期的计算公式为:

$$T = T_1 + T_2 = RC\ln\left(\frac{2V_{OH} - V_{TH}}{V_{OH} - V_{TH}} \cdot \frac{V_{OH} + V_{TH}}{V_{TH}}\right) \tag{7-16}$$

将 $V_{OH} = 3V$ 和 $V_{TH} = 1.4V$ 代入式(7-16)有:

$$T \approx 2.2RC \tag{7-17}$$

7.4.2 用施密特触发器构成的多谐振荡器

将施密特触发器的输出端经 RC 积分电路接回其输入端即可构成多谐振荡器,电路如图 7-23 所示。

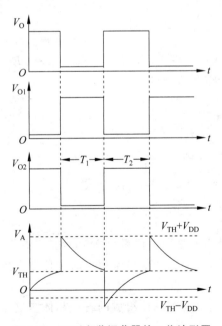

图 7-22 环形多谐振荡器的工作波形图

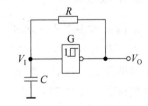

图 7-23 用施密特触发器构成的多谐振荡器

1. 工作原理

设接通电源的瞬间,电容 C 上的初始电压为零,输出电压 V_O 为高电平。V_O 通过电阻 R 对电容 C 充电,随着充电的进行,电压值 V_1 逐渐上升。当 V_1 上升至 V_{T+} 时,施密特触发器发生翻转，V_O 跳变为低电平。此后，电容 C 开始经电阻 R 放电，随着放电的进行，V_I 电压值逐渐下降。当 V_I 下降至 V_{T-} 时，电路又发生翻转，V_O 由低电平又跳变为高电平，电容又重新充电。如此周而复始，在电路的输出端就得到了矩形脉冲，工作波形如图 7-24 所示。

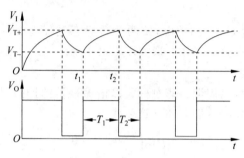

图 7-24　工作波形

2. 振荡周期的计算

(1) T_1 的计算

将图 7-24 中的 t_1 作为起点，$V_I(0^+)=V_{T-}$，$V_I(\infty)=V_{DD}$，$V_I(T_1)=V_{T+}$。根据 RC 电路过渡过程的分析可知，V_I 从 V_{T-} 上升到 V_{T+} 所需要的时间为：

$$T_1 = RC\ln\frac{V_{DD}-V_{T-}}{V_{DD}-V_{T+}} \tag{7-18}$$

(2) T_2 的计算

以图 7-24 中的 t_2 作为起点，$V_I(0^+)=V_{T+}$，$V_I(\infty)=0$，$V_I(T_2)=V_{T-}$。根据 RC 电路过渡过程的分析可知，V_I 从 V_{T+} 下降到 V_{T-} 所需要的时间为：

$$T_2 = RC\ln\frac{V_{T+}}{V_{T-}} \tag{7-19}$$

所以

$$T = T_1 + T_2 = RC\ln\left(\frac{V_{DD}-V_{T-}}{V_{DD}-V_{T+}} \cdot \frac{V_{T+}}{V_{T-}}\right) \tag{7-20}$$

7.4.3　石英晶体振荡器

前两节介绍的几种多谐振荡器的一个共同特点就是振荡频率不稳定，容易受温度、电源电压波动和 RC 参数的影响。而在数字系统中，矩形脉冲信号常用作时钟信号来控制和协调整个系统的工作。因此，控制信号频率不稳定会直接影响到系统的工作。显然，前面讨论的多谐振荡器是不能满足要求的，必须采用由石英晶体组成的石英晶体多谐振荡器来提高其频率稳定度。

石英晶体的电路符号及其阻抗频率特性分别如图 7-25(a) 和图 7-25(b) 所示。石英晶体具有很好的选频特性，它有一个极为稳定的串联谐振频率 f_S，且等效品质因数 Q 值也很高。当振荡信号的频率和石英晶体的串联谐振频率 f_S 相同时，石英晶体呈现很低的阻抗，信号很容易通过，而其他频率的信号则被衰减掉。

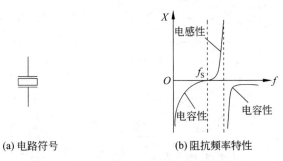

(a) 电路符号　　　　　　(b) 阻抗频率特性

图 7-25　石英晶体的电路符号及阻抗频率特性

若将非对称式多谐振荡电路中的电容 C 用石英晶体取代,如图 7-26 所示,这时振荡频率只取决于石英晶体的固有谐振频率 f_S,而与 RC 无关,从而起到稳定振荡频率的作用。

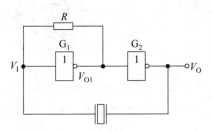

图 7-26　采用石英晶体同步的非对称式多谐振荡器

7.5　555 定时器及其应用

555 定时器是一种应用极为广泛的中规模集成电路,利用它能极方便地构成单稳态触发器、施密特触发器和多谐振荡器。由于使用灵活、方便,555 定时器常用于信号产生、变换、控制与检测电路中。

7.5.1　555 定时器

1. 电路结构

555 定时器电路的内部结构如图 7-27 所示,共包含以下几部分。

(1) 电阻分压器

电阻分压器由 3 个 $5k\Omega$ 的电阻串联组成,为电压比较器 C_1 和 C_2 提供基准电压。

(2) 电压比较器 C_1 和 C_2

对于比较器 C_1 和 C_2,当 $V_+ > V_-$ 时,V_C 输出高电平,反之则输出低电平。

V_{CO} 为控制电压输入端,当 V_{CO} 悬空时(可对地接上 $0.01\mu F$ 左右的滤波电容),$V_{R1} = \frac{2}{3}V_{CC}$,$V_{R2} = \frac{1}{3}V_{CC}$;当 V_{CO} 外接电压 V_{IC} 时,$V_{R1} = V_{IC}$,$V_{R2} = \frac{1}{2}V_{IC}$。

TH 是比较器 C_1 的信号输入端,称为阈值输入端;$\overline{TR}$ 是比较器 C_2 的信号输入端,称

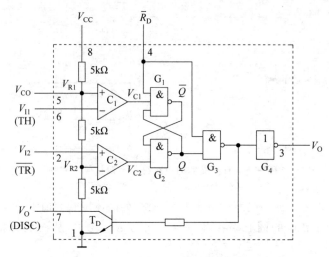

图 7-27 555 定时器电路的内部结构

为触发输入端。

（3）基本 SR 锁存器

图 7-27 中的基本 SR 锁存器由两个与非门构成。$\bar{R}_D$ 是低电平有效的复位输入端，正常工作时，必须使 $\bar{R}_D$ 接高电平。当 $\bar{R}_D$ 为低电平时，不管其他输入端的状态如何，输出端 V_O 总是为低电平。

（4）放电管 T_D

放电管 T_D 是一个集电极开路的三极管，相当于一个受控的电子开关。当与非门 G_3 输出为高电平时，放电三极管 T_D 导通；当与非门 G_3 输出为低电平时，放电三极管 T_D 截止。在使用定时器时，该三极管的集电极一般都要外接上拉电阻。

（5）缓冲器

缓冲器由 G_4 构成，用于提高电路的带负载能力，隔离负载的影响。

2. 工作原理

当 $V_{I1} > \frac{2}{3}V_{CC}$ 且 $V_{I2} > \frac{1}{3}V_{CC}$ 时，比较器 C_1 的输出端 V_{C1} 输出低电平，比较器 C_2 的输出端 V_{C2} 输出高电平，基本 SR 锁存器的 Q 端置 0，放电三极管 T_D 导通，输出端 V_O 输出低电平。

当 $V_{I1} < \frac{2}{3}V_{CC}$ 且 $V_{I2} > \frac{1}{3}V_{CC}$ 时，比较器 C_1 的输出端 V_{C1} 输出高电平，比较器 C_2 的输出端 V_{C2} 输出高电平，基本 SR 锁存器的状态不变，电路状态保持不变。

当 $V_{I1} < \frac{2}{3}V_{CC}$ 且 $V_{I2} < \frac{1}{3}V_{CC}$ 时，比较器 C_1 的输出端 V_{C1} 输出高电平，比较器 C_2 的输出端 V_{C2} 输出低电平，基本 SR 锁存器的 Q 端置 1，放电三极管 T_D 截止，输出端 V_O 输出高电平。

当 $V_{I1} > \frac{2}{3}V_{CC}$ 且 $V_{I2} < \frac{1}{3}V_{CC}$ 时，比较器 C_1 的输出端 V_{C1} 输出低电平，比较器 C_2 的输出端 V_{C2} 输出低电平，基本 SR 锁存器的 Q 端置 1，放电三极管 T_D 截止，输出端 V_O 输出

高电平。

由上述工作原理,可得出 555 定时器的功能表,如表 7-2 所示。

表 7-2 555 定时器的功能表

输入			输出	
复位端 $\overline{R}_D$	阈值输入端 V_{I1}	触发输入端 V_{I2}	输出端 V_O	放电管 T_D
0	×	×	0	导通
1	$>\frac{2}{3}V_{CC}$	$>\frac{1}{3}V_{CC}$	0	导通
1	$<\frac{2}{3}V_{CC}$	$>\frac{1}{3}V_{CC}$	不变	不变
1	$<\frac{2}{3}V_{CC}$	$<\frac{1}{3}V_{CC}$	1	截止
1	$>\frac{2}{3}V_{CC}$	$<\frac{1}{3}V_{CC}$	1	截止

7.5.2 用 555 定时器组成的单稳态触发器

将触发信号从 555 定时器的触发输入端 V_{I2} 输入,其放电端 V_O' 与阈值输入端 V_{I1} 相连,同时在 V_{I1} 对电源和对地分别接入电阻 R 和电容 C,即构成单稳态触发器,如图 7-28 所示。

当未加触发信号时,V_1 为高电平。如接通电源后,$Q=0$,$V_O=0$,放电三极管 T_D 导通,电容 C 通过三极管 T_D 放电,使 $V_C=0$,V_O 保持低电平不变。如接通电源后,$Q=1$,放电三极管 T_D 截止,V_{CC} 经电阻 R 对电容 C 充电,当 V_C 上升到 $\frac{2}{3}V_{CC}$ 时,比较器 C_1 输出为 0,将锁存器置 0,使 $V_O=0$。这时 $Q=0$,放电三极管 T_D 导通,电容 C 通过三极管 T_D 放电,使 $V_C=0$,V_O 保持低电平不变。因此,电路通电后,在没有触发信号时,电路只有一种稳定状态,$V_O=0$。

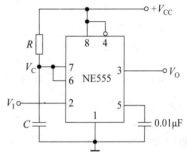

图 7-28 用 555 定时器组成的单稳态触发器

当触发负脉冲到来时,V_1 为低电平,且 $V_1<\frac{1}{3}V_{CC}$,使 $V_{C2}=0$,锁存器置 1,V_O 由 0 变为 1,电路进入暂稳态。由于此时 $Q=1$,放电三极管 T_D 截止,V_{CC} 经电阻 R 对电容 C 充电。若此时触发负脉冲已消失,比较器 C_2 的输出为 1,但充电继续进行,直到 V_C 上升到 $\frac{2}{3}V_{CC}$ 时,比较器 C_1 输出为 0,将锁存器置 0,电路输出 $V_O=0$,三极管 T_D 导通,电容 C 通过三极管 T_D 放电,电路恢复到稳定状态。

由上述分析,可得出电路的工作波形如图 7-29 所示。

输出脉冲的宽度 t_W 等于暂稳态的持续时间,而暂稳态的持续时间取决于外接电阻 R 和电容 C 的大小。由图 7-29 可知,输出脉冲宽度 t_W 等于电容电压 V_C 从零电平上升到 $\frac{2}{3}V_{CC}$ 所需

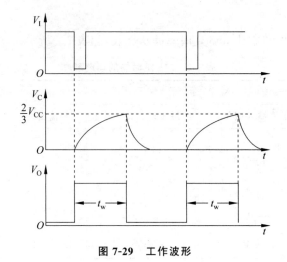

图 7-29 工作波形

要的时间,据此可得:

$$t_w = RC\ln 3 \approx 1.1RC \tag{7-21}$$

7.5.3 用555定时器组成的施密特触发器

将555定时器的阈值输入端V_{I1}和触发输入端V_{I2}相连,即构成施密特触发器,电路如图7-30所示。

若V_I从0V开始逐渐升高,当$V_I < \frac{1}{3}V_{CC}$时,根据555定时器的功能表可知,V_O输出为高电平;V_I继续升高,如果$\frac{1}{3}V_{CC} < V_I < \frac{2}{3}V_{CC}$,$V_O$维持高电平不变;$V_I$再继续升高,到$V_I > \frac{2}{3}V_{CC}$时,$V_O$由高电平跳变为低电平;之后$V_I$再升高,只要$V_I > \frac{2}{3}V_{CC}$,$V_O$就保持低电平不变。根据施密特触发器的电压传输特性,可知$V_{T+} = \frac{2}{3}V_{CC}$。

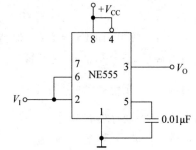

图 7-30 用555定时器组成的施密特触发器

而后,V_I从高于$\frac{2}{3}V_{CC}$开始逐渐下降,当$\frac{1}{3}V_{CC} < V_I < \frac{2}{3}V_{CC}$时,$V_O$输出状态不变,仍为低电平;$V_I$继续下降,只有当$V_I < \frac{1}{3}V_{CC}$时,$V_O$的状态才由低电平跳变为高电平。同样,可知$V_{T-} = \frac{1}{3}V_{CC}$。

由此得到电路的回差电压为:

$$\Delta V_T = V_{T+} - V_{T-} = \frac{1}{3}V_{CC} \tag{7-22}$$

若 V_I 输入三角波,则电路的工作波形和电压传输特性曲线分别如图 7-31(a)和图 7-31(b) 所示。由图 7-31(b)可看出,电路的电压传输特性是一个反相施密特触发特性。

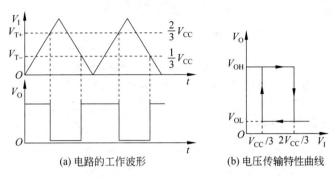

图 7-31 电路的工作波形和电压传输特性曲线

7.5.4 用 555 定时器组成的多谐振荡器

用 555 定时器组成的多谐振荡器如图 7-32 所示。

接通电源后,V_{CC} 经电阻 R_1 和 R_2 对电容 C 充电,V_C 从 0V 开始逐渐上升。当 $V_C < \frac{2}{3}V_{CC}$ 时,V_O 输出高电平,三极管 T_D 截止;V_C 继续上升,当 $V_C > \frac{2}{3}V_{CC}$ 时,V_O 由高电平跳变为低电平,三极管 T_D 导通,电容 C 通过电阻 R_2 和三极管 T_D 放电,V_C 开始下降。当 $V_C < \frac{1}{3}V_{CC}$ 时,V_O 由低电平跳变为高电平,三极管 T_D 截止,V_{CC} 又经电阻 R_1 和 R_2 对电容 C 充电,V_C 又开始上升。如此周而复始,在电路的输出端就产生了连续的矩形脉冲。工作波形如图 7-33 所示。

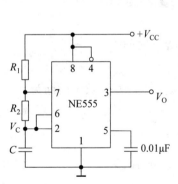

图 7-32 用 555 定时器组成的多谐振荡器

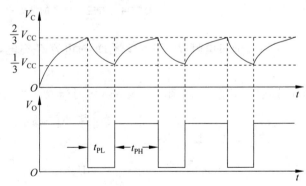

图 7-33 工作波形

由图 7-33 可得多谐振荡器的振荡周期 T 为:

$$T = t_{PL} + t_{PH} \tag{7-23}$$

其中,t_{PL}为V_C从$\frac{2}{3}V_{CC}$下降到$\frac{1}{3}V_{CC}$所需的时间,即:

$$t_{PL}=R_2C\ln2\approx 0.7R_2C \tag{7-24}$$

t_{PH}为V_C从$\frac{1}{3}V_{CC}$上升到$\frac{2}{3}V_{CC}$所需的时间,即:

$$t_{PH}=(R_1+R_2)C\ln2\approx 0.7(R_1+R_2)C \tag{7-25}$$

所以,多谐振荡器的振荡周期T为:

$$T=t_{PL}+t_{PH}\approx 0.7(R_1+2R_2)C \tag{7-26}$$

输出脉冲的占空比q为:

$$q(\%)=\frac{t_{PH}}{t_{PL}+t_{PH}}\times 100\%\approx \frac{R_1+R_2}{R_1+2R_2}\times 100\% \tag{7-27}$$

由式(7-27)可知,在图7-32所示的电路中,占空比固定不变。若要使占空比可调,可采用图7-34所示的电路。由于电路中二极管D_1、D_2的单向导电性,使电容C的充、放电回路分开,调节电位器R_2,就可方便地调节多谐振荡器的占空比。

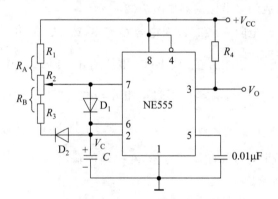

图7-34 占空比可调的多谐振荡器

图中,V_{CC}通过电阻R_A和二极管D_1对电容C充电,充电时间为:

$$t_{PH}\approx 0.7R_AC \tag{7-28}$$

电容C通过二极管D_2、电阻R_B及555定时器内部的三极管T_D放电,放电时间为:

$$t_{PL}\approx 0.7R_BC \tag{7-29}$$

输出波形的占空比q为:

$$q(\%)=\frac{t_{PH}}{t_{PL}+t_{PH}}\times 100\%\approx \frac{R_A}{R_A+R_B}\times 100\% \tag{7-30}$$

本 章 小 结

(1) 本章介绍了用于产生矩形脉冲的几种常见典型电路。

(2) 单稳态触发器和施密特触发器是最常用的两种整形电路,主要用于对波形进行整形和变换。这两种触发器既可以由门电路构成,也可以由555定时器构成。其中,单稳态触发器的显著特点是:在无外加触发信号时,电路工作于稳态;只有在外加触发信号的作用下,电路才进入暂稳态,暂稳态的持续时间只取决于 R、C 定时元件的参数,而与输入信号宽度和幅度无关。改变 R、C 定时元件的参数值可调节输出脉冲的宽度。单稳态触发器除可对脉冲进行整形外,还可用于实现脉冲的定时与延时。而施密特触发器的工作特点在于它的滞回特性,即施密特触发特性。由于输出电压跳变过程中存在着正反馈,所以它能够将非矩形脉冲或形状不够理想的矩形脉冲变成边沿陡峭的矩形脉冲,且调节回差电压的大小,可改变输出脉冲的宽度。

(3) 在多谐振荡器中,介绍了非对称式多谐振荡器、环形振荡器、用施密特触发器构成的多谐振荡器和石英晶体振荡器。多谐振荡器没有稳态,只有两个暂稳态。两个暂稳态之间的转换是由电路内部电容的充、放电作用自动完成的,所以它不需要外加触发信号,只要接通电源就能自动产生矩形脉冲信号。由于前三种振荡器的振荡完全靠电路本身电容的充、放电来完成,因而振荡频率的稳定性不高。在对振荡频率稳定度要求很高的情况下,可采用石英晶体振荡器。

(4) 555定时器是一种多用途电路,只需外接少量阻容元件便可组成单稳态触发器、施密特触发器、多谐振荡器及其他实用电路。

课 后 习 题

7-1 由CMOS逻辑门组成的微分型单稳态电路如题图7-1所示,其中 V_I 为连续脉冲,$C_d=68\text{nF}$,$R_d=1\text{k}\Omega$,$C=0.47\mu\text{F}$,$R=1\text{k}\Omega$,试对应画出 V_I、V_d、V_{O1}、V_R、V_{O2} 和 V_O 的波形,并求出输出脉冲宽度。

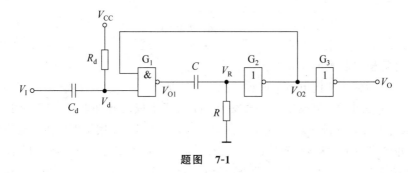

题图 7-1

7-2 由CMOS逻辑门组成的积分型单稳态电路如题图7-2所示,假定触发脉冲的宽度大于输出脉冲的宽度,试对应画出 V_I、V_{O1}、V_C 和 V_O 的波形。

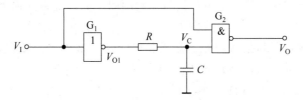

题图 7-2

7-3 题图 7-3 所示电路是用 CMOS 或非门构成的单稳态触发器的另一种形式。试回答下列问题。

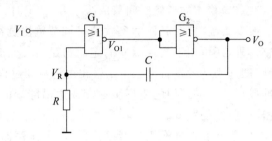

题图 7-3

(1) 分析电路的工作原理。
(2) 画出加入触发脉冲后 V_{O1}、V_O 及 V_R 的工作波形。
(3) 写出输出脉宽 t_w 的表达式。

7-4 集成单稳态触发器 74121 组成的延时电路及输入的触发脉冲如题图 7-4 所示。试回答下列问题。

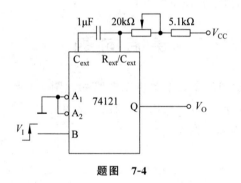

题图 7-4

(1) 计算输出脉宽的变化范围。
(2) 解释为什么使用电位器时要串接一个电阻。

7-5 题图 7-5 是用两个集成单稳态触发器 74121 所组成的脉冲变换电路,外接电阻和外接电容的参数如图所示。试计算在输入触发信号 V_I 作用下 V_{O1}、V_{O2} 输出脉冲的宽度,并画出与 V_I 波形相对应的 V_{O1}、V_{O2} 的电压波形。V_I 波形如图中所示。

7-6 在题图 7-6 所示的施密特触发器电路中,已知 $R_1=10\text{k}\Omega$,$R_2=30\text{k}\Omega$,G_1 和 G_2 为 CMOS 反相器,$V_{CC}=15\text{V}$。
(1) 试计算电路的正向阈值电压 V_{T+}、负向阈值电压 V_{T-} 和回差电压 ΔV_T。
(2) 若将题图 7-6(b)给出的电压信号加到题图 7-6(a)电路的输入端,试画出输出电压的波形。

7-7 集成施密特触发器和集成单稳态触发器 74121 构成的电路如题图 7-7 所示。已知集成施密特电路的 $V_{CC}=10\text{V}$,$R_2=100\text{k}\Omega$,$C=0.01\mu\text{F}$,$V_{T+}=6.3\text{V}$,$V_{T-}=2.7\text{V}$,$C_{ext}=0.01\mu\text{F}$,$R_{ext}=30\text{k}\Omega$。

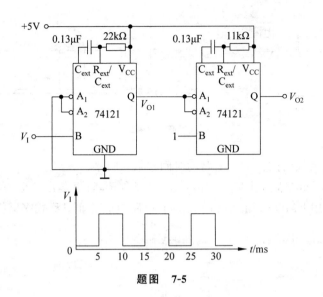

题图 7-5

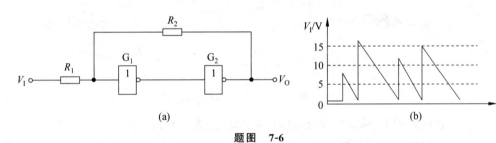

题图 7-6

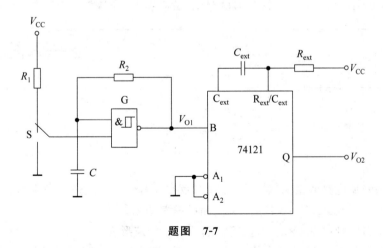

题图 7-7

(1) 分别计算 V_{O1} 的周期及 V_{O2} 的脉宽。

(2) 根据计算结果画出 V_{O1}、V_{O2} 的波形。

7-8 由 CMOS 门电路构成的整形电路如题图 7-8(a)所示。

(1) 试画出输出电压 V_A、V_O 的波形。输入电压 V_I 的波形如题图 7-8(b)所示,假定

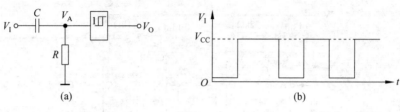

题图 7-8

它的低电平持续时间比 RC 电路的时间常数大得多。

(2) 在 $V_{T+}=60\%V_{CC}$ 且 $V_{T-}=40\%V_{CC}$ 的条件下，计算输出波形的脉冲宽度。

7-9 题图 7-9 是用 CMOS 反相器和 RC 延时电路组成的非对称式多谐振荡器，其中 $R=10\text{k}\Omega, C=0.22\mu\text{F}, V_{OH}\approx V_{CC}, V_{OL}\approx 0, V_{TH}\approx \frac{1}{2}V_{CC}$。

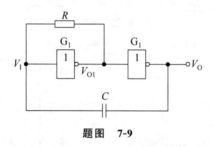

题图 7-9

(1) 分析电路的工作原理，并对应画出 V_I 和 V_O 的波形。
(2) 计算电路的振荡频率。

7-10 在题图 7-10 所示的环形振荡器电路中，试回答下列问题。

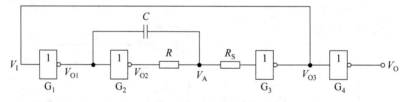

题图 7-10

(1) 电阻 R 和 R_S、电容 C 以及门 G_4 各起什么作用？
(2) 为降低电路的振荡频率，可以调节哪些参数？是增大还是减小？
(3) 若 $R=200\Omega, C=0.47\mu\text{F}$，求电路的振荡频率。
(4) 试对应画出 V_I、V_{O1}、V_{O2}、V_A、V_{O3} 和 V_O 的波形。

7-11 由集成施密特触发器组成的脉冲占空比可调的多谐振荡器如题图 7-11 所示。设电路中 R_1、R_2、C 及 V_{CC}、V_{T+}、V_{T-} 的值已知。
(1) 试画出 V_C 及 V_O 的波形。
(2) 写出输出脉冲宽度 t_{PH}、t_{PL} 的表达式。
(3) 写出输出脉冲频率 f 的表达式。

(4) 写出输出脉冲占空比 q 的表达式。

7-12 利用集成施密特触发器组成如题图 7-12(a)所示的电路,题图 7-12(b)为施密特触发器的电压传输特性曲线。试回答下列问题。

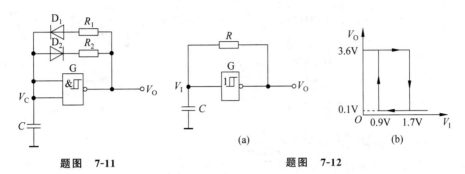

题图 7-11　　　　　　　　　题图 7-12

(1) 题图 7-12(a)是什么电路？分析其工作原理。
(2) 定性画出 V_I 和 V_O 的电压波形。
(3) 已知 $R=100\text{k}\Omega$,$C=0.01\mu\text{F}$,设输出的高、低电平分别为 $V_{OH}=3.6\text{V}$,$V_{OL}=0.1\text{V}$,试求 V_O 的振荡周期 T。

7-13 题图 7-13 为一个由 555 定时器构成的单稳态触发器,已知 $V_{CC}=5\text{V}$,$R=30\text{k}\Omega$,$C_1=0.1\mu\text{F}$。求输出脉冲宽度 t_w,并对应画出 V_I、V_C 和 V_O 的波形。

7-14 题图 7-14 是一个简易触摸开关电路,当手触摸金属片时,发光二极管 D 点亮,经过一定时间后,D 熄灭,试分析其工作原理。若图中 $R=100\text{k}\Omega$,$C_1=50\mu\text{F}$,求 D 点亮的时间。

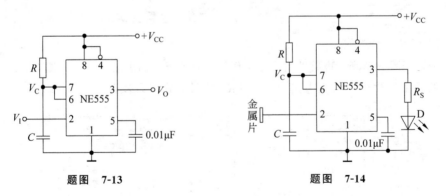

题图 7-13　　　　　　　　　题图 7-14

7-15 用 555 定时器接成的施密特触发器电路如题图 7-15 所示,试回答下列问题。
(1) 当 $V_{CC}=12\text{V}$ 并且没有外接控制电压时,求 V_{T+}、V_{T-} 及 ΔV_T 的值。
(2) 当 $V_{CC}=9\text{V}$ 并且外接控制电压 $V_{CO}=5\text{V}$ 时,V_{T+}、V_{T-}、ΔV_T 各为多少。

7-16 题图 7-16 为用 555 定时器构成的多谐振荡器,其参数如下：$V_{CC}=5\text{V}$,$R_1=10\text{k}\Omega$,$R_2=100\text{k}\Omega$,$C=0.47\mu\text{F}$。试回答下列问题。
(1) 输出脉冲的振荡周期 T 是多少？

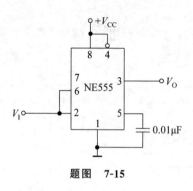
题图 7-15

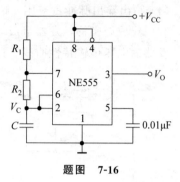
题图 7-16

(2) 输出脉冲的振荡频率 f 是多少？
(3) 输出脉冲的占空比 q 是多少？
(4) 画出 V_C 和 V_O 的波形图。

7-17 题图 7-17 为一个由 555 定时器构成的占空比可调的振荡器，试分析其工作原理。若要求占空比为 50%，应如何选择电路中的有关元件参数？该振荡器频率如何计算？

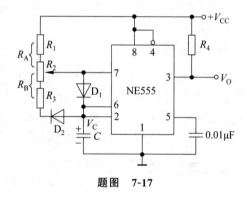
题图 7-17

7-18 分析题图 7-18 所示电路的组成及工作原理。若要求扬声器在开关 S 按下后以 1.2kHz 的频率持续响 10s，则电路中 R_2 和 R_3 的阻值分别为多少？

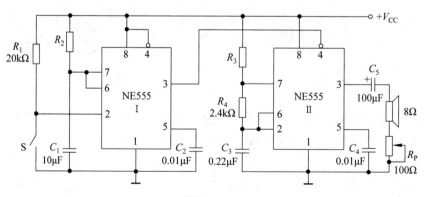
题图 7-18

7-19 分析题图 7-19 所示的 555 定时器光电隔离式安全保护电路的工作原理。

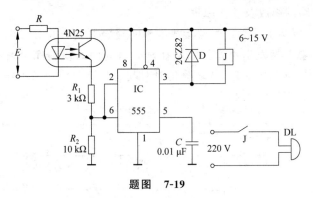

题图 7-19

7-20 题图 7-20 所示为 555 定时换气扇自动控制电路,分析电路中两个 555 定时器各是哪一种基本连接形式?各有什么功能?

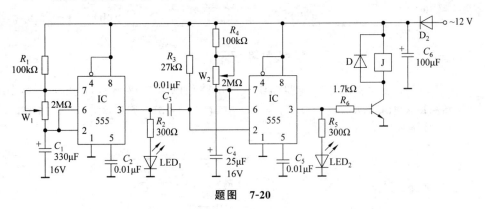

题图 7-20

7-21 题图 7-21(a)所示为心律失常报警电路,经放大后的心电信号 V_1 如题图 7-21(b)所示,V_1 的幅值 $V_{1m}=4\text{V}$。试回答下列问题。

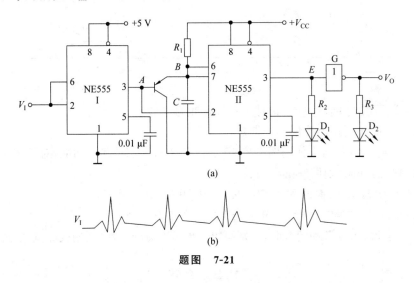

题图 7-21

(1) 对应 V_1 分别画出图中 A、B、E 三点的波形。

(2) 说明电路的组成及工作原理。

7-22 题图 7-22 是用两个 555 定时器接成的延时报警器。当开关 S 断开后,经过一定的延时后扬声器开始发出声音。如果在延时时间内 S 重新闭合,扬声器就不会发出声音。试分析其工作原理,并计算延时时间的具体数值和扬声器发出声音的频率。图中的 G_1 为 CMOS 反相器。

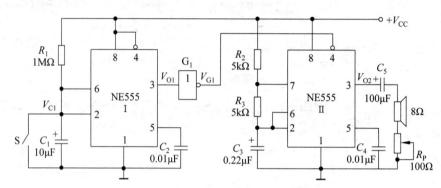

题图 7-22

7-23 由主从 JK 触发器和 555 定时器组成的电路如题图 7-23 所示,已知 CP 为 10Hz 方波,$R_1=10\text{k}\Omega$,$R_2=56\text{k}\Omega$,$C_1=1000\text{pF}$,$C_2=4.7\mu\text{F}$,触发器 Q 端及 555 输出端初态均为 0。

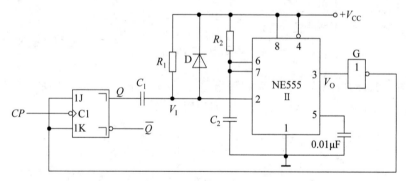

题图 7-23

(1) 试画出 Q 端、V_1、V_O 相对于 CP 脉冲的波形。

(2) 试求 Q 端输出波形的周期。

7-24 555 定时器电路结构如题图 7-24 所示。根据 555 定时器的功能,对题图 7-24(a) 和题图 7-24(b) 分别回答下列问题。

(1) 说明题图 7-24(a) 和题图 7-24(b) 分别是什么电路。

(2) 当开关 S 断开时,定性分析两个电路的工作原理。

(3) 当开关 S 断开和闭合时,分别写出输出脉冲时间参数(周期或脉宽)的近似公式。

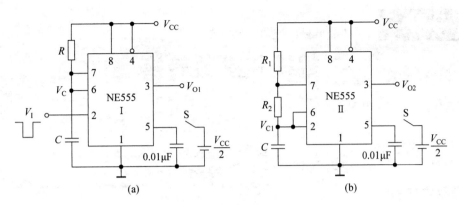

题图 7-24

第8章 数模和模数转换

[主要教学内容]

1. A/D 和 D/A 转换概述。
2. D/A 和 A/D 转换的基本原理。
3. 权电阻网络型、倒 T 型电阻网络型和权电流型 D/A 转换器的电路结构和工作原理。
4. 双极性 D/A 转换器的组成。
5. 并行比较型、逐次逼近型和双积分型 A/D 转换器的电路结构和工作原理。
6. D/A 和 A/D 转换器的主要技术指标。
7. 集成 D/A 和 A/D 转换器简介及其应用。

[教学目的和要求]

1. 了解典型数字控制系统的组成。
2. 理解 D/A 转换的基本原理。
3. 了解权电阻网络型、倒 T 型电阻网络型和权电流型等典型 D/A 转换器的电路结构和特点,掌握其工作原理及应用。
4. 理解双极性 D/A 转换器的原理及组成。
5. 理解 A/D 转换的基本原理。
6. 了解并行比较型、逐次逼近型和双积分型等典型 A/D 转换器的电路结构和特点,掌握其工作原理及应用。
7. 掌握 D/A 和 A/D 转换器的主要性能指标。

8.1 概 述

随着数字电子技术和计算机技术的迅速发展,数字系统在现代控制、通信、检测及其他领域中得到了广泛的应用。但是数字系统只能对数字信号进行处理,而自然界中的物理量(如压力、温度、流量、液位等)都是连续变化的模拟量。为了实现数字系统对这些模拟量的检测、运算和控制,需要在模拟量与数字量之间相互进行转换,即需要把模拟量转换为数字量,方能送入数字系统进行处理,处理后的数字量需要转换成模拟量才能应用。

从模拟量到数字量的转换称为模/数转换,完成这种转换的电路称为模/数转换器,简称 ADC(Analog to Digital Converter);从数字量到模拟量的转换称为数/模转换,完成这种转换的电路称为数/模转换器,简称 DAC(Digital to Analog Converter)。图 8-1 是一个典型的数字控制系统的组成框图,传感器的输入为自然界中的物理量,输出为标准的模拟电压或电流信号。将这些信号送入 ADC,ADC 将模拟信号转换为数字信号,这些数字信号经数字控制系统或计算机系统处理后,输出数字量结果。再通过 DAC 将该数字量转换为模拟量送入模拟控制器,以实现对模拟量的控制。

图 8-1 典型数字控制系统框图

ADC 和 DAC 是沟通模拟电路与数字电路的桥梁,是数字系统中不可缺少的接口电路,本章主要介绍几种常用的 DAC 和 ADC 的电路结构、工作过程及性能指标等。

8.2 D/A 转换器

8.2.1 D/A 转换的基本原理

第 1 章讲过数制的概念,一个 n 位二进制数可表示为 $N_B = D_{n-1}D_{n-2}\cdots D_1 D_0$,其最高位(Most Significant Bit,MSB)到最低位(Least Significant Bit,LSB)的权值依次为 $2^{n-1}, 2^{n-2}, \cdots, 2^1, 2^0$。为实现数模转换,需将二进制数的每一位代码按权值转换成相应的模拟量,然后再将这些模拟量相加,这样便得到与数字量成正比的模拟量,如式(8-1)所示,这就是 D/A 转换的指导思想。

$$N_D = D_{n-1} \times 2^{n-1} + D_{n-2} \times 2^{n-2} + \cdots + D_1 \times 2^1 + D_0 \times 2^0 \quad (8\text{-}1)$$

D/A 转换的原理框图如图 8-2 所示,输入数字量 N_B 为 n 位二进制代码 $D_{n-1}D_{n-2}\cdots D_1 D_0$,输出模拟量为电压 v_O(或电流 i_O),则 D/A 转换的一般表达式为:

$$v_O(\text{或 } i_O) = k \sum_{i=0}^{n-1} D_i \times 2^i \quad (8\text{-}2)$$

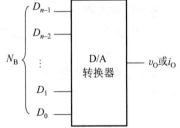

图 8-2 D/A 转换原理框图

式中 k 为比例系数(转换系数),是一个常数。

n 位 D/A 转换器的一般组成框图如图 8-3 所示,输入的 n 位数字量首先存放在数字寄存器中,数字寄存器并行输出的每一位驱动对应位上的电子开关将相应数位的值送入解码网络,解码网络分配各位的权,求和电路将各位的权值相加,得到与输入数字量相对应的模拟量。

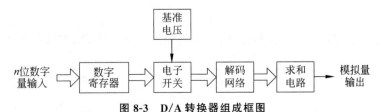

图 8-3 D/A 转换器组成框图

按解码网络结构不同，D/A 转换器可分为权电阻网络型 DAC、T 型电阻网络 DAC、倒 T 型电阻网络 DAC 和权电流型 DAC 等。

8.2.2 权电阻网络型 D/A 转换器

4 位权电阻网络 DAC 的原理电路如图 8-4 所示，由数字寄存器、电子开关、权电阻网络、求和电路和基准电压等组成。

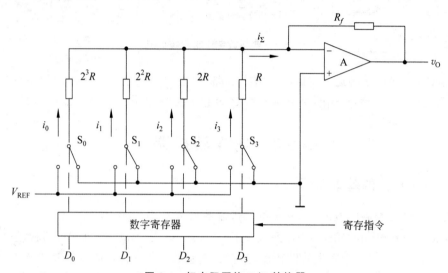

图 8-4 权电阻网络 D/A 转换器

在寄存指令作用下，将输入数字量 $D_3 \sim D_0$ 存入数字寄存器，数字寄存器输出数码分别控制电子开关 $S_3 \sim S_0$。当 $D_i=1$ 时，S_i 接至基准电压 V_{REF}；当 $D_i=0$ 时，S_i 接地。

对于 4 位二进制代码，需要 4 个电阻来构成权电阻网络，网络中各支路的电阻值必须按二进制位权大小成比例地减小，最高位 D_3 对应支路的电阻值最小，其值为 $2^0 R$；最低位 D_0 对应支路的电阻值最大，其值为 $2^3 R$。这样，各支路中电流按 $2^i (i=0,1,2,3)$ 规律变化，位权值越高，支路中的电流越大。

求和电路中的运算放大器 A 接成负反馈放大器，工作于线性运用状态。根据线性运用条件下运放虚短、虚断的特点，可以得到：

$$v_O = -i_\Sigma R_f = -R_f (i_3 + i_2 + i_1 + i_0) \tag{8-3}$$

式中 $i_3 = \dfrac{V_{REF} D_3}{R}, i_2 = \dfrac{V_{REF} D_2}{2R}, i_1 = \dfrac{V_{REF} D_1}{4R}, i_0 = \dfrac{V_{REF} D_0}{8R}$，代入式(8-3)，可得：

$$v_O = -\dfrac{R_f V_{REF}}{2^3 R}(D_3 \times 2^3 + D_2 \times 2^2 + D_1 \times 2^1 + D_0 \times 2^0) = -\dfrac{R_f V_{REF}}{2^3 R} \sum_{i=0}^{3}(D_i \times 2^i) \tag{8-4}$$

对于 n 位权电阻网络 D/A 转换器，若取反馈电阻 $R_f = R/2$，则输出电压的计算公式可写为：

$$v_O = -\dfrac{V_{REF}}{2^n} \sum_{i=0}^{n-1} D_i \times 2^i \tag{8-5}$$

结果表明,输出模拟电压与输入数字量成正比,实现了 D/A 转换功能。

权电阻网络型 DAC 的优点是电路结构简单,它的缺点是采用的电阻种类多且阻值相差较大,尤其在输入信号位数较多时,这个问题就会更加突出。例如一个 10 位 DAC,若最高位电阻为 $2\text{k}\Omega$,则最低位电阻应为 $2^9 \times 2\text{k}\Omega$,在如此宽的范围内要保证各种阻值的精度以及相近的温度系数是十分困难的。

8.2.3 倒 T 型电阻网络 D/A 转换器

在倒 T 型电阻网络 DAC 中,$R\text{-}2R$ 结构的电阻网络是最常见的一种。图 8-5 是 4 位倒 T 型电阻网络 DAC 的原理图,它由 $R\text{-}2R$ 结构的倒 T 型电阻网络、模拟电子开关、利用运算放大器 A 组成的求和电路以及基准电压 V_{REF} 等组成。

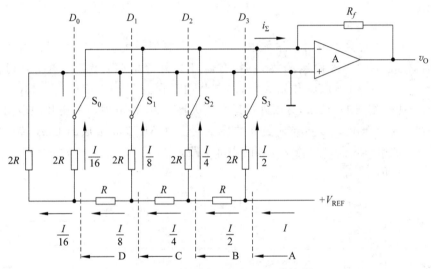

图 8-5 倒 T 型电阻网络 D/A 转换器

输入数字量 $D_3 \sim D_0$ 分别控制电子开关 $S_3 \sim S_0$,当 $D_i = 1$ 时,S_i 接运算放大器反相端;当 $D_i = 0$ 时,S_i 接地。

运算放大器 A 工作于线性运用状态,根据运放虚短的特点,其反相端虚地。这样,无论电子开关 S_i 合到哪一边,与 S_i 相连的 2R 电阻都相当于接到了地电位上,流过每个支路上的电流与开关状态无关。所以,从 A、B、C、D 各端口向左看进去,其等效电阻均为 R,因此从参考电源流入倒 T 型电阻网络的总电流为 $I = V_{\text{REF}}/R$,各支路电流从右到左依次为 $I/2$、$I/4$、$I/8$ 和 $I/16$,每经过一级节点,支路电流衰减 1/2。于是,可得输入运算放大器的总电流为:

$$i_{\Sigma} = \frac{V_{\text{REF}}}{R}\left(\frac{D_3}{2^1} + \frac{D_2}{2^2} + \frac{D_1}{2^3} + \frac{D_0}{2^4}\right) = \frac{V_{\text{REF}}}{2^4 R}\sum_{i=0}^{3}(D_i \times 2^i) \qquad (8\text{-}6)$$

输出电压为:

$$v_{\text{O}} = -i_{\Sigma}R_f = -\frac{V_{\text{REF}}R_f}{2^4 R}\sum_{i=0}^{3}(D_i \times 2^i) \qquad (8\text{-}7)$$

对于 n 位倒 T 型电阻网络 DAC，若运算放大器反馈电阻 $R_f=R$，则输出模拟电压的计算公式为：

$$v_O = -\frac{V_{REF}}{2^n}\sum_{i=0}^{n-1}(D_i \times 2^i) \tag{8-8}$$

上式说明，输出模拟电压与输入数字量成正比，而且该式与权电阻网络 DAC 输出电压计算公式具有相同的形式。

倒 T 型电阻网络 DAC 的电阻网络中只有 R 和 $2R$ 两种阻值的电阻，精度容易保证，易于集成电路的设计与制作，但 R 和 $2R$ 阻值比值的精度要高。另外，对于倒 T 型电阻网络 DAC，电子开关在地与虚地之间转换，无论开关状态如何变化，各支路的电流始终不变，不需要电流建立时间，因此转换速度快，尖峰脉冲干扰较小，是用得最多的一种 DAC，如集成 D/A 转换器 AD7524（8 位）、AD7520（10 位）、DAC1210（12 位）和 AK7546（16 位）等都是按该原理制造的。

集成 DAC 通常只将电阻网络和电子开关等集成到一块芯片上，多数芯片中不包含运算放大器，使用时需外接运算放大器，有时还要外接电阻。例如：AD 公司生产的 AD7533 是 10 位 CMOS 电流开关型 DAC，芯片内只含倒 T 型电阻网络、CMOS 电流开关和反馈电阻。组成 DAC 时，必须外接运算放大器，其反馈电阻可采用片内电阻或外加电阻，外接参考电压 V_{REF} 必须保证足够的稳定度。由 AD7533 组成的 D/A 转换电路如图 8-6 所示，图中虚线框内为 AD7533 的内部电路。

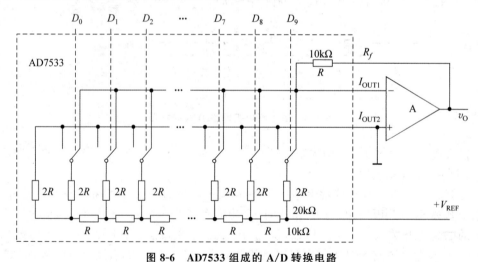

图 8-6　AD7533 组成的 A/D 转换电路

8.2.4　权电流型 D/A 转换器

权电阻网络型 DAC 和倒 T 型电阻网络 DAC 中的模拟开关存在导通电阻和导通压降，而且每个开关的情况又不完全相同，它们的存在无疑会引起转换误差，影响转换精度，解决这个问题的一种方法就是采用权电流型 DAC。4 位权电流型 DAC 的原理电路如图 8-7 所示，用一组恒流源代替了图 8-5 中的倒 T 型电阻网络，输入数码从高位到低位对应的恒流源电流的大小依次为 $I/2$、$I/4$、$I/8$ 和 $I/16$。

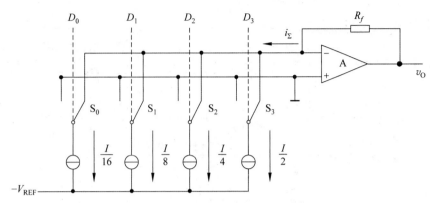

图 8-7 权电流型 DAC 的原理电路

当 $D_i=1$ 时，开关 S_i 接运算放大器反相端；当 $D_i=0$ 时，开关 S_i 接地。分析该电路，可得输出模拟电压为：

$$v_O = i_\Sigma R_f = R_f \left(\frac{I}{2^1}D_3 + \frac{I}{2^2}D_2 + \frac{I}{2^3}D_1 + \frac{I}{2^4}D_0 \right)$$

$$= -\frac{I}{2^4} R_f (D_3 \times 2^3 + D_2 \times 2^2 + D_1 \times 2^1 + D_0 \times 2^0)$$

$$v_O = -\frac{I}{2^4} R_f \sum_{i=0}^{3} (D_i \times 2^i) \tag{8-9}$$

由于采用了恒流源，每个支路电流不再受开关导通电阻和压降的影响，可以降低对开关电路的要求，提高转换精度。恒流源电路经常使用的电路结构形式如图 8-8 所示，在电路工作时只要保证 V_B 和 V_{EE} 稳定不变，则三极管的集电极电流即可保持恒定，不受开关内阻的影响。三极管集电极电流近似为：

$$I_i \approx \frac{V_B - V_{EE} - V_{BE}}{R_E}$$

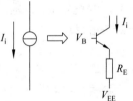

图 8-8 权电流型 DAC 中的恒流源

在相同的 V_B 和 V_{EE} 下，为得到一组以 1/2 的规律递减的电流源，需要用到一组不同阻值的电阻。为减少电阻阻值的种类，在实际的权电流型 DAC 中经常利用倒 T 型电阻网络，如图 8-9 中点画线部分所示。

图 8-9 中，T_3、T_2、T_1、T_0 和 T_C 的基极连接在一起，只要这些三极管的发射结压降 V_{BE} 相等，则它们的发射极就处于相同的电位，就可以认为倒 T 型电阻网络中所有 $2R$ 电阻的上端都接到了同一电位。此时电路的工作状态与图 8-5 中倒 T 型电阻网络的工作状态一样，流过每个 $2R$ 电阻的电流自左至右依次减少 1/2，分别为 $I/2$、$I/4$、$I/8$ 和 $I/16$。

为保证所有三极管的发射结电压相等，在发射极电流较大的三极管中按比例增加了发射结的面积，图中用增加发射极的数目来表示，$T_3 \sim T_0$ 发射极个数分别为 8、4、2、1。这样，在电流比值为 8∶4∶2∶1 的情况下，$T_3 \sim T_0$ 的射极电流密度相等，它们的发射结

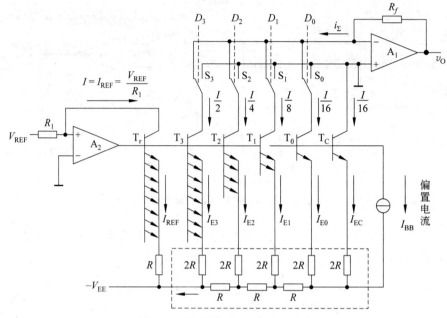

图 8-9 实际的权电流型 DAC 电路

电压也就相同。

运放 A_2、R_1、T_r、R 和 $-V_{EE}$ 组成基准电流发生电路。A_2 的输出端经 T_r 的集电结组成电压并联负反馈电路,以稳定其输出电压,即 T_r 的基极电压。基准电流 I_{REF} 由基准电压 V_{REF} 和电阻 R_1 决定。由于 T_r 和 T_3 发射极回路的电阻相差一倍,所以发射极电流也相差一倍,故有:

$$I = I_{REF} = \frac{V_{REF}}{R_1} = 2I_{E3} \tag{8-10}$$

将式(8-10)代入式(8-9),可得:

$$v_O = \frac{V_{REF}R_f}{2^4 R_1} \sum_{i=0}^{3}(D_i \times 2^i) \tag{8-11}$$

同理,对于 n 位权电流型 DAC,输出电压的计算公式为:

$$v_O = \frac{V_{REF}R_f}{2^n R_1} \sum_{i=0}^{n-1}(D_i \times 2^i) \tag{8-12}$$

在权电流型 DAC 中,一般都采用高速电子开关,电路具有较高的转换速度。采用权电流型 D/A 转换电路生产的单片集成 DAC 有 DAC0806、DAC0807 和 DAC0808 等。

8.2.5 双极性 D/A 转换器

上述 DAC 均工作于单极性输出方式,数字输入量采用自然二进制码,二进制数的每一位都是数值位,输入的数字均为正数。根据不同电路结构或不同参考电压极性,输出模拟电压或者为 0~正满度值,或者为负满度值~0。8 位 DAC 单极性输出时,输入数字量与期望得到的模拟输出量之间的关系如表 8-1 所示。

表 8-1 8 位 DAC 单极性输出时的输入/输出关系

数字量								模拟量
MSB							LSB	
1	1	1	1	1	1	1	1	$\pm V_{\text{REF}}\left(\dfrac{255}{256}\right)$
				$\vdots$				$\vdots$
1	0	0	0	0	0	0	1	$\pm V_{\text{REF}}\left(\dfrac{129}{256}\right)$
1	0	0	0	0	0	0	0	$\pm V_{\text{REF}}\left(\dfrac{128}{256}\right)$
0	1	1	1	1	1	1	1	$\pm V_{\text{REF}}\left(\dfrac{127}{256}\right)$
				$\vdots$				$\vdots$
0	0	0	0	0	0	0	1	$\pm V_{\text{REF}}\left(\dfrac{1}{256}\right)$
0	0	0	0	0	0	0	0	$\pm V_{\text{REF}}\left(\dfrac{0}{256}\right)$

实际上,DAC 经常工作于双极性输出方式,输入的数字量有正有负,输出模拟电压也有正、负极性,范围为负满度值～正满度值。DAC 输入的双极性码一般表示为二进制补码形式,所以希望 DAC 能将以二进制补码形式输入的正、负数分别转换成正、负极性的模拟输出电压。现以输入为 8 位二进制补码为例,说明其转换原理。表 8-2 列出了 8 位二进制补码、偏移码与模拟量之间的对应关系。

表 8-2 常用双极性码及其对应关系

十进制数	二进制补码								偏移码								模拟量
	D_7	D_6	D_5	D_4	D_3	D_2	D_1	D_0	D_7	D_6	D_5	D_4	D_3	D_2	D_1	D_0	$\dfrac{v_O}{V_{\text{LSB}}}$
127	0	1	1	1	1	1	1	1	1	1	1	1	1	1	1	1	127
126	0	1	1	1	1	1	1	0	1	1	1	1	1	1	1	0	126
$\vdots$				$\vdots$								$\vdots$					$\vdots$
1	0	0	0	0	0	0	0	1	1	0	0	0	0	0	0	1	1
0	0	0	0	0	0	0	0	0	1	0	0	0	0	0	0	0	0
−1	1	1	1	1	1	1	1	1	0	1	1	1	1	1	1	1	−1
$\vdots$				$\vdots$								$\vdots$					$\vdots$
−127	1	0	0	0	0	0	0	1	0	0	0	0	0	0	0	1	−127
−128	1	0	0	0	0	0	0	0	0	0	0	0	0	0	0	0	−128

注:表中 $V_{\text{LSB}} = \dfrac{V_{\text{REF}}}{256}$。

偏移码容易实现,比较表 8-1 和表 8-2,可以看出 8 位二进制偏移码与自然二进制码形式相同,只是将自然二进制码对应的模拟量的零值偏移至 80H。在偏移后的数中,大于 128 的原数是正数,小于 128 的原数是负数。因此,若将单极性 8 位 DAC 的输出电压减去偏移量 80H 所对应的模拟量 $V_{REF}/2$,就可得到极性正确的偏移二进制码对应的输出电压。

为求二进制补码对应的模拟输出电压,可以先将补码转换为偏移码,然后再将偏移码输入单极性 DAC 中即可。比较表 8-2 中二进制补码和偏移码的形式可以发现,只要将二进制补码加 80H(十进制数 2^7),并舍弃进位即可得其偏移码,二进制补码加 80H 可由高位取反得到。

由上可总结出构成 8 位双极性 DAC 的一般方法,如图 8-10 所示,双极性 DAC 可在单极性 DAC 的基础上实现。虚线框内为一般单极性 DAC,输入 N_B 为二进制补码,将 N_B 最高位取反变为偏移码送入单极性 DAC,单极性 DAC 输出的模拟电压经运放 A_2 组成的偏移电路减去偏移量对应的模拟电压 $V_{REF}/2$ 后,便可得到极性正确的输出电压 v_O,即

$$v_O = -v_1 - \frac{1}{2}V_{REF} = -\left(-\frac{N_B + 2^7}{2^8}V_{REF}\right) - \frac{1}{2}V_{REF}$$

$$v_O = V_{REF} \cdot \frac{N_B}{256} \tag{8-13}$$

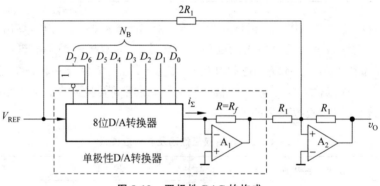

图 8-10 双极性 DAC 的构成

由式(8-13)得到的模拟输出电压 v_O 与输入二进制补码 N_B 之间满足表 8-2 所示的对应关系。

8.2.6 D/A 转换器的技术指标

1. 转换精度

在 DAC 中,通常用分辨率和转换误差来描述转换精度。

(1) 分辨率

分辨率用于表征 DAC 对输入微小量变化的敏感程度,定义为 DAC 模拟输出量可能被分离的等级数,n 位 DAC 最多有 2^n 个不同的模拟输出值,其分辨率即为 2^n。实际应用中,往往用输入数字量位数表示 DAC 的分辨率,即对于输入数字量为 n 位的 DAC,其分辨率为 n 位。

另外,也可以用 DAC 能够分辨出来的最小输出电压(输入数字量最低位为 1,其余位

为 0 时所对应的模拟输出电压)与最大输出电压(输入数字量所有位为 1 时所对应的模拟输出电压)之比给出分辨率,即:

$$分辨率 = \frac{1}{2^n - 1} \tag{8-14}$$

分辨率表示 DAC 在理论上所能达到的精度,无论分辨率采用何种定义,DAC 的分辨率仅取决于输入数字量的位数。输入数字量位数越多,分辨率越高。

(2) 转换误差

转换误差是指对于给定的数字量,D/A 转换器的实际值与理论值之间的最大偏差。图 8-11 为 DAC 的转换特性曲线,图中虚线表示理想的 D/A 转换特性,它是连接坐标原点和满量程输出理论值的一条直线,图中实线表示实际可能的 D/A 转换特性。造成 DAC 转换误差的原因有参考电压波动、运算放大器的零点漂移以及电路元件参数影响等,分别对应比例系数误差、失调误差和非线性误差。

比例系数误差:以 n 位倒 T 型电阻网络 DAC 为例,如果参考电压 V_{REF} 偏离标准值 ΔV_{REF},就会在输出端产生误差 Δv_{o1}。由式(8-8)可知:

$$\Delta v_{O1} = -\frac{\Delta V_{REF}}{2^n} \sum_{i=0}^{n-1} (D_i \times 2^i) \tag{8-15}$$

这个结果表明,由 V_{REF} 的波动所引起的误差和输入数字量的大小成正比,因此将此误差称为比例系数误差。4 位 DAC 的比例系数误差如图 8-12 所示。

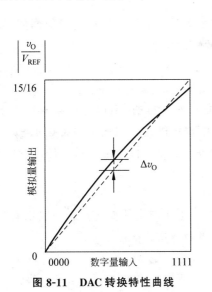

图 8-11 DAC 转换特性曲线

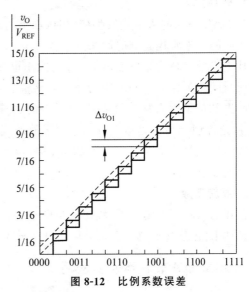

图 8-12 比例系数误差

失调误差:该误差由运算放大器的零点漂移所引起,使输出电压的特性曲线发生平移(上移或下移)。4 位 DAC 的失调误差 Δv_{o2} 如图 8-13 所示。

非线性误差:这种误差没有一定的变化规律,引起非线性误差的原因很多,如模拟电子开关的导通电阻和导通压降、电阻网络中电阻阻值的偏差以及三极管特性的不一致等。4 位 DAC 的非线性误差 Δv_{o3} 如图 8-14 所示。

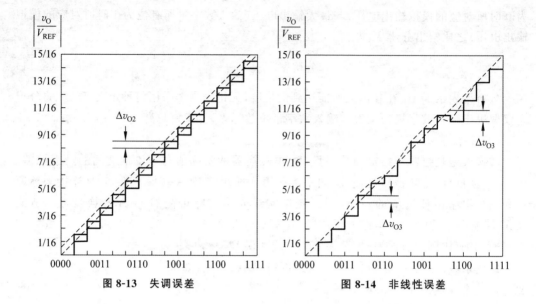

图 8-13 失调误差   图 8-14 非线性误差

因此,要提高 D/A 转换的精度,单纯依靠选用高分辨率的 D/A 转换器件是不够的,还需要选用高稳定度的参考电压 V_{REF}、低漂移的运算放大器、精确阻值的电阻网络等与之配合,才能达到要求。

2. 转换速度

当 DAC 输入的数字量发生变化时,输出的模拟量并不能立即达到所对应的值,要延迟一段时间。通常用建立时间来定量描述 DAC 的转换速度。

从输入数字量发生突变开始,直到输出电压进入与稳态值相差 $\pm 1/2$ LSB 范围以内的这段时间称为建立时间。因为输入数字量的变化越大,建立时间越长,所以一般产品说明中给出的都是输入从全 0 跳变为全 1 时的建立时间。目前,不包含运放的单片集成 DAC 的建立时间最短可达 $0.1\mu s$,包含运放的集成 DAC 的建立时间最短可达 $1.5\mu s$。外加运放组成完整的 DAC 时,为获得较快的转换速度,应选用转换速率较快的运放,以缩短运放的建立时间。

3. 温度系数

指在输入不变的情况下,输出模拟电压随温度变化而产生的变化量。一般用满刻度输出条件下,温度每升高 1℃ 而引起输出电压变化的百分数来表示。

8.2.7 集成 D/A 转换器及其应用

目前常见的集成 DAC 有两大类,一类器件内部只包含电阻网络(或恒流源)和模拟开关,另一类器件内部还包含运算放大器和参考电压源的发生电路,使用前一类器件时必须外接参考电压 V_{REF} 和运算放大器。D/A 转换器不仅可以将数字量转换为模拟量,而且还可用于数字量对模拟信号的处理。下面以 AD7533 为例说明 D/A 转换器的应用。

1. 集成 AD7533 简介

AD7533 是 10 位 CMOS 电流开关型 DAC,供电电压可在 +5~+15V 内选择,最大功耗约为 30mW,建立时间可达 150ns。8.2.3 节已经介绍了其内部结构,片内只含倒 T 型电阻网络、CMOS 电流开关和反馈电阻,组成 DAC 时,必须外接运算放大器。AD7533 的引脚示意图如图 8-15 所示,各引脚功能如下:

$D_0 \sim D_9$:数字量输入端。

I_{OUT1}、I_{OUT2}:倒 T 型电阻网络的电流输出端。

V_{REF}:参考电压输入端。

R_f:反馈电阻端。

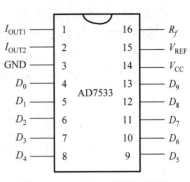

图 8-15 AD7533 引脚示意图

V_{CC}、GND:供电电源输入端和接地端。

2. 数字式可编程增益控制器

数字式可编程控制器如图 8-16 所示,AD7533 与运放 A 接成反比例放大电路,AD7533 内部的反馈电阻 R 作为反比例放大电路的输入电阻,由数字量控制的倒 T 型电阻网络作为放大电路反馈电阻。根据线性运用状态下运放虚地的特点,可得:

$$\frac{v_I}{R} = -i_\Sigma = -\frac{V_{REF}}{2^{10}R}\sum_{i=0}^{9}(D_i \times 2^i) = -\frac{v_O}{2^{10}R}\sum_{i=0}^{9}(D_i \times 2^i) \qquad (8\text{-}16)$$

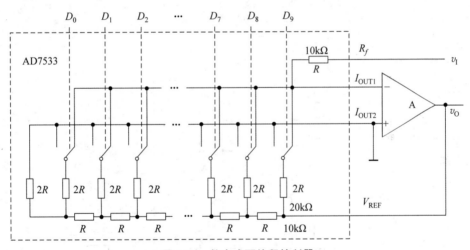

图 8-16 数字式可编程控制器

所以,反比例放大电路的增益 A_V 为:

$$A_V = \frac{v_O}{v_I} = -\frac{2^{10}}{\sum_{i=0}^{9}(D_i \times 2^i)} \qquad (8\text{-}17)$$

可见,调整输入的数字量即可调整电路的增益,从而实现了数字式可编程增益控制的功能。

3. 阶梯波产生电路

由 AD7533、运放 A 和计数器 74LVC163 可组成波形产生电路,如图 8-17(a)所示。74LVC163 是 4 位二进制加法计数器,具有同步清零和同步置数功能,低电平有效。

74LVC163 和与非门用同步反馈清零法构成模 10 计数器，计数状态为 0000~1001。将计数器的计数状态送入 AD7533，AD7533 与运放 A 接成 D/A 转换电路，即可将计数器的数字量输出分别转换为相应的模拟电压输出。输出电压 v_O 的波形如图 8-17(b) 所示，该波形是具有 10 个阶梯的阶梯波。若改变计数器的模，则波形的阶梯数将随之变化。

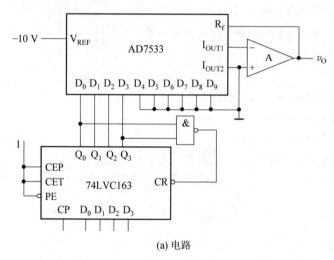

(a) 电路

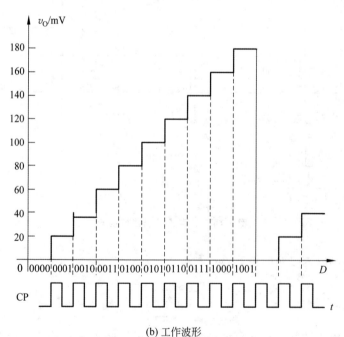

(b) 工作波形

图 8-17　阶梯波产生电路

8.3 A/D 转换器

8.3.1 A/D 转换的基本原理

A/D 转换器是将时间和幅值都连续的模拟量转换为时间和幅值都离散的数字量的转换器。实现 A/D 转换时，首先需要在一系列选定的瞬间对输入模拟信号取样，将其变为在时间上离散的信号，取样后要保持一段时间，在此时间内将取样信号量化为数字量，即变为时间和幅值均离散的信号，然后按一定的编码方式给出结果。所以 A/D 转换一般要经过四个过程：取样、保持、量化、编码。在实际电路中，取样和保持、量化和编码往往同时进行。

1. 取样与保持

取样电路可以将输入模拟量转换为时间上离散的信号，如图 8-18(a)所示，$v_1(t)$ 是输入模拟信号，$v'(t)$ 是输出取样信号，取样脉冲 $S(t)$ 控制传输门 TG。图 8-18(c)中，T_S 是取样脉冲周期，T_W 是取样脉冲持续时间，T_S-T_W 是保持时间。在 T_W 时间内，$S(t)$ 使开关接通，输出取样信号 $v'(t)=v_1(t)$；在 T_S-T_W 时间内，$S(t)$ 使开关断开，$v'(t)=0$。电路工作波形如图 8-18(c)所示。

将取样信号转换为幅值离散的数字信号需要一定的时间，为了给该阶段的量化和编码电路提供一个稳定值，取样信号必须保持一定的时间。一般取样与保持过程是同时完成的，可以利用图 8-18(b)所示的取样-保持电路对输入信号进行取样、保持。当 $S(t)$ 为高电平时(T_W 期间)，场效应管导通，电容 C 的充电时间常数远远小于 T_W，所以 C 上电压跟随输入信号 $v_1(t)$ 变换，而运算放大器 A 接成电压跟随器，所以 $v_O(t)=v_1(t)$；当 $S(t)$ 为低电平时(T_S-T_W 期间)，场效应管关断，由于电压跟随器的输入阻抗很高，存储在 C 中的电荷很难泄漏，使 C 上的电压保持不变，从而使 $v_O(t)$ 保持取样结束时的瞬时值，$v_O(t)$ 的波形如图 8-18(c)所示。

由图 8-18(c)可见，取样脉冲的频率越高，取样-保持信号的波形越接近于输入信号的波形。为了使有限个取样值能够更好地代表输入模拟信号，对取样频率有一定的要求。取样定理指出：当取样频率 $f_S(1/T_S)$ 不小于输入模拟信号频谱中最高频率 f_{max} 的两倍即 $f_S \geqslant 2f_{max}$ 时，取样信号 $v_O(t)$ 才能正确地反映输入信号。一般取 $f_S \geqslant (2.5 \sim 3)f_{max}$。例如，如果语音信号的 $f_{max}=3.5\text{kHz}$，一般取 $f_S=8\text{kHz}$。

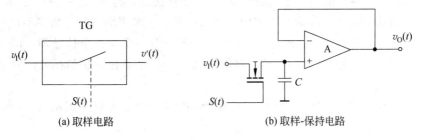

图 8-18 取样-保持工作过程

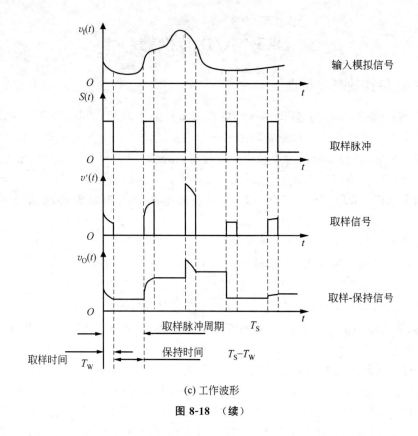

(c) 工作波形

图 8-18 （续）

2. 量化与编码

模拟信号经过取样、保持而得到的取样信号在时间上是离散的,但在幅值上仍然是连续的。而数字量在数值上也是离散的,任何数字量都是某个最小数量单位的整数倍,这个最小数量单位称为量化单位,用 Δ 表示,是指数字量最低有效位 1 所对应的模拟量,即 1LSB。因此,需要将上述取样信号 $v_O(t)$ 按某种近似方式转换为量化单位的整数倍,这个过程称为量化。将量化的结果转化为相应的代码(如二进制码、BCD 码等)称为编码。经编码输出的代码就是 ADC 的转换结果。

由于模拟电压是连续的,取样信号的值不一定都能被 Δ 整除,所以量化过程中不可避免地存在误差,称为量化误差,用 ε 表示。量化误差属于原理误差,是无法消除的。ADC 的位数越多,各离散电平之间的差值越小,量化误差就越小。

量化的方法一般有舍尾取整法和四舍五入法两种。舍尾取整法是指将不足一个量化单位的部分舍弃,将等于或大于一个量化单位的部分按一个量化单位处理。四舍五入法是指将不足半个量化单位的部分舍弃,将等于或大于半个量化单位的部分按一个量化单位处理。

例如要对模拟电压 $0 \sim 1V$ 进行量化编码,将其转换成 3 位二进制代码,如图 8-19 所示。

若采用舍尾取整法,取 $\Delta = 1/8V$,凡数值为 $0 \sim 1/8V$ 的模拟量,都当作 0Δ,编码为

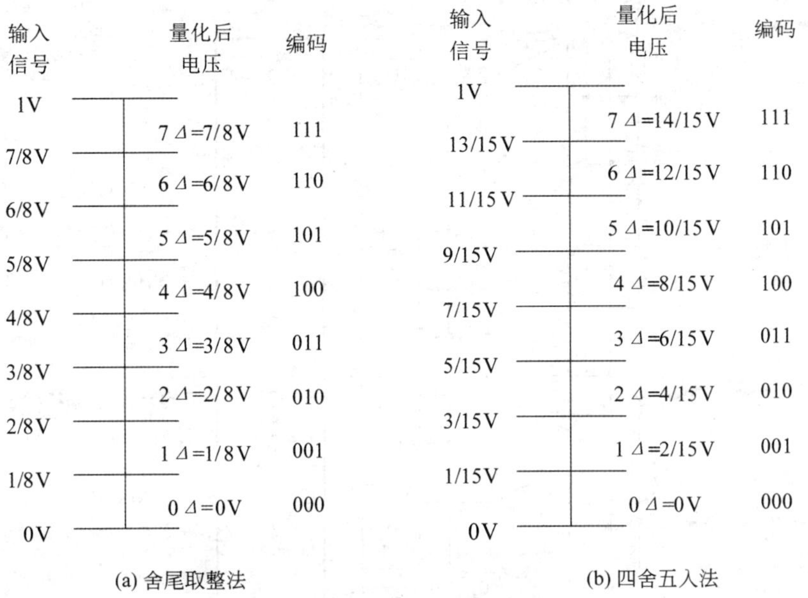

输入信号	量化后电压	编码
1V		
7/8V	7Δ=7/8V	111
6/8V	6Δ=6/8V	110
5/8V	5Δ=5/8V	101
4/8V	4Δ=4/8V	100
3/8V	3Δ=3/8V	011
2/8V	2Δ=2/8V	010
1/8V	1Δ=1/8V	001
0V	0Δ=0V	000

(a) 舍尾取整法

输入信号	量化后电压	编码
1V	7Δ=14/15V	111
13/15V	6Δ=12/15V	110
11/15V	5Δ=10/15V	101
9/15V	4Δ=8/15V	100
7/15V	3Δ=6/15V	011
5/15V	2Δ=4/15V	010
3/15V	1Δ=2/15V	001
1/15V	0Δ=0V	000
0V		

(b) 四舍五入法

图 8-19 划分量化电平的方法

000;凡数值在 1/8~2/8V 之间的模拟量,都当作 1Δ,编码为 001……若采用四舍五入法,取 Δ=2/15V,凡数值在 0~1/15V(0~1/2Δ)之间的模拟量,都当作 0Δ,编码为 000;凡数值在 1/15~3/15V(1/2Δ~3/2Δ)之间的模拟量,都当作 1Δ,编码为 001……不难看出,舍尾取整法最大量化误差 $|\varepsilon_{max}|=1LSB=1/8V$,而四舍五入法最大量化误差 $|\varepsilon_{max}|=LSB/2=1/15V$,由于后者量化误差小,所以为大多数 ADC 所采用。

A/D 转换器按工作原理不同可分为直接 A/D 转换器和间接 A/D 转换器。直接 ADC 将模拟信号直接转换为数字信号,具有较快的转换速度,典型电路有并行比较型 ADC 和逐次逼近型 ADC;间接 ADC 则是先将模拟信号转换成某一中间量(时间或频率),再将中间量转换为数字量,速度较慢,典型电路有双积分型 ADC 和电压频率转换型 ADC。

8.3.2 并行比较型 A/D 转换器

图 8-20 为 3 位并行比较型 ADC,它由电阻分压器、比较器、寄存器及编码器组成。输入电压 v_I 为 $0\sim V_{REF}$,输出为 3 位二进制码 $D_2D_1D_0$。

电阻分压器部分用电阻链将参考电压 V_{REF} 分压,得到 $\frac{1}{15}V_{REF}$,$\frac{3}{15}V_{REF}$,…,$\frac{13}{15}V_{REF}$ 等 7 个量化电平,量化单位为 $\Delta=\frac{2}{15}V_{REF}$。将这 7 个量化电平分别接到电压比较器 $C_7\sim C_1$ 的反向输入端,电压比较器同相输入端接输入电压 v_I。v_I 的大小决定各比较器的输出,例如,当 $0\leqslant v_I<\frac{1}{15}V_{REF}$ 时,$C_7\sim C_1$ 输出全为 0,当 $\frac{1}{15}V_{REF}\leqslant v_I<\frac{3}{15}V_{REF}$ 时,只有 C_7 输出高电平,其余各比较器输出均为 0。依此类推,便可列出 v_I 为不同电压时比较器的输出状态,如表 8-3 所示。

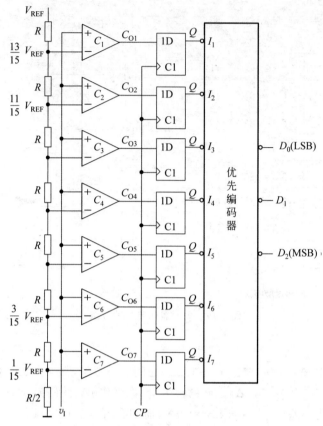

图 8-20 3 位并行比较型 A/D 转换电路

表 8-3 3 位并行比较型 ADC 输入/输出关系对照表

模拟输入	比较器输出状态							数字输出		
	C_{O1}	C_{O2}	C_{O3}	C_{O4}	C_{O5}	C_{O6}	C_{O7}	D_2	D_1	D_0
$0 \leqslant v_1 < \frac{1}{15}V_{REF}$	0	0	0	0	0	0	0	0	0	0
$\frac{1}{15}V_{REF} \leqslant v_1 < \frac{3}{15}V_{REF}$	0	0	0	0	0	0	1	0	0	1
$\frac{3}{15}V_{REF} \leqslant v_1 < \frac{5}{15}V_{REF}$	0	0	0	0	0	1	1	0	1	0
$\frac{5}{15}V_{REF} \leqslant v_1 < \frac{7}{15}V_{REF}$	0	0	0	0	1	1	1	0	1	1
$\frac{7}{15}V_{REF} \leqslant v_1 < \frac{9}{15}V_{REF}$	0	0	0	1	1	1	1	1	0	0
$\frac{9}{15}V_{REF} \leqslant v_1 < \frac{11}{15}V_{REF}$	0	0	1	1	1	1	1	1	0	1
$\frac{11}{15}V_{REF} \leqslant v_1 < \frac{13}{15}V_{REF}$	0	1	1	1	1	1	1	1	1	0
$\frac{13}{15}V_{REF} \leqslant v_1 < V_{REF}$	1	1	1	1	1	1	1	1	1	1

由于比较器的延迟时间可能有差异,所以利用缓冲寄存器来寄存比较结果,供编码使用,缓冲寄存器由 7 个 D 触发器构成。编码器将缓冲寄存器输出的 7 位信号转换成相应的二进制代码,得到数字量输出。

在并行比较型 ADC 中,输入电压 v_1 同时加到所有比较器的输入端,如果不考虑各器件的延迟,可认为三位数字量是与 v_1 输入时刻同时获得的,所以具有最短的转换时间。目前,8 位并行比较型 ADC 的转换时间可以达到 50ns 以下,是其他类型 ADC 无法做到的。但是,随着分辨率的提高,元件数目几乎按几何级数增加,一个 n 位 ADC 需要用 2^n-1 个比较器和触发器,位数越多,电路越复杂,因此使用这种方案制作分辨率较高的集成 ADC 比较困难。这类 ADC 适用于高速度、低精度的场合。

例 8-1 在图 8-20 中,已知 $V_{REF}=7V$,输入模拟电压 $v_1=3.8V$,试确定 3 位并行比较型 ADC 的输出数字量。

解:根据并行比较型 ADC 工作原理可知,输入到比较器 $C_1 \sim C_7$ 的量化电平分别为 $\frac{1}{15}V_{REF}, \frac{3}{15}V_{REF}, \cdots, \frac{13}{15}V_{REF}$,将 $V_{REF}=7V$ 代入,求得各量化电平分别为 0.5V、1.4V、2.3V、3.3V、4.2V、5.1V、6.0V,$v_1=3.8V$,即 $\frac{7}{15}V_{REF} \leqslant v_1 < \frac{9}{15}V_{REF}$,对照表 8-3,得到输出数字量为 100。

8.3.3 逐次逼近型 A/D 转换器

逐次逼近型 ADC 的转换过程类似于天平称重,天平称重的过程是:先放最重的砝码,与被称物重比较,若物体重于砝码,则该砝码保留,否则移去;再放次重砝码,与物重比较……依次进行,直到砝码等于物重,将所有留下的砝码重量相加,即为物重。逐次逼近型 ADC 所使用的砝码是不同级别的参考电压,这些参考电压一个比一个小一半,将输入模拟信号与不同级别的参考电压做比较,使转换所得数字量在数值上逐次逼近模拟输入量。8 位逐次逼近型 ADC 的组成框图如图 8-21 所示,它由移位寄存器、数据寄存器、D/A 转换器、电压比较器和控制逻辑电路等组成。工作过程是:取一个数字量加到

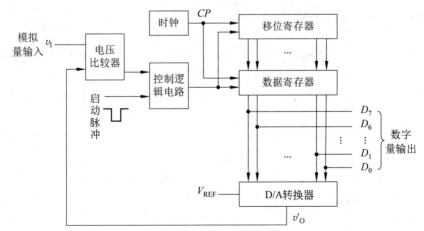

图 8-21 逐次逼近型 A/D 转换器

D/A 转换器上,得到一个对应的模拟输出电压,将其与待转换的模拟电压相比较,若两者不等,则调整所取的数字量,直到两个模拟电压相等为止,此时所取的数字量即为转换结果。

下面以一个例子来详细说明其工作过程。设输入模拟电压 $v_1=6.84\text{V}$,D/A 转换器的参考电压 $V_{REF}=-10\text{V}$,工作过程如下。

(1) 数据寄存器清零。

(2) 启动脉冲低电平后开始转换,第一个 CP 将移位寄存器最高位置 1,即 10000000,该数字经数据寄存器送入 D/A 转换器,D/A 转换器输出电压 $v_O'=\dfrac{V_{REF}}{2}=5\text{V}$,比较 v_1 与 v_O',若 $v_1>v_O'$,则电压比较器输出 1;若 $v_1<v_O'$,则电压比较器输出 0,此结果存放于数据寄存器的 D_7 位。该例中,$v_1>v_O'$,所以 D_7 存储 1。

(3) 第二个 CP 将移位寄存器次高位置 1,即 01000000,由于数据寄存器 D_7 已存储 1,所以此时数据寄存器输出 11000000 给 D/A 转换器,D/A 转换器输出 $v_O'=\dfrac{3V_{REF}}{4}=7.5\text{V}$,$v_1<v_O'$,所以电压比较器输出为 0,此结果存放于数据寄存器的 D_6 位。

(4) 第三个 CP 将移位寄存器置为 00100000,由于数据寄存器 D_7 和 D_6 已经分别为 1 和 0,所以此时数据寄存器输出 10100000 给 D/A 转换器,$v_O'=6.25\text{V}$,$v_1>v_O'$,所以数据寄存器 D_5 位存储 1。

(5) 如此重复比较下去,经过 8 个 CP,转换结束。最终转换结果为 10101111,该数字量对应的模拟电压为 6.835937V,与输入模拟电压 6.84V 的相对误差仅为 0.06%。

由转换过程可见,输出数字量对应的模拟电压 v_O' 逐次逼近输入电压 v_1,转换过程的波形如图 8-22 所示。

逐次逼近型 ADC 的转换速度比并行比较型 ADC 低,逐次逼近型 ADC 完成一次转换所需时间与位数 n 和时钟脉冲频率有关,位数越少,时钟频率越高,转换时间越短。在位数较多时,逐次逼近型 ADC 比并行比较型 ADC 的电路规模要小得多。逐次逼近型 ADC 转换精度高,是目前集成 ADC 产品中用得最多的一种电路。

8.3.4 双积分型 A/D 转换器

双积分型 ADC 是一种间接 A/D 转换器,它先将输入的模拟信号转换成与之成正比的时间间隔,然后再在这个时间间隔里对固定频率的时钟脉冲计数,计数结果就是与模拟输入信号成正比的数字信号。因此,这种 ADC 属于电压-时间变换型(V-T 变换型)ADC。

双积分型 ADC 的组成如图 8-23 所示,它由积分器(运放 A)、过零比较器(C)、时钟脉冲控制门(G)、计数器($FF_0 \sim FF_{n-1}$)和定时器(FF_n)等组成。

下面以输入正极性的直流电压 v_1($v_1<V_{REF}$)为例,说明该电路的工作过程,如图 8-24 所示,分为以下几个阶段。

(1) 初始阶段

转换开始前,将计数器清零,开关 S_2 闭合,使积分电容 C 完全放电。

第 8 章 数模和模数转换

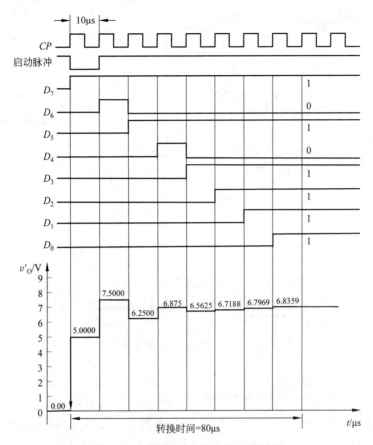

图 8-22 逐次逼近型 ADC 的工作波形

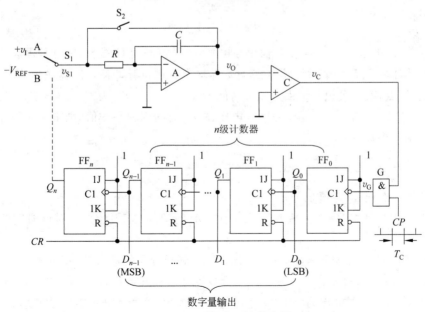

图 8-23 双积分型 A/D 转换器

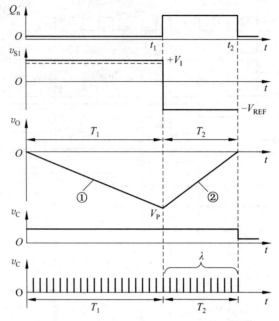

图 8-24 双积分型 ADC 的工作波形

(2) 第一次积分(定时积分)

第一次积分是在固定时间内对输入模拟量积分,求得一个固定值 V_P。

启动脉冲到来后,转换开始。$t=0$ 时刻,S_2 断开,S_1 接 A 点,输入电压 v_I 接到积分器的输入端,积分器从 0 开始负向积分,波形如图 8-24 中①段所示,积分器输出电压 v_O 为

$$v_O = -\frac{1}{\tau}\int_0^t v_I \mathrm{d}t \tag{8-18}$$

式中 $\tau=RC$。此时 $v_O<0$,比较器输出高电平,时钟控制门 G 被打开,计数器在 CP 作用下从 0 开始计数。经 2^n 个时钟脉冲后,计数器输出的进位脉冲使定时器输出 $Q_n=1$,开关 S_1 转接至 B 点,第一次积分结束。积分时间为 $T_1=2^n T_C$,T_C 为 CP 的周期,n 为计数器的位数,所以 T_1 为定值。设 V_I 为输入电压在 T_1 时间内的平均值,则第一次积分结束时积分器的输出电压为:

$$V_P = -\frac{T_1 V_I}{\tau} = -\frac{2^n T_C V_I}{\tau} \tag{8-19}$$

(3) 第二次积分(定值积分)

第二次积分是将 V_P 转换成与之成正比的时间间隔,并用计数器对该时间间隔进行计量。

$t=t_1$ 时刻,S_1 转接至 B 点,基准电压 $-V_{REF}$ 到积分器的输入端,积分器以 V_P 为初始值正向积分,波形如图 8-24 中②段所示,计数器又从 0 开始计数。当 $t=t_2$ 时刻,积分器输出电压为 0,比较器输出为 0,时钟控制门 G 被关闭,计数停止。第二次积分结束时 v_O 的表达式为:

$$v_O(t_2) = V_P - \frac{1}{\tau}\int_{t_1}^{t_2}(-V_{REF})dt = 0 \tag{8-20}$$

设 $T_2 = t_1 - t_2$，可得：

$$\frac{V_{REF} T_2}{\tau} = \frac{2^n T_C V_1}{\tau} \tag{8-21}$$

$$T_2 = \frac{2^n T_C}{V_{REF}} V_1 \tag{8-22}$$

可见，T_2 与 V_1 成正比，也就是说电路已经将输入模拟电压转换成了中间变量 T_2。

设 T_2 时间内计数器所累计的时钟脉冲个数为 M，则：

$$M = \frac{T_2}{T_C} = \frac{2^n}{V_{REF}} V_1 \tag{8-23}$$

上式表明，T_2 时间内计数器所计脉冲数 M 与 T_1 时间内输入模拟电压成正比，所以与计数脉冲个数 M 相对应的计数器输出 $Q_{n-1}\cdots Q_1 Q_0$ 即为转换的数字量 $D_{n-1}\cdots D_1 D_0$，从而实现了模拟量向数字量的转换。只要 $v_1 < V_{REF}$，T_2 期间计数器就不会发生溢出，转换器就能正常地将输入模拟量转换为数字量。

(4) 休止阶段

第二次积分结束后，控制电路又使开关 S_2 闭合，电容 C 放电，积分器回零，电路再次进入准备阶段，等待下一次转换。

双积分型 ADC 的工作性能比较稳定，由于转换过程中的两次积分使用的是同一积分器，两次积分期间的计数也使用同一计数器。由式(8-21)可以看出，只要两次积分期间 RC 时间常数相同，T_C 不变，转换结果就与 R、C 及 T_C 无关，因此，R、C 参数和时钟周期的缓慢变化对转换精度的影响几乎可以忽略。

另外，双积分型 ADC 抗干扰能力比较强，由于输入端使用了积分器，所以对平均值为零的噪声具有很强的抑制能力。在实际应用中，工频干扰近似于对称，若选定 T_1 等于工频周期的整数倍，例如 20ms 或 40ms 等，即可有效地消除工频干扰，得到良好的测量效果。

双积分型 ADC 的主要缺点是转换速度低，完成一次转换的时间大于 $2T_1$，即大于 $2^{n+1}T_C$，其转换速度一般在每秒几十次以内。双积分型 ADC 大多用于精度要求较高而转换速度要求不高的仪器仪表中，例如数字万用表。

8.3.5 A/D 转换器的主要技术指标

1. 转换精度

A/D 转换器也采用分辨率和转换误差来描述转换精度。分辨率用输出二进制数的位数表示，它说明 ADC 对输入信号的分辨能力。理论上讲，n 位输出的 ADC 能区分输入模拟信号的 2^n 个不同等级，因此能区分输入信号的最小值为满量程输入的 $1/2^n$，所以分辨率表示 ADC 在理论上能达到的精度。在最大输入信号一定时，输出位数越多，则每一位二进制代码所代表的模拟量越小，分辨率越高。例如 ADC 输入模拟电压变化范围为 $0 \sim 5V$，输出为 10 位二进制码，则分辨率为 $5/2^{10} = 4.88mV$。

转换误差通常以输出最大误差给出，它表示实际输出的数字量和理论上应输出的数字量之间的差别,一般以最低有效位的倍数给出。例如转换误差<±LSB/2,表明实际输出的数字量和理论上应输出的数字量之间的误差小于最低有效位的一半。

手册上给出的转换精度都是在一定的电源电压和环境温度下得到的数据,如果这些条件改变了,将引起附加的转换误差。为获得较高的转换精度,必须保证供电电源有很好的稳定度,并限制环境温度的变化。

2. 转换速度

ADC 的转换速度主要取决于转换电路的类型,不同类型的 ADC 转换速度相差甚远。并行比较型 ADC 转换速度最快,例如,8 位并行集成 ADC 的转换时间可缩短至 50ns;其次为逐次逼近型 ADC,其多数产品的转换时间为 10~100μs;间接型 ADC 的转换速度最低,例如双积分型 ADC 转换时间多为数十至数百 ms。

8.3.6 集成 A/D 转换器简介

在单片集成 ADC 中,逐次逼近型使用较多。ADC0809 是 AD 公司采用 CMOS 工艺生产的一种 8 位逐次逼近型 ADC,片内除了具有最基本的 A/D 转换功能之外,还具有 8 路模拟输入通道及地址译码器,可接 8 路模拟量输入。输出端具有三态输出缓冲电路,输出数字量可直接与 CPU 数据总线相连,无须附加接口电路。转换时间为 100μs,输入电压范围为 0~5V。ADC0809 的引脚示意图如图 8-25 所示。

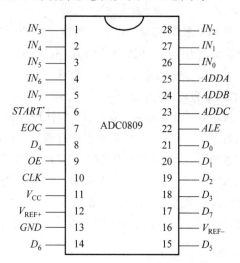

图 8-25 ADC0809 引脚示意图

各引脚功能如下:

$IN_0 \sim IN_7$:8 路模拟信号输入端。

$D_0 \sim D_7$:8 位数字量输出端。

CLK:时钟信号输入端。

$ADDA$、$ADDB$、$ADDC$:地址输入端,不同的地址选择不同的模拟输入通道。

ALE:地址锁存输入端,ALE 上升沿将地址信号锁存于地址锁存器中。

V_{REF+}、V_{REF-}:参考电压的正、负输入端。

$START$：启动信号输入端，其上升沿到来时片内寄存器复位，下降沿开始 A/D 转换。

EOC：转换结束输出端。EOC 为低电平表示正在进行转换；EOC 变为高电平，表示 A/D 转换结束，将转换结果送入输出缓冲器，该引脚可用于向 CPU 发出中断请求信号。

OE：输出允许控制端，控制三态输出缓冲器。当 $OE=0$ 时，数字输出端呈高阻态；当 $OE=1$ 时，将数字量送到数据总线。

图 8-26 为 ADC0809 的工作时序图，根据该时序可以设计与 CPU 总线的接口。工作过程如下：地址信号有效后，加入 ALE 信号，在 ALE 的上升沿将地址信号锁存于地址锁存器。通过地址译码，选择输入通道，输入通道信号有效后，在 $START$ 下降沿开始 A/D 转换。经 t_c 时间，转换结束，EOC 变为高电平，将结果存于三态输出缓冲器，等到 OE 的高电平来到之后，将数字信号送出到数据总线。

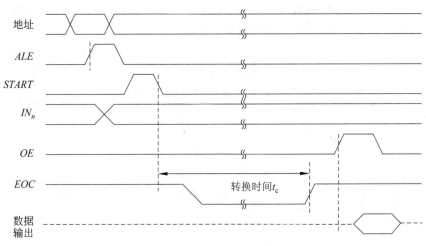

图 8-26　ADC0809 工作时序图

本 章 小 结

（1）A/D 和 D/A 转换器是现代数字系统中的重要组成部件。本章主要讲述了 D/A 和 A/D 转换的基本原理、几种典型的 DAC 和 ADC 的电路结构和工作原理，以及 D/A 和 A/D 转换器的主要性能指标。A/D 和 D/A 转换器种类繁多，不可能一一列举，因此首先应着重理解和掌握 A/D 和 D/A 转换的基本原理。

（2）在 D/A 转换器中，分别介绍了权电阻网络型 DAC、倒 T 型电阻网络 DAC 以及权电流型 DAC。权电阻网络型 DAC 电路结构简单，但采用的电阻种类多且阻值相差较大，不易于集成电路的制作；倒 T 型电阻网络 DAC 的电阻网络中只有 R 和 $2R$ 两种阻值的电阻，精度容易保证，易于集成电路的设计与制作，而且转换速度快，尖峰脉冲干扰较小，是集成 D/A 转换器中用得最多的一种；权电流型 DAC 转换精度高，在双极性 D/A 转换器中用得比较多。

（3）A/D 转换器分为直接 ADC 和间接 ADC，直接 ADC 中介绍了并行比较型 ADC

和逐次逼近型 ADC；间接 ADC 中介绍了双积分型 ADC。并行比较型 ADC 转换速度最快，但是分辨率越高，电路越复杂，适用于需要高速度、低精度的场合；逐次逼近型 ADC 转换速度虽然不及并行比较型 ADC，但是较之其他类型的 ADC 又快得多，而且电路规模小，是目前集成 ADC 产品中用得最多的一种；双积分型 ADC 虽然转换速度低，但是由于抗干扰能力强，性能稳定，因此在低速系统(例如数字万用表)中得到了广泛的应用。

(4) D/A 和 A/D 转换器的两个主要指标是转换精度和转换速度。目前，D/A 和 A/D 转换器的发展趋势是高速度、高分辨率并且易于与微机接口。

课 后 习 题

8-1 在题图 8-1 所示的权电阻网络 DAC 中，若 $V_{REF}=-10V$，$R_f=R/2$，当输入数字量为 $D_3D_2D_1D_0=0101$ 时，求输出电压的大小。

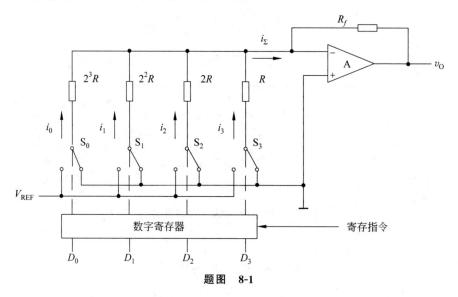

题图 8-1

8-2 10 位倒 T 型电阻网络 DAC 如题图 8-2 所示，取 $R_f=R$。

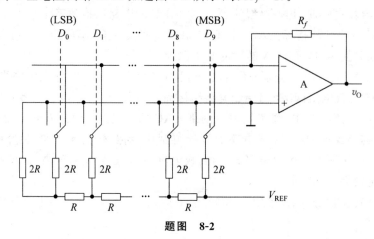

题图 8-2

(1) 试求输出电压的取值范围。

(2) 若要求电路输入数字量为 200H 时，输出电压 $v_O=5V$，试问 V_{REF} 应取何值？

8-3 在题图 8-3 所示的 4 位权电流型 DAC 中，已知 $V_{REF}=8V$，$R_1=48\text{k}\Omega$，当输入 $D_3D_2D_1D_0=1010$ 时，$v_O=2.5V$，试确定 R_f 的值。

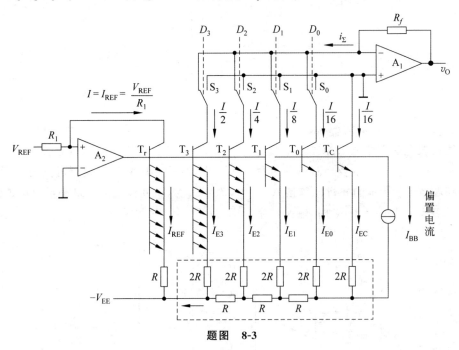

题图 8-3

8-4 由 AD7533 组成的双极性输出 DAC 如题图 8-4 所示，AD7533 片内倒 T 型电阻网络中电阻为 R 和 $2R$，反馈电阻为 R_f。

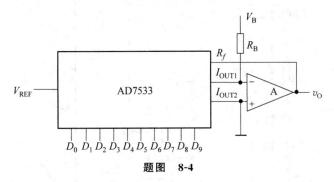

题图 8-4

(1) 根据电路写出输出电压 v_O 的表达式。

(2) 输入为二进制补码的双极性输出电路中，V_B、R_B、V_{REF} 和 R 应满足什么关系？

8-5 如果已知某 DAC 满刻度输出电压为 10V，试问如果要求 1mV 的分辨率，其输入数字量的位数 n 至少应为多少？

8-6 试用 D/A 转换器 AD7533 和计数器 74161 组成如题图 8-5 所示的 10 阶阶梯波形发生器，要求画出完整的逻辑图。

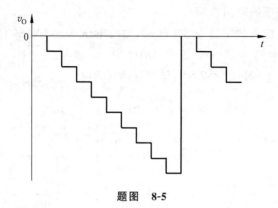

题图 8-5

8-7 比较权电阻网络型 DAC、倒 T 型电阻网络 DAC 和权电流型 DAC 的优缺点。

8-8 实现模数转换一般要经过哪些过程？按工作原理不同，A/D 转换器可分为哪两种？

8-9 在题图 8-6 所示的并行比较型 ADC 中，$V_{REF}=7V$，试问该电路的最小量化单位 Δ 等于多少？当 $v_1=2.4V$ 时，输出数字量 $D_2D_1D_0$ 是什么？

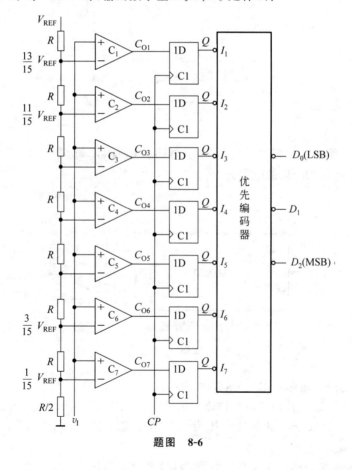

题图 8-6

8-10 在题图 8-7 所示的逐次逼近型 ADC 中，若 $n=10$，已知时钟频率为 1MHz，则完成一次模数转换所需时间是多少？如果要求完成一次转换的时间小于 $100\mu s$，试问时钟频率应选多大？

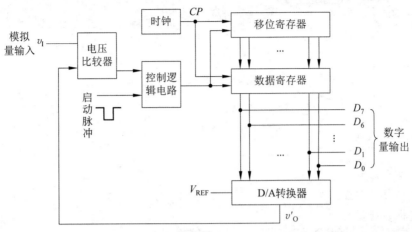

题图 8-7

8-11 在题图 8-7 所示的逐次逼近型 ADC 中，设 $V_{REF}=10V$，$v_I=5.74V$，试画出在时钟脉冲作用下 v_O' 的波形，并写出转换结果。

8-12 逐次逼近型 ADC 参考电压 $V_{REF}=8V$，输入模拟电压 $v_I=2.52V$。若分别用 4 位和 6 位逐次逼近型 ADC 来实现，则转换器输出的 4 位码和 6 位码分别是多少？

8-13 某双积分型 ADC 中，计数器为十进制计数器，其最大计数容量为 $(100)_{10}$，计数时钟脉冲频率为 1kHz，积分器中 $R=100k\Omega$，$C=1\mu F$，输入电压 v_I 的变化范围为 $0\sim 5V$，试求：

(1) 第一次积分时间 T_1。

(2) 积分器的最大输出电压 $|V_{Omax}|$。

(3) 当 $V_{REF}=10V$ 并且第二次积分阶段计数器计数值 $M=(80)_{10}$ 时，输入电压平均值 V_I 为多少？

8-14 在双积分型 ADC 中，输入电压 v_I 和参考电压 V_{REF} 在极性和数值上应满足什么关系？如果 $|v_I|>|V_{REF}|$，在转换过程中将会发生什么样的结果？

8-15 已知双积分型 ADC 中计数器是 8 位，时钟脉冲频率 $f_C=10kHz$，试求完成一次转换最长需要多少时间？

8-16 A/D 转换器输入模拟电压变化范围为 $0\sim 10V$，若要求模拟信号每变化 2.5mV 能使数字信号最低位发生变化，试问应选多少位的 ADC？

8-17 比较并行比较型 ADC、逐次逼近型 ADC 和双积分型 ADC 的优缺点。

第 9 章 半导体存储器

[主要教学内容]

1. 只读存储器。
2. 可编程只读存储器。
3. 随机存储器。

[教学目的和要求]

1. 熟悉只读存储器(ROM)的结构和工作原理。
2. 熟悉随机存取存储器(RAM)的工作原理。
3. 掌握典型 RAM 的功能及容量扩展的方法。

9.1 概　　述

在计算机及各种数字系统中,有大量的运算数据、程序和资料需要存储,具有存储功能的存储器理所当然成为数字系统中不可缺少的关键部件。存储器种类很多,但其基本的存储单元由触发器或其他记忆元件构成。我们称由半导体器件构成基本存储单元的存储器为半导体存储器,它是存放大量二值信息(或二值数据)的器件。这类器件是计算机及其他数字系统中不可或缺的重要组成部分,属于大规模集成电路。半导体存储器具有集成度高、价格低、体积小、耗电省、可靠性高和外围接口电路简单等优点。

9.1.1 半导体存储器的分类

按制造工艺可将半导体存储器分为 MOS 型和双极型。MOS 型的半导体存储器集成度高、功耗小、价格低、工艺简单,适用于对容量要求较高的场合,用作主存储器;双极型半导体存储器工作速度快、功耗高、价格较高,适用于对速度要求较高的场合,用作高速缓冲存储器。

按功能可将半导体存储器分为 ROM(只读存储器)、RAM(随机存取存储器)和 SAM(顺序存取存储器)。ROM 只能从其中读出数据,不能写入数据,数据可长期保留,断电也不消失,具有非易失性,适用于长期存放的数据;RAM 可在任何时刻从存储器中读出数据或向其中写入数据,其数据不可长期保留,断电后立即消失;SAM 按照一定的顺序存取,有先入先出型(FIFO)和先入后出型(FILO)两种。

9.1.2 半导体存储器的主要技术指标

半导体存储器的主要技术指标是存储容量和存取时间。

(1) 存储容量指存储器所能存放二进制信息的总量,常用"字数×位数"来表示。容量越大,表明能存储的二进制信息越多。

(2) 存取时间指进行一次(写)存或(读)取所用的时间,一般用读(或写)的周期来描述。读写周期(存取周期)指连续两次读(或写)操作的最短时间间隔,读写周期包括读(写)时间和内部电路的恢复时间。读写周期越短,则存储器的存储速度越快。

9.1.3 常用概念

在半导体存储器中,有如下几个常用的基本概念。

(1) 字长(位数):表示一个信息的多位二进制码称为一个字,字的位数称为字长。

(2) 字数:字的总量。

(3) 字数的计算方法:字数 = 2^n(n 为存储器外部地址线的条数)。

(4) 存储容量:存储二值信息的总量,其计算方法为:存储容量 = 字数×位数。

(5) 地址:每个字的编号。

9.2 只读存储器

只读存储器是指只能读出事先所存数据的固态半导体存储器,英文简称 ROM。ROM 所存的数据一般是装入整机前事先写好的,整机工作过程中只能读出,而不像随机存储器那样能快速、方便地加以改写。ROM 所存数据稳定,断电后所存数据也不会改变;其结构较简单,读出较方便,因而常用于存储各种固定的程序和数据。大部分只读存储器用金属-氧化物-半导体(MOS)场效应管制成。

除少数品种的只读存储器(如字符发生器)可以通用之外,不同用户所需只读存储器的类型不同。根据存储内容写入方式和能否改写的不同,只读存储器可分为固定 ROM (掩模 ROM)、可编程 ROM(PROM)、可擦可编程 ROM(EPROM)、电可擦可编程 ROM (EEPROM)和快闪存储器(Flash Memory)等几种类型。其中,EPROM 需用紫外线长时间照射才能擦除,使用很不方便。20 世纪 80 年代制出的 EEPROM 克服了 EPROM 的不足,但集成度不高,价格较贵。于是又开发出一种新型的存储单元结构,即同 EPROM 相似的快闪存储器,其集成度高、功耗低、体积小,又能在线快速擦除,因而获得飞速发展,并有可能取代现行的硬盘和软盘而成为主要的大容量存储媒体。

9.2.1 ROM 的定义与基本结构

只读存储器在工作时,其中的内容只能读出,不能随时写入,所以称为只读存储器(Read-Only Memory,ROM)。

一般而言,只读存储器由存储阵列、地址译码器和输出控制电路三部分组成,如图 9-1 所示。它的功能是根据控制信号的读取要求,把存储在指定存储单元中的数据读出来。

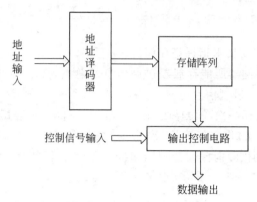

图 9-1 ROM 的基本结构

地址译码器的作用是将输入的地址译成相应的字单元控制信号,此控制信号会从存储阵列中选中指定的存储单元,任何时刻只能有一条字线被选中。于是,将被选中的那条字线所对应的一组存储单元中的各位数据送到输出控制电路,然后在输入的控制信号的作用下把数据输出。

存储阵列是存储器的主体,含有大量存储单元,一个存储单元只能存储一位二进制数码 1 或 0。通常存储单元排成矩阵形式,且按一定位数进行编组,每次读出一组数据,这里的组称为字。存储器中以字为单位进行存储,每个字包含有 M 位二进制数。在只读存储器中,为了方便地读出信息,必须给每组存储单元(字单元)以确定的标号,这个标号称为地址。不同的字单元具有不同的地址,这样在读出信息时,便可以按照地址来选择欲读出的存储单元。存储矩阵的存储容量反映了存储的信息量。如果 N 为字数,M 为每个字所包含的位数,那么存储容量=$N \times M$。存储容量越大,存储的信息量就越多,存储功能就越强。

输出控制电路一般都包含三态缓冲器。三态缓冲器是为了增加 ROM 带负载的能力,当有数据输出时,将被选中的数据输出至数据总线上;当没有数据输出时,输出的高阻态不会对数据总线产生影响。

ROM 的内部结构如图 9-2 所示。其中的 A_1 和 A_0 是输入地址,2-4 线译码器是地址译码器,存储阵列由二极管组成,输出控制电路由 4 个三态缓冲器组成,$\overline{OE}$ 是输入的控制信号,D_3、D_2、D_1 和 D_0 是输出的被选中的数据。

存储阵列有四条字线和四条位线,共有 16 个交叉点(不是结点),每个交叉点都可看作是一个存储单元。两位地址代码 A_1 和 A_0 为译码器的输入,其输出就是存储矩阵字单元的地址。根据译码器的逻辑关系,当输入地址代码 A_1A_0 分别为 00、01、10、11 四种组合时,译码器的输出 Y_0、Y_1、Y_2、Y_3 中总有一个为有效低电平 0。例如,当地址代码 $A_1A_0=$ 10 时,译码器的四个输出中只有 Y_2 为低电平,则 Y_2 字线与所有位线交叉处的二极管导通,使相应的位线变为低电平,而交叉处没有二极管的位线仍保持高电平。此时,若 $\overline{OE}=$ 0,则位线电平经反相输出缓冲器后输出。此时,输出 $D_3D_2D_1D_0=0100$。所以,交叉点处接有二极管时相当于存 1,没有接二极管时相当于存 0。由此可以看出,在控制信号有

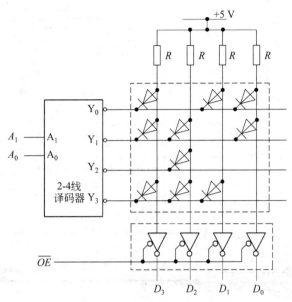

图 9-2 ROM 的结构示意图

效的情况下,给定一组地址输入,便可得到一组输出。此 ROM 的地址与输出的关系如表 9-1 所示。

表 9-1 ROM 的地址与输出的关系

控制信号	地	址	内		容	
$\overline{OE}$	A_1	A_0	D_3	D_2	D_1	D_0
0	0	0	1	0	1	1
0	0	1	1	1	0	1
0	1	0	0	1	0	0
0	1	1	1	1	1	0
1	×	×	高阻			

9.2.2 二维译码

在实际应用中,常采用行译码和列译码的二维译码结构来减小译码电路的规模,如图 9-3 所示。

4-16 线译码器为行译码器,16 选 1 数据选择器构成列译码器,行译码器输出高电平有效,存储单元由 MOS 管构成。当给定的地址码为 $A_7A_6A_5A_4A_3A_2A_1A_0=00000001$ 时,$A_7A_6A_5A_4$ 经过译码器译码后,使得 Y_0 为有效高电平,则栅极与 Y_0 相连的 MOS 管导通,使得列线 $I_0=I_1=I_{15}=0$,而交叉处没有 MOS 管的列线仍然保持高电平。$A_3A_2A_1A_0=0001$,所以数据选择器将 I_1 的值输出,即 $D_0=I_1=0$。一般数据选择器的输出外面还都加个反相器,这样相应的位置有 MOS 管时,最后的输出就是 1;没有 MOS 管时,最后的输出就是 0。

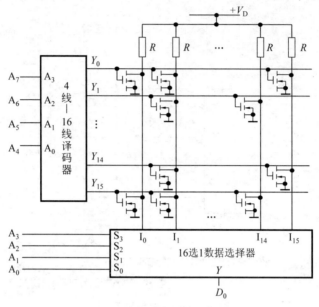

图 9-3 二维译码

9.2.3 可编程 ROM

ROM 按性能可分为如下几种类型：掩膜 ROM、可擦可编程 ROM 和电可擦可编程 ROM。

掩膜 ROM 是由厂家通过掩膜工艺制造出的一种固定 ROM，用户无法改变其内部所存储的信息，通常只能存放固定数据、固定程序和函数表等。它具有性能可靠、大批量生产时成本低等优点。

可擦可编程 ROM(EPROM)是由用户用专用的写入器将信息写入器件的。可擦可编程 ROM 可以多次擦除多次编程，适合于需要经常修改存储内容的场合。根据擦除方式的不同，可分为紫外线可擦可编程 ROM 和电信号可擦可编程 ROM。一般提到 EPROM，是指在紫外线照射下能擦除其存储内容的 ROM，而 EEPROM 指的是电信号可擦除可编程 ROM。20 世纪 80 年代问世的快闪存储器(Flash Memory，称为"闪存")就是一种电信号可擦除可编程 ROM。

如果要更改 EPROM 内部存储信息，只需将此器件置于紫外线下即可擦除，且芯片可重复擦除和写入，解决了 PROM 芯片只能写入一次的弊端。EPROM 芯片有一个很明显的特征，在其正面的陶瓷封装上开有一个玻璃窗口，透过该窗口可以看到其内部的集成电路，紫外线透过该孔照射内部芯片就可以擦除其内的数据，完成芯片擦除的操作要用到 EPROM 擦除器。由于自然光中(特别是在太阳光直射下)含有一定量的紫外线，在一定时间作用下(少则几小时多则几天)可能会使芯片上部分或全部信息擦除，所以在信息写入后，应用不透光纸将石英玻璃窗覆盖，以免信息丢失。

下面将详细介绍几种 ROM。

1. 掩膜 ROM

所谓掩膜 ROM,是指生产厂家根据用户需要,在 ROM 的制作阶段通过"掩膜"工序将信息制作到芯片里,适合于批量生产和使用。这类 ROM 可由二极管、双极型晶体管和 MOS 电路组成,其工作原理是类似的。图 9-4 为一个简单的 $4×4$ 位 MOS 管 ROM,采用单译码结构。两位地址线 A_1、A_0 译码后可译出 4 种状态,输出 4 条选择线,分别选中 4 个单元,每个单元有 4 位输出。

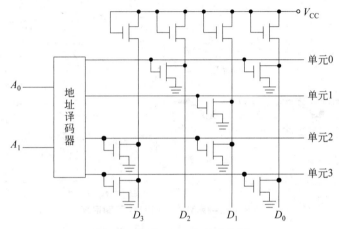

图 9-4 掩膜 ROM 存储结构图

在图 9-4 所示的矩阵中,行和列的交点有的连有管子,有的没有,这是工厂根据用户提供的程序对芯片图形(掩膜)进行二次光刻所决定的,所以称为掩膜 ROM。若地址线 $A_1A_0=00B$,则选中 0 号单元,即字线 0 为高电平。若有管子与其相连(如位线 2 和 0),其相应的 MOS 管导通,位线输出为 0;而位线 1 和 3 没有管子与字线相连,则输出为 1。故存储器的内容取决于制造工艺,图 9-4 所示的存储矩阵的内容如表 9-2 所示。

表 9-2 掩膜 ROM 存储矩阵的内容

单元 \ 位	D_3	D_2	D_1	D_0
0	1	0	1	0
1	1	1	0	1
2	0	1	0	1
3	0	1	1	0

2. 可擦可编程 ROM

在实际工作中,一个新设计的程序往往需要经历调试、修改过程,如果将这个程序写在 ROM 和 PROM 中,就很不方便了。EPROM 是一种可以多次进行擦除和重写的 ROM。在 EPROM 中,信息的存储是通过电荷分布来决定的,所以编程过程就是一个电荷聚集过程。编程结束后,尽管撤除了电源,但由于绝缘层的包围,聚集的电荷无法泄漏,因此电荷分布维持不变。

EPROM 具有可修改性,在它的正面有一个石英玻璃窗口,当用紫外线光源通过窗口对它照射 15~20 分钟后,其内部电荷分布被破坏,聚集在各基本存储电路中的电荷形成光电流泄漏掉,使电路恢复为初始状态,片内所有位变为全 1,从而擦除了写入的信息。经擦除后的 EPROM 芯片可在 EPROM 编程器上写入新的内容,即重新编程。

通常 EPROM 存储电路是利用浮栅 MOS 管构成的,又称 FAMOS 管(Floating gate Avalanche Injection Metal-Oxide-Semiconductor,即浮栅雪崩注入 MOS 管),其构造如图 9-5(a)所示。

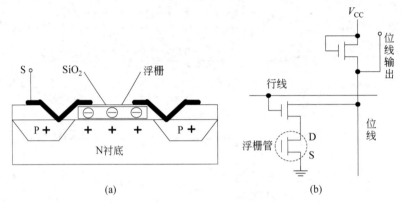

图 9-5　浮栅 MOS EPROM 存储电路

该电路和普通 P 沟道增强型 MOS 管相似,只是浮栅管的栅极没有引出端,而被 SiO_2 绝缘层所包围,称为"浮栅"。在原始状态,该管栅极上没有电荷,也没有导通沟道,D 和 S 是不导通的。如果将源极和衬底接地,在衬底和漏极形成的 PN 结上加一个约 24V 的反向电压,可导致雪崩击穿,产生许多高能量的电子,这些电子比较容易越过绝缘薄层进入浮栅。注入浮栅的电子数量由所加电压脉冲的幅度和宽度来控制,如果注入的电子足够多,这些负电子在硅表面上感应出一个连接源-漏极的反型层,使源-漏极呈低阻态。当外加电压取消后,积累在浮栅上的电子没有放电回路,因而在室温和无光照的条件下可长期地保存在浮栅中。

将一个浮栅管和 MOS 管串起来,组成如图 9-5(b)所示的存储单元电路。于是浮栅中注入了电子的 MOS 管源-漏极导通,当行选线选中该存储单元时,相应的位线为低电平,即读取值为 0;而未注入电子的浮栅管的源-漏极是不导通的,故读取值为 1。在原始状态下,没有经过编程,浮栅中没有注入电子,位线上总是 1。

消除浮栅电荷的办法是利用紫外线光照射,由于紫外线光子能量较高,从而可使浮栅中的电子获得能量,形成光电流从浮栅流入基片,使浮栅恢复初态。EPROM 芯片上方有一个石英玻璃窗口,只要将此芯片放入一个靠近紫外线灯管的小盒中,一般照射 10 分钟左右,读出各单元的内容均为 FFH,则说明该 EPROM 已擦除。

3. 电可擦可编程 ROM

EEPROM 是一种在线(即不用拔下来)可编程只读存储器,它能像 RAM 那样随机地进行改写,又能像 ROM 那样在掉电的情况下不丢失所保存的信息,即 EEPROM 兼有 RAM 和 ROM 的双重功能特点。

一个 EEPROM 管子的结构示意图如图 9-6 所示。它的工作原理与 EPROM 类似，当浮空栅上没有电荷时，管子的漏极和源极之间不导电；若设法使浮空栅带上电荷，则管子就导通。在 EEPROM 中，使浮空栅带上电荷和消去电荷的方法与 EPROM 中是不同的。在 EEPROM 中的漏极上面增加了一个隧道二极管，它在第二栅与漏极之间的电压 V_G 的作用下，可以使电荷通过它流向浮空栅（即起编程作用）；若 V_G 的极性相反也可以使电荷从浮空栅流向漏极（起擦除作用）。而编程与擦除所用的电流是极小的，可用极普通的电源供给 V_G。

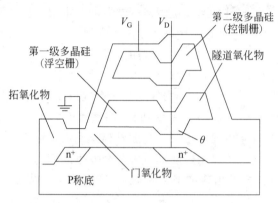

图 9-6　EEPROM 存储结构图

EEPROM 的另一个优点是擦除可以按字节分别进行（不像 EPROM 擦除时把整个片子的内容全变为 1）。字节的编程和擦除都只需要 10ms。

4. Flash 存储器

闪速存储器（Flash Memory）是一种新型的半导体存储器，由于它具有可靠的非易失性、电擦除性以及低成本，对于需要实施代码或数据更新的嵌入式应用是一种理想的存储器，而且它在固有性能和成本方面有较明显的优势。

Intel 公司的 ETOX™（EPROM 沟道氧化物）闪速存储器是以单晶体管 EPROM 单元为基础的。因此闪速存储器就具有非易失性，在断电时它也能保留存储内容，这使它优于需要持续供电来存储信息的易失性存储器。闪速存储器的单元结构和它具有的 EPROM 基本特性使它的制造特别经济，在密度增加时保持可测性，并具有可靠性，这几方面综合起来的优势是目前其他半导体存储器技术所无法比拟的。

与 EPROM 只能通过紫外光线照射来实施擦除的特点不同，闪速存储器可实现大规模电擦除。闪速存储器的擦除功能可迅速清除整个器件中的所有内容，这一点优于传统的可修改字串的 EEPROM。Intel 的 ETOX 制造出的器件可重复使用，并且可以被擦除和重新编程几十万次而不会失效。在文件需经常更新的可重复编程应用中这显然是一种独有的性能。

闪速存储器是一种低成本、高可靠性的读写非易失性存储器。从功能上讲，由于其随机存取的特点，闪速存储器也可看作是一种非易失的 ROM，因此它成为能够用于程序代码和数据存储的理想媒体。

闪速存储器展示出了一种全新的个人计算机存储器技术。作为一种高密度、非易失的读写半导体技术,它特别适合用作固态磁盘驱动器;或以低成本和高可靠性替代电池支持的静态 RAM。由于便携式系统既要求低功耗、小尺寸和耐久性,又要保持高性能和功能的完整性,该技术的固有优势就十分明显。它突破了传统的存储器体系,改善了现有存储器的特性。

闪速存储器的主要特点如下。

(1) 固有的非易失性。它不同于静态 RAM,不需要备用电池来确保数据存留,也不需要磁盘作为动态 RAM 的后备存储器。

(2) 经济的高密度。Intel 的 1M 位闪速存储器的成本按每位计要比静态 RAM 低一半以上(不包括静态 RAM 电池的额外花费和占用空间)。闪速存储器的成本仅比容量相同的动态 RAM 稍高,但却节省了辅助存储器的额外费用和空间。

(3) 可直接执行。由于省去了从磁盘到 RAM 的加载步骤,查询或等待时间仅决定于闪速存储器,用户可充分享受程序和文件的高速存取以及系统的迅速启动。

(4) 固态性能。闪速存储器是一种低功耗、高密度且没有移动部分的半导体技术。便携式计算机不再需要消耗电池以维持磁盘驱动器运行,或由于磁盘组件而额外增加体积和重量。用户不必再担心工作条件变坏时磁盘会发生故障。

总之,Intel 闪速存储器的出现带来了固态大容量存储器的革命。Intel 公司推出了一系列的闪速存储器作为便携式个人计算机的综合存储卡,如 iMC001FLKA 1MB 闪速存储卡、iMC002FLKA 2MB 闪速存储卡和 iMC004FLKA 4MB 闪速存储器等。

9.2.4 集成电路 ROM

集成电路(Integrated Circuit)是一种微型电子器件或部件,它在电路中用字母"IC"(也有用文字符号"N"等)表示。采用一定的工艺,把一个电路中所需的晶体管、二极管、电阻、电容和电感等元件及布线互连在一起,制作在一小块或几小块半导体晶片或介质基片上,然后封装在一个管壳内,成为具有所需电路功能的微型结构。其中所有元件在结构上已组成一个整体,这样,整个电路的体积大大缩小,且引出线和焊接点的数目也大为减少,从而使电子元件向着微小型化、低功耗和高可靠性方面迈进了一大步。

集成电路具有体积小、重量轻、引出线和焊接点少、寿命长、可靠性高和性能好等优点,同时成本低,便于大规模生产。它不仅在工、民用电子设备(如收录机、电视机、计算机等)方面得到广泛的应用,同时在军事、通讯、遥控等方面也得到广泛的应用。用集成电路来装配电子设备,其装配密度比晶体管可提高几十倍至几千倍,设备的稳定工作时间也可大大提高。

AT27C010 是美国 Atmel 公司生产的 EPROM,其内部结构框图和引脚图分别如图 9-7(a)和图 9-7(b)所示。从引脚图上可以看出该芯片共有 32 个引脚:$A_0 \sim A_{16}$ 是地址信号,$O_0 \sim O_7$ 是数据信号,V_{CC} 是读操作时的工作电压信号,V_{PP} 是数据写入时的编程电压信号(编程写入的时候,$V_{PP}=13V$),$\overline{OE}$ 是输出使能信号,$\overline{CE}$ 为片选信号,$\overline{PGM}$ 是编程选通信号,GND 为接地信号,NC 为空脚。各个引脚上的电压所决定的芯片的工作模式如表 9-3 所示。

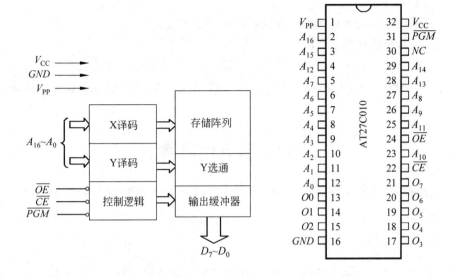

(a) 内部结构框图 (b) 引脚图

图 9-7 AT27C010 的内部结构框图和引脚图

表 9-3 AT27C010 工作模式与各引脚间的信号关系

工作模式	$\overline{CE}$	$\overline{OE}$	$\overline{PGM}$	$A_0 \sim A_{16}$	V_{pp}	$O_0 \sim O_7$
读	0	0	×	A_i	×	数据输出
输出无效	×	1	×	×	×	高阻
等待	1	×	×	A_i	×	高阻
快速编程	0	1	0	A_i	V_{pp}	数据输入
编程校验	0	0	1	A_i	V_{pp}	数据输出

9.2.5 ROM 的读操作与时序图

为了保证 ROM 准确无误地工作,加到 ROM 上的地址信号和控制信号必须满足一定的时限条件,如图 9-8 所示。

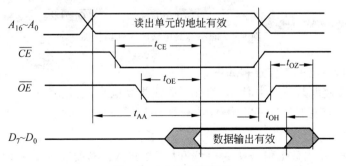

图 9-8 ROM 的读时序

读出过程如下：

(1) 将欲读取单元的地址加到存储器的地址输入端。

(2) 加入有效的片选信号 $\overline{CE}$。

(3) 使输出使能信号 $\overline{OE}$ 有效，经过一定延时后，有效数据出现在数据线上。

(4) 让片选信号 $\overline{CE}$ 或输出使能信号 $\overline{OE}$ 无效，经过一定延时后数据线呈高阻态，本次读出结束。

9.3 随机存储器

随机存储器 RAM 根据其内部结构特点，可进一步分为静态 RAM(SRAM) 和动态 RAM(DRAM) 两类。

9.3.1 静态存储器

静态存储电路是由两个增强型的 NMOS 反相器交叉耦合而成的触发器，如图 9-9 所示。其中 T_1、T_2 为工作管，T_3、T_4 为负载管，T_5、T_6 为控制管，T_7、T_8 也为控制管，它们为同一列线上的存储单元共用。这个电路具有两个不同的稳定状态：若 T_1 截止则 $A=1$（高电平），它使 T_2 饱和导通，于是 $B=0$（低电平），而 $B=0$ 又保证了 T_1 截止。所以，这种状态是稳定的。同样，T_1 导通而 T_2 截止的状态也是相互保证而稳定的。因此，可以用这两种不同状态分别表示 1 或 0。

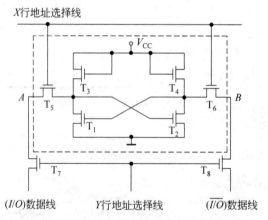

图 9-9 静态存储电路的内部结构图

该基本存储电路的工作过程如下。

(1) 当该存储电路被选中时，X 地址译码线为高电平，门控管 T_5、T_6 导通，Y 地址译码线也为高电平，门控管 T_7、T_8 导通，触发器与 I/O 线（位线）接通，即 A 点与 I/O 线接通，B 点与 $\overline{I/O}$ 接通。

(2) 写入时，写入数据信号从 I/O 线和 $\overline{I/O}$ 线进入。若要写入 1，则使 I/O 线为 1（高电平），$\overline{I/O}$ 为 0（即低电平），它们通过 T_5、T_6、T_7、T_8 管与 A、B 点相连，即 $A=1$ 且 $B=0$，从而使 T_1 截止，T_2 导通。而当写入信号和地址译码信号消失后，该状态仍能保持。若要写入 0，则使 I/O 线为 0，$\overline{I/O}$ 为高，这时 T_1 导通，T_2 截止，只要不断电，这个状态也会一直保持下去，除非重新写入一个新的数据。

（3）对写入内容进行读出时，需要先通过地址译码使单元选择线为高电平，于是 T_5、T_6、T_7、T_8 导通，A 点的状态被送到 I/O 线上，B 点的状态被送到 $\overline{I/O}$ 线上，这样就读取了原来存储器的信息。读出以后，原来存储器内容不变，所以这种读出是一种非破坏性读出。

由于 SRAM 的基本存储电路中所含晶体管较多，故集成度较低；而且由 T_1、T_2 管组成的双稳态触发器总有一个管子处于导通状态，所以会持续地消耗电能，从而使 SRAM 的功耗较大，这是 SRAM 的两个缺点。静态 RAM 的主要优点是工作稳定，不需要外加刷新电路，从而简化了外电路设计。

SRAM 的芯片有不同的规格，常用的有 2101(256×4 位)、2102(1K×1 位)、2114(1K×4 位)、4118(1K×8 位)、6116(2K×8 位)、6264(8K×8 位) 和 62256(32K×8 位) 等。随着大规模集成电路的发展，SRAM 的集成度也在不断增大。

9.3.2 动态存储器

1. 动态存储器（DRAM）

DRAM 是利用电容存储电荷的原理来保存信息的，它将晶体管电容的充电状态和放电状态分别作为 1 和 0。DRAM 的基本单元电路简单，最简单的 DRAM 单元只需 1 个管子构成，这使 DRAM 器件的芯片容量很高，而且功耗低。但是由于电容会逐渐放电，所以对 DRAM 必须不断读出和再写入，以使泄放的电荷得到补充，也就是进行刷新。一次刷新过程实际上就是对存储器进行一次放大，由于不需要信息传输，所以这个过程很快。常用的动态 RAM 有三管动态存储单元或单管动态存储单元两种，如图 9-10 所示。

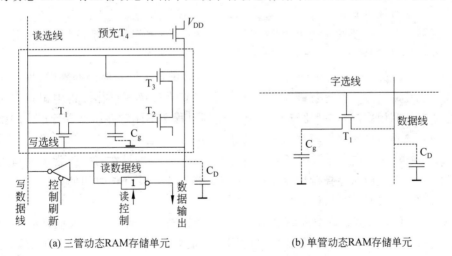

(a) 三管动态RAM存储单元　　　(b) 单管动态RAM存储单元

图 9-10　DRAM 存储芯片的内部结构图

三管动态存储单元如图 9-10(a) 所示，它由 T_1、T_2、T_3 组成基本单元。T_2 是存储管，用它的栅极与衬底间的寄生电容 C_g 存储信息；T_1 是写数控制管；T_3 是读数控制管。每个基本单元有两条字选线(读选择线和写选择线)和两条数据线(写数据线和读数据线)。T_4 为一列上的存储单元所公用,由它来控制对输出电容 C_D 进行预充电。

写入信息时,写选择线为 1,T_1 导通;写入的数据通过 T_1 管存储到 T_2 管的 C_g 电容中。读出信息时,先给预充脉冲,使 T_4 导通,使读数据线的寄生电容 C_g' 充电到 V_{DD},然后启动读选线(使其为 1),进行读出操作。

单管动态存储单元如图 9-10(b)所示,它由 T_1 管和寄生电容 C_g 构成。写入信息时,字选择线为 1,T_1 导通,写入数据由位线(数据线)存入 C_g 中。读出信息时,字选择线为 1,存于 C_g 中的电荷通过导通的 T_1 输出到数据线上,再经过读出放大器输出。

2. DRAM 的刷新

所有的 DRAM 都是利用电容存储电荷的原理来保存信息。虽然利用 MOS 管间的高阻抗可以使电容上的电荷得以维持,但由于电容总存在泄漏现象,时间长了其存储的电荷会消失,从而使其所存信息自动丢失。所以必须定时对 DRAM 的所有基本存储电路补充电荷,即进行刷新操作,以保证存储的信息不变。所谓刷新,就是每隔一定时间(一般 2ms)对 DRAM 的所有单元进行读出,经读出放大器放大后再重新写入原电路中,以维持电容上的电荷,进而使所存信息保持不变。虽然每次进行的正常读/写存储器的操作也相当于进行了刷新操作,但由于 CPU 对存储器的读/写操作是随机的,并不能保证在 2ms 时间内对内存中所有单元都进行一次读/写操作,以达到刷新效果。所以,对 DRAM 必须设置专门的外部控制电路和安排专门的刷新周期来系统地对 DRAM 进行刷新。

在动态存储芯片刷新时,结构上是采用按行刷新,即一次对一行的各个单元同时进行刷新,刷新一行所需要的时间称为刷新周期。刷新一块芯片所需要的周期数由芯片的内部矩阵结构决定。如果芯片的集成度较高,内部通常再被划分成较小的矩阵,这样可以对所有的矩阵同时进行刷新。

根据动态芯片刷新安排与 CPU 对存储芯片的读写之间的关系,刷新方式主要有集中刷新方式、分散刷新方式和异步刷新方式三种。

(1) 集中刷新方式。集中刷新方式是在 DRAM 的最大刷新时间间隔中,集中在一个时间段对芯片的每一行都进行刷新,其余时间用于正常的读写操作。集中刷新方式的优点是存储器的利用率高,控制比较简单,但在刷新过程中不能对存储器进行正常的读写访问。这种方式不适合实时性较强的系统使用。

(2) 分散刷新方式。分散刷新方式是将各个刷新周期安排在每个正常的读写周期之后。这种刷新方式的时序控制比较简单,对存储器的读写没有长时间的"死区"。但刷新过于频繁,存储器的效率过低。

(3) 异步刷新方式。在异步刷新方式下,各个刷新周期安排在最大刷新时间间隔的各个时间点上。它是根据存储器需要同时刷新的最大行数,计算出每一行的间隔时间,通过定时电路向 CPU 提出一个刷新请求,然后进行一次刷新操作。现在大多数计算机采用的都是异步刷新方式。

9.4 存储器容量的扩展

存储器芯片种类繁多,容量不一。当一片 RAM(或 ROM)不能满足存储容量位数(或字数)要求时,需要多片存储芯片进行扩展,形成一个容量更大、字数位数更多的存储器。扩展方法根据需要可分为位扩展、字扩展和字位同时扩展3种。

9.4.1 位扩展方式

如果用芯片组成存储器,首先要保证其内部存储单元能够存放一个8位的字节数据。如果在存储器连接过程中用到了 $N\times1$ 结构芯片,就需要用8片并在一起使用以构成一个芯片组,在组内将每片的地址线、控制线并在一起;数据线分别引出,存放字节数据中的一位。图 9-11 中用 1024×1 的芯片构成 1024×8 的存储矩阵就需要8片并联。

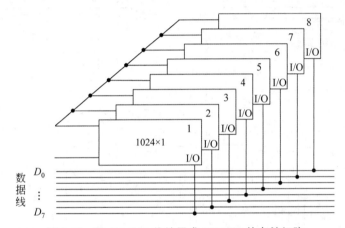

图 9-11 用 1024×1 位扩展成 1024×8 的存储矩阵

如果使用 $N\times4$ 结构的芯片,就需要用两个芯片构成一个芯片组。图 9-12 中用 256×4 的芯片构成 1024×8 的存储矩阵,就需要两片一组并联构成 256×8 结构。当单元数不满足要求时,就需要进行字扩展。

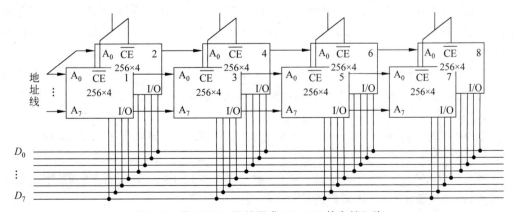

图 9-12 用 256×4 位扩展成 1024×8 的存储矩阵

位扩展的特点是将芯片组中相同的地址线和控制线并联,数据线分别引出。这样芯片就会同时被选中,读写控制信号会同时有效,通过地址线选中同一芯片组中不同芯片的相同单元,因此单元数不会增加。多个芯片同时存放一个数据,数据位数肯定会增加。

9.4.2 字扩展方式

用存储容量较小的芯片或并联以后的芯片组构成容量较大的存储器时,需采用字扩展法进行扩展(芯片串联)。即采用多片串联的方法扩大容量。芯片串联是通过地址线的高位(即组间地址信号)经过译码器的译码后,从地址编码上是连续的,因而称作芯片的串联。

图 9-12 中用 256×4 的芯片构成 1024×8 的存储矩阵就需要两片一组并联,这样的并联组需要 4 组串联。将图 9-12 补充可以得到串并联芯片的连接图,如图 9-13 所示。

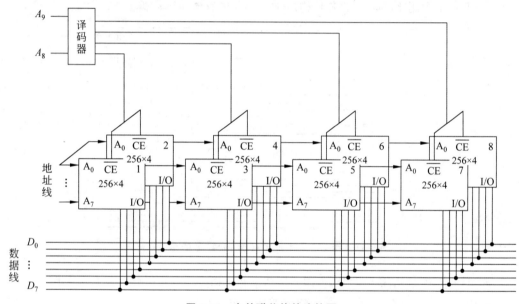

图 9-13　串并联芯片的连接图

在图 9-13 中,$A_9 A_8$ 两根地址线经过译码电路产生 4 个片选信号,依次选中一个芯片组。$A_9 A_8$ 在 4 个芯片组中的地址按照上图从左到右依次为:00B、01B、10B 和 11B,按照地址顺序将 4 个芯片组串联起来。

字扩展是地址空间的扩展,芯片每个单元中的字长满足需求,单元数不满足。每个芯片的地址线、数据线和控制线并联,仅片选端分别引出,以实现每个芯片占据不同的地址范围。

例 9-1　现有容量为 $1K \times 4$ 位的 RAM2114 芯片若干片,需要构成 $1K \times 16$ 位的存储器,需用多少片?

解: 因 RAM2114 的容量为 $1K \times 4$ 位,现在需要构成 $1K \times 16$ 位的存储器,字线数正好够用,而位线数不够,所以需要进行位线扩展连接。

$$RAM2114\text{ 的片数 }n = \frac{\text{总存储容量}}{\text{每片存储容量}} = \frac{1K \times 16 \text{ 位}}{1K \times 4 \text{ 位}} = 4(\text{片})$$

9.4.3 字位同时扩展

在很多情况下,要组成的存储器比现有的存储芯片的字数和位数都要多,需要字、位同时进行扩展。扩展时可以先计算出所需芯片的总数及片内地址线和数据线的条数,再用前面介绍的方法进行扩展,先进行位扩展,再进行字扩展。图 9-13 实际上是进行的字位同时扩展。

例 9-2 试用若干片 2048×8 位的 RAM6116 集成芯片,构成一个 8192×16 位的 RAM,求需要多少片?

解:$RAM6116\text{ 的片数} = \dfrac{\text{总存储容量}}{\text{每片存储容量}} = \dfrac{8192 \times 16 \text{ 位}}{2048 \times 8 \text{ 位}} = 8(\text{片})$

因为芯片 6116 的容量为 2048×8 位,表明片内字数为 2048,所以地址线有 11 条,即 $A_0 \sim A_{10}$,每字 8 位,数据线有 8 条 $I/O_1 \sim I/O_8$。

而存储容量为 8192×16 位的 RAM 的字数为 8192,所以地址线有 13 条,即 $A_0 \sim A_{12}$,每字 16 位,数据线有 16 条,即 $I/O_1 \sim I/O_{16}$。高位地址线 A_{12} 和 A_{11} 经译码器后用作芯片的片选信号线。具体连接图略。

本 章 小 结

本章介绍了半导体存储器的技术与发展、半导体存储器的分类方法、只读存储器和静态随机存取存储器的电路结构和工作原理以及静态 RAM 的三种扩展方法,并通过例题讲解了 ROM 和 RAM 的作用。近年来,新一代高容量、高性能的存储器结构得到了进一步发展,包括嵌入式存储器和不挥发快闪存储器在内的大容量存储设备得到了越来越广泛的应用。

课 后 习 题

9-1 选择题。

(1) 要构成容量为 4K×8 的 RAM,需要_____片容量为 256×4 的 RAM。
    A. 2   B. 4   C. 8   D. 32

(2) 寻址容量为 16K×8 的 RAM 需要_____根地址线。
    A. 4   B. 8   C. 14   D. 16K

(3) 若 RAM 的地址码有 8 位,行、列地址译码器的输入端都为 4 个,则它们的输出线共有_____条。
    A. 8   B. 16   C. 32   D. 256

(4) 某存储器具有 8 根地址线和 8 根双向数据线,则该存储器的容量为_____。
    A. 8×3   B. 8K×8   C. 256×8   D. 256×256

(5) 只读存取存储器在运行时具有_____功能。
   A. 读/写　　　　　B. 无读/写　　　　C. 只读　　　　D. 只写
(6) 随机存取存储器具有_____功能。
   A. 读/写　　　　　B. 无读/写　　　　C. 只读　　　　D. 只写
(7) 欲将容量为 128×1 的 RAM 扩展为 1024×8，则需要控制各片选端的辅助译码器的输出端数为_____。
   A. 1　　　　　　　B. 2　　　　　　　C. 3　　　　　　D. 8
(8) 欲将容量为 256×1 的 RAM 扩展为 1024×8，则需要控制各片选端的辅助译码器的输入端数为_____。
   A. 4　　　　　　　B. 2　　　　　　　C. 3　　　　　　D. 8
(9) 当电源断掉后又接通时，只读存储器 ROM 中的内容_____。
   A. 全部改变　　　　B. 全部为 0　　　　C. 不可预料　　　D. 保持不变
(10) 当电源断掉后又接通时，随机存取存储器 RAM 中的内容_____。
   A. 全部改变　　　　B. 全部为 1　　　　C. 不确定　　　　D. 保持不变
(11) 一个容量为 512×1 的静态 RAM 具有_____。
   A. 地址线 9 根，数据线 1 根　　　　　B. 地址线 1 根，数据线 9 根
   C. 地址线 512 根，数据线 9 根　　　　D. 地址线 9 根，数据线 512 根
(12) 用若干 RAM 实现位扩展时，其方法是将_____相应地并联在一起。
   A. 地址线　　　　　B. 数据线　　　　　C. 片选信号线　　D. 读/写线

9-2 简答题。

(1) 对于一个存储容量为 256×8 位的 ROM，其地址应为多少位？

(2) 指出下列存储系统各具有多少存储单元，至少需要多少地址线和数据线？
   ① 64K×1　　　　② 256K×4　　　　③ 1M×1　　　　④ 128K×8

(3) 反映存储器系统性能的重要指标是什么？

第 10 章 可编程逻辑器件

[主要教学内容]

1. 可编程逻辑阵列。
2. 可编程阵列逻辑。
3. 可编程逻辑器件 CPLD。

[教学目的和要求]

1. 掌握可编程逻辑器件的基本特点。
2. 了解 PLA 和 PAL 的区别。
3. 了解复杂的可编程逻辑器件 CPLD 的结构和编程方法。

10.1 概　　述

10.1.1 数字集成电路的分类

从逻辑功能特点上可以将数字集成电路分成 3 类。

（1）通用型数字集成电路。包括各种中小规模数字集成电路。其优点是逻辑功能简单，且固定不变。从理论上讲，可以用其组成任何复杂的数字系统，但电路体积大、重量大、功耗大、可靠性差。

（2）专用型数字集成电路。是为专门用途设计的大规模数字集成电路（Application Specific Integrated Circuit，ASIC）。其优点是体积小、重量轻、功耗小、可靠性好；缺点是在用量不大的情况下，成本高、设计和制造周期长。

（3）可编程逻辑器件（Programmable Logic Device，PLD）。其特点是芯片本身作为通用器件生产，但其逻辑功能是由用户通过对器件编程来设定的。由于 PLD 集成度很高，足以满足一般数字系统设计的需要，设计人员只要自行编程，即可把一个数字系统"集成"在一片 PLD 上，而不必请芯片制造厂商设计和制作专用芯片。

10.1.2 PLD 开发系统

PLD 开发系统包括硬件和软件两部分。开发系统软件指专用的编程语言和相应的汇编程序或编译程序，分为汇编型、编译型和原理图收集型。20 世纪 80 年代后，功能更强、效率更高、兼容性更好的编译型开发系统软件得到广泛应用,软件输入的源程序采用专用的高级编程语言(硬件描述语言 VHDL)。它具有自动化简和优化设计的功能,除了能自动完成设计外,还有模拟仿真和自动测试的功能。特别是 20 世纪 90 年代后推出的在系统可编程器件(In-System Programmable PLD,ISP-PLD)及与之配套的开发系统软件为用户提供了更为方便的设计手段。其最大特点是编程时既不需要使用编程器,也不需要将芯片从电路板上取下,可以在系统内进行编程。而所有的开发系统软件都可以在 PC 上运行。目前应用最多的 ISP 器件是 FPGA 和 CPLD,均称为高密度 ISP-PLD。生产厂家有 Lattice、Xilinx 和 Atmel 公司等。

10.2　可编程逻辑器件的基本特点

可编程逻辑器件特点是芯片本身作为通用器件生产,但其逻辑功能是由用户通过对器件编程来设定的。如图 10-1 所示,按 PLD 中的与、或阵列是否编程分为 3 类:与阵列固定,或阵列可编程(PROM);与阵列、或阵列均可编程(PLA);以及与阵列可编程,或阵列固定(PAL 和 GAL 等)。

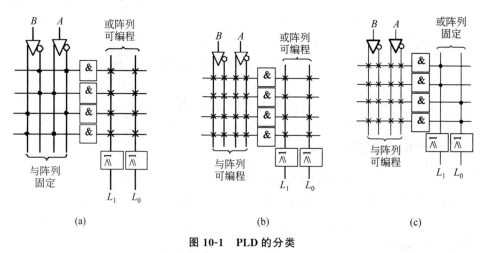

图 10-1　PLD 的分类

10.3　可编程逻辑阵列

虽然用户能对 PROM 所存储的内容进行编程,但 PROM 还存在某些不足,如:PROM 巨大阵列的开关时间限制了 PROM 的速度;PROM 的全译码阵列中的所有输入组合在大多数逻辑功能中并不会使用。可编程逻辑阵列(Programmable Logic Array,PLA)也称现场可编程逻辑阵列(FPLA),其出现弥补了 PROM 等的不足。它的基本结构为"与"阵列和"或"阵列,且都是可编程的,如图 10-1 所示。设计者可以控制全部的输入/输出,这为逻辑功能的处理提供了更有效的方法。然而,这种结构在实现比较简单的逻辑功能时还是比较浪费的,且 PLA 的价格昂贵,相应的编程工具也比较昂贵。

10.4 可编程阵列逻辑

可编程阵列逻辑(Programmable Array Logic, PAL)既具有 PLA 的灵活性,又具有 PROM 易于编程的特点,其基本结构包含一个可编程的与阵列和一个固定的或阵列。PAL 器件与阵列的可编程特性使输入项增多,而或阵列的固定又使器件简化,所以这种器件得到了广泛应用。

10.5 复杂的可编程逻辑器件

复杂的可编程逻辑器件(Complex Programmable Logic Device, CPLD)是从 PAL 和 GAL 器件发展而来的,相对而言规模大,结构复杂,属于大规模集成电路范围。它是一种用户根据各自需要而自行构造逻辑功能的数字集成电路。其基本设计方法是借助集成开发软件平台,用原理图和硬件描述语言等方法生成相应的目标文件,通过下载电缆("在系统"编程)将代码传送到目标芯片中,实现所设计的数字系统。

CPLD 主要是由可编程逻辑宏单元(Macro Cell, MC)围绕中心的可编程互连矩阵单元组成。其中 MC 结构较复杂,并且具有复杂的 I/O 单元互连结构,可由用户根据需要生成特定的电路结构,完成一定的功能。由于 CPLD 内部采用固定长度的金属线进行各逻辑块的互连,所以设计的逻辑电路具有时间可预测性,避免了分段式互连结构不能完全预测时序的缺点。与简单 PLD 相比,CPLD 具有更多的输入信号、更多的乘积项和更多的宏单元。图 10-2 是一般 CPLD 器件的基本结构图。

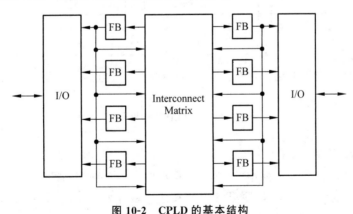

图 10-2 CPLD 的基本结构

10.5.1 CPLD 的结构

CPLD 是和 FPGA 同期出现的可编程器件。从概念上讲,CPLD 是由位于中心的互连矩阵把多个类似 PAL 的功能块(Function Block, FB)连接在一起的可编程器件,它具有很长且固定的布线资源,其基本结构如图 10-2 所示。

Altera 公司的 FLEX10K 是工业界的第一个嵌入式 PLD,由于其具有高密度、低成本、低功耗等特点,所以脱颖而出成为当今该公司应用前景最好的 CPLD 器件系列。现以 FLEX10K 系列为例,介绍 CPLD 的电路结构和工作原理。

FLEX10K CPLD 由嵌入式阵列、逻辑阵列、快速通道和 I/O 单元四部分组成,其结构框图如图 10-3 所示。一系列的嵌入式阵列块(简称 EAB)构成嵌入式阵列,可为用户提供存储器或实现逻辑功能。一系列的逻辑阵列块(简称 LAB)构成逻辑阵列,每个 LAB 又包含 8 个逻辑单元(简称 LE)和一些连接线,主要用于实现逻辑功能。快速通道(简称 FT)提供 CPLD 内部信号的互连以及器件引脚之间的信号互连。I/O 单元(简称 IOE)位于快速通道的行和列的末端,用于驱动 I/O 引脚。

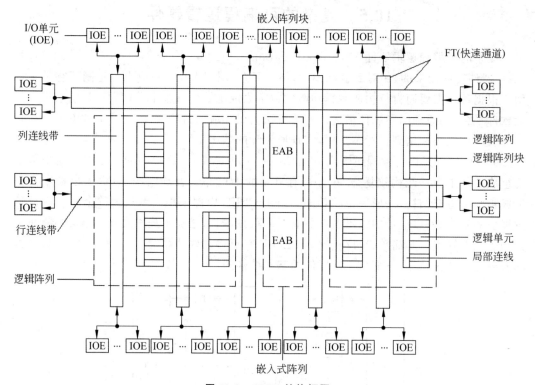

图 10-3 CPLD 结构框图

1. 嵌入式阵列块(EAB)

图 10-4 是 FLEX10K 系列中的 EAB 结构框图。每个 EAB 含有 2048 位的 RAM,以及用于同步设计的输入寄存器、输出寄存器和地址寄存器。换句话说,EAB 就是一个在输入、输出口上带有寄存器的 RAM 块,其数据最大宽度为 8 位,地址线最大宽度为 11 位。EAB 的写使能信号(WE)可与输入时钟同步,也可以异步。EAB 的输出可以是寄存器输出,也可以是组合输出。

EAB 具有快速、可预测和可编程的性能,为设计者提供了在嵌入式阵列中实现完全可控制的编程功能。利用它不仅可以非常方便地实现一些规模不太大的 FIFO、ROM、RAM 和双端口 RAM 等功能,还能够实现乘法器、矢量标定器和错误校正电路等功能。除此之外,也可以应用于算术逻辑单元、数字滤波器、微控制器和微处理器等。

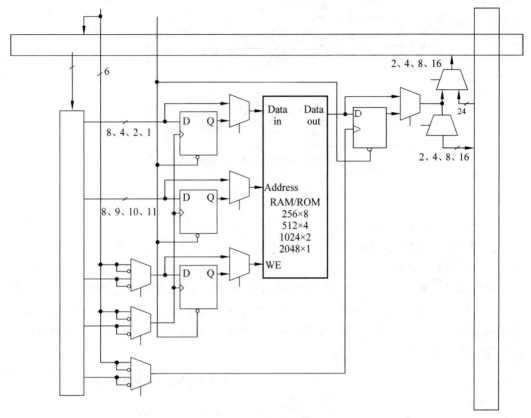

图 10-4　EAB 结构框图

(1) 用 EAB 实现 RAM 功能

设计人员可以用标准的 EDA 工具或 Altera 公司的 MAX+PLUSⅡ开发系统在不需要任何附加逻辑的情况下,实现 EAB 自动级联,得到"更宽""更深"的 RAM。EAB 还可以在一定的条件下,用特定的方法实现同步 RAM、异步 RAM 和仿真 ROM。

(2) 用 EAB 实现 FIFO 功能

通常在通信、打印机和微处理器等设备中,突发性的数据速率往往大于它们所能接受或处理的速率,因而需要一个先进先出缓冲器(FIFO)存储这些高速数据,直到较慢的处理进程准备好为止。

如图 10-5 所示,每个 EAB 中的 2048 位的 RAM 作为数据存储区;输入寄存器作为读、写指针计数器存储单元;输出寄存器用来锁存数据。交织的 EAB 存储功能允许构成更高的全局时钟速率和更大的 FIFO 区域。通过把同一个存储单元"分布"在不同的地址范围,在同一个 EAB 中可实现几个 FIFO。

(3) 用 EAB 实现逻辑功能

在只读模式下对 EAB 编程,可将嵌入式阵列看作是一个大的查找表(Look Up Table,LUT),所以通过配置,EAB 可实现较复杂的逻辑功能,如对称乘法器、并行乘法器、时域多选乘法器、非对称乘法器、数字滤波器和二维卷积等。事实上,任何有规律重复

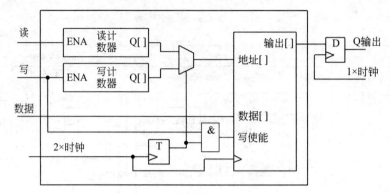

图 10-5 由 EAB 构成 FIFO 的结构图

的逻辑功能都可映射到 EAB 中。

2．逻辑单元及逻辑阵列块

（1）逻辑单元结构

逻辑单元（LE）的功能是实现相对简单的逻辑功能，而相对复杂的函数是在 EAB 中实现的。图 10-6 是 LE 的结构图。每个 LE 含有一个四输入的 LUT、一个带有同步使能的可编程触发器、一个进位链和一个级联链、一个驱动局部的互连输出和一个驱动行或列的快速通道的互连输出。

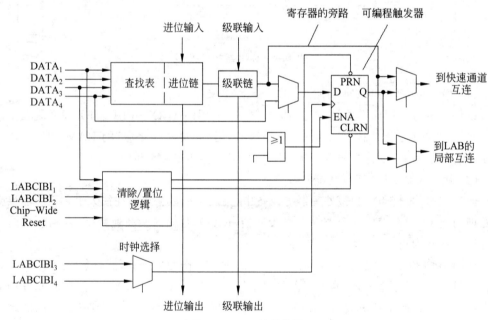

图 10-6 LE 的结构图

LUT 是一种函数发生器，它能快速计算 4 个变量的任意函数。LE 中的可编程触发器可设置成 D、T、JK 或 RS 触发器，在 LUT 的配合下可方便地实现时序逻辑。该触发器的时钟、清零和置位信号可由专用的输入引脚、通用 I/O 引脚或任何内部逻辑驱动。

当实现纯组合逻辑时,旁路该触发器,LUT 的输出直接接到 LE 的输出。进位链把来自低位的进位信号送到高位,为 LE 之间提供了非常快(大约 0.2ns)的向前进位功能,使得 FLEX10K 能够实现高速计算器和任意进位的加法器的功能。级联链串接并行计算函数的相邻 LUT,使 FLEX10K 在最小延时的情况下实现多输入逻辑函数。

(2) LE 工作模式

LE 有 4 种不同的工作模式,即正常模式、运算模式、加减计数模式和可清除的计数模式。LE 工作模式的选择由 Altera 公司的 MAX+PLUS Ⅱ 软件根据用户的设计自动完成。图 10-7 示出了这 4 种工作模式的结构图。

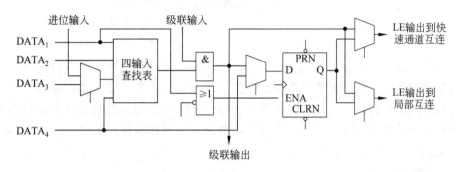

(a) 正常模式

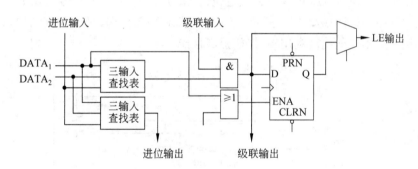

(b) 运算模式

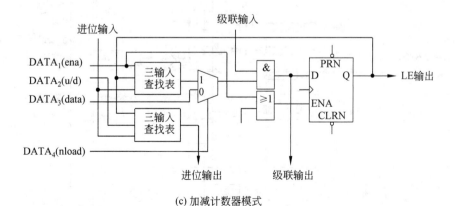

(c) 加减计数器模式

图 10-7　LE 的 4 种工作模式

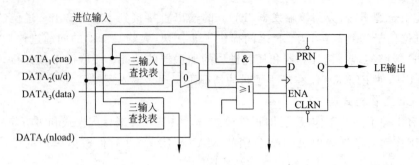

(d) 可以清除的计数模式

图 10-7 （续）

正常模式提供一个四输入的 LUT，适合于一般的逻辑应用和各种译码功能，充分发挥了级联链的优势。运算模式提供两个三输入的 LUT，适合于完成加法器、累加器和比较器功能。加减计数模式提供计数器使能、时钟使能、同步加减控制和数据加载选择，适合于可预置的同步加减计数器。可清除的计数模式提供计数器使能、时钟时能和同步清除控制，适合于同步清除计数功能。

（3）逻辑阵列块

一个逻辑阵列块（LAB）由 8 个 LE、进位链、级联链、LAB 控制信号以及 LAB 局部互连线组成。其结构框图如图 10-8 所示。LAB 构成了 FLEX10K 的粗粒度结构，具有有效的布线特性。它不仅能提高利用率，还能提高性能。

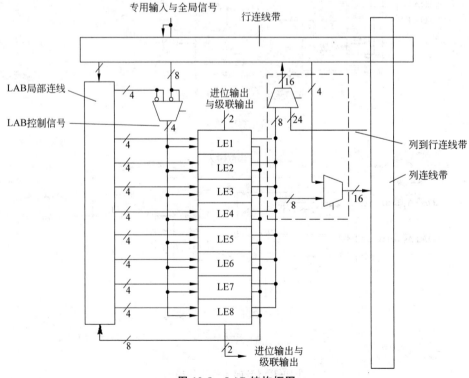

图 10-8 LAB 结构框图

每一个 LAB 提供 4 个控制信号供 8 个 LE 使用。其中的两个控制信号可以用作时钟，另外两个用作清除/置位控制。LAB 时钟信号能够由专用时钟的输入引脚、全局信号、I/O 信号或借助 LAB 局部互连的任何内部信号直接驱动。LAB 清除/置位控制信号也能够由全局控制信号、I/O 信号或内部信号驱动。全局控制信号主要用于公共时钟、清除或置位信号。它可以由任何 LAB 中的一个或多个 LE 形成，并直接驱动目标 LAB 的局部互连线。也可以利用 LE 的输出产生。

3. 快速通道

快速通道(FT)是由一系列称为"行连线带"的水平连续式布线通道和称为"列连线带"的垂直连续式布线通道组成，它遍布整个 CPLD 器件，如图 10-9 所示。每行的 LAB 有一个专门的"行连线带"，它可以驱动 I/O 引脚或馈送到器件中的其他 LAB。"列连线带"布线于两列之间，它能驱动 I/O 引脚。这种布线结构是不可编程的，其主要作用是实现 LE 与 I/O 引脚之间的连接、LE 之间的连接、相邻 LAB 之间的连接以及相邻 EAB 之间的连接。

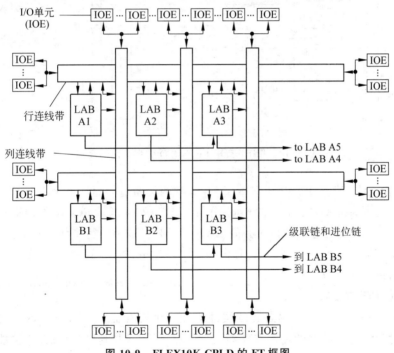

图 10-9　FLEX10K CPLD 的 FT 框图

图 10-10 是用 FT 实现 LE 与 I/O 引脚之间的连接示意图。如图 10-10 所示，"行连线带"中的每一个行通道都连有一个四选一多路选择器，每个 LE 都连有一个二选一多路选择器，所以"行连线带"中的每一个行通道可以由 LE 驱动，也可以由三个"列连线带"中的任意一个驱动。

每列 LAB 有一个专用的"列连线带"承载本列中 LAB 的输出。来自"列连线带"的信号可能是 LE 的输出，也可能是 I/O 引脚的输入。"列连线带"可驱动 I/O 引脚或馈送到"行连线带"并把信号送到其他 LAB。在将"列连线带"信号送入 LAB 或 EAB 之前必须

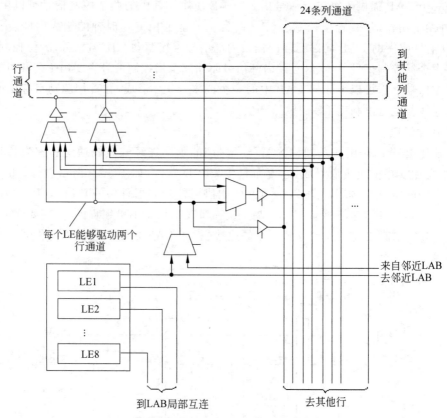

图 10-10 用 FT 实现 LE 与 I/O 引脚之间的连接

先传送到"行连线带"。每个由 IOE 或 EAB 驱动的行通道能驱动一个特定的列通道。

为了提高可布通率,"行连线带"包括了全长通道和半长通道。半长通道连接一行中一半的 LAB,全长通道连接一行所有的 LAB。LAB 可以由一行中的半长通道驱动,也可以由全长通道驱动。两个相邻的 LAB 由一个半长通道连接。这样,该行的另一半就可以用作其他通道的一部分。

4. I/O 单元(IOE)

一个 I/O 单元包含一个双向 I/O 缓冲器和一个寄存器,其中,寄存器既可作为需要快速建立时间的外部数据的输入寄存器,也可以作为要求快速"时钟-输出"性能的数据的输出寄存器。但在某些情况下,用 LE 作为快速建立时间的外部数据的输入寄存器更快些。IOE 的结构框图 10-11 所示。I/O 引脚可以作为输入引脚、输出引脚或双向引脚。编程器可以利用可编程的反向选择,在需要的时候对来自行、列连线带的信号反相。

周边控制总线最多提供 12 个周边控制信号,可以配置成最多 8 个输出使能信号、最多 6 个时钟使能信号、最多两个时钟信号,或最多两个清除信号。每个 IOE 的时钟、清除、输出使能和时钟使能均由周边控制总线提供。

(1)"行连线带"到 IOE 的连接

图 10-12 示出了 IOE 与"行连线带"的连接图。当 IOE 作为一个输入信号时,它可以

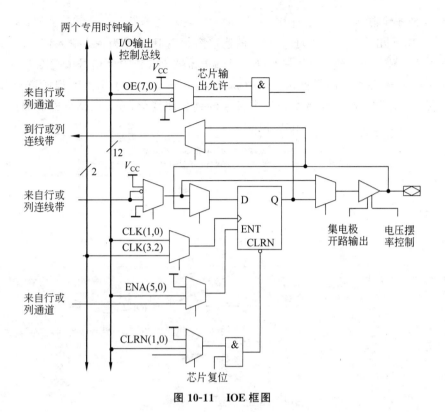

图 10-11 IOE 框图

驱动两个独立的行通道；当 IOE 作为一个输出信号时，其输出信号由一个对行通道进行选择的 m 选一多路选择器驱动。图中 m 表示每个 I/O 端子扇入的行通道数，n 表示每行扇入的通道数，n 和 m 的数值在 FLEX10K 的数据手册中可以查到，它们的值随器件型号而变化。在 FLEX10K 系列的 CPLD 中，每个行通道最多与 8 个 IOE 相连，每个 IOE 最多能驱动两个行通道。

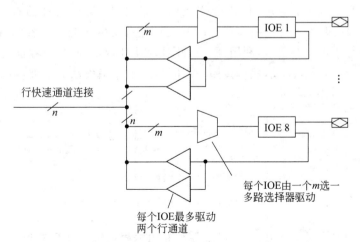

图 10-12 IOE 与"行连线带"的连接图

(2)"列连线带"到 IOE 的连接

图 10-13 示出了 IOE 与"列连线带"的连接图。当 IOE 作为一个输入信号时,它最多能够驱动两个独立列通道;当 IOE 作为一个输出信号时,其输出信号由一个对列通道进行选择的 m 选一多路选择器驱动。图中 m 表示每个 I/O 端子扇入的列通道数, n 表示每列扇入的通道数。n 和 m 的数值随器件中的列数而变化,在 FLEX10K 的数据手册中可以查到。每个列通道与两个 IOE 相连。

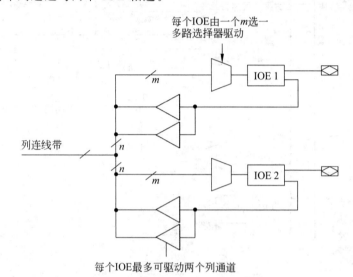

图 10-13 IOE 与"列连线带"的连接图

10.5.2 CPLD 编程简介

CPLD 是一种用户根据各自需要而自行构造逻辑功能的数字集成电路。其基本设计方法是借助集成开发软件平台,用原理图和硬件描述语言等方法生成相应的目标文件,通过下载电缆("在系统"编程)将代码传送到目标芯片中,实现设计的数字系统。写入 CPLD 中的编程数据都是由可编程器件的开发软件自动生成的。如图 10-14 所示,用户在开发软件中输入设计及要求,利用开发软件对设计进行检查、分析和优化,并自动对逻辑电路进行划分、布局和布线,然后按照一定的格式生成编程数据文件,再通过编程电缆将数据写入 CPLD 中。

图 10-14 CPLD 编程流程图

编程时必须要有微机、CPLD 编程软件和专用编程电缆。计算机根据用户编写的源程序运行开发系统软件,产生相应的编程数据和编程命令,通过五线编程电缆接口与

CPLD 连接。如图 10-15 所示,将电缆接到计算机的并口,通过编程软件发出编程命令,并将编程数据文件中的数据转换成串行数据送入芯片。

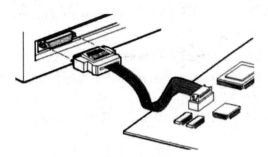

图 10-15　电缆接口与 CPLD 连接

当有多个 CPLD 器件串行编程时,需将多个 CPLD 器件以串行的方式连接起来,如图 10-16 所示,一次完成多个器件的编程,这种连接方式称为菊花链连接。

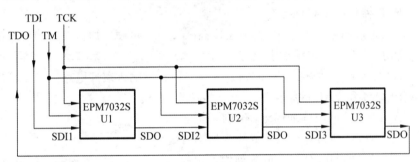

图 10-16　菊花链连接图

本 章 小 结

早期的可编程逻辑器件只有可编程只读存储器(PROM)、紫外线可擦除只读存储器(EPROM)和电可擦除只读存储器(EEPROM)三种。由于结构的限制,它们只能完成简单的数字逻辑功能。

其后,出现了一类结构上稍复杂的可编程芯片,即可编程逻辑器件(PLD),它能够完成各种数字逻辑功能。典型的 PLD 由一个"与"门和一个"或"门阵列组成,而任意一个组合逻辑都可以用"与-或"表达式来描述。所以,PLD 能以乘积和的形式完成大量的组合逻辑功能。这一阶段的产品主要有 PAL(可编程阵列逻辑)和 GAL(通用阵列逻辑)。PAL 由一个可编程的"与"平面和一个固定的"或"平面构成,或门的输出可以通过触发器有选择地置为寄存状态。PAL 器件是现场可编程的,它的实现工艺有反熔丝技术、EPROM 技术和 EEPROM 技术。还有一类结构更为灵活的逻辑器件是可编程逻辑阵列(PLA),它也由一个"与"平面和一个"或"平面构成,但是这两个平面的连接关系是可编程的。PLA 器件既有现场可编程的,也有掩膜可编程的。

早期的 PLD 器件的一个共同特点是可以实现速度特性较好的逻辑功能,但其过于简单的结构也使它们只能实现规模较小的电路。为了弥补这一缺陷,20 世纪 80 年代中期,Altera 和 Xilinx 分别推出了类似于 PAL 结构的扩展型 CPLD(Complex Programmable Logic Device)以及与标准门阵列类似的 FPGA(Field Programmable Gate Array),它们都具有体系结构和逻辑单元灵活、集成度高以及适用范围宽等特点。这两种器件兼容了 PLD 和通用门阵列的优点,可实现较大规模的电路,编程也很灵活。它们又具有设计开发周期短、设计制造成本低、开发工具先进、标准产品无须测试、质量稳定以及可实时在线检验等优点,因此被广泛应用于产品的原型设计和产品生产(一般在 10 000 件以下)之中。几乎所有应用门阵列、PLD 和中小规模通用数字集成电路的场合均可应用 FPGA 和 CPLD 器件。

课后习题

10-1 选择题。
  (1) PLD 器件的主要优点有_____。
    A. 便于仿真测试   B. 集成密度高   C. 可硬件加密   D. 可改写
  (2) PLD 器件的基本结构组成有_____。
    A. 与阵列   B. 或阵列   C. 输入缓冲电路   D. 输出电路
  (3) PROM 和 PAL 的结构是_____。
    A. PROM 的与阵列固定,不可编程
    B. PROM 的与阵列以及或阵列均不可编程
    C. PAL 的与阵列以及或阵列均可编程
    D. PAL 的与阵列可编程
  (4) 当用异步 I/O 输出结构的 PAL 设计逻辑电路时,它们相当于_____。
    A. 组合逻辑电路   B. 时序逻辑电路
    C. 存储器   D. 数模转换器
  (5) PLD 开发系统需要有_____。
    A. 计算机   B. 编程器   C. 开发软件   D. 操作系统
  (6) 只可进行一次编程的可编程器件有_____。
    A. PAL   B. GAL   C. PROM   D. PLD
  (7) 可重复进行编程的可编程器件有_____。
    A. PAL   B. GAL   C. PROM   D. ISP-PLD
  (8) 全场可编程(与阵列、或阵列皆可编程)的可编程逻辑器件有_____。
    A. PAL   B. GAL   C. PROM   D. PLA

10-2 判断题(正确打√,错误的打×)。
  (1) PAL 的每个与项都一定是最小项。 ( )
  (2) PAL 和 GAL 都是与阵列可编程、或阵列固定。 ( )
  (3) PAL 可重复编程。 ( )
  (4) PAL 的输出电路是固定的,不可编程,所以它的型号很多。 ( )

第 11 章

数字电路的 Multisim 仿真研究

11.1 逻辑函数化简与变换的 Multisim 仿真研究

11.1.1 仿真电路

采用 Multisim 仿真软件来进行逻辑函数化简与变换只需要使用逻辑转换器(Logic Converter)即可,其图标如图 11-1 所示,该仪器是 Multisim 特有的虚拟仪器,现实中并没有这种仪器,它可以实现逻辑电路、真值表和逻辑表达式的相互转换。逻辑转换器的图标只有在将逻辑电路转换为真值表或逻辑表达式时,才需要与逻辑电路相连。逻辑转换器图标有 9 个端子,其中左边 8 个用于连接逻辑电路的输入端,最右边的 1 个连接输出端。

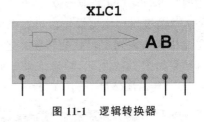

图 11-1 逻辑转换器

11.1.2 仿真内容

已知逻辑函数 Y 的真值表如表 11-1 所示,试求出 Y 的逻辑函数式,并将其化简为最简的与或形式。

表 11-1 逻辑函数真值表

A	B	C	D	Y
0	0	0	0	0
0	0	0	1	0
0	0	1	0	0
0	0	1	1	0
0	1	0	0	0
0	1	0	1	0
0	1	1	0	0
0	1	1	1	0
1	0	0	0	1
1	0	0	1	1
1	0	1	0	1
1	0	1	1	1

续表

A	B	C	D	Y
1	1	0	0	1
1	1	0	1	1
1	1	1	0	1
1	1	1	1	0

11.1.3 仿真结果

双击逻辑转换器图标 XLC1,弹出逻辑转换器操作窗口 Logic Converter-XLC1,将表 11-1 所示的真值表输入到逻辑转换器操作窗口左半部分的表格中。根据真值表的输入变量个数选择窗口上面的输入端 $A \sim H$,下面的真值表区就会出现输入信号的所有组合。表 11-1 的真值表中有 A、B、C、D 四个输入变量,所以选择 $A \sim D$ 四个输入端。之后根据表 11-1 中各变量组合对应的输出逻辑关系,改变真值表的输出值,单击真值表右边的"?"即可,单击一次变为 0,单击两次变为 1,单击三次变为×。

单击逻辑转换器操作窗口右半部分 Conversions(转换方式)栏内的第二个按钮,即可完成从真值表到逻辑式的转换。逻辑转换器实现从真值表到逻辑式转换的 Multisim 仿真结果如图 11-2 所示,转换结果显示在逻辑转换器操作窗口底部一栏中,得到:

$$Y = AB'C'D' + AB'C'D + AB'CD' + AB'CD + ABC'D' + ABC'D + ABCD'$$

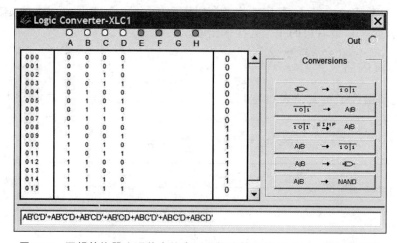

图 11-2 逻辑转换器实现从真值表到逻辑式转换的 Multisim 仿真结果图

由转换结果可知,从真值表转换来的逻辑式是以最小项之和形式给出的。

要将表 11-1 所示的真值表转换为最简与或式,只需再单击逻辑转换器操作窗口右半部分上边的第三个按钮。逻辑转换器实现从真值表到最简与或式转换的 Multisim 仿真结果如图 11-3 所示,转换结果显示在逻辑转换器操作窗口底部一栏中,得到:

$$Y = AB' + AC' + AD'$$

从图 11-2 中还可以看出,利用逻辑转换器操作窗口中右半部分设置的 6 个按钮,可

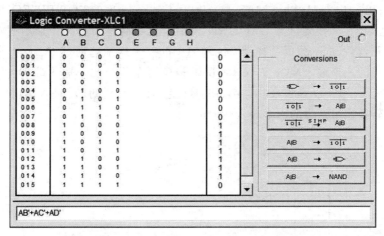

图 11-3　逻辑转换器实现从真值表到最简与或式转换的 Multisim 仿真结果图

以在逻辑函数的真值表、最小项之和形式的函数式、最简与或式以及逻辑图之间任意进行转换。

11.1.4　结论

根据第 2 章所学理论知识,可得出由真值表 11-1 写出的最小项逻辑表达式为:

$$Y = A\bar{B}\bar{C}\bar{D} + A\bar{B}\bar{C}D + A\bar{B}C\bar{D} + A\bar{B}CD + AB\bar{C}\bar{D} + AB\bar{C}D + ABC\bar{D}$$

采用卡诺图化简法对该最小项表达式进行化简,如图 11-4 所示。

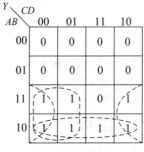

图 11-4　卡诺图化简

得到的最简与或式为:

$$Y = A\bar{B} + A\bar{C} + A\bar{D}$$

因此,仿真结果与理论计算结果完全相同。

11.2　组合逻辑电路的 Multisim 仿真研究

11.2.1　仿真电路

组合逻辑电路的 Multisim 仿真电路如图 11-5 所示,从 TTL 集成电路器件库中的

74LS 库中找出 74LS151D 以及 74LS04D，从电源 Sources 库的 POWER_SOURCES 库中找出直流电源 V_{CC} 和接地符号 GROUND，然后连成组合逻辑电路。采用逻辑转换器分析该逻辑电路，将八选一数据选择器 74LS151D 的三个地址选通端 C、B、A 分别接逻辑转换器最左边的三个输入端 A、B、C；将逻辑转换器左起第四个输入端 D 接 74LS151D 的 D_5 输入端，同时将 D 通过反相器 74LS04D 接 74LS151D 的 D_2 输入端；将电路的输出端接到逻辑转换器最右边的一个输入端 Out。

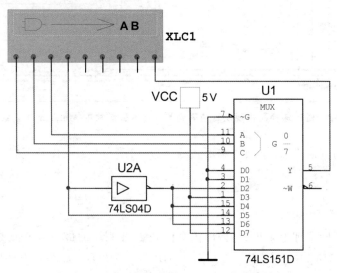

图 11-5　组合逻辑电路的 Multisim 仿真电路图

11.2.2　仿真内容

已知组合逻辑电路如图 11-5 所示，试求出电路的逻辑真值表和逻辑函数式。

11.2.3　仿真结果

双击逻辑转换器图标 XLC1，弹出逻辑转换器操作窗口 Logic Converter-XLC1。根据逻辑电路输入端的数量，单击窗口上面的逻辑变量。图 11-5 电路中共有 4 个输入变量，所以选择 $A \sim D$ 四个输入端，真值表区就会出现 4 个变量的 16 种组合，但最右侧一栏暂时为"?"。

单击逻辑转换器操作窗口右半部分 Conversions(转换方式)栏内的第一个按钮，即可完成从逻辑图到真值表的转换，逻辑转换器实现从逻辑图到真值表转换的 Multisim 仿真结果如图 11-6 所示。

要将图 11-6 所示的真值表转换为最简与或式，只需单击逻辑转换器操作窗口右半部分 Conversions 栏内的第三个按钮，即可完成从真值表到最简与或逻辑式的转换，逻辑转换器实现从真值表到最简与或逻辑式转换的 Multisim 仿真结果如图 11-7 所示。

转换结果显示在逻辑转换器操作窗口底部一栏中，得到：

$$Y = AC'D' + ACD + BD' + BC$$

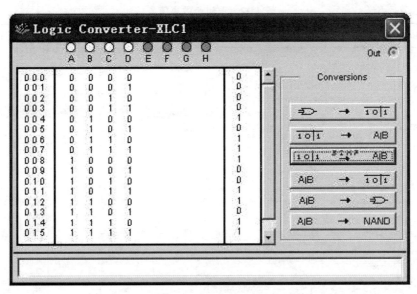

图 11-6 逻辑转换器实现从逻辑图到真值表转换的 Multisim 仿真结果图

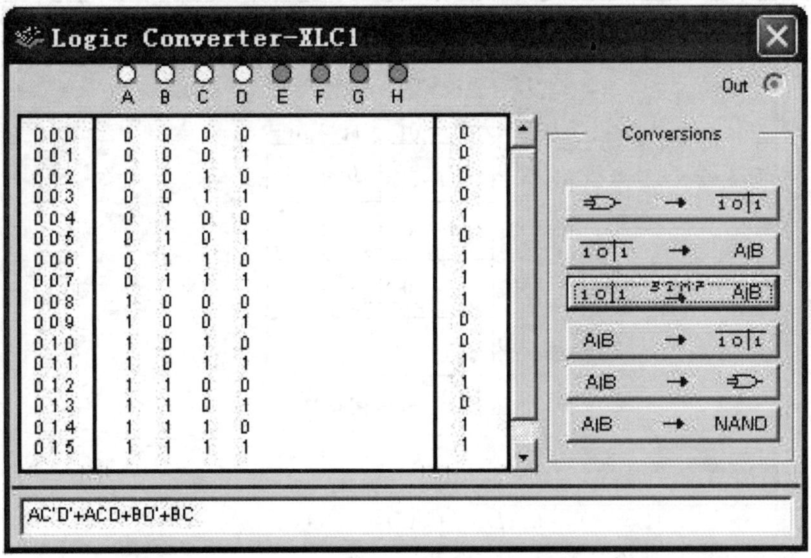

图 11-7 逻辑转换器实现从真值表到最简与或式转换的 Multisim 仿真结果图

11.2.4 结论

根据 4.5.3 节所学八选一数据选择器 74HC151 的功能表，得出图 11-5 所示逻辑电路所对应的真值表，如表 11-2 所示。表中 C 对应图 11-7 中的 A，B 对应图 11-7 中的 B，A 对应图 11-7 中的 C，D_5 对应图 11-7 中的 D。

表 11-2 逻辑函数真值表

C	B	A	D_5	Y
0	0	0	0	0
0	0	0	1	0
0	0	1	0	0
0	0	1	1	0
0	1	0	0	1
0	1	0	1	0
0	1	1	0	1
0	1	1	1	1
1	0	0	0	1
1	0	0	1	0
1	0	1	0	0
1	0	1	1	1
1	1	0	0	1
1	1	0	1	0
1	1	1	0	1
1	1	1	1	1

根据真值表 11-2 画出卡诺图并化简,如图 11-8 所示。

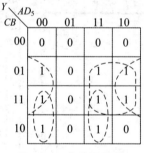

图 11-8 卡诺图化简

得到的最简与或式为:

$$Y = C\overline{A}\overline{D}_5 + CAD_5 + B\overline{D}_5 + BA$$

因此,仿真结果与理论计算结果完全相同。

11.3 时序逻辑电路的 Multisim 仿真研究

11.3.1 仿真电路

时序逻辑电路的 Multisim 仿真电路如图 11-9 所示。从 TTL 器件库中的 74LS 库中找出计数器 74LS161D 以及 2 输入与非门 74LS00D,从电源 Sources 库的 POWER_SOURCES 库中找出直流电源 V_{CC} 和接地符号 GROUND,构成时序逻辑电路。图中由信号发生器 XFG1 产生计数所需的时钟脉冲,该脉冲信号为矩形波,幅值为 5V,频率为 1kHz,占空比为 50%,如图 11-10 所示。计数器的输出 Q_D(高位)、Q_C、Q_B 和 Q_A(低位)对应接逻辑分析仪 XLA1 的低 4 位输入端。

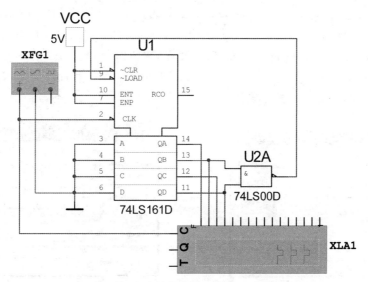

图 11-9　时序逻辑电路的 Multisim 仿真电路

逻辑分析仪(Logic Analyzer)的图标如图 11-11 所示,可以同时显示和记录 16 路逻辑信号,用于对数字逻辑信号进行高速采集和时序分析。逻辑分析仪的连接端口有:1～F 共 16 路信号输入端、外接时钟端 C、时钟控制输入端 Q 以及触发控制输入端 T。

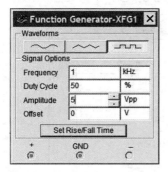
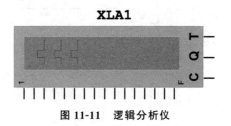

图 11-10　信号发生器的设置　　　　图 11-11　逻辑分析仪

11.3.2　仿真内容

(1) 分析时序逻辑电路,求电路的时序图。
(2) 说明电路是几进制计数器。

11.3.3　仿真结果

双击逻辑分析仪 XLA1 图标,弹出逻辑分析仪操作窗口 Logic Analyzer-XLA1,其上半部分是显示窗口,下半部分是逻辑分析仪的控制窗口,控制信号有:Stop(停止)、Reset(复位)、Reverse(反相显示)、Clock(时钟)设置和 Trigger(触发)设置。单击 Reverse,使显示窗口变为白色,方便观察。单击 Clock 中的 Set 按钮,弹出 Clock setup 对话框,如图 11-12 所示。在 Clock Source(时钟源)触发选择区,选择内触发 Internal;在 Clock Rate(时钟频率)区,设置时钟脉冲频率为 1kHz,使其与计数器的时钟频率相同,然后单击 Accept 按钮确认。单击 Trigger 下的 Set(设置)按钮时,出现 Trigger Settings(触发设置)对话框,如图 11-13 所示。在 Trigger Clock Edge(触发边沿)区,选择 Negative(下降沿)触发,然后单击 Accept 按钮确认。

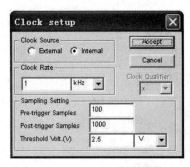

图 11-12 Clock setup 对话框

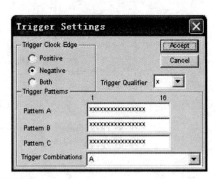

图 11-13 Trigger Settings 对话框

时序逻辑电路的 Multisim 仿真波形如图 11-14 所示。利用逻辑分析仪对计数器的时钟波形和输出波形进行观测,分析波形图可见,每隔 11 个时钟周期输出波形就重复一遍,在 74LS00D 的输出端产生一个低电平,使计数器置数。因此,这是一个十一进制计数器。

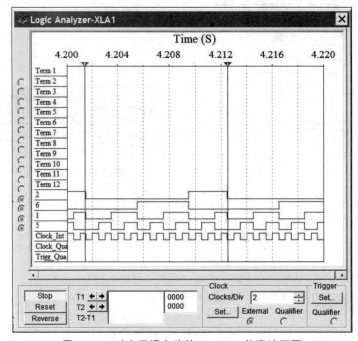

图 11-14 时序逻辑电路的 Multisim 仿真波形图

从逻辑分析仪给出的 Q_D、Q_C、Q_B、Q_A 的波形图,还可以画出电路的状态转换图,如图 11-15 所示。

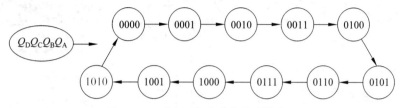

图 11-15　时序逻辑电路的状态转换图

11.3.4　结论

图 11-9 中的计数器采用了同步预置数的工作方式,把输出 $Q_DQ_CQ_BQ_A=1010$ 的状态经译码产生预置信号 0,反馈至 LOAD 端,在下一个 CP 脉冲的下降沿到达时将 $DCBA=0000$ 的信号预置入计数器,作为计数循环的初始状态。由此分析可得,该计数器是十一进制计数器。因此,仿真结果与理论分析结果完全吻合。

11.4　微分型单稳态触发器的 Multisim 仿真研究

11.4.1　仿真电路

微分型单稳态触发器的 Multisim 仿真电路如图 11-16 所示。从 CMOS 集成电路器件库中的 CMOS_5V 库中找出六反相器 4009BD_5V 以及 4-2 输入与非门 4011BD_5V,从基本元件库(Basic)中找出电阻 R 和电容 C,从电源 Sources 库的 POWER_SOURCES 库中找出直流电源 V_{CC}、V_{DD} 和接地符号 GROUND,接成微分型单稳态触发器。图中信号发生器 XFG1 产生的信号为矩形波,其幅值为 5V,频率为 1kHz,占空比为 50%,如图 11-17 所示。由于该矩形波为交流信号,有负值,而单稳态触发器的触发信号为脉冲信号,只有正值,故将其与直流电压 V_{CC} 通过一个加法器相加,从而得到所需的脉冲信号 V_I。由于单稳态触发器的触发信号为窄脉冲,为保证触发信号为窄脉冲,输入端加由电阻 R_d 和电容 C_d 构成的微分电路,将脉冲信号 V_I 变为尖脉冲 V_d,保证电路为窄脉冲触发,从而使电路正常工作。

11.4.2　仿真内容

(1) 用示波器观察并对应记录 V_I、V_d、V_{O1}、V_R 以及 V_O 的波形。
(2) 测记 V_O 的脉冲宽度。

11.4.3　仿真结果

利用两个四踪示波器对各点的波形进行观察,V_I、V_d 以及 V_{O1} 的 Multisim 仿真波形如图 11-18 所示,V_{O1}、V_R 以及 V_O 的 Multisim 仿真波形如图 11-19 所示。由 Multisim 仿

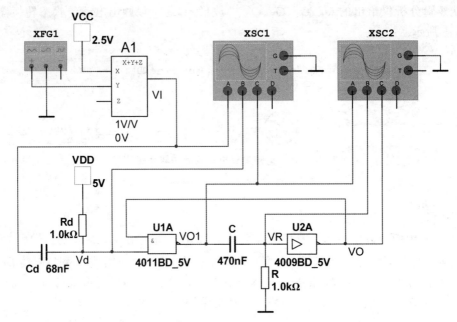

图 11-16　微分型单稳态触发器的 Multisim 仿真电路

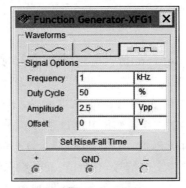

图 11-17　信号发生器的设置

真波形图 11-18 和图 11-19 可知,触发器的触发信号为负窄脉冲,输出为负宽脉冲。用示波器的时间线进行测量,得到 V_O 的脉冲宽度即低电平的输出时间为 $336.134\mu s$。

11.4.4　结论

根据 7.2.1 节的理论分析,由与非门组成的微分型单稳态触发器的电压波形如图 7-2 所示,负窄脉冲触发,输出负宽脉冲。因此,仿真波形与理论波形相同。电路输出脉冲宽度的计算公式为式(7-2),即 $t_w \approx 0.69RC$。将图 11-16 的电路参数代入式(7-2),计算得到 $t_w \approx 324.3\mu s$。因此,仿真结果与理论计算结果近似相等。

第 11 章 数字电路的 Multisim 仿真研究

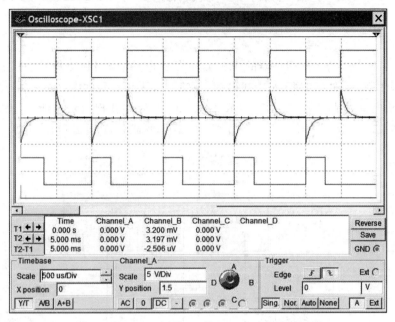

图 11-18　V_I、V_d 以及 V_{O1} 的 Multisim 仿真波形图

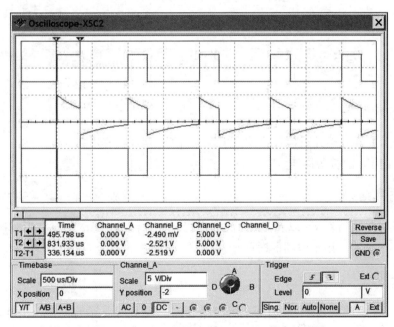

图 11-19　V_{O1}、V_R 以及 V_O 的 Multisim 仿真波形图

11.5　555定时器构成的多谐振荡器的Multisim仿真研究

11.5.1　仿真电路

555定时器构成的多谐振荡器的Multisim仿真电路如图11-20所示。从混合器件库(Mixed)中的定时器件(TIMER)中找出555定时器,从基本元件库(Basic)中找出电阻R和电容C,从电源Sources库的POWER_SOURCES库中找出直流电源V_{CC}和接地符号GROUND,接成多谐振荡器。V_O、V_C分别接双踪示波器的A通道和B通道。

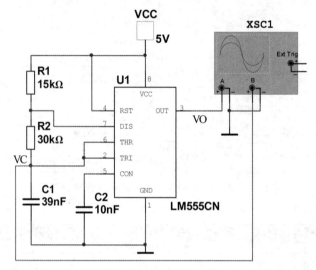

图11-20　555定时器构成的多谐振荡器的Multisim仿真电路

11.5.2　仿真内容

(1) 用示波器观察并对应记录V_C以及V_O的波形。
(2) 测记V_O的振荡周期。

11.5.3　仿真结果

利用双踪示波器对V_C以及V_O的波形进行观察,得Multisim仿真波形如图11-21所示,V_O为矩形脉冲。用示波器的时间线测量V_O的振荡周期为2.039ms。

11.5.4　结论

根据7.5.4节的理论分析,用555定时器构成的多谐振荡器的工作波形如图7-33所示,V_O为矩形脉冲。因此,仿真波形与理论波形相同。电路振荡周期的计算公式为式(7-26),即$T \approx 0.7(R_1+2R_2)C$,将图11-20的电路参数代入式(7-26),计算得到$T \approx 2.0475$ms。因此,仿真结果与理论计算结果近似相等。

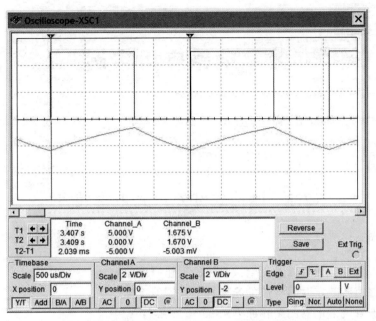

图 11-21　V_O 和 V_C 的 Multisim 仿真波形图

第 12 章

数字电路应用实例

12.1 遮挡式红外声光报警装置

12.1.1 目的

（1）掌握红外二极管以及光电接收管的工作原理。
（2）掌握由 555 定时器构成的施密特触发器的工作原理。
（3）掌握直流继电器的工作原理。
（4）用 Multisim 画图并进行仿真。

12.1.2 电路原理

遮挡式红外声光报警装置如图 12-1 所示，电路由 5V 直流电源供电。图中电位器 RP、红外二极管 D_1、电阻 R_1、光电接收管 VT 和开关 J 构成光电检测电路；555 定时器和电容 C 构成施密特触发器；电阻 R_4、发光二极管 LED 以及蜂鸣器 BUZZER 构成声光报警电路。

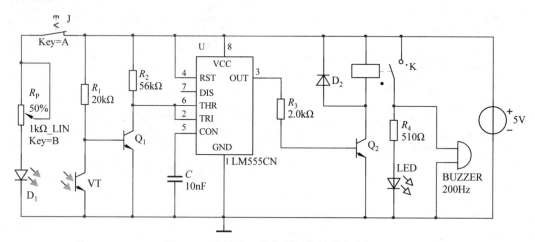

图 12-1　遮挡式红外声光报警装置电路图

当无人遮挡时，即 J 开关闭合时，红外二极管 D_1 发出红外光，光电接收管 VT 接收到红外光导通，将三极管 Q_1 的基极电位变为低电平，三极管 Q_1 截止。555 定时器的 2、6 引脚为高电平,其 3 引脚输出低电平,使三极管 Q_2 截止。继电器 K 不动作,其常开开关断开,故发光二极管 LED 不亮,蜂鸣器 BUZZER 不响。

当有人遮挡时,实际中用手指挡在红外二极管 D_1 和光电接收管 VT 之间,使光电接收管 VT 接收不到红外光而截止。为了便于仿真,在电路中接入一个开关 J,通过断开开关 J 来模拟有人遮挡这一动作。即开关 J 断开时,由电位器 R_P 和红外二极管 D_1 构成的红外光发射电路不工作,不能发出红外光,光电接收管 VT 接收不到红外光将截止。此时三极管 Q_1 的基极电位被电阻 R_1 拉为高电平,三极管 Q_1 导通。555 定时器的 2、6 引脚为低电平,其 3 引脚输出高电平,三极管 Q_2 导通,将其集电极电位变为低电平。继电器 K 线圈两端被加上 5V 直流电压,其常开开关闭合,从而使发光二极管 LED 点亮(箭头为实心表示点亮),蜂鸣器 BUZZER 发出响声,实现声光报警。

12.1.3 元器件清单

遮挡式红外声光报警装置元器件清单如表 12-1 所示。

表 12-1 遮挡式红外声光报警装置元器件清单

元件标号	型 号	元件名称
D_1	SE303	红外发射二极管
VT	PH302	光电接收二极管
LED	红色 Φ5	发光二极管
D_2	1N4148	开关二极管
Q_1	9013	NPN 型三极管
Q_2	9013	NPN 型三极管
R_1	20kΩ	1/4W 碳膜电阻
R_2	56kΩ	1/4W 碳膜电阻
R_3	2kΩ	1/4W 碳膜电阻
R_4	510Ω	1/4W 碳膜电阻
R_P	1kΩ	多圈电位器
U	NE555	定时器
C	103	独石电容
K	HK4100F-DC5V	继电器
BUZZER	5V	蜂鸣器

12.1.4 安装与调试

采用万用板焊接电路,按照原理图的顺序对元器件进行布局即可,注意将红外二极管 D_1 的发射面正对光电接收管 VT 的接收面。若光电接收管采用 PH302,要使其工作于反向击穿状态。若继电器采用 HK4100F-DC5V,采用其常开触点。

焊接完成之后,调节电位器 R_P 的值为 200Ω,加电测试。未遮挡时,红外二极管 D_1 的正极电压为 1.18V,光电接收管 VT 的负极电压为负 0.45V,三极管 Q_1 的集电极电压为 3.5V,555 的 3 脚电压为 0V,三极管 Q_2 的集电极电压为 5V,继电器不工作,发光二极管 LED 不亮,蜂鸣器 BUZZER 不响。遮挡时,红外二极管 D_1 的正极电压为 1.18V,光电接收管 VT 的负极电压为 0.66V，三极管 Q_1 的集电极电压为 0V，555 的 3 脚电压为 3.5V，三极管 Q_2 的集电极电压为 0V，继电器线圈得电，其常开触点吸合，发光二极管 LED 点亮，蜂鸣器 BUZZER 发声，实现声光报警。

12.1.5 思考题

（1）图 12-1 中继电器旁边的二极管 D_2 起什么作用？可以去掉吗？

（2）该报警电路在遮挡时报警，不遮挡时立即停止报警。若要求遮挡后报警持续一段时间，电路应如何改进？

12.2　30 秒倒计时器

12.2.1　目的

（1）掌握由与非门构成的基本 SR 锁存器的工作原理。

（2）掌握十进制可逆计数器 74LS192 的工作原理。

（3）掌握由 555 定时器构成的多谐振荡器的工作原理。

（4）掌握译码驱动器 CD4511 的工作原理。

（5）掌握 7 段数码管的工作原理。

（6）用 Multisim 画图并进行仿真。

12.2.2　电路原理

30 秒倒计时器电路如图 12-2 所示。定时器 LM555CM、电阻 R_1、电阻 R_2、电解电容 C_1 和无极性电容 C_2 构成多谐振荡器，产生计数所需的秒脉冲。该电路和计数暂停开关 J_2 共同构成计数时钟控制电路。当开关 J_2 的公共端与定时器 LM555CM 的 3 引脚相连时，计数器正常计数；当开关 J_2 的公共端与定时器 LM555CM 的 8 引脚相连时，计数器暂停计数，显示器保持不变。多谐振荡器输出的秒脉冲经过开关 J_2 输入到计数器 U3 的减计数时钟 DOWN 端，作为减计数脉冲。当计数器 U3 计到 0 时，其借位端 BO 输出借位脉冲，使十进制计数器 U2 开始计数。

复位按键 J_3 和 2 输入与门 74LS08J 构成复位电路。当按下 J_3 时，不管计数器工作于什么状态，都将立即被复位到预置数值，即"30"。两个 2 输入与非门 U8A 和 U8B 以交叉耦合方式构成基本 SR 锁存器，其与 4 输入与非门 74LS20D、重启按键 J_1 以及 2 输入与门 74LS08J 构成计数重启控制电路。当计数器计数到"00"时，再来一个计数脉冲，计数器变为"99"，由于"99"是一个过渡过程，不会显示出来，所以本电路采用"99"作为计数器计零后的重启控制。正常工作时，J_1 接 5V 电源，即 SR 锁存器的 S 输入端为高电平。当计数器由"00"跳变为"99"时，利用个位和十位的 Q_D、Q_A 通过 4 输入与非门 74LS20D 的输出控制 SR 锁存器的 R 输入端为低电平，锁存器置 0，该低电平通过 2 输入与门 74LS08D 来使计数器 U2 和 U3 的置数端 LOAD 有效，电路被置为"30"并保持不变，为下一次计时做好准备。

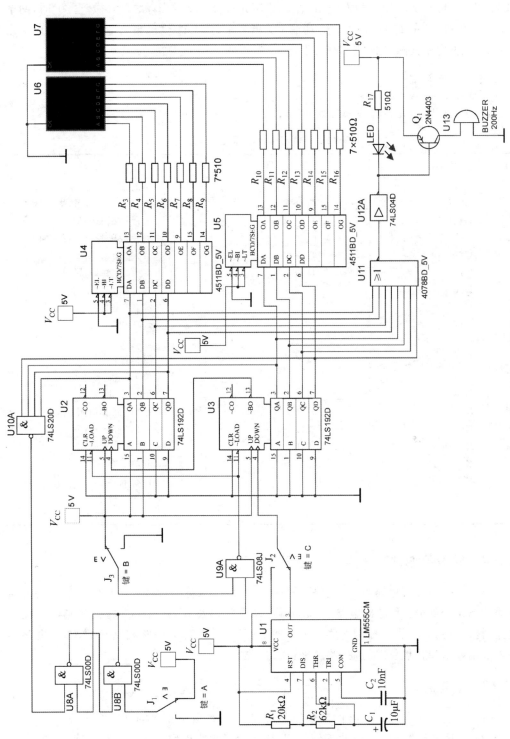

图 12-2 30 秒倒计时器电路图

8 输入或非门 4078BD 以及反相器 74LS04D 构成声光报警控制电路,三极管 Q_1、蜂鸣器 BUZZER、发光二极管 LED 以及电阻 R_{17} 构成声光报警电路。当计数器计数到"00"时,两个计数器 U2 和 U3 的 Q_D、Q_C、Q_B、Q_A 均输出为低电平,使 U11 输出高电平,经反相器后输出低电平,该低电平使蜂鸣器 BUZZER 发声,发光二极管 LED 发光,实现声光报警。

12.2.3 元器件清单

30 秒倒计时器元器件清单如表 12-2 所示。

表 12-2 30 秒倒计时器元器件清单

元 件 标 号	型 号	元 件 名 称
U1	NE555	定时器
U2、U3	74LS192D	十进制可逆计数器
U4、U5	4511	七段译码驱动器
U6、U7	共阴	七段数码管
U8	74LS00	4-2 输入与非门
U9	74LS08	4-2 输入与门
U10	74LS20	二 4 输入与非门
U11	4078	8 输入或非门
U12	74LS04	六反相器
U13	5V	蜂鸣器
J_1		鼠标按键
J_2		单刀双掷开关
J_3		鼠标按键
R_1	20kΩ	1/4W 碳膜电阻
R_2	62kΩ	1/4W 碳膜电阻
$R_3 \sim R_{17}$	510Ω	1/4W 碳膜电阻
C_1	10μF/16V	电解电容
C_2	103	独石电容
LED	红色 Φ5	发光二极管
Q_1	8550	PNP 型三极管

12.2.4 安装与调试

采用万用板焊接电路,由于电路比较复杂,所以采取分步焊接并调试的方法。将电路分为以下几个部分:秒脉冲电路、计数电路、译码驱动及数码管显示电路、声光报警控制电路、复位电路以及重启控制电路。为了便于调试,将各部分电路相互独立,在各电路的输入输出端加单排插针,通过短路环来进行连接。

12.2.5 思考题

(1) 简述计数器 74LS192 的工作原理,该芯片可用哪种型号的计数器代替?
(2) 简述译码器 4511BD 的工作原理,该芯片可用哪种型号的译码器代替?
(3) 要实现 59 秒倒计时器,电路应如何改进?

12.3 汽车尾灯控制电路

12.3.1 目的

(1) 熟悉常用芯片的使用。
(2) 掌握时序逻辑电路和组合逻辑电路的设计和分析方法。
(3) 用 Multisim 画图并进行仿真。

12.3.2 设计要求

假设汽车尾部左右两侧各有 3 个指示灯(用发光二极管代替),应使指示灯达到三个要求。
(1) 汽车正常行驶时指示灯全灭。
(2) 右转弯时,右侧 3 个指示灯按右循环顺序点亮;左转弯时,左侧 3 个指示灯按左循环顺序点亮。
(3) 临时刹车时所有指示灯同时闪烁。

12.3.3 设计步骤

(1) 列出尾灯与汽车行驶状态表。
尾灯与汽车行驶状态表如表 12-3 所示。

表 12-3 尾灯与汽车行驶状态表

开关控制		行驶状态	左 尾 灯	右 尾 灯
S_1	S_2		$D_1 D_2 D_3$	$D_4 D_5 D_6$
0	0	正常行驶	灯灭	灯灭
0	1	右转弯	灯灭	按 $D_4 D_5 D_6$ 顺序循环点亮
1	0	左转弯	按 $D_3 D_2 D_1$ 顺序循环点亮	灯灭
1	1	临时刹车	随时钟 CP 同时闪烁	随时钟 CP 同时闪烁

(2) 设计总框图。
由于汽车左转弯时,三个灯循环点亮,所以用三进制计数器控制译码电路顺序输出低电平,从而控制尾灯按要求点亮。由此得出在每种行驶状态下,各指示灯与各给定条件(S_1、S_2、CP、Q_1、Q_0)的关系,即逻辑功能表如表 12-4 所示(表中 0 表示灯灭状态,1 表示灯亮状态)。

表 12-4 汽车尾灯控制逻辑功能表

开 关 控 制		三进制计数器		6 个指示灯					
S_1	S_2	Q_1	Q_0	D_1	D_2	D_3	D_4	D_5	D_6
0	0	×	×	0	0	0	0	0	0
0	1	0	0	0	0	0	1	0	0
		0	1	0	0	0	0	1	0
		1	0	0	0	0	0	0	1

续表

开关控制		三进制计数器		6个指示灯					
S_1	S_2	Q_1	Q_0	D_1	D_2	D_3	D_4	D_5	D_6
1	0	0	0	0	0	1	0	0	0
		0	1	0	1	0	0	0	0
		1	0	1	0	0	0	0	0
1	1	×	×	CP	CP	CP	CP	CP	CP

由表 12-4 得出总体框图,如图 12-3 所示。

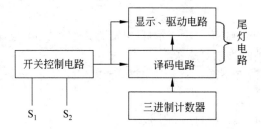

图 12-3　汽车尾灯控制电路原理框图

(3) 设计单元电路。

① 三进制计数器电路可由双 JK 触发器 74LS112 构成,电路如图 12-4 所示。

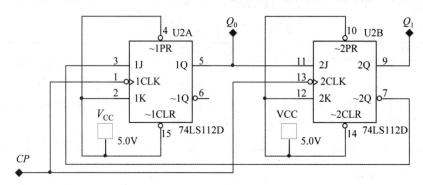

图 12-4　三进制计数器电路图

对于采用 CP 下降沿触发的 JK 触发器,当 CP 由 1 跳变为 0 时,触发器的输出由 J 和 K 的状态决定。表 12-5 为 JK 触发器的状态表。

表 12-5　JK 触发器的状态表

J	K	Q^{n+1}	说明
0	0	Q^n	输出状态不变
0	1	0	同 J 端状态
1	0	1	同 J 端状态
1	1	$\overline{Q}_n$	输出状态翻转

由双 JK 触发器组成的三进制计数器的逻辑功能表如表 12-4 所示。

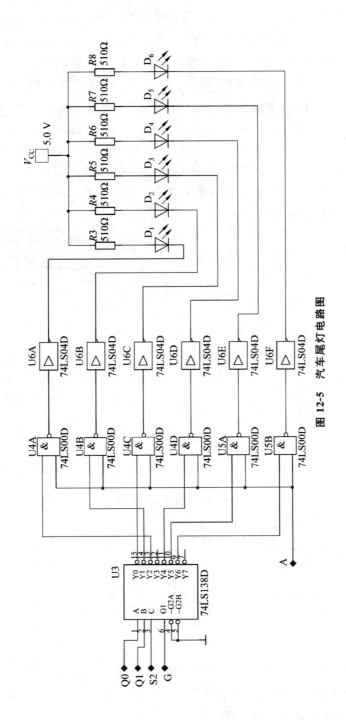

图 12-5 汽车尾灯电路图

② 汽车尾灯电路如图 12-5 所示,其显示驱动电路由 6 个发光二极管和 6 个反相器构成,译码电路由 3-8 线译码器 74LS138 和 6 个与非门构成。74LS138 的三位地址码输入端 C、B、A 分别接 S_2、Q_1、Q_0,而 Q_1Q_0 是三进制计数器的输出端。当 $S_1=1$ 且 $S_2=0$ 时,使能信号 $G=A=1$,计数器的状态为 00、01、10 时,74LS138 对应的输出端 $\overline{Y}_0$、$\overline{Y}_1$、$\overline{Y}_2$ 依次为 0 有效,即反相器 U6A～U6C 的输出也依次为 0,故指示灯 $D_3D_2D_1$ 按顺序点亮,示意汽车左转弯。若上述条件不变,而 $S_1=0$ 且 $S_2=1$ 时,则 74LS138 对应的输出端 $\overline{Y}_4$、$\overline{Y}_5$、$\overline{Y}_6$ 依次为 0 有效,即反相器 U6D～U6F 的输出也依次为 0,故指示灯 $D_4D_5D_6$ 按顺序点亮,示意汽车右转弯。当 $G=0$ 且 $A=1$ 时,74LS138 的输出端全为 1,U6A～U6F 的输出端也全为 1,指示灯全灭;当 $G=0$ 且 $A=CP$ 时,指示灯随 CP 的频率闪烁。

③ 开关控制电路如图 12-6 所示。设 74LS138 和显示驱动电路的使能信号分别为 G 和 A,根据总体逻辑功能分析及组合得到 G、A 与给定条件 S_1、S_2、CP 的真值表,如表 12-6 所示,由表结果整理得到逻辑表达式为:

$$G = S_1 \oplus S_2$$
$$A = \overline{\overline{S_1 S_2} \cdot \overline{\overline{S_1 S_2} CP}}$$

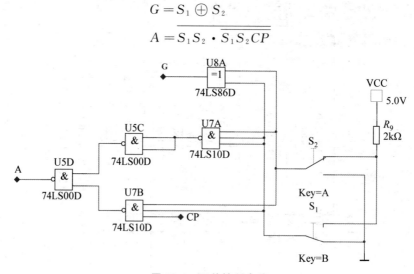

图 12-6 开关控制电路

表 12-6 S_1、S_2、CP 与 G、A 的逻辑功能表

控制开关		CP	使能信号	
S_1	S_2		G	A
0	0	×	0	1
0	1	×	1	1
1	0	×	1	1
1	1	CP	0	CP

(4) 设计汽车尾灯总体电路。

汽车尾灯控制电路如图 12-7 所示。

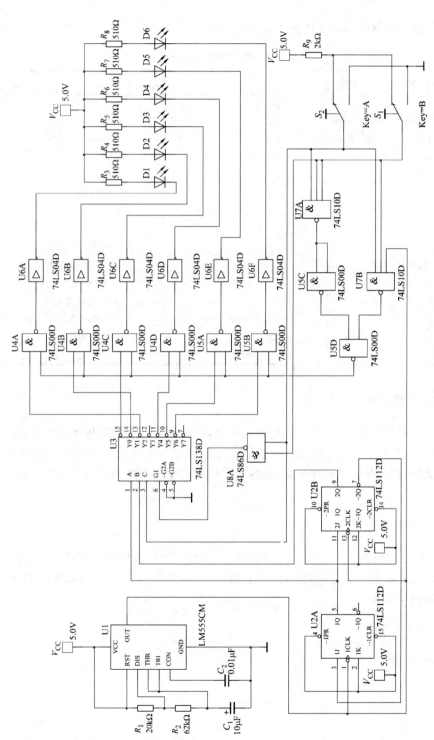

图 12-7 汽车尾灯控制电路

12.3.4　元器件清单

汽车尾灯控制电路元器件清单如表 12-7 所示。

表 12-7　汽车尾灯控制电路元器件清单

元件标号	型号	元件名称
U1	NE555	定时器
U2	74LS112	双 JK 触发器
U3	74LS138	3-8 线译码器
U4、U5	74LS00	4-2 输入与非门
U6	74LS04	六反相器
U7	74LS10	三 3 输入与非门
U8	74LS86	4-2 输入异或门
R_1	20kΩ	1/4W 碳膜电阻
R_2	62kΩ	1/4W 碳膜电阻
$R_3 \sim R_8$	510Ω	1/4W 碳膜电阻
R_9	2kΩ	1/4W 碳膜电阻
S_1、S_2		单刀双掷开关
C_1	10μF/16V	电解电容
C_2	103	独石电容
$D_1 \sim D_6$	红色 Φ5	发光二极管

12.3.5　安装与调试

采用万用板焊接电路,由于电路比较复杂,所以采取分步焊接并调试的方法。将电路分为以下几个部分：秒脉冲电路、三进制计数器电路、尾灯电路以及开关控制电路。为了便于调试,将各部分电路相互独立,在各电路的输入输出端加单排插针,通过短路环来进行连接。

12.3.6　思考题

(1) 简述译码器 74LS138 的工作原理,该芯片可用哪种型号的译码器代替？

(2) 简述双 JK 触发器 74LS112 构成的三进制计数器的工作原理,若用 D 触发器来设计该如何实现？

第 13 章 实 验 部 分

[实验目的]

1. 巩固和加深理解所学的理论知识。
2. 掌握实验研究的基本技能。
3. 提高分析问题和解决问题的能力。
4. 培养科学、严谨的实验态度,养成良好的操作习惯,为后续课程的学习及科学研究打下坚实的基础。

[实验要求]

1. 正确使用常用的电子仪器,如函数信号发生器、数字万用表、直流稳压电源和双踪示波器等。
2. 掌握基本的测试技术,如测量电压或电流的有效值、峰值、频率、相位、脉冲波形参数和电子电路的主要技术指标。
3. 具有查阅电子器件手册的能力。
4. 能根据技术要求选用合适的元器件,设计常用的小系统,并进行组装与调试。
5. 初步具有分析、寻找和排除电子电路中常见故障的能力。
6. 初步具有正确处理实验数据和分析误差的能力。
7. 能独立写出严谨、有理论分析、实事求是、文理通顺、字迹端正的实验报告。

[实验规则]

1. 实验前要认真预习,弄清每个实验的原理及每一实验步骤的意图。设计性实验必须按要求写出预习报告。
2. 应在规定时间内完成实验任务,实验中要认真、严肃,仔细观察记录。实验结果经指导教师签字后方可离开。
3. 保持实验室安静、卫生,不准喧闹、乱窜、抽烟、吐痰等。未经指导教师许可,不准乱拿别组的工具及非该次实验的物品。实验结束后,应将仪器等物品整理如初。
4. 按时参加实验,无特殊原因不准请假,不予补课。实验开始后迟到 10 分钟以上者,取消该次实验资格。
5. 实验具有"一票否决权",一学期累计旷课超过 30% 者,其成绩为不及格,必须重修。

[安全须知]

在非潮湿场所,通过人体的电流在 50mA 以下、电压在 36V 以下才安全。实验中必须严格遵守操作规程,确保人机安全。

1. 在非安全电压场合,双手不要触及导线裸露的金属部分。实验线路必须仔细检查,经指导教师确认无误后方可通电。

2. 必须遵守"先接线后通电,先断电后拆线"的操作顺序。

3. 实验中,每次改变接线前都应关闭电源。

4. 当发生烧断保险、冒烟等严重现象时,应首先切断电源,保持现场并立即报告指导教师。

5. 使用仪器要严格遵守操作规程,如有损坏应及时报告,找出原因,吸取教训,并按规定赔偿。

[实验报告要求]

一人一份,下次实验时交本次实验的报告。除每个实验有具体要求外,实验报告还应包括以下内容:

1. 实验名称和日期。
2. 实验目的。
3. 实验电路。
4. 实验内容及简明步骤。
5. 数据处理及分析。
6. 解答思考题。
7. 必须附有经指导教师签字的原始数据记录表。

13.1 常用电子仪器的使用

实验预习要求

1. 预习各仪器的使用说明及注意事项(见附录 D)。
2. 复习有关交流电压平均值、有效值、峰-峰值的概念及周期、频率的知识。

13.1.1 实验目的

(1) 了解实验规则及安全须知。
(2) 了解常用电子仪器的用途及相互联系。
(3) 掌握数字万用表、直流稳压电源、函数信号发生器以及双踪示波器的使用方法。
(4) 初步掌握用双踪示波器观察正弦信号波形和读取波形参数的方法。

13.1.2 实验原理

在模拟电路实验中,经常使用的电子仪器有双踪示波器、函数信号发生器、交流毫伏表以及直流稳压电源等。它们和万用表一起,可以完成对模拟电路的静态和动态工作情况的测试。

实验中要对各种电子仪器进行综合使用,可按照信号流向,以连线简捷、调节顺手、观察与读数方便等原则进行合理布局,各仪器与被测实验装置之间的布局与连接如图 13-1 所示。接线时应注意,为防止外界干扰,各仪器的公共接地端应该连接在一起,称为共地。函数信号发生器和交流毫伏表的引线通常用屏蔽线或专用电缆线,双踪示波器接线使用专用电缆线,直流稳压电源的接线用普通导线。

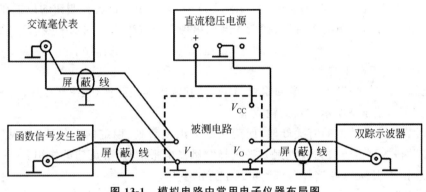

图 13-1 模拟电路中常用电子仪器布局图

1. 双踪示波器

双踪示波器是一种用途很广的电子测量仪器,它既能直接显示电信号的波形,又能对电信号进行各种参数的测量。现着重指出下列几点。

(1) 寻找扫描光迹。将双踪示波器 Y 轴显示方式置"Y1"或"Y2",输入耦合方式置"GND"。开机预热后,若在显示屏上不出现光点和扫描基线,可按下列操作去找到扫描线:适当调节亮度旋钮;适当调节垂直、水平"位移"旋钮,使扫描光迹位于荧屏中央;将重复扫描方式选择为"自动"。

(2) 双踪示波器一般有 5 种显示方式,即"Y1""Y2""Y1+Y2"三种单踪显示方式和"交替""断续"两种双踪显示方式。"交替"显示一般适合于输入信号频率较高时使用,"断续"显示一般适合于输入信号频率较低时使用。

(3) 若被显示的波形不稳定,可以通过调节"触发电平"旋钮找到合适的触发电压,使被测试的波形稳定地显示在示波器屏幕上。

(4) 适当调节"扫描速率"开关及"Y 轴灵敏度"开关,使屏幕上显示 1~2 个周期的被测信号波形。

2. 函数信号发生器

函数信号发生器按需要输出正弦波、方波和三角波等信号波形。通过输出衰减开关和输出幅度调节旋钮,可使输出电压在毫伏级到伏级范围内连续调节。

函数信号发生器作为信号源,它的输出端不允许短路。

3. 交流毫伏表

交流毫伏表只能在其工作频率范围之内用来测量正弦交流电压的有效值。为了防止过载而损坏,测量前一般先把量程开关置于量程较大位置上,然后在测量中逐挡减小量程。

13.1.3 实验设备

实验设备包括数字万用表、直流稳压电源、交流毫伏表、函数信号发生器以及双踪示波器。

13.1.4 实验内容

1. 函数信号发生器和双踪示波器的使用

(1) 按双踪示波器说明书要求(参阅附录 D.5),认清示波器各控制钮的位置和作用。

(2) 开启电源,调节有关旋钮,使荧光屏上出现一条清晰均匀的水平线(扫描线)。熟悉"辉度""聚焦""垂直(Y轴)位移""水平(X轴)位移"等旋钮的作用。

(3) 观察交流电压波形。

① 启动函数信号发生器(参阅附录 D.4),使其输出为正弦波,频率 $f=1\mathrm{kHz}$,峰-峰值 $V_{P-P}=3\sim10\mathrm{V}$,接于双踪示波器的输入端。

② 调节双踪示波器的有关旋钮,使荧光屏上出现清晰、稳定的正弦波形,观察"通道显示选择""输入耦合方式选择""触发源选择""触发电平调整"等旋钮的作用。

③ 调节"电压灵敏度选择",观察电压波形的变化。

④ 调节"扫描速度选择""扫描扩展"等旋钮,观察电压波形的变化。

⑤ 将输入的正弦波频率 f 分别改为 $100\mathrm{Hz}$、$1.5\mathrm{kHz}$、$10\mathrm{kHz}$,调节有关旋钮,使荧光屏上的正弦波形清晰、稳定。

试总结一下,在观察波形时,欲达到下列要求,应调节哪些旋钮?

- 波形清晰,亮度适中。
- 波形在荧光屏中央且大小适中。
- 波形完整。
- 波形稳定。

2. 交流电压频率的测量

开启函数信号发生器,使输出的正弦信号分别为 $V_{P-P}=2\mathrm{V}$ 且 $f=1\mathrm{kHz}$,$V_{P-P}=1\mathrm{V}$ 且 $f=10\mathrm{kHz}$ 以及 $V_{P-P}=5\mathrm{V}$ 且 $f=500\mathrm{kHz}$,用双踪示波器分别测量各正弦信号的双峰值和频率值,将测量结果记录于表 13-1 中。

表 13-1 交流电压测量结果表

正弦信号	幅度(峰-峰值)测量		频率测量		
	伏特/格	光标法	直读法	时间/格	光标法
$V_{P-P}=2\mathrm{V}$ $f=1\mathrm{kHz}$ (0.5V/格 0.2ms/格)					

续表

正弦信号	幅度(峰-峰值)测量		频率测量		
	伏特/格	光标法	直读法	时间/格	光标法
$V_{P-P}=1V$ $f=10kHz$ (0.2V/格 20μs/格)					
$V_{P-P}=5V$ $f=500kHz$ (1.0V/格 0.5μs/格)					

用双踪示波器测量频率的方法如下。

(1) 直读法。

当双踪示波器显示清晰、稳定的波形时,荧光屏右下方显示"$f=$_____",即为被测信号的频率值。

(2) 时间/格法。

调节"扫描速度选择"(TIME/DIV),使荧光屏上呈现1~2个完整、清晰的波形。此时,被测信号的周期为:$T=$TIME/DIV×周期波形所占的格数,TIME/DIV为扫描速度(时间/格)。

(3) 光标法。

按下"光标模式($\Delta V-\Delta T-$OFF)",当选择 ΔT 或 $1/\Delta T$ 时,荧光屏上呈现两条垂直光标,选择 C_1-C_2-TRK 工作方式,调整光标位置,使 $\Delta T=T$(T 为被测信号的周期)。若荧光屏左上方显示"$\Delta T=$_____",此为被测信号的周期值,由式 $f=1/T$ 即可求得被测信号的频率值;若荧光屏左上方显示"$1/\Delta T=$_____",此为被测信号的频率值。

3. 交流电压大小的测量

将函数信号发生器输出正弦波的频率调为100Hz,"输出衰减"分别置0dB、20dB和40dB,依次用数字万用表的AC.V挡、数字交流毫伏表(参阅附录D.2)和双踪示波器测量交流电压的大小,将测量结果记录于表13-1中。思考三者测量的各是交流电压的什么值?它们之间有何关系?

用双踪示波器测量交流电压大小的方法如下。

(1) 伏特/格法。

$V_{P-P}=$VOLTS/DIV(伏特/格)×被测信号双峰间的格数,其中 V_{P-P} 为被测电压的峰-峰值,VOLTS/DIV(伏特/格)在荧光屏下方直接显示。

(2) 光标法。

当光标模式($\Delta V-\Delta T-$OFF)选择 ΔV 时,调整荧光屏上呈现的两条水平光标,使之卡在被测电压的双峰上,则荧光屏左上方显示"$\Delta V=$_____",即为被测信号电压峰-峰值 V_{P-P}。

4. 直流电压大小的测量

将直流稳压电源(参阅附录D.3)的输出电压分别调到1V、10V和15V,依次用数字万用表的 DC.V 挡和双踪示波器测量直流电压大小,将测量结果记录于表 13-2 中。

表 13-2 直流电压测量结果表

直流电压	示波器测量		万用表测量
	伏特/格	光标法	
1V			
10V			
15V			

用双踪示波器测量直流电压大小的方法是:

(1) 首先按下 GND 键,此时该通道输入端被接地,荧光屏上显示地电位扫迹线,并于左下角显示接地符号。

(2) 将地电位的扫迹线调至荧光屏中央,再次按下 GND 键,关闭接地功能后,再按下 DC/AC 键,选择直流(DC)耦合方式,此时水平电位扫迹线将上移(输入电压极性为正时)或下移(输入电压极性为负时)。据此,按伏特/格法或光标法可测出输入电压的大小和极性。

13.1.5 实验报告要求

(1) 整理各项测试结果并进行比较。

(2) 回答:在用双踪示波器观察正弦波形时,若荧光屏上显示如图 13-2 所示波形,试分析原因,并说明此时应调节哪些旋钮以得到正常的波形。

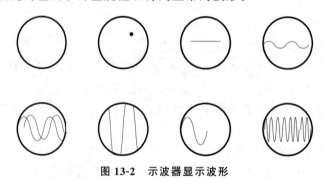

图 13-2 示波器显示波形

13.2 TTL 与非门的参数及电压传输特性的测试

实验预习要求

1. 参阅附录 D.6,熟悉数字电路实验箱的使用方法。
2. 复习 TTL 与非门各参数的意义与测试方法。
3. 复习 TTL 与非门电压传输特性的意义与测试方法。

13.2.1 实验目的

(1) 学习数字电路实验箱的使用。

(2) 加深对 TTL 与非门传输特性和逻辑功能的认识。

(3) 掌握 TTL 与非门直流参数和电压传输特性的测试方法。

13.2.2 实验原理

TTL 与非门是门电路中应用较多的一种,本实验使用的集成与非门的型号为 74LS20(2-4 输入与非门),它包含两个与非门,每个与非门有 4 个输入端,其逻辑符号及引脚图如图 13-3 所示。V_{CC} 为 +5V,TTL 电路对电源电压要求比较严格,电源电压只允许在 +5V±10% 的范围内工作,超过 5.5V 将损坏器件,低于 4.5V 器件的逻辑功能将不正常。

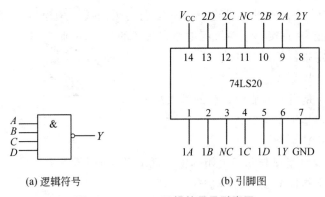

图 13-3　74LS20 逻辑符号及引脚图

1. 与非门的逻辑功能

与非门的逻辑功能是:全"1"出"0",有"0"出"1"。即只有当全部输入端都接高电平"1"时,输出端才输出低电平"0";否则,输出端为高电平"1"。其逻辑表达式为 $Y=\overline{AB}$。

2. TTL 与非门的主要参数

(1) 输出高电平 V_{OH}。

输出高电平就是门电路处于关闭状态时的输出电平,即门电路输入端有一个以上接低电平时的输出电平值。

一般产品规定指标 $V_{OH} \geqslant 2.7V$。

(2) 输出低电平 V_{OL}。

输出低电平就是门电路处于开启状态时的输出电平,即门电路所有输入端均接高电平时的输出电平值。

一般产品规定指标 $V_{OL} \leqslant 0.4V$。

(3) 高电平输出电源电流 I_{CCH}。

I_{CCH} 是指与非门的输入端至少一个以上接地并且输出端空载时电源提供的电流,其大小标志着器件静态功耗的大小。

(4) 低电平输出电源电流 I_{CCL}。

I_{CCL} 是指与非门的所有输入端悬空并且输出端空载时电源提供的电流,其大小标志着器件静态功耗的大小。将低电平输出电源电流 I_{CCL} 乘以电源电压 V_{CC} 就得到空载导通功耗 P_{ON},即 $P_{ON}=I_{CCL}\times V_{CC}$。

一般产品规定指标 $I_{CCL}\leqslant 2.2\text{mA}$。

(5) 高电平输入电流 I_{IH}。

I_{IH} 是指被测输入端接高电平而其余输入端接地时流入被测输入端的电流值。在多级门电路中,I_{IH} 相当于前级门输出高电平时前级门的拉电流负载,其大小关系到前级门的拉电流负载能力,希望 I_{IH} 小些。由于 I_{IH} 较小,难以测量,一般免于测试。

一般产品规定指标 $I_{IH}\leqslant 20\mu\text{A}$。

(6) 低电平输入电流 I_{IL}。

I_{IL} 是指被测输入端接地而其余输入端悬空时由被测输入端流出的电流值。在多级门电路中,I_{IL} 相当于前级门输出低电平时后级向前级门灌入的电流,因此它关系到前级门的灌电流负载能力,直接影响前级门电路带负载的个数,因此希望 I_{IL} 小些。

一般产品规定指标 $I_{IL}\leqslant 0.4\text{mA}$。

(7) 开门电平 V_{ON}。

开门电平 V_{ON} 是指使与非门开启的输入高电平的最小值。

一般产品规定指标 $V_{ON}\leqslant 2\text{V}$。

(8) 关门电平 V_{OFF}。

关门电平 V_{OFF} 是指使与非门关闭的输入低电平的最大值。

一般产品规定指标 $V_{OFF}\geqslant 0.8\text{V}$。

(9) 电压传输特性。

与非门的电压传输特性指的是与非门输出电压 V_O 随输入电压 V_I 变化的关系曲线,如图 13-4 所示。图中 B 点对应的输入电压称为关门电平 V_{OFF},C 点对应的输入电压称为开门电平 V_{ON}。

传输特性的测量方法很多,最简单的方法是把直流电压通过电位器分压加在与非门的输入端,如图 13-5 所示。用万用表逐点测出对应的输入、输出电压,然后绘制成曲线。为了读数容易,在调节 V_I 过程中可先监视输出电压的变化,再读出 V_I;否则在开门电平和关门电平之间变化的电压不容易读出来。

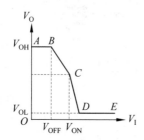

图 13-4 与非门的电压传输特性曲线

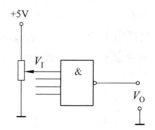

图 13-5 与非门电压传输特性的测量电路

13.2.3 实验设备

实验设备包括数字万用表、数字电路实验箱以及二 4 输入与非门 74LS20 一片。

13.2.4 实验内容

1. 高电平输入电流 I_{IH}

测试电路如图 13-6 所示,其正常指标为:$I_{IH} \leqslant 20\mu A$。

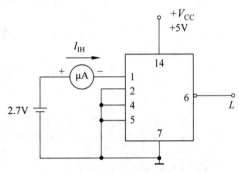

图 13-6　高电平输入电流测试电路

2. 低电平输入电流 I_{IL}

测试电路如图 13-7 所示,其正常指标为:$I_{IL} \leqslant 0.4mA$。

3. 空载导通电源总电流 I_{OC} 和空载导通功耗 P_{ON}

测试电路如图 13-8 所示,其正常指标为:$I_{OC} \leqslant 2.2mA$,$P_{ON} = I_{OC} \times V_{CC}$。

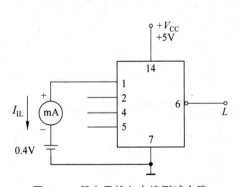
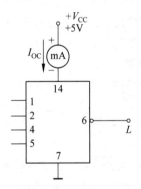

图 13-7　低电平输入电流测试电路　　图 13-8　空载导通电源总电流测试电路

4. 输出高电平 V_{OH}

测试电路如图 13-9 所示,其正常指标为:$V_{OH} \geqslant 2.7V$。

5. 输出低电平 V_{OL}

测试电路如图 13-10 所示,其正常指标为:$V_{OL} \leqslant 0.4V$。

6. 开门电平 V_{ON}

测试电路如图 13-11 所示。

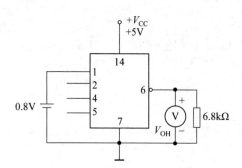
图 13-9　输出高电平测试电路

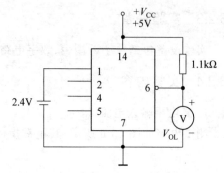
图 13-10　输出低电平测试电路

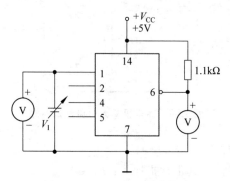
图 13-11　开门电平测试电路

调节输入电压 V_1，使其从 0～2V 逐渐增大。当输出电压刚刚下降至 0.4V（或输出低电平）时，记录此时的输入电压 V_1 值，即为开门电平 V_{ON}。

其正常指标为：$V_{ON} \leqslant 2V$。

7. 关门电平 V_{OFF}

测试电路如图 13-12 所示。

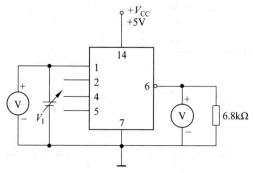
图 13-12　关门电平测试电路

调节输入电压 V_1，使其从 0～2V 逐渐减小。当输出电压刚刚上升至 2.7V 左右时，记录此时的输入电压 V_1 值，即为关门电平 V_{OFF}。

其正常指标为：$V_{OFF} \geqslant 0.8V$。

8. 静态电压传输特性

测试电路如图 13-12 所示。调节输入电压 V_I，按表 13-3 所列参考数值由小变大，测记其对应的输出电压 V_O。测试时应注意，要缓慢变动输入电压，在电压传输特性的拐点处，应多测几个点。

表 13-3　TTL 与非门静态电压传输特性测试表

V_I/V	0	0.3	0.5	0.8	1.0	1.2	1.3	1.4
V_O/V								
V_I/V	1.5	1.6	1.7	1.8	2.0	2.4	2.8	3.2
V_O/V								

13.2.5　实验报告要求

（1）列表整理测试数据，分析实验结果。

（2）用坐标纸画出与非门的电压传输特性曲线。

（3）说明与非门各参数的大小有何意义，对电路工作有什么影响。

（4）说明电压传输特性的三个阶段（输出高电平阶段、输出低电平阶段、输出从高电平到低电平的过渡阶段）各对应与非门输出管的哪三种工作状态。

13.3　SSI 组合逻辑电路的设计

实验预习要求

1. 复习组合逻辑电路的设计方法。

2. 按实验内容中的要求，列出各题的真值表，求出逻辑函数表达式，并画出相应的逻辑电路。

13.3.1　实验目的

（1）学习用与非门实现各种组合逻辑函数。

（2）掌握 SSI 组合逻辑电路的设计与实现方法。

13.3.2　实验原理

组合逻辑电路的设计步骤如下。

（1）明确实际问题的逻辑功能。根据实际逻辑问题的因果关系确定输入、输出变量，并定义逻辑状态的含义。

(2) 根据逻辑描述列出真值表。
(3) 由真值表写出逻辑表达式。
(4) 化简、变换逻辑表达式,并画出逻辑图。

13.3.3 实验设备

实验设备包括数字万用表、数字电路实验箱以及 4-2 输入与非门 74LS00 和 2-4 输入与非门 74LS20 各一片。

13.3.4 实验内容

1. 表决逻辑

设有三人对一事件进行表决,多数(二人以上)赞成即通过;否则不通过。

提示:本题有三个变量 A、B、C,表示三个人;一个逻辑函数 L,表示表决结果。

投票:"1"表示赞成;"0"表示反对。

表决结果:"1"表示通过;"0"表示不通过。

2. 交通信号灯监测电路

设一组信号灯由红(R)、黄(Y)、绿(G)三盏灯组成,如图 13-13 所示。正常情况下,点亮的状态只能是红、绿或黄加绿当中的一种。当出现其他五种状态时,表明信号灯发生故障,要求监测电路发出故障报警信号。

提示:本题有三个变量 R、Y、G,分别表示红、黄、绿三盏信号灯。"1"表示灯亮;"0"表示灯灭。一个逻辑函数 L 表示故障报警信号,正常情况下 L 为"0";发生故障时,L 为"1"。

以上两例均要求采用 SSI 组合电路设计方法,应用 4-2 输入与非门 74LS00 和 2-4 输入与非门 74LS20,以最少的与非门实现,并验证其逻辑功能。

13.3.5 实验报告要求

(1) 归纳采用 SSI 设计上述组合逻辑电路的全过程。
(2) 由实验结果验证设计的正误。

4-2 输入与非门 74LS00 的引脚图如图 13-14 所示。

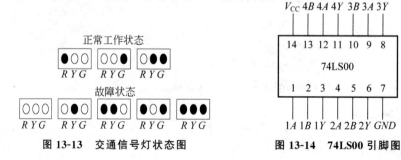

图 13-13 交通信号灯状态图   图 13-14 74LS00 引脚图

13.4 译码器及其应用

> **实验预习要求**
>
> 1. 复习二进制译码器的功能及应用。
> 2. 设计并画出用集成译码器 74LS138 和 2-4 输入与非门 74LS20 实现组合逻辑函数的逻辑示意图。

13.4.1 实验目的

（1）掌握集成译码器逻辑功能的测试方法。
（2）学习用集成译码器作为数据分配器和实现组合逻辑函数。

13.4.2 实验原理

1. 中规模集成译码器 74LS138

74LS138 是集成 3-8 线译码器，其引脚图及功能表分别如图 13-15 和表 13-4 所示。其中 A_2、A_1、A_0 为三位地址码输入端，它们共有 8 种状态组合，可译出 8 个输出信号 $\overline{Y}_0 \sim \overline{Y}_7$，输出为低电平有效。$G_1$、$\overline{G}_{2A}$、$\overline{G}_{2B}$ 为使能端。

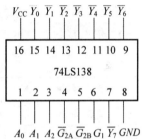

图 13-15　74LS138 引脚图

表 13-4　74LS138 的功能表

输入					输出							
使能		地址码			$\overline{Y}_0$	$\overline{Y}_1$	$\overline{Y}_2$	$\overline{Y}_3$	$\overline{Y}_4$	$\overline{Y}_5$	$\overline{Y}_6$	$\overline{Y}_7$
G_1	$\overline{G}_{2A}+\overline{G}_{2B}$	A_2	A_1	A_0								
1	0	0	0	0	0	1	1	1	1	1	1	1
1	0	0	0	1	1	0	1	1	1	1	1	1
1	0	0	1	0	1	1	0	1	1	1	1	1
1	0	0	1	1	1	1	1	0	1	1	1	1
1	0	1	0	0	1	1	1	1	0	1	1	1
1	0	1	0	1	1	1	1	1	1	0	1	1
1	0	1	1	0	1	1	1	1	1	1	0	1
1	0	1	1	1	1	1	1	1	1	1	1	0
0	×	×	×	×	1	1	1	1	1	1	1	1
×	1	×	×	×	1	1	1	1	1	1	1	1

2. 译码器的应用

在中规模译码器中,一般都设置有使能端。使能端有两个用途:其一是作为选通脉冲输入端,消除冒险脉冲的发生;其二是用于功能扩展。

译码器的具体应用包括:构造顺序脉冲发生器、串行扩展、并行扩展、作为函数发生器和作为数据分配器。

13.4.3 实验设备

实验设备包括数字万用表、数字电路实验箱以及集成译码器 74LS138 和 2-4 输入与非门 74LS20 各一片。

13.4.4 实验内容

1. 集成译码器 74LS138 逻辑功能测试

将使能端 G_1、$\overline{G}_{2A}$、$\overline{G}_{2B}$ 及地址码输入端 A_2、A_1、A_0 分别依次接逻辑开关,输出端 $\overline{Y}_0 \sim \overline{Y}_7$ 依次接状态显示二极管,按表 13-5 逐项测试 74LS138 的逻辑功能。

表 13-5 74LS138 逻辑功能测试结果表

输入					输出							
使能		地址码			$\overline{Y}_0$	$\overline{Y}_1$	$\overline{Y}_2$	$\overline{Y}_3$	$\overline{Y}_4$	$\overline{Y}_5$	$\overline{Y}_6$	$\overline{Y}_7$
G_1	$\overline{G}_{2A}+\overline{G}_{2B}$	A_2	A_1	A_0								
1	0	0	0	0								
1	0	0	0	1								
1	0	0	1	0								
1	0	0	1	1								
1	0	1	0	0								
1	0	1	0	1								
1	0	1	1	0								
1	0	1	1	1								
0	×	×	×	×								
×	1	×	×	×								

2. 用集成译码器 74LS138 构成时序脉冲分配器并测试其逻辑功能

使能端 G_1 接高电平,$\overline{G}_{2B}$ 接低电平,$\overline{G}_{2A}$ 接连续脉冲 CP(频率在 1Hz 左右),其他同上。对应 $A_2A_1A_0$ 分别为 000~111 八种取值组态时,观察并记录输出端 $\overline{Y}_0 \sim \overline{Y}_7$ 的状态变化。

3. 用集成译码器 74LS138 和 2-4 输入与非门 74LS20 实现组合逻辑函数

某实验室有红、黄两个故障指示灯,用来指示三台设备的工作情况。当只有一台设备有故障时,黄灯亮;有两台设备有故障时,红灯亮;只有当三台设备都发生故障时,才会使红、黄两个故障指示灯同时点亮。

提示：本题有三个变量 A、B、C，分别表示三台设备。"1"表示故障；"0"表示正常。有两个逻辑函数 L_1、L_2，分别表示红灯和黄灯。"1"灯亮，表示报警；"0"灯不亮，表示不报警。

(1) 设计并正确连接实验电路。

(2) 测试该组合逻辑电路的真值表。

变量 A、B、C 接逻辑开关，函数 L_1、L_2 接状态显示二极管。对应变量的不同组合，观察并对应记录 L_1、L_2 的状态。

13.4.5 实验报告要求

(1) 整理各项实验结果。

(2) 总结二进制译码器的功能及应用。

13.5 数据选择器及其应用

实验预习要求

1. 复习双四选一数据选择器 74LS153 的引脚图和逻辑功能。

2. 复习八选一数据选择器 74LS151 的引脚图和逻辑功能。

3. 设计并分别画出用双四选一数据选择器 74LS153 和八选一数据选择器 74LS151 实现组合逻辑函数的逻辑示意图。

13.5.1 实验目的

(1) 掌握数据选择器逻辑功能的测试方法。

(2) 学习用数据选择器实现组合逻辑函数。

13.5.2 实验原理

1. 双四选一数据选择器 74LS153

双四选一数据选择器 74LS153 的引脚图如图 13-16 所示，其中，B、A 为控制数据准确传送的 2 位地址信号，产生 4 个地址信号，$D_0 \sim D_3$ 为供选择的电路并行输入信号，$\overline{G}$ 为使能输入端。任何时候 B、A 均只有一种可能的取值，所以只有一路数据通过，送达 Y 端。当 $\overline{G}=0$ 时，选择器正常工作，允许数据通过；当 $\overline{G}=1$ 时，无论地址码是什么，Y 总是等于 0。逻辑功能表如表 13-6 所示。

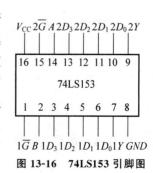

图 13-16 74LS153 引脚图

表 13-6　74LS153 功能表

输入			输出	
使能	选择			
$\overline{G}$	B	A	Y	$\overline{Y}$
1	×	×	0	1
0	0	0	D_0	$\overline{D_0}$
0	0	1	D_1	$\overline{D_1}$
0	1	0	D_2	$\overline{D_2}$
0	1	1	D_3	$\overline{D_3}$

2. 八选一数据选择器 74LS151

八选一数据选择器 74LS151 的引脚图如图 13-17 所示，其中 S_2、S_1、S_0 为 3 个选择输入端，$D_7 \sim D_0$ 为数据输入端，Y 和 $\overline{Y}$ 为两个互补输出端，$\overline{E}$ 为使能输入端，低电平有效，其功能表如表 13-7 所示。

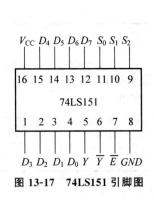

图 13-17　74LS151 引脚图

表 13-7　74LS151 功能表

输入				输出	
使能	选择				
$\overline{E}$	S_2	S_1	S_0	Y	$\overline{Y}$
1	×	×	×	0	1
0	0	0	0	D_0	$\overline{D_0}$
0	0	0	1	D_1	$\overline{D_1}$
0	0	1	0	D_2	$\overline{D_2}$
0	0	1	1	D_3	$\overline{D_3}$
0	1	0	0	D_4	$\overline{D_4}$
0	1	0	1	D_5	$\overline{D_5}$
0	1	1	0	D_6	$\overline{D_6}$
0	1	1	1	D_7	$\overline{D_7}$

3. 数据选择器的应用

(1) 实现数据选择器的扩展：位扩展和字扩展。

(2) 实现组合逻辑函数。

(3) 实现并行数据到串行数据的转换。

13.5.3　实验设备

实验设备包括数字万用表、数字电路实验箱，以及双四选一数据选择器 74LS153 一片和八选一数据选择器 74LS151 两片。

13.5.4　实验内容

1. 八选一数据选择器 74LS151 逻辑功能测试

将使能端 $\overline{E}$、选择输入端（S_2、S_1、S_0）和 8 个数据输入端 $D_7 \sim D_0$ 分别依次接逻辑开

关,输出端 Y 接状态显示二极管,按表 13-8 逐项测试 74LS151 的逻辑功能。

表 13-8 74LS151 逻辑功能测试结果表

输入				输出
使能	选择			
$\overline{E}$	S_2	S_1	S_0	Y
1	×	×	×	
0	0	0	0	
0	0	0	1	
0	0	1	0	
0	0	1	1	
0	1	0	0	
0	1	0	1	
0	1	1	0	
0	1	1	1	

2. 用八选一数据选择器 74LS151 和双四选一数据选择器 74LS153 实现组合逻辑函数

某实验室有红、黄两个故障指示灯,用来指示三台设备的工作情况。当只有一台设备有故障时,黄灯亮;有两台设备有故障时,红灯亮;只有当三台设备都发生故障时,才会使红、黄两个故障指示灯同时点亮。

提示:本题有三个变量 A、B、C,表示三台设备。"1"表示故障;"0"表示正常。有两个逻辑函数 L_1、L_2,分别表示红灯和黄灯。"1"灯亮,表示报警;"0"灯不亮,表示不报警。

要求采用 MSI 组合电路设计方法,用两片八选一数据选择器 74LS151 或一片双四选一数据选择器 74LS153 实现,并验证其逻辑功能。

13.5.5 实验报告要求

(1) 整理各项实验结果。
(2) 总结数据选择器的功能及应用。

13.6 锁存器和触发器逻辑功能测试

实验预习要求

复习锁存器和触发器的逻辑功能和特点。

13.6.1 实验目的

(1) 学习用与非门组成基本 SR 锁存器并测试其逻辑功能。

(2) 掌握集成 JK 触发器、D 触发器及用它们接成的 T' 触发器的逻辑功能和触发方式的测试方法。

13.6.2 实验原理

锁存器和触发器是具有记忆功能的二进制信息存储器件,是时序逻辑电路的基本单元之一。锁存器可分为基本 SR 锁存器、逻辑门控 SR 锁存器以及 D 锁存器等。触发器按逻辑功能可分为 SR 触发器、JK 触发器、D 触发器、T 触发器和 T' 触发器;按电路触发方式可分为主从型触发器和边沿型触发器两大类。

1. 基本 SR 锁存器

图 13-18 为由两个与非交叉耦合构成的基本 SR 锁存器,在特定输入脉冲电平作用下改变状态。基本 SR 锁存器具有置"0"、置"1"和"保持"三种功能。通常称 $\overline{S}$ 为置"1"端,因为 $\overline{S}=0(\overline{R}=1)$ 时锁存器被置"1";$\overline{R}$ 为置"0"端,因为 $\overline{R}=0(\overline{S}=1)$ 时锁存器被置"0";当 $\overline{S}=\overline{R}=1$ 时锁存器的状态保持不变;$\overline{S}=\overline{R}=0$ 时,锁存器处于非定义状态,应避免此种情况发生。表 13-9 为基本 SR 锁存器的功能表。

表 13-9 基本 SR 锁存器的功能表

输	入	输	出
$\overline{S}$	$\overline{R}$	Q^{n+1}	$\overline{Q}^{n+1}$
0	1	1	0
1	0	0	1
1	1	Q^n	$\overline{Q}_n$
0	0	1	1

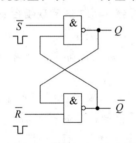

图 13-18 基本 SR 锁存器

2. JK 触发器

在输入信号为双端的情况下,JK 触发器是功能完善、使用灵活和通用性较强的一种触发器。本实验采用 74LS112 双 JK 触发器,它是下降沿触发的边沿触发器。其引脚图及逻辑符号分别如图 13-19(a) 和图 13-19(b) 所示。

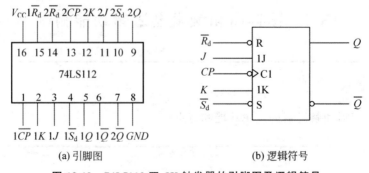

(a) 引脚图　　　　　　　　(b) 逻辑符号

图 13-19　74LS112 双 JK 触发器的引脚图及逻辑符号

JK 触发器的状态方程为：$Q^{n+1} = J\bar{Q}_n + \bar{K}Q^n$。$J$ 和 K 是数据输入端，是触发器状态更新的依据。Q 与 $\bar{Q}$ 为两个互补输出端，通常把 $Q=0$ 且 $\bar{Q}=1$ 的状态定为触发器的"0"状态；而把 $Q=1$ 且 $\bar{Q}=0$ 定为触发器的"1"状态。

下降沿触发 JK 触发器的功能表如表 13-10 所示。

表 13-10 下降沿触发 JK 触发器的功能表

输入					输出	
$\bar{S}_d$	$\bar{R}_d$	CP	J	K	Q^{n+1}	$\bar{Q}^{n+1}$
0	1	×	×	×	1	0
1	0	×	×	×	0	1
0	0	×	×	×	1	1
1	1	↑	×	×	Q^n	$\bar{Q}_n$
1	1	↓	1	0	1	0
1	1	↓	0	1	0	1
1	1	↓	1	1	$\bar{Q}_n$	Q^n
1	1	↓	0	0	Q^n	$\bar{Q}_n$

注：×表示任意态；↓表示高到低电平跳变；↑表示低到高电平跳变；$Q^n(\bar{Q}_n)$ 表示现态；$Q^{n+1}(\bar{Q}^{n+1})$ 表示次态。

JK 触发器常被用作缓冲存储器、移位寄存器和计数器。

3. D 触发器

在输入信号为单端的情况下，D 触发器用起来最为方便。本实验采用上升沿触发的双 D 触发器 74LS74，其引脚图及逻辑符号分别如图 13-20(a) 和图 13-20(b) 所示。

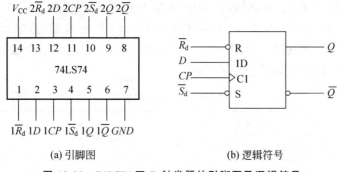

(a) 引脚图　　　　　　　　(b) 逻辑符号

图 13-20　74LS74 双 D 触发器的引脚图及逻辑符号

D 触发器状态方程为：$Q^{n+1} = D$。其输出状态的更新发生在 CP 脉冲的上升沿，故又称为上升沿触发的边沿触发器，触发器的状态只取决于时钟到来前瞬间 D 端的状态。D 触发器的应用广泛，可用于数字信号的寄存、移位寄存、分频和波形发生器等。

上升沿触发 D 触发器的功能表如表 13-11 所示。

表 13-11 上升沿触发 D 触发器的功能表

$\bar{S}_d$	$\bar{R}_d$	CP	D	Q^{n+1}	$\bar{Q}^{n+1}$
0	1	×	×	1	0
1	0	×	×	0	1
0	0	×	×	1	1
1	1	↓	×	Q^n	$\bar{Q}_n$
1	1	↑	0	0	1
1	1	↑	1	1	0

4. 触发器之间的相互转换

在集成触发器中,每一种触发器都有自己固定的逻辑功能。但可以利用转换的方法获得具有其他功能的触发器。例如将 JK 触发器的 J、K 两端连在一起,并将其作为 T 端,即得到所需的 T 触发器,如图 13-21(a)所示。其状态方程为:$Q^{n+1} = T\bar{Q}_n + \bar{T}Q^n$。

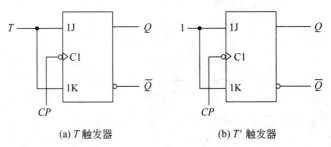

(a) T 触发器　　　　　　　(b) T′ 触发器

图 13-21 由 JK 触发器构成的 T 触发器和 T′ 触发器

T 触发器的功能表如表 13-12 所示。由功能表可见,当 T=0 时,时钟脉冲作用后,其状态保持不变;当 T=1 时,时钟脉冲作用后,触发器状态翻转。所以,若将 T 触发器的 T 端置"1",如图 13-21(b)所示,即得 T′ 触发器。在 T′ 触发器的 CP 端每来一个脉冲信号,触发器的状态就翻转一次,故称之为翻转触发器,它广泛用于计数电路中。值得注意的是,转换后的触发器其触发方式不变。

表 13-12 T 触发器的功能表

$\bar{S}_d$	$\bar{R}_d$	CP	T	Q^{n+1}
0	1	×	×	1
1	0	×	×	0
1	1	↓	0	Q^n
1	1	↓	1	$\bar{Q}_n$

同样,若将 D 触发器的 $\bar{Q}$ 端与 D 端相连,便转换成 T′ 触发器,如图 13-22 所示。JK 触发器也可转换为 D 触发器,如图 13-23 所示。

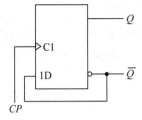
图 13-22 用 D 触发器实现 T' 触发器

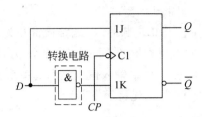
图 13-23 用 JK 触发器实现 D 触发器

13.6.3 实验设备

实验设备包括数字电路实验箱、双踪示波器,以及 4-2 输入与非门 74LS00、双 D 上升沿触发器 74LS74 和双 JK 下降沿触发器 74LS112 各一片。

13.6.4 实验内容

1. 用与非门组成基本 SR 锁存器

所用与非门为 4-2 输入与非门 74LS00,其引脚图见图 13-14。

(1) 按图 13-18 连接电路。

(2) 将置 1 端 $\overline{S}$ 和置 0 端 $\overline{R}$ 分别接数字电路实验箱上的两个逻辑开关;输出端 Q 和 $\overline{Q}$ 分别接数字电路实验箱上的两个状态显示二极管。

(3) 按表 13-13,对应 $\overline{S}$ 和 $\overline{R}$ 的各种情况($\overline{S}=\overline{R}=0$ 除外),观察并记录输出端 Q 和 $\overline{Q}$ 的状态。

表 13-13 基本 SR 锁存器逻辑功能测试结果表

$\overline{S}$	$\overline{R}$	Q	$\overline{Q}$
0	1		
1	0		
1	1		

2. 集成 D 触发器

采用的集成 D 触发器为双 D 上升沿触发器 74LS74,其引脚图如图 13-20(a)所示。

(1) 异步置位和复位功能测试。

在芯片上任选一 D 触发器,将置 1 端 $\overline{S}_d$ 和置 0 端 $\overline{R}_d$ 分别接数字电路实验箱上的两个逻辑开关;CP 和 D 端处于任意电平,输出端 Q 和 $\overline{Q}$ 分别接数字电路实验箱上的两个状态显示二极管。按表 13-14,对应 $\overline{S}_d$ 和 $\overline{R}_d$ 的各种情况($\overline{S}_d=\overline{R}_d=0$ 除外),观察并记录输出端 Q 和 $\overline{Q}$ 的状态。

表 13-14 集成 D 触发器异步置位和复位功能测试结果表

$\overline{S}_d$	$\overline{R}_d$	Q	$\overline{Q}$
0	1		
1	0		
1	1		

(2) 逻辑功能测试。

① CP 接单正脉冲，D 端接逻辑开关，$\overline{S}_d$、$\overline{R}_d$、Q 端位置同上。

② 对应触发器的不同初态，在 D 为"1"或"0"状态下，观察 CP 作用前后触发器输出端 Q 的状态与 D 端输入信号之间的关系。

③ CP 为 0，先将触发器置"1"（$\overline{S}_d$ 端接一下低电平），然后使 D 为"0"，观察触发器是否翻转。

④ D 仍为"0"，CP 加单正脉冲，按表 13-15，观察并记录输出端 Q 的状态。

表 13-15　集成 D 触发器逻辑功能测试结果表

D	0			1		
CP	0	1↑0	1↓0	0	1↑0	1↓0
Q^{n+1}						
Q 初始状态	$Q^n = 1$			$Q^n = 0$		

⑤ CP 为"0"，先将触发器置"0"（$\overline{R}_d$ 端接一下低电平），然后使 D 为"1"，重复上述过程。

(3) 接成 T' 触发器。

① 将 D 触发器的 D 端和 $\overline{Q}$ 端相连，即转换为 T' 触发器，如图 13-22 所示。

② CP 加单正脉冲，按表 13-16 所列条件，观察并记录输出端 Q 的翻转次数和 CP 端输入单正脉冲个数之间的关系。

表 13-16　T' 触发器逻辑功能测试结果表

脉冲数 N	0	1		2		3		4	
CP	0	1↑0	1↓0	1↑0	1↓0	1↑0	1↓0	1↑0	1↓0
Q									
$\overline{Q}$									

③ CP 端输入连续脉冲，用双踪示波器观察并对应画出 CP 和 Q 及 $\overline{Q}$ 端的波形。

3. 集成 JK 触发器

采用的集成 JK 触发器为双 JK 下降沿触发器 74LS112，其引脚图如图 13-19(a) 所示。

(1) 异步置位和复位功能测试。

使 J、K、CP 为任意状态，令 $\overline{S}_d = 0$，$\overline{R}_d = 1$，观察 Q 端的状态；使 J、K、CP 为任意状态，令 $\overline{S}_d = 1$，$\overline{R}_d = 0$，观察 Q 端的状态。将结果填入表 13-17 中。

表 13-17　集成 JK 触发器异步置位和复位功能测试结果表

CP	J	K	$\overline{S}_d$	$\overline{R}_d$	Q
×	×	×	0	1	
×	×	×	1	0	

（2）逻辑功能测试。

① J、K 接逻辑开关，CP 接单正脉冲，其他同上。

② 先将触发器置 0 或置 1（预置完成后 $\overline{S}_d$、$\overline{R}_d$ 均为高电平），从 CP 端输入单正脉冲，在表 13-18 所列 J、K 情况下，观察并记录输出端 Q 的逻辑状态。

表 13-18　集成 JK 触发器逻辑功能测试结果表

CP	0	1↑0	1↓0	0	1↑0	1↓0	0	1↑0	1↓0	0	1↑0	1↓0
J	0	0	0	0	0	0	1	1	1	1	1	1
K	0	0	0	1	1	1	0	0	0	1	1	1
Q	1 0											

③ 将 JK 触发器接成计数态（令 $J=K=1$），从 CP 端输入连续脉冲，用双踪示波器观察并对应画出 CP 和 Q 及 $\overline{Q}$ 端的波形。

13.6.5　实验报告要求

（1）整理各项实验结果。

（2）总结锁存器和触发器的逻辑功能和特点。

13.7　寄存器逻辑功能测试

> **实验预习要求**
>
> 1. 复习由触发器组成的数码寄存器的工作原理。
> 2. 了解双向移位寄存器的组成和工作原理。

13.7.1　实验目的

（1）学习用集成 JK 触发器和集成 D 触发器组成并行输入、并行输出的数据寄存器并测试其逻辑功能。

（2）测试中规模集成电路四位双向移位寄存器 74LS194 的功能。

13.7.2 实验原理

1. 寄存器

寄存器是数字系统中用来存储代码或数据的逻辑部件,它用于寄存一组二值代码,被广泛应用于各类数字系统和数字计算机中,其主要组成部分是触发器。

因为一个触发器能存储 1 位二进制代码,所以存储 n 位二进制代码的寄存器需要用 n 个触发器组成。寄存器实际上是若干触发器的集合。对寄存器中使用的触发器只要求具有置 1、置 0 的功能即可,因而无论是用基本 SR 结构的触发器,还是用主从结构或边沿触发结构的触发器,都能组成寄存器。

2. 移位寄存器

移位寄存器是一个具有移位功能的寄存器,是指寄存器中所存的代码能够在移位脉冲的作用下依次左移或右移。既能左移又能右移的称为双向移位寄存器,只需要改变左移、右移的控制信号便可实现双向移位要求。根据移位寄存器存取信息的方式不同可分为串入串出、串入并出、并入串出和并入并出 4 种形式。

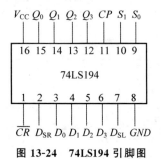

图 13-24　74LS194 引脚图

本实验选用的四位双向移位寄存器为 74LS194,其引脚图如图 13-24 所示,功能表如表 13-19 所示。其中 D_0、D_1、D_2、D_3 为并行数据输入端,Q_0、Q_1、Q_2、Q_3 为并行数据输出端,D_{SR} 为右移串行输入端,D_{SL} 为左移串行输入端,S_1、S_0 为工作方式选择端,$\overline{CR}$ 为异步清零输入端,CP 为同步时钟脉冲输入端。

表 13-19　74LS194 功能表

输入										输出			
清零	控制信号		时钟	串行输入		并行输入				并行输出			
$\overline{CR}$	S_1	S_0	CP	左移 D_{SL}	右移 D_{SR}	D_0	D_1	D_2	D_3	Q_0	Q_1	Q_2	Q_3
0	×	×	×	×	×	×	×	×	×	0	0	0	0
1	0	0	↑	×	×	×	×	×	×	Q_0	Q_1	Q_2	Q_3
1	0	1	↑	×	0	×	×	×	×	0	Q_0	Q_1	Q_2
1	0	1	↑	×	1	×	×	×	×	1	Q_0	Q_1	Q_2
1	1	0	↑	0	×	×	×	×	×	Q_1	Q_2	Q_3	0
1	1	0	↑	1	×	×	×	×	×	Q_1	Q_2	Q_3	1
1	1	1	↑	×	×	D_0	D_1	D_2	D_3	D_0	D_1	D_2	D_3

13.7.3 实验设备

实验设备包括数字电路实验箱、双踪示波器、双 D 上升沿触发器 74LS74 和双 JK 下降沿触发器 74LS112 各两片以及双向移位寄存器 74LS194 一片。

13.7.4 实验内容

1. 用集成 JK 触发器组成四位单端并行输入、并行输出数据寄存器并测试其逻辑功能

所用集成 JK 触发器为两片双 JK 下降沿触发器 74LS112。

(1) 按图 13-25 连好线路。

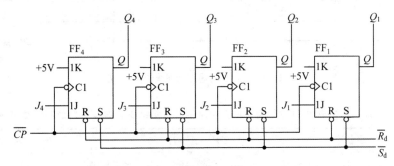

图 13-25　JK 触发器组成的数据寄存器

复位端 $\overline{R}_{d1} \sim \overline{R}_{d4}$ 连在一起接逻辑开关；置位端 $\overline{S}_{d1} \sim \overline{S}_{d4}$ 连在一起接高电平；$\overline{CP}_1 \sim \overline{CP}_4$ 连在一起接单正脉冲；输入端 $J_4 \sim J_1$ 分别接逻辑开关；$K_4 \sim K_1$ 连在一起接高电平；输出端 $Q_4 \sim Q_1$ 分别接状态显示二极管。

(2) 清零（$\overline{R}_d$ 接一下低电平，即 $\overline{R}_d$ 先置 0 再置 1）。

(3) 从 $J_4 \sim J_1$ 分别输入待寄存数码。

(4) $\overline{CP}$ 端加单正脉冲，观察 CP 作用前后输出端 $Q_4 \sim Q_1$ 的状态，记录于表 13-20 中。

表 13-20　用集成 JK 触发器组成的四位单端并行数据寄存器逻辑功能测试结果表

$J_4 \sim J_1$ 端状态	$\overline{CP}$ 脉冲	$Q_4\ Q_3\ Q_2\ Q_1$
0101	清 0	
	↓	
	↓	
1100	清 0	
	↓	

2. 用集成 D 触发器组成四位单端并行输入、并行输出数据寄存器并测试其逻辑功能

所用集成 D 触发器为两片双 D 上升沿触发器 74LS74。

(1) 按图 13-26 连线。输入端 $D_4 \sim D_1$ 分别接逻辑开关，输入待寄存数码，其他同上。

(2) 清零（$\overline{R}_d$ 接一下低电平，即 $\overline{R}_d$ 先置 0 再置 1）。

(3) 从 $D_4 \sim D_1$ 分别输入待寄存数码。

(4) CP 端加单正脉冲，观察 CP 作用前后输出端 $Q_4 \sim Q_1$ 的状态，记录于表 13-21 中。

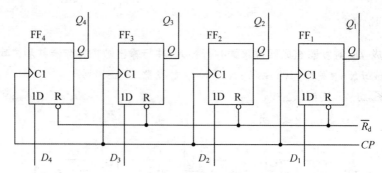

图 13-26 D 触发器组成的数据寄存器

表 13-21 用集成 D 触发器组成的四位单端并行数据寄存器逻辑功能测试结果表

$D_4 \sim D_1$ 端状态	CP 脉冲	$Q_4 Q_3 Q_2 Q_1$
0101	清 0	
	↑	
1100	↑	
	清 0	
	↑	

3. 测试四位双向移位寄存器 74LS194 的功能

(1) $\overline{CR}$、S_1、S_0、D_{SL}、D_{SR}、$D_0 \sim D_3$ 分别接逻辑开关；$Q_0 \sim Q_3$ 依次接状态显示二极管；CP 接单正脉冲输入。

(2) 按表 13-22 所列输入状态，逐项观察并记录输出端的状态，并归纳总结其功能。

表 13-22 四位双向移位寄存器 74LS194 的功能测试结果表

清零	模式		时钟	串行输入		并行输入				并行输出	功能总结
$\overline{CR}$	S_1	S_0	CP	D_{SL}	D_{SR}	D_0	D_1	D_2	D_3	$Q_0 Q_1 Q_2 Q_3$	
0	×	×	×	×	×	×	×	×	×		
1	1	1	↑	×	×	1	0	1	1		
1	0	1	↑	×	0	×	×	×	×		
1	0	1	↑	×	1	×	×	×	×		
1	0	1	↑	×	0	×	×	×	×		
1	0	1	↑	×	0	×	×	×	×		
1	1	0	↑	1	×	×	×	×	×		
1	1	0	↑	1	×	×	×	×	×		
1	1	0	↑	1	×	×	×	×	×		
1	1	0	↑	1	×	×	×	×	×		
1	0	0	↑	×	×	×	×	×	×		

(3) 观察循环移位寄存器的逻辑功能。

按图 13-27 所示接成四位右移循环移位寄存器。

用并行输入法,预置寄存器的输出为某二进制数码(例如 0100),CP 加单正脉冲,观察输出端状态的变化,记入表 13-23 中。

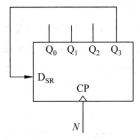

图 13-27 四位右移循环移位寄存器

表 13-23 循环移位寄存器的逻辑功能测试结果表

CP 数	Q_0	Q_1	Q_2	Q_3
0	0	1	0	0
1				
2				
3				
4				

CP 接连续脉冲(频率在 1kHz 左右),用双踪示波器观察并对应记录 CP 和 $Q_0 \sim Q_3$ 的波形(注意:需要重新清零置数)。

13.7.5 实验报告要求

(1) 整理各项实验结果,总结数码寄存器和移位寄存器的逻辑功能和特点。

(2) 根据表 13-23 画出右移循环移位寄存器的工作波形图。

(3) 思考各种寄存器在寄存数码前是否都要清零,为什么?

13.8 计数器的设计

> **实验预习要求**
>
> 1. 复习同步计数器和异步计数器的工作原理和设计方法。
> 2. 画出用集成 D 触发器组成的四位异步二进制加法计数器的逻辑图。
> 3. 设计并画出用集成 JK 触发器组成的同步六进制减法计数器的逻辑图。
> 4. 参看 2/5 十进制计数器 74LS90 的引脚图和功能表,用反馈清零法组成 BCD 码九进制加法计数器,画出其连线图。注意:为使计数器工作可靠,可加闩锁电路(由基本 SR 触发器和反相器构成)。
> 5. 参看 4 位同步二进制加法计数器 74LS161 的引脚图和功能表,用反馈清零法或置数法构成八进制和二十四进制加法计数器,并分别画出连线图。

13.8.1 实验目的

(1) 学习用集成触发器组成同步和异步计数器并测试其逻辑功能。

(2) 学习用集成计数器组成任意进制计数器的方法并测试其逻辑功能。

13.8.2 实验原理

计数器是一个用以实现计数功能的时序部件,它不仅可用来计算脉冲数,还常用来实现数字系统的定时、分频和执行数字运算以及其他特定的逻辑功能。

计数器的种类很多。按构成计数器中各触发器是否使用一个时钟脉冲源来分,有同步计数器和异步计数器。根据计数制的不同,分为二进制计数器、十进制计数器和任意进制计数器。根据计数的增减趋势,又分为加法、减法和可逆计数器。还有可预置数和可编程功能的计数器等。

1. 用 D 触发器构成异步二进制加/减法计数器

图 13-28 是用四个 D 触发器构成的四位二进制异步加法计数器,它的连接特点是将每个 D 触发器接成 T' 触发器,再由低位触发器的 $\overline{Q}$ 端和其相邻高位的 CP 端相连接。

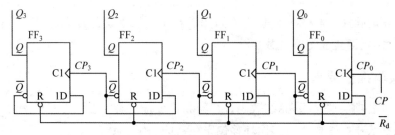

图 13-28 四位二进制异步加法计数器

若将图 13-28 稍加改动,即将低位触发器的 Q 端与高一位的 CP 端相连接,即构成了一个四位二进制减法计数器。

2. 中规模 2/5 十进制计数器 74LS90

中规模 2/5 十进制计数器 74LS90 引脚排列如图 13-29 所示,功能表如表 13-24 所示。

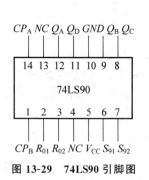

图 13-29 74LS90 引脚图

表 13-24 74LS90 功能表

输入				输出			
复位		置位		Q_D	Q_C	Q_B	Q_A
R_{01}	R_{02}	S_{91}	S_{92}				
1	1	0	×	0	0	0	0
1	1	×	0	0	0	0	0
×	×	1	1	1	0	0	1
×	0	×	0	计数			
0	×	0	×	计数			
0	×	×	0	计数			
×	0	0	×	计数			

注:① 当计数脉冲由 CP_A 输入时,Q_A 与 CP_B 相连,从 $Q_D Q_C Q_B Q_A$ 输出,即构成 BCD 码十进制计数器。CP_A、CP_B 下降沿有效。

② 置 0 端 R_{01} 和 R_{02} 以及置 9 端 S_{91} 和 S_{92} 均为高电平有效,使用中不能随意悬空。

一个十进制计数器只能表示 0～9 十个状态,为了扩大计数范围,常将多个十进制计数器级联使用。

同步计数器往往设有进位(或借位)输出端,故可选用其进位(或借位)输出信号驱动下一级计数器。但 2/5 十进制计数器 74LS90 没有进位(或借位)输出端,因此可用计数输出端通过一个门电路译码后作为下一级计数器的驱动。

图 13-30 所示的是由 74LS90 利用计数输出端通过一个与非门译码后输出控制高一位的 CP_A 端所构成的加法计数级联图。

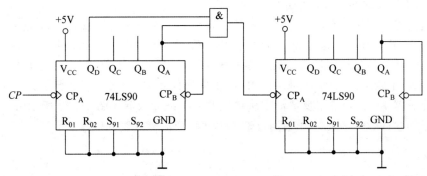

图 13-30　74LS90 级联电路图

3. 同步二进制加法计数器 74LS161

同步二进制加法计数器 74LS161 引脚排列如图 13-31 所示,功能表如表 13-25 所示。

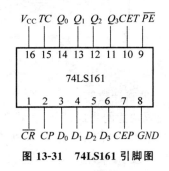

图 13-31　74LS161 引脚图

表 13-25　74LS161 功能表

输入									输出				
清零	预置	使能		时钟	预置数据输入				计数				进位
$\overline{CR}$	$\overline{PE}$	CEP	CET	CP	D_3	D_2	D_1	D_0	Q_3	Q_2	Q_1	Q_0	TC
0	×	×	×	×	×	×	×	×	0	0	0	0	0
1	0	×	×	↑	D_3	D_2	D_1	D_0	D_3	D_2	D_1	D_0	*
1	1	0	×	×	×	×	×	×	保持				*
1	1	×	0	×	×	×	×	×	保持				*
1	1	1	1	↑	×	×	×	×	计数				*

注:*表示只有当 CET 为高电平且计数器状态为 1111 时,进位输出为高电平。

4. 用集成计数器实现任意进制计数器

任意进制计数器可以用集成计数器外加适当的门电路连接而成。用 N 进制集成计数器构成 M 进制计数器时,如果 $M<N$,则只需一个 N 进制集成计数器;当 $M>N$ 时,需将多片 N 进制计数器级联。下面分别介绍这两种情况下构成任意进制计数器的方法。

(1) $M<N$ 的情况。

在 N 进制计数器的顺序计数过程中,设法使之跳越 $N-M$ 个状态,就可以得到 M 进制计数器。

① 利用反馈清零法获得任意进制计数器。

反馈清零法适用于有清零输入端的集成计数器。设原有的计数器为 N 进制,当它从全 0 状态 S_0 开始计数并接收 M 个计数脉冲以后,电路进入 S_M 状态。如果将 S_M 状态译码产生一个清零信号加到计数器的清零输入端,计数器将立刻返回 S_0 状态,这样就可以跳过 $N-M$ 个状态而得到 M 进制计数器(或称为分频器)。图 13-32 所示为一个由 2/5 十进制计数器 74LS90 采用反馈清零法构成的六进制计数器。图 13-33 所示为一个由同步二进制加法计数器 74LS161 采用反馈清零法构成的六进制计数器。

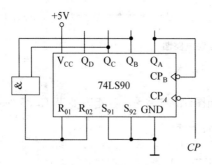

图 13-32 六进制计数器

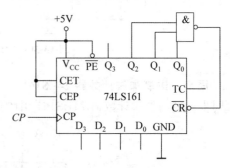

图 13-33 六进制计数器

② 利用反馈置数法获得任意进制计数器。

反馈置数法适用于具有预置数功能的集成计数器,置数法与清零法不同,它是通过给计数器重复置入某个数值使之跳越 $N-M$ 个状态,从而获得 M 进制计数器。如图 13-34 所示为一个由 2/5 十进制计数器 74LS90 采用反馈置数法即置九法构成的六进制计数器。图 13-35 为一个由同步二进制加法计数器 74LS161 采用反馈置数法构成的六进制计数器。

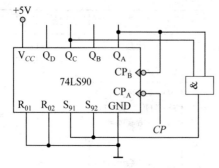

图 13-34 六进制计数器

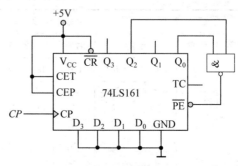

图 13-35 六进制计数器

（2）$M>N$ 的情况。

在这种情况下，只有将多片 N 进制计数器进行级联，才能构成 M 进制计数器。各片之间（或称为各级之间）的连接方式可分为串行进位方式、并行进位方式、整体置零方式和整体置数方式。下面仅以两片之间的连接为例说明这四种连接方式的原理。

① 若 M 可以分解为两个小于 N 的因数相乘，即 $M=N_1\times N_2$，则可采用并行进位方式或串行进位方式将一个 N_1 进制计数器和一个 N_2 进制计数器连接起来，构成 M 进制计数器。

在串行进位方式中，以低位片的进位输出信号作为高位片的时钟输入信号。在并行进位方式中，以低位片的进位输出信号作为高位片的工作状态控制信号（计数的使能信号），两片的 CP 输入端同时接计数输入信号。

② 当 M 为大于 N 的素数时，不能分解成 N_1 和 N_2，上面的并行进位方式或串行进位方式就行不通了。这时必须采取整体清零法或整体置数法构成 M 进制计数器。

所谓整体清零法，是首先将两片 N 进制计数器按最简单的方式接成一个大于 M 进制的计数器（例如 $N\times N$ 进制），然后在计数器计为 M 状态时译出异步清零信号，将两片计数器同时清零。这种方式的基本原理和 $M<N$ 时的反馈清零法是一样的。

整体置数法的原理与 $M<N$ 时的置数法类似。首先需将两片 N 进制计数器用最简单的连接方式接成一个大于 M 进制的计数器（例如 $N\times N$ 进制），然后在选定的某一状态下译出预置数控制信号，将两个 N 进制计数器同时置入适当的数据，跳过多余的状态，获得 M 进制计数器。采用这种接法要求已有的 N 进制计数器本身必须具有预置数的功能。

当然，当 M 不是素数时整体清零法和整体置数法一样可以使用。

图 13-36 所示为一个由两片同步二进制加法计数器 74LS161 采用整体清零法构成的二十进制计数器。

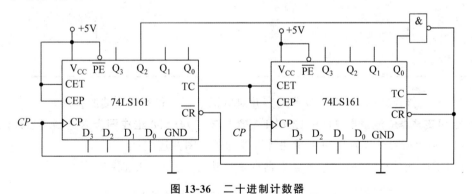

图 13-36　二十进制计数器

13.8.3　实验设备

实验设备包括数字电路实验箱、双踪示波器，还包括双 D 上升沿触发器 74LS74、双 JK 下降沿触发器 74LS112 和同步二进制加法计数器 74LS161 各两片，以及 2/5 十进制计数器 74LS90、4-2 输入与门 74LS08 和 4-2 输入与非门 74LS00 各一片。

13.8.4 实验内容

1. 用集成 D 触发器 74LS74 组成四位异步二进制加法计数器

（1）连线图如图 13-28 所示，各触发器的输出端分别接状态显示二极管，清零端连在一起接逻辑开关，CP_0 接单正脉冲，其他的 CP 接 $\overline{Q}_{i-1}$。

（2）清零。

（3）按动按钮开关，从 CP 端向计数器输入计数脉冲，观察各触发器的输出状态，记录于表 13-26 中。

表 13-26 四位异步二进制加法计数器的状态表

计数脉冲 CP 数	二 进 制 码				对应的十进制数
	Q_3	Q_2	Q_1	Q_0	
0					
1					
2					
3					
4					
5					
6					
7					
8					
9					
10					
11					
12					
13					
14					
15					
16					

（4）CP 接连续脉冲，用示波器观察并对应记录 CP 和各输出端的波形。

2. 用集成 JK 触发器 74LS112 和 4-2 输入与门 74LS08 组成同步六进制减法计数器

（1）画出所设计同步六进制减法计数器的逻辑图并连线。

（2）CP 加单正脉冲，观察各触发器的输出状态，记录于表 13-27 中。

表 13-27 同步六进制减法计数器的状态表

计数脉冲 CP 数	二 进 制 码			对应的十进制数
	Q_2	Q_1	Q_0	
0				
1				
2				

续表

计数脉冲 CP 数	二进制码			对应的十进制数
	Q_2	Q_1	Q_0	
3				
4				
5				
6				

(3) CP 接连续脉冲(1kHz 左右),用双踪示波器观察并对应记录 CP 和各输出端的波形。

3. 用中规模集成电路 2/5 十进制计数器 74LS90 和 4-2 输入与门 74LS08 组成 BCD 码九进制加法计数器

(1) 画出所设计 BCD 码九进制加法计数器的连线图并连线。

(2) CP_A 接单正脉冲,输出端 $Q_D Q_C Q_B Q_A$ 接状态显示二极管,观察各二极管的输出状态,记录于表 13-28 中。

表 13-28 BCD 码九进制加法计数器的状态表

计数脉冲 CP 数	二进制码				对应的十进制数
	Q_D	Q_C	Q_B	Q_A	
0					
1					
2					
3					
4					
5					
6					
7					
8					
9					

(3) CP_A 接单正脉冲,输出端 $Q_D Q_C Q_B Q_A$ 对应接至七段译码/驱动电路 CD4511 的输入端 DCBA,观察数码管的变化,记录于表 13-28 中。

(4) CP_A 接连续脉冲(1kHz 左右),用双踪示波器观察并对应记录 CP_A 和各输出端的波形。

4. 用同步二进制加法计数器 74LS161 和 4-2 输入与非门 74LS00 组成八进制加法计数器

(1) 画出所设计八进制加法计数器的连线图并连线。

(2) CP 接单正脉冲,输出端 $Q_3 Q_2 Q_1 Q_0$ 接状态显示二极管,观察各二极管的输出状态,记录于表 13-29 中。

表13-29　八进制加法计数器的状态表

计数脉冲 CP 数	二进制码				对应的十进制数
	Q_3	Q_2	Q_1	Q_0	
0					
1					
2					
3					
4					
5					
6					
7					
8					

（3）CP 接单正脉冲，输出端 $Q_3Q_2Q_1Q_0$ 对应接至七段译码/驱动电路 CD4511 的输入端 DCBA，观察数码管的变化，记录于表 13-29 中。

（4）CP 接连续脉冲(1kHz 左右)，用双踪示波器观察并对应记录 CP 和各输出端的波形。

5. 用两片同步二进制加法计数器 74LS161 和一片 4-2 输入与非门 74LS00 组成二十四进制加法计数器

（1）画出所设计二十四进制加法计数器的连线图并连线。

（2）CP 接单正脉冲，计数器的输出端接状态显示二极管，观察各二极管的输出状态，记录于表 13-30 中。

表13-30　二十四进制加法计数器的状态表

计数脉冲 CP 数	二进制码							
	高位				低位			
	Q_3	Q_2	Q_1	Q_0	Q_3	Q_2	Q_1	Q_0
0								
1								
2								
3								
4								
5								
6								
7								
8								
9								
10								
11								
12								
13								
14								

续表

计数脉冲 CP 数	二进制码							
	高 位				低 位			
	Q_3	Q_2	Q_1	Q_0	Q_3	Q_2	Q_1	Q_0
15								
16								
17								
18								
19								
20								
21								
22								
23								
24								

13.8.5 实验报告要求

整理实验结果,列出各计数器的状态表,画出其工作波形图,验证设计正误。

附:4-2 输入与门 74LS08 的引脚图如图 13-37 所示。

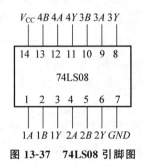

图 13-37 74LS08 引脚图

13.9 RC 环形多谐振荡器和单稳态触发器

> **实验预习要求**
>
> 复习 RC 环形多谐振荡器和单稳态触发器的电路组成、工作原理及特点。

13.9.1 实验目的

(1) 学习用 TTL 与非门组成多谐振荡器和单稳态触发器。

(2) 加深理解 RC 环形多谐振荡器和单稳态触发器的工作原理和特点。

13.9.2 实验原理

与非门作为一个开关倒相器件,可用于构成各种脉冲波形的产生电路。电路的基本工作原理是利用电容器的充、放电,当输入电压达到与非门的阈值电压 V_{TH} 时,门的输出状态发生变化。因此,电路输出的脉冲波形参数直接取决于电路中阻容元件的数值。

1. RC 环形多谐振荡器

图 13-38 所示的是将奇数个 TTL 反相器首尾相接并添加 RC 延时电路构成的环形多谐振荡器。图中,R_S 是保护电阻,用于防止 V_A 发生负跳变时流过反相器 G_3 输入端钳位二极管的电流过大,所以又称限流电阻。

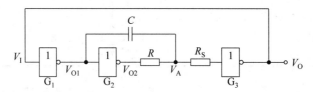

图 13-38 RC 环形多谐振荡器

(1) 第一暂稳态及电路自动翻转的过程。

设在接通电源的瞬间,V_I 为高电平,则 V_{O1} 为低电平,V_{O2} 为高电平。由于 $V_{O1} < V_{O2}$,则 V_{O2} 经电阻 R 向电容 C 充电,随着充电的进行,V_A 电压值逐渐上升。当 V_A 上升至 V_{TH} 时,门 G_3 迅速导通,V_O 由高电平翻转为低电平,V_{O1}、V_{O2} 也将一起翻转。由于电容两端电压不能突变,当 V_{O1} 发生上跳变时,V_A 也上跳变同样的值。至此,第一暂稳态结束,电路进入第二暂稳态。

(2) 第二暂稳态及电路自动翻转的过程。

电路进入第二暂稳态的瞬间,$V_A > V_{TH}$,此时 $V_I = V_O = V_{O2} = V_{OL} \approx 0$,$V_{O1} = V_{OH} \approx V_{DD}$,电容 C 开始经电阻 R 放电,随着放电的进行,V_A 电压值逐渐下降。当 V_A 下降至 V_{TH} 时,门 G_3 迅速截止,V_O 由低电平翻转为高电平,V_{O1}、V_{O2} 也将一起翻转。同样由于电容两端电压不能突变,当 V_{O1} 发生下跳变时,V_A 也下跳变同样的值。第二暂稳态结束,电路又返回第一暂稳态。

此后,电路通过电容 C 的充、放电,使两个暂稳态过程周而复始地交替出现,在输出端就有矩形脉冲输出。电路的工作波形如图 13-39 所示。

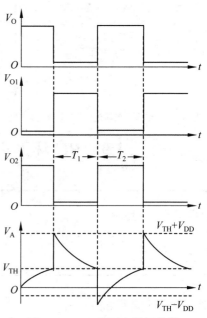

图 13-39 RC 环形多谐振荡器工作波形图

环形多谐振荡器振荡周期的计算公式为:

$$T = T_1 + T_2 = RC\ln\left(\frac{2V_{OH} - V_{TH}}{V_{OH} - V_{TH}} \cdot \frac{V_{OH} + V_{TH}}{V_{TH}}\right)$$

将 $V_{OH} = 3V$ 和 $V_{TH} = 1.4V$ 代入上式有：

$$T \approx 2.2RC$$

2. 微分型单稳态触发器

图 13-40(a) 和图 13-40(b) 是用不同的 CMOS 门电路和 RC 微分电路构成的微分型单稳态触发器。所用逻辑门不同，电路的触发信号和输出脉冲也不一样。下面以图 13-40(a) 所示电路为例，介绍单稳态触发器的工作原理。

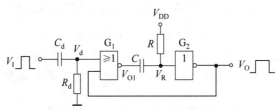

(a) 用或非门和非门构成的微分型单稳态触发器

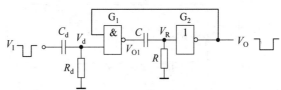

(b) 用与非门和非门构成的微分型单稳态触发器

图 13-40　微分型单稳态触发器

对于 CMOS 门电路，可以近似地认为 $V_{OH} \approx V_{DD}, V_{OL} \approx 0, V_{TH} = \dfrac{V_{DD}}{2}$。

(1) 没有触发信号时电路工作在稳态。

当没有触发信号时，V_I 为低电平。因为门 G_2 的输入端经电阻 R 接至 V_{DD}，V_R 为高电平，因此 V_O 为低电平；门 G_1 的两个输入均为低电平，其输出 V_{O1} 为高电平，电容 C 两端的电压接近于 0。这是电路的稳态，在触发信号到来之前，电路一直处于这个状态：$V_{O1} \approx V_{DD}$，$V_O \approx 0$。

(2) 外加触发信号使电路由稳态翻转到暂稳态。

当正触发脉冲到来时，在 V_I 的上升沿，R_d、C_d 微分电路输出正的窄脉冲，当 V_d 上升到门 G_1 的阈值电压 V_{TH} 时，在电路中产生如下的正反馈过程：

$$V_I \uparrow \to V_{O1} \downarrow \to V_R \downarrow \to V_O \uparrow$$

这一正反馈过程使门 G_1 瞬间导通，V_{O1} 迅速由高电平变为低电平，由于电容两端的电压不能突变，V_R 也随之跳变到低电平，使门 G_2 的输出 V_O 跳变为高电平。这个高电平反馈到门 G_1 的输入端，此时即使 V_I 的触发信号撤除，仍能维持门 G_1 的低电平输出。但是电路的这种状态是不能长久保持的，所以称为暂稳态。处于暂稳态时，$V_{O1} \approx 0, V_O \approx V_{DD}$。

(3) 电容充电使电路由暂稳态自动返回到稳态。

在暂稳态期间，V_{DD} 经电阻 R 和门 G_1 的导通工作管对电容 C 充电，随着充电的进行，电容 C 上的电荷逐渐增多，使 V_R 升高。当 V_R 上升到门 G_2 的阈值电压 V_{TH} 时，电路又产生下述的正反馈过程：

$$V_R \uparrow \rightarrow V_O \downarrow \rightarrow V_{O1} \uparrow$$

如果此时触发脉冲已消失，上述正反馈使门 G_1 迅速截止，门 G_2 迅速导通，V_{O1} 跳变到高电平，输出返回到 $V_O \approx 0$ 的状态。由于电容电压不能突变，V_R 也随 V_{O1} 上跳变同样的电平值，则 V_R 上升到 $V_{DD}+V_{TH}$。对于 CMOS 门来说，由于门内部保护二极管的作用，V_R 只能上升到 $V_{DD}+0.7V$。此后电容 C 通过电阻 R 和门 G_2 的输入保护电路向 V_{DD} 放电，最终使电容 C 上的电压恢复到稳定状态时的初始值，电路从暂稳态返回到稳态。

上述工作过程中微分型单稳态触发器各点电压的工作波形如图 13-41 所示。

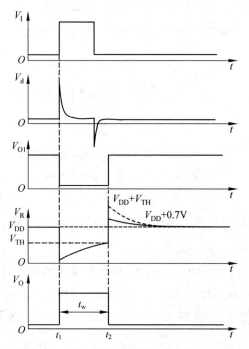

图 13-41 微分型单稳态触发器电压波形图

输出脉冲宽度等于暂稳态的持续时间，而这个持续时间又等于从电容 C 开始充电到 V_R 等于 V_{TH} 的时间。根据 RC 电路过渡过程的分析，有：

$$t_w = RC \ln \frac{V_C(\infty) - V_C(0^+)}{V_C(\infty) - V_{TH}}$$

将 $V_C(0^+)=0, V_C(\infty)=V_{DD}, V_{TH}=\dfrac{V_{DD}}{2}$ 代入上式可求得：

$$t_w = RC \ln \frac{V_{DD} - 0}{V_{DD} - V_{TH}} = RC \ln 2 \approx 0.69 RC$$

上式说明,输出脉冲宽度只取决于电路参数,而与输入的触发脉冲宽度无关。调节 R 或 C,可改变 t_w 的宽度。

3. 积分型单稳态触发器

图 13-42 是用 TTL 与非门和反相器以及 RC 积分电路构成的积分型单稳态触发器。

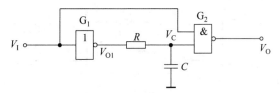

图 13-42 积分型单稳态触发器

(1) 没有触发信号时电路工作在稳态。

当没有触发信号时,V_I 为低电平,门 G_1、G_2 截止,$V_{O1}=V_O\approx V_{DD}$,V_{O1} 经电阻 R 向电容 C 充电至 $V_C=V_{O1}\approx V_{DD}$,这是电路的稳态。在触发信号到来之前,电路一直处于这个状态:$V_{O1}=V_O\approx V_{DD}$。

(2) 外加触发信号使电路由稳态翻转到暂稳态。

当输入正的触发脉冲后,V_{O1} 跳变为低电平。由于电容两端电压不能突变,所以在一段时间里 V_C 仍在 V_{TH} 以上。因此,在这段时间里门 G_2 的两个输入端电压同时高于 V_{TH},使 V_O 输出低电平,电路进入暂稳态。

(3) 电容放电使电路由暂稳态自动返回到稳态。

在暂稳态期间,随着电容 C 的放电,V_C 不断下降。当 V_C 下降到门 G_2 的阈值电压 V_{TH} 时,即使 V_I 的正脉冲仍然存在,门 G_2 也会变为截止状态,V_O 由低电平跳变到高电平。触发脉冲消失后,门 G_1 截止,V_{O1} 由低电平跳变到高电平。同时 V_{O1} 又经电阻 R 向电容 C 充电,经过恢复时间 t_{re} 后,V_C 恢复到高电平,电路从暂稳态返回到稳态。

上述工作过程中积分型单稳态触发器各点电压的工作波形如图 13-43 所示。

输出脉冲宽度 t_w 等于从电容 C 开始放电到使 V_C 等于 V_{TH} 的时间。根据 RC 电路过渡过程的分析,有:

$$t_w=(R+R_O)C\ln\frac{V_C(\infty)-V_C(0^+)}{V_C(\infty)-V_{TH}}$$

式中,R_O 是门 G_1 输出为低电平时的输出电阻。

将 $V_C(0^+)=V_{OH}\approx V_{DD}$ 和 $V_C(\infty)=V_{OL}\approx 0$ 代入上式可求得:

$$t_w=(R+R_O)C\ln\frac{0-V_{DD}}{0-V_{TH}}$$

由上式可知,积分型单稳态触发器的输出脉冲宽度也与输入的触发脉冲宽度无关。调节 R 或 C,可改变 t_w 的宽度。

13.9.3 实验设备

实验设备包括数字电路实验箱、双踪示波器以及 4-2 输入与非门 74LS00 一片。

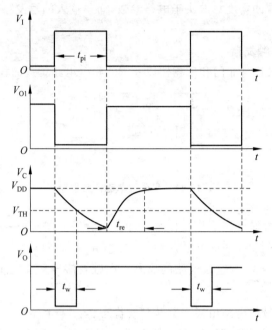

图 13-43 积分型单稳态触发器电压波形图

13.9.4 实验内容

1. RC 环形多谐振荡器

（1）用 TTL 与非门 74LS00 和备用电阻、电容按图 13-44 所示接好线路。

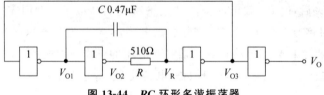

图 13-44 RC 环形多谐振荡器

（2）用双踪示波器观察并对应记录 V_O、V_{O1}、V_{O2}、V_R、V_{O3} 的波形。

（3）按表 13-31 要求测记振荡周期 T，其近似计算公式为 $T \approx 2.2RC$。

表 13-31 RC 环形多谐振荡器测试结果表

电阻	振荡周期 T/ms	
R/Ω	实 验 值	理 论 值
510		
510//510		

2. 积分型单稳态触发器

（1）按图 13-45 所示接好线路。

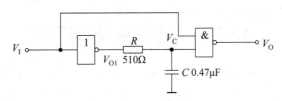

图 13-45　积分型单稳态触发器

（2）加连续脉冲 V_I（频率调整适当,1kHz 左右），用双踪示波器观察并对应记录 V_I、V_{O1}、V_C、V_O 的波形。

（3）测量 V_O 脉冲宽度 t_{PO}，并与理论值比较，填入表 13-32 中。t_{PO} 的近似计算公式为 $t_{PO} \approx 1.1RC$。

3．微分型单稳态触发器

（1）按图 13-46 所示接好线路，利用数字电路实验箱的连续脉冲输出作为单稳态触发器的输入。

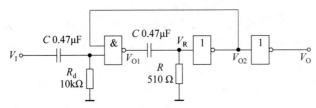

图 13-46　微分型单稳态触发器

（2）加连续脉冲 V_I（频率要调整合适,1kHz 左右），用双踪示波器观察并记录 V_I、V_{O1}、V_R、V_{O2}、V_O 的波形。

（3）测量脉宽 t_{PO}，并与计算值相比较，填入表 13-32 中。

表 13-32　单稳态触发器测试结果表

类　型	t_{PO}/ms	
	理　论　值	实　验　值
积分型		
微分型		

t_{PO} 的近似计算公式为 $t_{PO} \approx (R+R_O)C\ln 1.7 \approx 0.53(R+R_O)C$，式中 $R_O \approx 100\Omega$。

13.9.5　实验报告要求

（1）整理实验数据，按要求对应画出各波形图。

（2）根据测试结果，分析电路参数对多谐振荡器的周期和单稳态触发器输出脉冲宽度的影响。

13.10 555定时器的应用

> **实验预习要求**
>
> 复习由555定时器构成的单稳态触发器、多谐振荡器和施密特触发器的工作原理。

13.10.1 实验目的

（1）熟悉555集成时基电路的结构、工作原理及特点。
（2）用555定时器构成多谐振荡器、单稳态触发器和施密特触发器。

13.10.2 实验原理

555定时器是一种应用极为广泛的中规模集成电路,利用它能极方便地构成单稳态触发器、施密特触发器和多谐振荡器。由于使用灵活、方便,555定时器常用于信号产生、变换、控制与检测电路中。

1. 555定时器

（1）电路结构。

555定时器电路的内部结构如图13-47所示,共包含以下几部分。

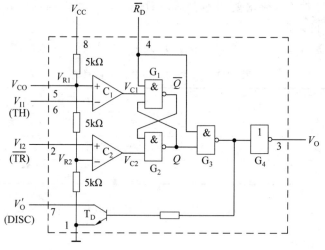

图13-47 555定时器电路的内部结构

① 电阻分压器。
电阻分压器由3个$5k\Omega$的电阻串联组成,为电压比较器C_1和C_2提供基准电压。
② 电压比较器C_1和C_2。
对于比较器C_1和C_2,当$V_+ > V_-$时,V_C输出高电平,反之则输出低电平。

V_{CO} 为控制电压输入端,当 V_{CO} 悬空时(可对地接上 0.01μF 左右的滤波电容),$V_{R1} = \frac{2}{3}V_{CC}$,$V_{R2} = \frac{1}{3}V_{CC}$;当 V_{CO} 外接电压 V_{IC} 时,$V_{R1} = V_{IC}$,$V_{R2} = \frac{1}{2}V_{IC}$。

TH 是比较器 C_1 的信号输入端,称为阈值输入端;$\overline{TR}$ 是比较器 C_2 的信号输入端,称为触发输入端。

③ 基本 SR 锁存器。

图 13-47 中的基本 SR 锁存器由两个与非门构成。$\overline{R}_D$ 是低电平有效的复位输入端,正常工作时,必须使 $\overline{R}_D$ 接高电平。当 $\overline{R}_D$ 为低电平时,不管其他输入端的状态如何,输出端 V_O 都为低电平。

④ 放电管 T_D。

放电管 T_D 是一个集电极开路的三极管,相当于一个受控的电子开关。当与非门 G_3 输出为高电平时,放电三极管 T_D 导通;当与非门 G_3 输出为低电平时,放电三极管 T_D 截止。在使用定时器时,该三极管的集电极一般都要外接上拉电阻。

⑤ 缓冲器。

缓冲器由 G_4 构成,用于提高电路的带负载能力,隔离负载的影响。

(2) 工作原理。

当 $V_{I1} > \frac{2}{3}V_{CC}$ 且 $V_{I2} > \frac{1}{3}V_{CC}$ 时,比较器 C_1 的输出端 V_{C1} 输出低电平,比较器 C_2 的输出端 V_{C2} 输出高电平,基本 SR 锁存器的 Q 端置 0,放电三极管 T_D 导通,输出端 V_O 输出低电平。

当 $V_{I1} < \frac{2}{3}V_{CC}$ 且 $V_{I2} > \frac{1}{3}V_{CC}$ 时,比较器 C_1 的输出端 V_{C1} 输出高电平,比较器 C_2 的输出端 V_{C2} 输出高电平,基本 SR 锁存器的状态不变,电路状态保持不变。

当 $V_{I1} < \frac{2}{3}V_{CC}$ 且 $V_{I2} < \frac{1}{3}V_{CC}$ 时,比较器 C_1 的输出端 V_{C1} 输出高电平,比较器 C_2 的输出端 V_{C2} 输出低电平,基本 SR 锁存器的 Q 端置 1,放电三极管 T_D 截止,输出端 V_O 输出高电平。

当 $V_{I1} > \frac{2}{3}V_{CC}$ 且 $V_{I2} < \frac{1}{3}V_{CC}$ 时,比较器 C_1 的输出端 V_{C1} 输出低电平,比较器 C_2 的输出端 V_{C2} 输出低电平,基本 SR 锁存器的 Q 端置 1,放电三极管 T_D 截止,输出端 V_O 输出高电平。

由上述工作原理,可得出 555 定时器的功能表,如表 13-33 所示。

表 13-33 555 定时器的功能表

输入			输出	
复位端 $\overline{R}_D$	阈值输入端 V_{I1}	触发输入端 V_{I2}	输出端 V_O	放电管 T_D
0	×	×	0	导通
1	$> \frac{2}{3}V_{CC}$	$> \frac{1}{3}V_{CC}$	0	导通

续表

输入			输出	
复位端 $\overline{R}_D$	阈值输入端 V_{I1}	触发输入端 V_{I2}	输出端 V_O	放电管 T_D
1	$<\frac{2}{3}V_{CC}$	$>\frac{1}{3}V_{CC}$	不变	不变
1	$<\frac{2}{3}V_{CC}$	$<\frac{1}{3}V_{CC}$	1	截止
1	$>\frac{2}{3}V_{CC}$	$<\frac{1}{3}V_{CC}$	1	截止

2. 用 555 定时器组成的单稳态触发器

将触发信号从 555 定时器的触发输入端 V_{I2} 输入,其放电端 V_O' 与阈值输入端 V_{I1} 相连,同时对电源和对地分别接入电阻 R 和电容 C,即构成单稳态触发器,如图 13-48 所示。

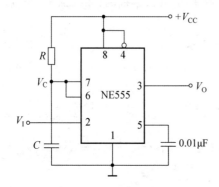

图 13-48 用 555 定时器组成的单稳态触发器

当未加触发信号时,V_I 为高电平。如接通电源后,$Q=0$,$V_O=0$,则放电三极管 T_D 导通,电容 C 通过三极管 T_D 放电,使 $V_C=0$,V_O 保持低电平不变。如接通电源后,$Q=1$,则放电三极管 T_D 截止,V_{CC} 经电阻 R 对电容 C 充电。当 V_C 上升到 $\frac{2}{3}V_{CC}$ 时,比较器 C_1 输出为 0,将锁存器置 0,使 $V_O=0$。这时 $Q=0$,放电三极管 T_D 导通,电容 C 通过三极管 T_D 放电,使 $V_C=0$,V_O 保持低电平不变。因此,电路通电后,在没有触发信号时,电路只有一种稳定状态,$V_O=0$。

当触发负脉冲到来时,V_I 为低电平,且 $V_I<\frac{1}{3}V_{CC}$,使 $V_{C2}=0$,锁存器置 1,V_O 由 0 变为 1,电路进入暂稳态。由于此时 $Q=1$,放电三极管 T_D 截止,V_{CC} 经电阻 R 对电容 C 充电。若此时触发负脉冲已消失,比较器 C_2 的输出为 1,但充电继续进行,直到 V_C 上升到 $\frac{2}{3}V_{CC}$ 时,比较器 C_1 输出为 0,将锁存器置 0,电路输出 $V_O=0$,三极管 T_D 导通,电容 C 通过三极管 T_D 放电,电路恢复到稳定状态。

由上述分析,可得出电路的工作波形,如图 13-49 所示。

3. 用 555 定时器组成的施密特触发器

将 555 定时器的阈值输入端 V_{I1} 和触发输入端 V_{I2} 相连,即构成施密特触发器,电路如图 13-50 所示。

若 V_I 从 0V 开始逐渐升高,当 $V_I<\frac{1}{3}V_{CC}$ 时,根据 555 定时器的功能表可知,V_O 输出为高电平;V_I 继续升高,如果 $\frac{1}{3}V_{CC}<V_I<\frac{2}{3}V_{CC}$,$V_O$ 维持高电平不变;V_I 再继续升高,到

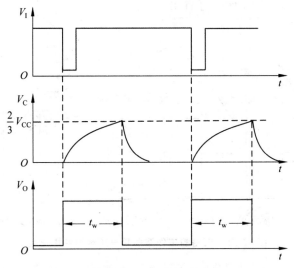

图 13-49 工作波形

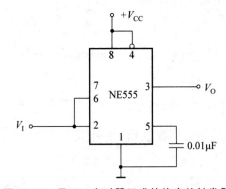

图 13-50 用 555 定时器组成的施密特触发器

$V_I > \frac{2}{3}V_{CC}$ 时,V_O 由高电平跳变为低电平;之后 V_I 再升高,只要 $V_I > \frac{2}{3}V_{CC}$,V_O 就保持低电平不变。根据施密特触发器的电压传输特性,可知 $V_{T+} = \frac{2}{3}V_{CC}$。

而后,V_I 从高于 $\frac{2}{3}V_{CC}$ 开始逐渐下降,当 $\frac{1}{3}V_{CC} < V_I < \frac{2}{3}V_{CC}$ 时,V_O 输出状态不变,仍为低电平;V_I 继续下降,只有当 $V_I < \frac{1}{3}V_{CC}$ 时,V_O 的状态才由低电平跳变为高电平。同样,可知 $V_{T-} = \frac{1}{3}V_{CC}$。

由此得到电路的回差电压为:

$$\Delta V_T = V_{T+} - V_{T-} = \frac{1}{3}V_{CC}$$

若 V_I 输入三角波,则电路的工作波形和电压传输特性曲线分别如图 13-51(a)和

图 13-51(b)所示。由图 13-51(b)可看出,电路的电压传输特性是一个反相施密特触发特性。

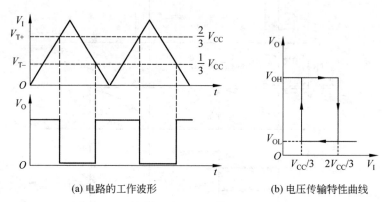

(a) 电路的工作波形　　　　　(b) 电压传输特性曲线

图 13-51　电路的工作波形和电压传输特性曲线

4. 用 555 定时器组成的多谐振荡器

用 555 定时器组成的多谐振荡器如图 13-52 所示。

接通电源后,V_{CC} 经电阻 R_1 和 R_2 对电容 C 充电,V_C 从 0V 开始逐渐上升。当 $V_C < \frac{2}{3}V_{CC}$ 时,V_O 输出高电平,三极管 T_D 截止;V_C 继续上升,当 $V_C > \frac{2}{3}V_{CC}$ 时,V_O 由高电平跳变为低电平,三极管 T_D 导通,电容 C 通过电阻 R_2 和三极管 T_D 放电,V_C 开始下降。当 $V_C < \frac{1}{3}V_{CC}$ 时,V_O 由低电平跳变为高电平,三极管 T_D 截止,V_{CC} 又经电阻 R_1 和 R_2 对电容 C 充电,V_C 又开始上升。如此周而复始,在电路的输出端就产生了连续的矩形脉冲。工作波形如图 13-53 所示。

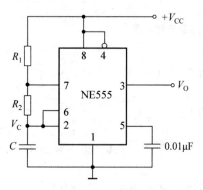

图 13-52　用 555 定时器组成的多谐振荡器

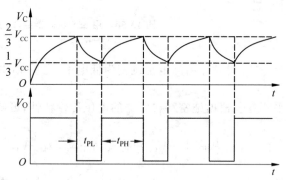

图 13-53　工作波形

由图 13-53 可得多谐振荡器的振荡周期 T 为:

$$T = t_{PL} + t_{PH}$$

其中,t_{PL} 为 V_C 从 $\frac{2}{3}V_{CC}$ 下降到 $\frac{1}{3}V_{CC}$ 所需的时间,为:

$$t_{PL} = R_2 C \ln 2 \approx 0.7 R_2 C$$

t_{PH} 为 V_C 从 $\frac{1}{3}V_{CC}$ 上升到 $\frac{2}{3}V_{CC}$ 所需的时间,为:

$$t_{PH} = (R_1 + R_2) C \ln 2 \approx 0.7 (R_1 + R_2) C$$

所以,多谐振荡器的振荡周期 T 为:

$$T = t_{PL} + t_{PH} \approx 0.7 (R_1 + 2R_2) C$$

输出脉冲的占空比 q 为:

$$q(\%) = \frac{t_{PH}}{t_{PL} + t_{PH}} \times 100\% \approx \frac{R_1 + R_2}{R_1 + 2R_2} \times 100\%$$

由上式可知,在图 13-52 所示的电路中,占空比固定不变。若要使占空比可调,可采用图 13-54 所示的电路。由于电路中二极管 D_1、D_2 的单向导电性,使电容 C 的充、放电回路分开,调节电位器 R_2,就可方便地调节多谐振荡器的占空比。

图中,V_{CC} 通过电阻 R_A 和二极管 D_1 对电容 C 充电,充电时间为:

$$t_{PH} \approx 0.7 R_A C$$

电容 C 通过二极管 D_2、电阻 R_B 及 555 定时器内部的三极管 T_D 放电,放电时间为:

$$t_{PL} \approx 0.7 R_B C$$

输出波形的占空比 q 为:

$$q(\%) = \frac{t_{PH}}{t_{PL} + t_{PH}} \times 100\% \approx \frac{R_A}{R_A + R_B} \times 100\%$$

13.10.3 实验设备

实验设备包括数字电路实验箱、双踪示波器、函数信号发生器以及 555 定时器一片。

13.10.4 实验内容

1. 单稳态触发器

(1) 电路如图 13-55 所示,$+V_{CC}$ 取 $+5V$。

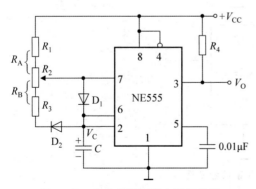

图 13-54 占空比可调的多谐振荡器

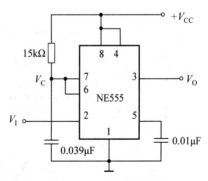

图 13-55 单稳态触发器

(2) 在输入端加 $f = 1\text{kHz}$ 的 TTL 信号 V_1(由函数信号发生器提供)。

(3) 在双踪示波器上观察并记录 V_1、V_C、V_O 的波形。

(4) 测定 V_O 的脉冲宽度 T_{PO},与理论值 $T_{PO} \approx 1.1RC$ 相比较。

(5) 测定 V_O、V_C 的幅度,与理论值 $V_{OPP} \approx V_{CC}$ 和 $V_{CPP} \approx \dfrac{2}{3}V_{CC}$ 相比较。

2. 多谐振荡器

(1) 电路如图 13-56 所示,$+V_{CC}$ 取 $+5\text{V}$。

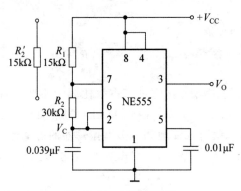

图 13-56 多谐振荡器

(2) 在双踪示波器上观察并记录 V_C、V_O 的波形。

(3) 测定 V_O、V_C 的幅度,与理论值相比较。其中:

$$V_{OPP} \approx V_{CC}, V_{C\min} \approx \dfrac{1}{3}V_{CC}, V_{C\max} \approx \dfrac{2}{3}V_{CC}$$

(4) 测定振荡周期和频率,与理论值相比较。其中:

$$T \approx 0.7(R_1 + 2R_2)C$$

(5) 将 R_2 换成 R_2',重复上述步骤。

3. 施密特触发器

(1) 电路如图 13-57 所示,$+V_{CC}$ 取 $+5\text{V}$。

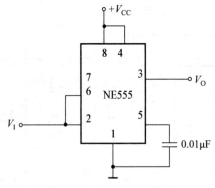

图 13-57 施密特触发器

(2) 在输入端加入 $f=1\text{kHz}$ 且峰值电压为 4V 的三角波 V_I。在双踪示波器上观察并记录 V_I、V_O 的波形。

(3) 测量上触发电平 V_{T+}、下触发电平 V_{T-} 及回差 ΔV_T,与理论值做比较,并画出电压传输特性曲线。

13.10.5 实验报告要求

（1）列表整理实验数据，并画出各电压波形图。

（2）计算各参数的理论值并将其与实测数据相比较，分析误差原因。

NE555 定时器的引脚图如图 13-58 所示。

NE555 定时器的各引脚功能如下：1—接地端；2—触发输入端；3—输出端；4—复位端；5—电压控制端；6—阈值输入端；7—放电端；8—电源端。

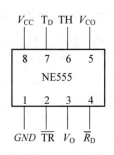

图 13-58　NE555 定时器的引脚图

13.11　脉冲发生器以及计数、译码驱动和显示综合实验

实验预习要求

1. 复习连续脉冲发生器及计数、译码驱动和显示电路的工作原理。
2. 熟悉本次实验所用集成器件的性能及使用方法。
3. 按图 13-59 所示框图设计出连续脉冲发生器及一位九进制加法计数器、译码驱动和显示电路，并标出引脚号，以便实验时连接线路。

13.11.1 实验目的

（1）了解计数、译码和显示综合电路的组成及 LED 数码管的使用方法。

（2）在数字电路实验箱上组成连续脉冲发生器及九进制加法计数器、译码驱动和显示电路。

其逻辑框图如图 13-59 所示。

图 13-59　逻辑框图

13.11.2 实验原理

1. 连续脉冲发生器

连续脉冲发生器由 555 定时器实现，合理选择定时元件参数，产生周期为 1s 的连续脉冲。

2. 九进制加法计数器

九进制加法计数器由四位二进制计数器 74LS93 和 4-2 输入与门 74LS08 经反馈清零法实现；或由同步二进制加法计数器 74LS161 和 4-2 输入与非门 74LS00 经反馈清零法或同步置数法实现。

四位二进制计数器 74LS93 的引脚图和功能表分别如图 13-60 和表 13-34 所示。4-2 输入与门 74LS08 的引脚图见图 13-37，同步二进制加法计数器 74LS161 的引脚图见图 13-31，4-2 输入与非门 74LS00 的引脚图见图 13-14。

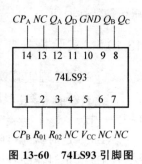

图 13-60 74LS93 引脚图

表 13-34 74LS93 功能表

复位输入		输出			
R_{01}	R_{02}	Q_D	Q_C	Q_B	Q_A
1	1	0	0	0	0
×	0	计数			
0	×	计数			

说明：

① R_{01}、R_{02} 是异步清零端，若同时加高电平，$R_{01} \cdot R_{02} = 1$，则计数器被清零，$Q_D Q_C Q_B Q_A = 0000$。正常计数时，应使 $R_{01} \cdot R_{02} = 0$，如表 13-34 所示。

② CP_A、CP_B 分别是一位二进制计数器和三位二进制计数器的时钟脉冲输入端，$Q_D Q_C Q_B Q_A$ 为输出端。若在器件外部用导线把 Q_A 与 CP_B 端相连，从 CP_A 输入计数脉冲，则构成四位二进制计数器，其状态表如表 13-35 所示。

表 13-35 四位二进制计数器的状态表

计数脉冲	输出			
N	Q_D	Q_C	Q_B	Q_A
0	0	0	0	0
1	0	0	0	1
2	0	0	1	0
3	0	0	1	1
4	0	1	0	0
5	0	1	0	1
6	0	1	1	0
7	0	1	1	1
8	1	0	0	0
9	1	0	0	1
10	1	0	1	0
11	1	0	1	1
12	1	1	0	0
13	1	1	0	1
14	1	1	1	0
15	1	1	1	1

③ 利用异步清零端 R_{01}、R_{02} 和反馈清零法可构成十六进制以内任意进制计数器。

3. 译码驱动电路

译码驱动电路由 BCD 码七段译码驱动器 74LS48 来实现。BCD 码七段译码驱动器 74LS48 的引脚图和功能表分别如图 13-61 和表 13-36 所示。

图 13-61　74LS48 引脚图

表 13-36　74LS48 功能表

输　　入						熄灭信号/ 灭 0 输出	输　　出							字形
试灯	灭 0	8421BCD 码					七　段　译　码							
$\overline{LT}$	$\overline{RBI}$	D	C	B	A	$\overline{BI}/\overline{RBO}$	a	b	c	d	e	f	g	
1	1	0	0	0	0	1	1	1	1	1	1	1	0	0
1	×	0	0	0	1	1	0	1	1	0	0	0	0	1
1	×	0	0	1	0	1	1	1	0	1	1	0	1	2
1	×	0	0	1	1	1	1	1	1	1	0	0	1	3
1	×	0	1	0	0	1	0	1	1	0	0	1	1	4
1	×	0	1	0	1	1	1	0	1	1	0	1	1	5
1	×	0	1	1	0	1	0	0	1	1	1	1	1	6
1	×	0	1	1	1	1	1	1	1	0	0	0	0	7
1	×	1	0	0	0	1	1	1	1	1	1	1	1	8
1	×	1	0	0	1	1	1	1	1	0	0	1	1	9
1	×	1	0	1	0	1	0	0	0	1	1	0	1	
1	×	1	0	1	1	1	0	0	1	1	0	0	1	
1	×	1	1	0	0	1	0	1	0	0	0	1	1	

续表

输 入						熄灭信号/ 灭0输出	输 出							字形
试灯	灭0	8421BCD 码					七 段 译 码							
$\overline{LT}$	$\overline{RBI}$	D	C	B	A	$\overline{BI}/\overline{RBO}$	a	b	c	d	e	f	g	
1	×	1	1	0	1	1	1	0	0	1	0	1	1	
1	×	1	1	1	0	1	0	0	0	1	1	1	1	
1	×	1	1	1	1	1	0	0	0	0	0	0	0	
×	×	×	×	×	×	0	0	0	0	0	0	0	0	
1	0	0	0	0	0	0	0	0	0	0	0	0	0	
0	×	×	×	×	×	1	1	1	1	1	1	1	1	

说明:

① $DCBA$ 为8421BCD码输入, $a \sim g$ 为七段译码输出。

② $\overline{BI}$ 为熄灭信号。当 $\overline{BI}=0$ 时,不论 $\overline{LT}$、$\overline{RBI}$ 及输入 $DCBA$ 为何值,输出 $a \sim g$ 均为0,使七段显示都处于熄灭状态,不显示数字,优先权最高。

③ $\overline{LT}$ 为试灯信号,用来检查七段显示器件是否能正常显示。当 $\overline{BI}=1$ 且 $\overline{LT}=0$ 时,不论输入 $DCBA$ 为何值,输出 $a \sim g$ 均为1,数码管显示"日"形,优先权次之。

④ $\overline{RBI}$ 为灭0输入信号,当不希望0(例如小数点前后多余的0)显示出来时,可以用 $\overline{RBI}$ 信号灭掉。当 $\overline{LT}=1$ 且 $\overline{RBI}=0$ 时,只有当输入 $DCBA=0000$ 时, $a \sim g$ 输出均为0,七段显示都熄灭,不显示数字0;而输入 $DCBA$ 为其他组合时都能正常显示。故 $\overline{RBI}=0$ 只能熄灭0字,优先权最低。

⑤ $\overline{RBO}$ 为灭0输出信号。当 $\overline{LT}=1$ 且 $\overline{RBI}=0$ 时,若输入 $DCBA=0000$,不仅本片灭0,而且输出 $\overline{RBO}=0$。这个0送到另一片七段译码器的 $\overline{RBI}$ 端,可以使这两片的0都熄灭。

注意:熄灭信号 $\overline{BI}$ 和灭0输出信号 $\overline{RBO}$ 是电路的同一点,故表示为 $\overline{BI}/\overline{RBO}$,即该端口是双重功能的端口,既可作为输入信号 $\overline{BI}$ 端口,又可作为输出信号 $\overline{RBO}$ 端口。

4. 数码管显示器

数码管显示器采用共阴极LED数码管,引脚引线及段分布如图13-62所示。

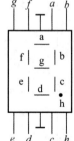

图13-62 LED数码管的引脚引线及段分布图

13.11.3 实验设备

实验设备包括数字电路实验箱、双踪示波器、函数信号发生器以及555定时器、四位二进制计数器74LS93、4-2输入与门74LS08、同步二进制加法计数器74LS161、4-2输入与非门74LS00和BCD码七段译码驱动器74LS48各一片,还包括一个共阴极LED数码管。

13.11.4 实验内容

(1) 在数字电路实验箱上,用给定元器件按图13-59所示组成连续脉冲发生器及一位九进制加法计数器、译码驱动和显示电路。

(2) 列表测试输入脉冲数与数码管显示之间的关系。

(3) 体会BCD码七段译码驱动器74LS48中$\overline{BI}$端和$\overline{LT}$端的作用。

13.11.5 实验报告要求

(1) 画出连续脉冲发生器、一位九进制加法计数器、译码驱动和显示电路的示意图。

(2) 列表整理输入脉冲数与数码管显示之间的关系。

(3) 说明BCD码七段译码驱动器74LS48中$\overline{BI}$端和$\overline{LT}$端的作用。

(4) 简述实验中遇到的问题及体会。

13.12 抢 答 器

> **实验预习要求**
>
> 1. 复习由NE555定时器构成的多谐振荡器的工作原理,熟悉四选一通道选择开关74LS175的引脚图及功能。
> 2. 了解抢答器的工作原理。

13.12.1 实验目的

(1) 熟悉555集成器件的应用:多谐振荡器。

(2) 熟悉D触发器的应用。

(3) 熟悉门电路的应用。

(4) 用上述单元电路组成四路抢答器。

13.12.2 实验原理

抢答器工作原理如下:四路抢答器电路如图13-63所示。工作时,先将各触发器清零,$Q_0 \sim Q_3$状态全部为0,发光二极管$D_1 \sim D_4$不亮。因四个D触发器的$\overline{Q}$端输出均为1状态,故门G_1全1出0,门G_2有0出1,门G_3打开,时钟脉冲CP可以送到74LS175中各触发器的CP端。抢答开始时,哪个按钮最先按下,相应的D端输入为高电平、Q端便输出高电平,使对应的发光二极管点亮。同时,相应的$\overline{Q}$端为低电平。使门G_1输出1,门G_2输出0,将门G_3封锁。CP脉冲便不能再进入触发器,其他信息也不能再进入电路。要等复位(清零)后,才可再次进行工作。

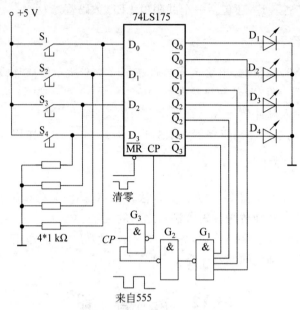

图 13-63 四路抢答器电路图

74LS175 是以集成四 D 触发器为核心的四选一通道选择开关,其内部包括四个独立的 D 触发器。其 CP 控制端和清零端 $\overline{MR}$ 是共用的。四个 D 触发器都是上升沿触发,其引脚如图 13-64 所示。如选用 74LS373 八个 D 锁存器,则可组成八选一通道选择电路,可供 8 人进行抢答竞赛。

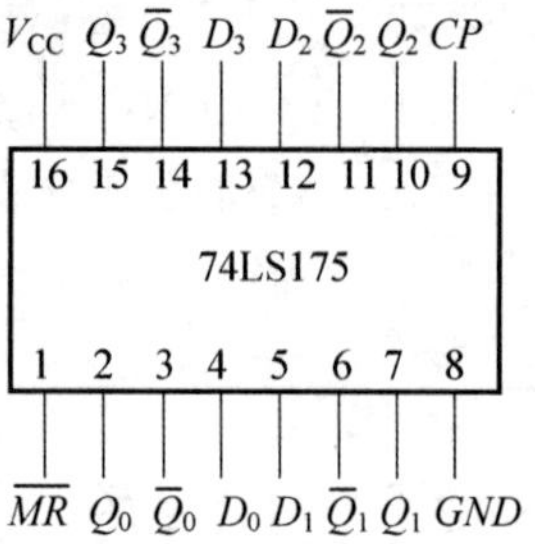

图 13-64 74LS175 引脚图

13.12.3 实验设备

实验设备包括数字电路实验箱,以及 555 定时器、四选一通道选择开关 74LS175、2-4 输入与非门 74LS20 和 4-2 输入与非门 74LS00 各一片。

13.12.4 实验内容

在数字电路实验箱上,用给定元器件完成图 13-63 所示抢答器电路的连接。

13.12.5 实验报告要求

(1) 列表整理输入开关状态与状态显示二极管之间的关系。
(2) 简述实验中遇到的问题及体会。

附录 A

常用逻辑符号对照表

名　称	国标符号	IEEE 特异形符号
与门	&	
或门	≥1	
非门	1	
与非门	&	
或非门	≥1	
异或门	=1	
同或门	=	
漏极开路与非门	&	无
三态输出非门	1 / EN	
传输门	TG	
半加器	Σ　CO	HA
全加器	Σ　CO / CI	FA
SR 锁存器（触发器）	S / R	S Q / R $\overline{Q}$

续表

名　称	国标符号	IEEE 特异形符号
逻辑门控 SR 锁存器	1S / C1 / 1R	S / CK / R, Q / $\overline{Q}$
上升沿触发 D 触发器	S / 1D / C1 / R	S_D / CK / D / R_D, Q / $\overline{Q}$
下降沿触发 JK 触发器	S / 1J / C1 / 1K / R	J / CK / K, S_D / R_D, Q / $\overline{Q}$
脉冲触发（主从） JK 触发器	S / 1J / C1 / 1K / R	J / CK / K, S_D / R_D, Q / $\overline{Q}$
带施密特触发特性 的与门	& ⎍	⎍

附录 B
CMOS 和 TTL 门电路的技术参数表

名　称	参　数	类别（系列）	CMOS		TTL	
			74HC	74HCT	74LS	74ALS
输入和输出电流	$I_{IH(max)}$/mA		0.001	0.001	0.02	0.02
	$I_{IL(max)}$/mA		−0.001	−0.001	−0.4	−0.1
	$I_{OH(max)}$/mA	CMOS 负载	−0.02	−0.02	−0.4	−0.4
		TTL 负载	−4	−4		
	$I_{OL(max)}$/mA	CMOS 负载	0.02	0.02	8	8
		TTL 负载	4	4		
输入和输出电压	$V_{IH(min)}$/V		3.5	2	2	2
	$V_{IL(max)}$/V		1.5	0.8	0.8	0.8
	$V_{OH(min)}$/V	CMOS 负载	4.9	4.9	2.7	3
		TTL 负载	3.84	3.84		
	$V_{OL(max)}$/V	CMOS 负载	0.1	0.1	0.5	0.5
		TTL 负载	0.33	0.33		
电源电压	V_{DD} 或 V_{CC}/V		4.5～5.5		2～6	
平均传输延迟时间	t_{pd}/ns		10	13	9	4
功耗	P_D/mW		0.56	0.39	2	1.2
扇出数	N_O^{**}		⩾20	⩾20	20	20
噪声容限	V_{NH}/V		1.4	2.9	0.7	1
	V_{NL}/V		1.4	0.7	0.3	0.3

附录 C 本书常用符号表

符号	含义	符号	含义
$E_I; E_O$	使能输入、使能输出	V_{NH}	高电平噪声容限电压
f_{max}	最高工作频率	V_{OL}	输出低电平时的电压
$J、K$	JK 触发器的输入端	V_{OH}	输出高电平时的电压
N_I, N_O	扇入数、扇出数	V_{REF}	参考电压
R_D	锁存器和触发器的直接置 0 端	V_{TH}	阈值电压
S_D	锁存器和触发器的直接置 1 端	V_{T-}	施密特触发特性的负向阈值电压
$A_0, A_1, A_2\cdots$	第 0,1,2…位译码器地址输入	V_{T+}	施密特触发特性的正向阈值电压
C	进位数	V_{ON}	开门电压
CP/CLK	时钟脉冲输入端	FF	触发器
D	数据输入端	G	逻辑门
D_{SR}	右移串行输入	Q	触发器的输出
$E(LE)$	使能控制端	P_D	功耗
q	占空比	R	RS 锁存器的复位端
T_N	N 沟道 MOSFET	BCD	二-十进制码
T_P	P 沟道 MOSFET	$F_{A>B}、F_{A<B}、F_{A=B}$	数字比较器输出
t	时间	CS	片选信号输入
t_{pd}	传输延迟时间	CR/CLR	清零
t_f	下降时间	D_I	移位寄存器串行输入
t_r	上升时间	D_{SL}	左移串行输入
t_w	脉冲宽度	S	RS 锁存器的置位端
$V_{CC}、V_{DD}$	电源电压	T	周期或计数型触发器
V_{NL}	低电平噪声容限电压	×	任意态，无关项

附录 D

实验设备

D.1　UT39A＋型数字式万用表

D.1.1　概述

UT39A＋是优利德全面升级推出的数字万用表。它延续着传统的手动量程,最大显示 3999,具备交直流电压、电流、电阻、电容、频率及温度测量功能,新增 NCV 功能,适用于从事电子维修和制造设备的用户。

仪表安全说明及使用注意事项如下。

（1）后盖没有盖好前严禁使用,否则有电击危险!

（2）使用前应检查并确认仪表和表笔绝缘层完好,无破损及断线。如发现仪表壳体绝缘层已明显损坏,或者您认为仪表已经无法正常工作,请勿再使用该仪表。

（3）在使用仪表时,用户的手指必须放在表笔手指保护环之后。

（4）不要在仪表终端及接地之间施加 1000V 以上电压,以防电击和损坏仪表。

（5）被测直流电压高于 60V 或交流电压高于 30Vrms 的场合,应小心谨慎,防止触电!

（6）被测信号不允许超过规定的极限值,以防电击和损坏仪表!

（7）量程开关应置于相应的测量档位上。

（8）严禁在测量中拨动量程开关更改量程档位,以防损坏仪表!

（9）请勿随意改变仪表内部接线,以免损坏仪表和危及安全!

（10）必须使用同类标称规格快速反应的保险管来更换已损坏的保险管。

（11）当液晶显示"Co"符号时,为确保测量精度,请及时更换仪表供电电池。

（12）不要在高温、高湿环境中使用仪表,尤其不能在潮湿环境中存放,受潮后仪表性能可能变劣。

（13）维护和保养请使用湿布和温和的清洁剂清洁仪表外壳,请勿使用研磨剂或溶剂!

D.1.2　特点

CATⅢ 600V 安规等级最大可承受 1000V 电压冲击,全功能误测保护,安全耐用,保证人员与仪表的使用安全。整机功耗约 1.6mA,电路设有自动省电功能,睡眠状态下微功耗仅约 11μA,有效延长电池使用寿命达 500 小时。

外观上,身形显得更加修长,紧凑的键位设计实现功能切换时更加节约时间与空间。表笔插孔为 3 个,进行电流测量时不会因为量程的切换而需要更换插孔,同时还能减少误操作的可能性。电容量程拓展至 10mF,使对电容量程有所要求的用户可以消耗更少的成本来获得更高的工作效率。以下是其范围。

(1) 输入端子和接地之间的最高电压:1000Vrms。

(2) 最大显示:3999,过量程显示"OL",每秒更新 3~4 次。

(3) 量程选择:手动。

(4) 背光功能:手动点亮,30 秒后自动熄灭。

(5) 极性:负极性输入显示"-"符号。

(6) 数据保持功能:LCD 左上角显示"H"。

(7) 声光报警指示:在导通测量的时候,发声的同时伴有红色 LED 发光指示。

(8) 仪表内部电池:AA 电池(锌锰)1.5V×2 节。

(9) 工作温度:0~40℃(32~104°F);储存温度:-10~50℃(14~122°F);相对湿度:0~30℃以下≤75%,30~40℃≤50%。

(10) 电磁兼容性:在 1V/m 的射频场下,总精度=指定精度+量程的 5%,超过 1V/m 以上的射频场没有指定指标。

D.1.3 外表结构及功能按键

UT39A+万用表的外表结构如图 D-1 所示。

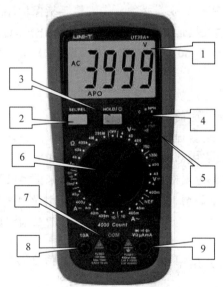

(1)LCD 显示屏　(2)和(3)功能按键　(4)三极管测量四脚插孔　(5)声光报警指示灯
(6)量程开关　(7)COM 输入端　(8)10A 电流测量输入端　(9)其余测量输入端

图 D-1　UT39A+万用表外表结构

注意:按键功能有(2)和(3)。其中(2)SELECT/REL:单击该按键,在电容、电压、电流、电阻(400 欧姆挡)各挡功能下按此键可清底数;(3)HOLD/☼按键:单击进入数据保持/取消数据保持模式,当按此键超过 2 秒的时间,则打开/关闭背光。

表 D-1 显示其技术指标。

表 D-1 UT39A+万用表技术指标

基本功能	量程	精度
直流电压	400mV/4V/40V/400V/1000V	±(0.5%+5)
交流电压	4V/40V/400V/750V	±(1.0%+3)
直流电流	400μA/400mA/10A	±(0.8%+3)
交流电流	4mA/400mA/10A	±(1.0%+2)
电阻	400Ω/4000Ω/40kΩ/400kΩ/4MΩ/40MΩ	±(0.8%+2)
电容	4nF/40nF/400nF/4μF/40μF/400μF/4mF/10mF	±(4.0%+5)

D.1.4 使用方法

1. 一般测量

测量电阻、电压(直流、交流)和电流(直流、交流)时,只需将量程转换开关打到相应位置并将表笔插在相应插孔中即可。

需要特别指出的是,如果误用数字万用表的电流挡测量电压,很容易将万用表烧坏。因此,在先测电流后再测电压时,要格外小心,注意随即改变转盘和表笔的位置。

2. 二极管的测量

用数字万用表可以判断二极管的好坏、极性和材料。

方法是:将转盘打到"⊣▷⊢"档,红表笔插在右边孔内,黑表笔插在中间孔内,两支表笔的前端分别接二极管的两极,如图 D-2 所示,然后颠倒表笔再测一次。若二极管正常,则两次测量的结果应该是:一次显示"1"字样或没有显示,另一次显示几百的数字。此数字即是二极管的正向压降:硅材料为 0.6V 左右,锗材料为 0.2V 左右,且此时红表笔接的是二极管的正极,而黑表笔接的是二极管的负极。

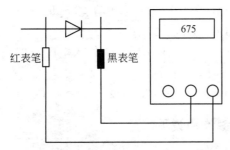

图 D-2 用数字万用表判断二极管好坏的连接方法

3. 短路检查

将转盘打到"·))"档,表笔位置同上。用两表笔的另一端分别接被测两点,若此两点确实短路,则万用表中的蜂鸣器发出声响。

4. 三极管的测量

(1) 根据型号判别三极管的材料和类型：国产三极管的型号标记为 3XXX，其中，3AXX 为锗 PNP 型；3BXX 为锗 NPN 型；3CXX 为硅 PNP 型；3DXX 为硅 NPN 型。

(2) 判定引脚：一般三极管的引脚排列如图 D-3 所示（从底部看），准确判别可查手册。

(3) 测定 β 值：将转盘打到 HEF 挡，根据判定的三极管类型和引脚，将其插入对应的三极管插孔。如果三极管正常，应显示一个约 20～200 的数值，此即为该三极管的 β 值。

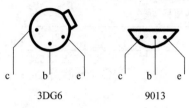

图 D-3 三极管的引脚排列图

5. 电容的测量

将转盘打到 10mF 挡，将电容器插入下方的电容测试插孔即可。

D.2　YB2172B 型数字交流毫伏表

D.2.1　技术指标

(1) 测量电压：$30\mu V \sim 300V$。分 6 个量程：3mV、30mV、300mV、3V、30V 和 300V。

(2) 基准条件下电压的固有误差（以 1kHz 为基准）：$0.5\% \pm 2$ 个字。

(3) 测量电压的频率：$10Hz \sim 2MHz$。

(4) 频率误差。

- 50Hz～100kHz： $\pm 1.5\%$，± 6 个字
- 20Hz～50Hz、100kHz～500kHz： $\pm 2.5\%$，± 8 个字
- 10Hz～20Hz、500kHz～2MHz： $\pm 4\%$，± 15 个字

(5) 分辨率：$1\mu V$。

(6) 输入阻抗：输入电阻$\geqslant 10M\Omega$；输入电容$\leqslant 35pF$。

(7) 最大输入电压：$DC+AC_{p-p}$；500V。

(8) 输出电压：$1V\pm 2\%$（以 1kHz 为基准，输入电压为 $3V\pm 0.5\%$ 时）。

(9) 噪声：输入短路小于 20 个字。

(10) 电源电压：交流 $220V\pm 10\%$，$50Hz\pm 4\%$。

D.2.2　面板图及操作键作用说明

YB2172B 数字交流毫伏表面板图如图 D-4 所示。

(1) 电源开关

电源开关按键弹出即为"关"位置，将电源线接入，按电源开关以接通电源。

(2) 显示窗口

数字面板表指示输入信号的幅度。

图 D-4　YB2172B 数字交流毫伏表面板图

（3）量程指示

指示灯显示仪器所处的量程和状态。

（4）输入插座

输入信号由此端口输入。

（5）量程旋钮

开机后，在输入信号前，应将量程旋钮调至最大处，即量程指示灯"300V"处亮。当输入信号送至输入端后，调节量程旋钮，使数字面板表显示输入信号的电压值。

（6）输出端口

输出信号由此端口输出。

D.2.3　基本操作方法

（1）电源线接入后，按电源开关接通电源，并预热 5 分钟。

（2）将量程旋钮调至最大量程处（在最大量程处时，量程指示灯"300V"应亮）。

（3）将输入信号由输入端口送入交流毫伏表。

（4）调节量程旋钮，使数字面板表显示输入信号的电压值。

（5）将交流毫伏表的输出用探头送入示波器的输入端，当数字面板表显示 3V（±0.5%）时，其输出应满足指标。

（6）在测量输入信号电压时，若输入信号幅度超过满量程的 +14% 左右时，仪器的数字面板表会自动闪烁，此时请调节量程旋钮，使其处于相应的量程，以确保仪器测量的准确性（每档量程都具有超量程自动闪烁功能）。

D.3　YB1700 系列直流稳压电源

D.3.1　概述

YB1700 型直流稳压电源为三路输出的直流稳压稳流电源，其中，主路、从路输出电压为 0～30V 连续可调，输出电流为 0～2A，分别由两组数码管显示电压或电流；一路固定输出 5V、2A。

D.3.2 技术指标

(1) 输出电压：二路(主路、从路)0～30V 连续可调，一路固定输出电压 5V。

(2) 输出电流：0～2A(二路)、2A(一路)。

(3) 输出电压稳定度：在额定负载情况下，交流输入电压变化±10%，输出电压变化小于 0.1%。

(4) 负载稳定度：在输入电压不变的情况下，负载由空载增大到额定时，输出电压变化小于 9mV。

(5) 纹波电压：小于 1mV。

(6) 温度漂移：小于 $2 \times 10^{-4}/C°$。

(7) 输出调节分辨率：20mV。

(8) 显示精度：2.5 级。

(9) 工作温度：0～+40C°。

D.3.3 面板图

YB1700 型直流稳压电源面板图见图 D-5。

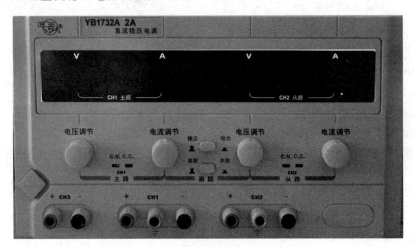

图 D-5　YB1700 型直流稳压电源

D.3.4 按键或旋钮的名称和功能

(1) 电源开关(POWER)：按键开关弹出为"关"位置，此时将电源线接入，按下按键开关，电源接通。

(2) 电压调节旋钮(VOLTAGE)：主路或从路电压调节。顺时针调节，输出电压由小变大；逆时针调节，输出电压由大变小。

(3) 恒压指示灯(C.V)：当主路或从路处于恒压状态时，C.V 指示灯亮。

(4) 显示窗口(LED 数码管)：显示主路或从路输出的电压或电流。

(5) 电流调节旋钮(CURRENT)：主路或从路电流调节。顺时针调节，输出电流由小变大；逆时针调节，输出电流由大变小。

(6) 恒流指示灯(C.C)：当主路或从路处于恒流状态时，C.C 指示灯亮。

(7) 输出端口：主路或从路输出端口。

(8) 跟踪开关(TRACK)：此开关按入时，主路和从路的输出正端相连，为并联跟踪，调节主路电压或电流的调节旋钮，从路的输出电压或电流跟随主路变化；若主路的负端接地，从路的正端接地，为串联跟踪，此时主路与从路的输出相同，而主路的正端与从路的负端之间将输出两者的串联电压。

(9) 电压/电流开关(V/I)：开关弹出，窗口显示同侧输出电压值；开关按入，窗口显示同侧输出电流值。

(10) 固定 5V 输出端口：输出固定 5V 电压。

D.3.5 基本操作方法

(1) 将电源线插入后面板上的交流插孔中。

(2) 按表 D-2 所示设定各控制键。

表 D-2　各控制键初始设置

电源开关(POWER)	电源开关键弹出
电压调节旋钮(VOLTAGE)	调至中间位置
电流调节旋钮(CURRENT)	调至中间位置
电压/电流开关(V/I)	置弹出位置
跟踪开关(TRACK)	置弹出位置
+GND−	"−"端接 GND

(3) 各控制键如上设定后，接通电源。

(4) 一般检查主要包括以下几方面。

① 调节电压调节旋钮，显示窗口显示的电压值应相应变化，输出端口应有电压输出。

② 电压/电流开关按入，表头指示值应为零，当输出端口接上相应的负载时，表头应有指示。调节电流调节旋钮，输出电流会相应变化。

③ 跟踪开关按入，若将主路负端接地，从路正端接地，此时调节主路的电压调节旋钮，从路的显示窗口的显示信息应同主路相一致。

④ 固定 5V 输出端口应有 5V 输出。

D.4　TFG6000 系列 DDS 函数信号发生器

D.4.1　概述

TFG6000 系列 DDS 函数信号发生器采用直接数字合成技术(DDS)，具有快速完成测量工作所需的高性能指标和众多的功能特性。其简单而功能明晰的前面板设计和彩色液晶显示界面更便于操作和观察,可扩展的选件功能有助于获得增强的系统特性。

D.4.2 技术指标

(1) 双路独立输出,其中 A 路可输出正弦波和方波;B 路可输出正弦波、方波、三角波、锯齿波等 20 余种波形;并可输出双路线性相加信号。

(2) 输出波形由函数计算值合成,波形精度高,失真小。

(3) 全范围频率不分档,直接数字设置,分辨率为 40μHz 或 40mHz,频率精度可达到 10^{-5} 数量级。

(4) 可以设置精确的脉冲宽度或占空比;可输出基波和谐波信号,二者相位差可调。

(5) 可以选用频率或周期,直接显示幅度有效值或峰-峰值。

(6) 具有频率扫描和幅度扫描功能,扫描起止点可任意设置。可以输出频率调制 FM 和幅度调制 AM 信号。

(7) 具有 USB 接口和 TTL 信号输出。

D.4.3 面板图

1. 前面板图

TFG6030 DDS 函数信号发生器的前面板图见图 D-6。

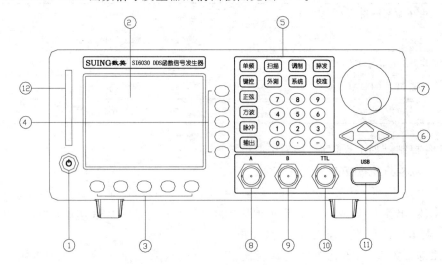

①电源开关　②显示屏　③单位软键　④选项软键　⑤功能键/数字键　⑥方向键　⑦调节旋钮　⑧输出 A　⑨输出 B　⑩TTL 输出　⑪USB 接口　⑫CF 卡槽(备用)

图 D-6　TFG6030 DDS 函数信号发生器的前面板图

2. 后面板图

TFG6030 DDS 函数信号发生器的后面板图见图 D-7。

D.4.4 屏幕显示说明

仪器使用 3.5 英寸彩色 TFT 液晶显示界面。

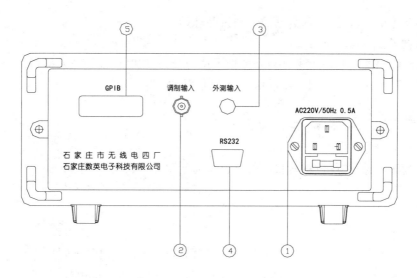

①电源插座　②外调制输入　③外测输入　④RS232 接口　⑤GPIB 接口

图 D-7　TFG6030 DDS 函数信号发生器的后面板图

（1）右边是中文显示区，上边一行为功能菜单；下边 5 行为选项菜单。

（2）左边上部为各种功能下的 A 路波形示意图。

（3）左边英文显示区为参数菜单，自上至下依次为"B 路波形""频率等参数""幅度""A 路衰减""偏移等参数""输出开关"。

（4）最下边一行为输入数据的单位菜单。

D.4.5　键盘说明

仪器前面板上共有 38 个按键，可以分为 5 类。

1. 功能键

【单频】【扫描】【调制】【猝发】【键控】这些键分别用来选择仪器的十种功能。

【外测】键用来选择频率计数功能。

【系统】和【校准】这两个键用来进行系统设置及参数校准。

【正弦】【方波】【脉冲】这些键用来选择 A 路波形。

【输出】键用来开关 A 路或 B 路输出信号。

2. 选项软键

屏幕右边有 5 个空白键，其键功能随着选项菜单的不同而变化，称为选项软键。

3. 数据输入键

【0】【1】【2】【3】【4】【5】【6】【7】【8】【9】这些键用来输入数字。

【.】键用来输入小数点。

【一】键用来输入负号。

4. 单位软键

屏幕下边有 5 个空白键，其定义随着数据的性质不同而变化，称为单位软键。数据输入之后必须按单位软键,表示数据输入结束并开始生效。

5. 方向键

【<】和【>】这两个键用来移动光标指示位,转动旋钮时可以加减光标指示位的数字。

【∧】和【∨】这两个键用来步进增减 A 路信号的频率、幅度或相位。

D.4.6 基本操作

1. 初始化状态

按下电源开关(或复位键),仪器进行自检初始化,进入正常工作状态。

(1) A 路。

波形:正弦波　　　　频率:1kHz　　　　幅度:1 V_{p-p}

(2) B 路。

波形:正弦波　　　　频率:1kHz　　　　幅度:1 V_{p-p}

2. A 路单频

按【单频】键,选中"A 路单频"功能。

(1) A 路频率设定:例如设定频率值为 3.5kHz。

按【选项 1】软键,选中"A 路频率",然后依次按【3】【.】【5】【kHz】这几个键。

(2) A 路频率调节:按【<】或【>】键可移动数据中的白色光标指示位,左右转动旋钮可使指示位的数字增大或减小,并能连续进位或借位,由此可任意粗调或细调频率。下面所述其他选项数据也都可用旋钮调节,不再重述。

(3) A 路周期设定:例如设定周期值为 25ms。

按【选项 1】软键,选中"A 路周期",然后依次按【2】【5】【ms】这几个键。

(4) A 路幅度设定:例如设定幅度值为 3.2 Vpp。

按【选项 2】软键,选中"A 路幅度",然后依次按【3】【.】【2】【Vpp】这几个键。

(5) A 路幅度设定:例如设定幅度有效值为 1.5Vrms。

按【选项 2】软键,选中"A 路幅度",然后依次按【1】【.】【5】【Vrms】这几个键。

(6) A 路衰减选择:例如选择固定衰减 0dB(开机或复位后选择自动衰减 Auto)。

按【选项 2】软键,选中"A 路衰减",然后依次按【0】和【dB】这两个键。

(7) A 路偏移设定:例如在衰减为 0dB 时,设定直流偏移值为 −1V。

按【选项 3】软键,选中"A 路偏移",然后依次按【−】【1】【Vdc】这几个键。

(8) A 路波形选择:例如选择脉冲波。

按【脉冲】键。

(9) A 路脉宽设定:例如设定脉冲宽度为 35μs。

按【选项 4】软键,选中"A 路脉宽",然后依次按【3】【5】【μs】这几个键。

(10) A 路占空比设定:例如设定脉冲波占空比为 25%。

按【选项 4】软键,选中"占空比",然后依次按【2】【5】【%】这几个键。

(11) A 路频率步进:例如设定频率步进为 12.5Hz。

按【选项 5】软键,选中"步进频率",然后依次按【1】【2】【.】【5】【Hz】这几个键,再按【选项 1】软键,选中"A 路频率",然后按【∧】或【∨】键,可使 A 路频率步进增减变化。幅度步进与此类同。

3. B 路单频

按【单频】键,选中"B 路单频"功能。

(1) B 路频率幅度设定:设定方法与 A 路相同,但是不能设定 B 路周期值和 B 路幅度有效值。

(2) B 路波形选择:例如选择三角波。

按【选项 3】软键,选中"B 路波形",然后依次按【2】和【No.】这两个键。

(3) A 路谐波设定:例如设定 B 路频率为 A 路的三次谐波。

按【选项 4】软键,选中"A 路谐波",然后依次按【3】和【time】这两个键。

(4) A 路波形相移:在选中"B 路单频"功能时,每按一次【∧】键,A 路波形前移 11.25°;每按一次【∨】键,A 路波形后移约 2°。

(5) 两路波形相加:将 A 路和 B 路波形线性相加,并由 A 路输出。

按【选项 5】软键,选中"AB 相加"。

D.5　GOS-6021 型双通道示波器

D.5.1　概述

GOS-6021/6020 为 20MHz 双通道手提式示波器,以微处理器为核心的操作系统控制了仪器的多样功能,包括光标读出装置、数字面板设定和使用光标功能。电压、时间和频率等的文字符号在屏幕上可直接读出。

D.5.2　技术指标

1. 垂直偏向系统

(1) 垂直偏向系统有两个输入通道,每一通道从 1mV 到 20V,共分 14 种偏向档位;水平偏向系统从 0.2μs 到 0.5s,可在垂直偏向系统的全屏宽下稳定触发。

(2) CRT 形式:电压、时间和频率等,可在屏幕上直接读出。

(3) 频率:DC～20MHz。

(4) 最大输入电压:30V(DC+ACpeak),1kHz。

(5) 垂直系统灵敏度误差 1mV～2mV/DIV±5%、5mV～20V/DIV±3%,1-2-5 顺序 14 个校正范围。

(6) 输入耦合 AC、DC 和 GND。

(7) 垂直模式 CH1、CH2、DUAL(CHOP/ALT)、ADD、CH2:INV。

CHOP 频率大约为 250kHz。

动态范围 8DIV,20MHz。

2. 水平偏向系统

(1) 扫描时间:0.2μs/DIV～0.5s/DIV,以 1-2-5 顺序 20 个档位。

(2) 精度:±3%、±5%(×5、×10MAG)、±8%(×20MAG)。

(3) 扫描放大：×5、×10、×20MAG。

(4) 最大扫描时间：50ns/DIV(10ns/DIV～40ns/DIV 不被校正)。

3. 触发系统

(1) 触发模式：AUTO、NORM、TV。

(2) 触发源：VERT-MODE、CH1、CH2、LINE、EXT。

(3) 触发耦合：AC、HFR、LFR、TV-V(—)、TV-H(—)。

(4) 触发斜率："＋"或"—"斜率。

(5) 触发灵敏度：CH1、CH2、VERT、MODE、EXT。

20Hz～2MHz：0.5DIV、2.0DIV、200mV

2MHz～20MHz：1.5DIV、3.0DIV、800mV

(6) 最大输入电压：400V(DC＋ACpeak),1kHz。

4. CRT 读值光标量测

(1) 光标量测功能：ΔV、ΔT、$1/\Delta T$。

(2) 光标分辨率：1/25DIV。

(3) 有效光标范围。

垂直：±3DIV。

水平：±4DIV。

(4) 频率计数器。

显示数字：6 位。

频率：50Hz～20MHz。

精度：±0.01%。

量测灵敏度：大于 2DIV。

D.5.3 前面板各按键和旋钮的名称和功能

GOS-6021 型双通道手提式示波器的前面板图见图 D-8。

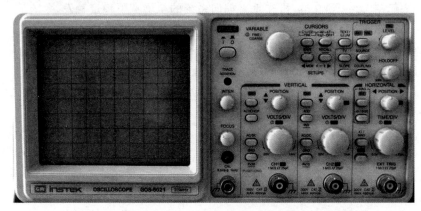

图 D-8　GOS-6021 型双通道手提式示波器的前面板图

1. 电源与显示器控制

电源与显示器控制见图 D-9。

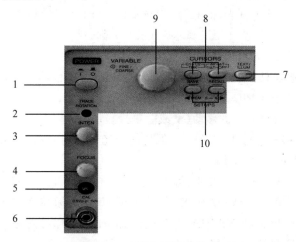

图 D-9　电源与显示器控制

(1) POWER：电源开关。

当电源接通时，LED 全部点亮，稍候显示一般的操作程序，并执行上次开机前的设定，LED 则显示进行中的状态。

(2) TRACE ROTATION：扫迹旋转。

使水平轨迹与刻度线成平行的调整电位器，可用小螺丝刀来调整。

(3) INTEN：扫迹亮度。

用于调节波形轨迹亮度，顺时针方向调整可以增加亮度；逆时针方向则会降低亮度。

(4) FOCUS：聚焦。

波形轨迹和光标读出的聚焦控制钮。

(5) CAL：校准信号。

此端子输出一个 $0.5V_{p-p}$、1kHz 的参考信号。

(6) GROUND SOCKET：接地端。

此接头可作为直流和低频信号测量的参考电位。

(7) TEXT/ILLUM：亮度控制功能选择。

此按钮用于选择 TEXT 读值亮度功能和刻度亮度功能。以 TEXT 或 ILLUM 显示。

TEXT/ILLUM 功能和 VARIABLE 9 控制钮相关。顺时针旋转此钮可以增加 TEXT 亮度或刻度亮度；逆时针旋转则减低亮度。

(8) 光标量测功能：有两个按钮和 VIRABLE 9 控制按钮有关。

① $\Delta V - \Delta T - 1/\Delta T - OFF$ 按钮。

当此按钮连续按下时，三个量测功能依次可供选择。

- ΔV：出现两条水平光标，根据 VOLTS/DIV（伏特/格）的设置，可计算两条光标之间的电压。ΔV 显示在 CRT 上部。

- ΔT：出现两条垂直光标，根据 TIME/DIV（时间/格）设置，可计算出两条垂直光标之间的时间，ΔT 显示在 CRT 上部。
- 1/ΔT：出现两条垂直光标，根据 TIME/DIV（时间/格）设置，可计算出两条垂直光标之间时间的倒数，1/ΔT 显示在 CRT 上部。

② C1－C2－TRK：光标选择按钮。

按此钮可依次选择只移动光标 1、只移动光标 2 或同时移动两个光标。

- C1：使光标 1 在 CRT 上移动（▼或▲符号显示）。
- C2：使光标 2 在 CRT 上移动（▼或▲符号显示）。
- TRK：同时移动光标 1 和光标 2，保持两个光标的间隔不变（两个符号均显示）。

(9) VIRABLE：光标位置调整。

通过旋转或按 VARIABLE 按钮，可以设定光标位置和 TEXT/ILLUM 功能。

在光标模式下，使用 VARIABLE 控制钮可以对光标位置进行 FINE（细调）或 COARSE（粗调）。如果旋转 VARIABLE，则选择 FINE 调节，光标移动慢；若按压此按钮，则选择 COARSE 调节，光标移动快。

在 TEXT/ILLUM 模式下，这个控制钮用于选择 TEXT 亮度或刻度亮度调整。请参考 TEXT/ILLUM(7) 部分。

(10) ◢ MEMO-0-9 ◣：SAVE/RECALL（存储/呼叫）。

此仪器包含 10 组稳定的记忆器，可用于存储和呼叫所有电子式选择钮的设定状态。

按◢或◣按钮选择记忆位置，此时"M"字母后 0～9 之间的数字显示存储位置。

每按一下◣，存储位置的号码会一直增加，直到数字 9。按◢按钮则一直减小到 0 为止。按住 SAVE 约 3 秒钟将状态存储到记忆器，并显示 SAVE 信息。

呼叫先前的设定状态：按上述方式选择呼叫记忆器，按住 RECALL 钮 3 秒钟，即可呼叫先前的设定状态，并显示 RECALL 信息。

2. 垂直轴控制

垂直轴控制见图 D-10。

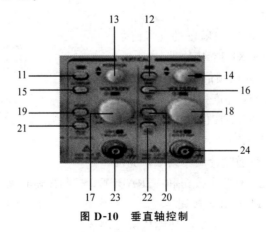

图 D-10　垂直轴控制

(11)(12) CH1、CH2 按钮：通道显示选择。

快速按下 CH1(CH2)按钮,通道 1(通道 2)处于开启状态,偏转系数将以读值方式显示。

(13)(14) POSITION 按钮:垂直位移。

通道 1 和通道 2 的垂直波形定位可用这两个旋钮来设置。在 X-Y 模式中,CH2 POSITION 可用来调节 Y 轴信号偏转灵敏度。

(15) ALT/CHOP 按钮:扫描模式(交替/断续)选择。

此按钮有多种功能,只有两个通道都开启后,才有作用。

- ALT:交替扫描模式,适合于观察高频信号。
- CHOP:断续扫描模式,适合于观察低频信号。

(16) ADD-INV:具有双重功能的按钮。

- ADD:相加模式,读出装置显示"+"符号。输入信号相加或是相减的显示则由相位关系和 INV 的设定决定。
- INV:反向按钮,按住此按钮一段时间,CH2 显示反向状态,读出装置上显示"↓"符号。

(17)(18) VOLTS/DIV 控制钮:垂直灵敏度(偏向系数)调整。

此按钮有双重功能。

① 垂直灵敏度(偏向系数)调整:顺时针方向调整旋钮,以 1-2-5 顺序增加灵敏度,逆时针则减小。档位从 1MV/DIV 到 20V/DIV。如果关闭通道,此控制钮不动作。使用中通道的偏向系数和附加资料都显示在读出装置上。

② VAR:垂直灵敏度微调功能。按住此按钮一段时间,选择 VOLTS/DIV 作为衰减器或作为调整的功能。开启 VAR 后,以">"符号显示,逆时针旋转此按钮以降低信号的高度,且偏向系数成为非校正条件。

(19)(20) AC/DC:输入耦合选择。

按一下此按钮,切换交流(∼符号)或直流(=符号)的输入耦合。此设定及偏向系数显示在读出装置上。

(21)(22) GND-P×10:双重功能按钮。

① GND:按一下此按钮,使垂直放大器的输入端接地,显示在读出装置上。

② P×10:按下此按钮一段时间,取 1:1 和 10:1 之间读出装置的通道偏向系数,10:1 的电压探棒以符号表示在通道前(如:"P10",CH1),在进行光标电压测量时,会自动包括探棒的电压因素。如果 10:1 衰减探棒不使用,则符号不起作用。

(23) CH1-X:输入 BNC 插座。

此 BNC 插座是 CH1 信号的输入。在 X-Y 模式下,此输入信号是 X 轴偏移。为安全起见,此端子外部接地端直接连到电源插座。

(24) CH2-Y:输入 BNC 插座。

此 BNC 插座是 CH2 信号的输入。在 X-Y 模式下,此输入信号是 Y 轴偏移。为安全起见,此端子接地端也连到电源插座。

3. 水平控制

水平控制见图 D-11。

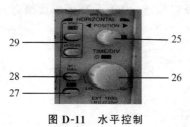

图 D-11 水平控制

水平控制可选择时基操作模式,以及调节水平刻度、位置和扩展信号。

(25) H POSITION:水平位移调整。

此控制按钮可将信号以水平方向移动,与 MAG 功能合并使用,可移动屏幕上的任何信号。

在 X-Y 模式下,控制按钮可以调整 X 轴偏转灵敏度。

(26) TIME/DIV-VAR:时间偏向系数(时间/每格)调节。

① 时间偏向系数(时间/每格)调节。

顺时针旋转该按钮,将以 1-2-5 的顺序递减时间偏向系数;逆时针旋转则递增其时间偏向系数。时间偏向系数会显示在读出装置上。

在主时基模式下,如果 MAG 不动作,可在 0.5s/DIV 和 0.2μs/DIV 之间选择以 1-2-5 顺序步进的时间常数偏向系数。

② VAR:微调功能。

按住此按钮一段时间,选择 TIME/DIV 控制按钮为时基或可调功能。打开 VAR 后,时间的偏向系数是校正的。直到进一步调整,逆时针方向旋转 TIME/DIV 以增加时间偏转系数(降低速度),偏向系数为非校正的,并以">"符号显示在读出装置中。

(27) X-Y:显示模式选择。

按住此按钮一段时间,X-Y 符号将取代时间偏向系数显示在读出装置上。此时,在 CH1 输入端加入的信号将在 X 轴上(水平)显示;CH2 输入端加入的信号将在 Y 轴上(垂直)显示。适于观察磁滞曲线或李沙育图形。

(28) ×1/MAG:水平扩展。

按下此按钮,水平扫描时间将会扩展,信号波形从荧屏中心轴向左右扩展,并以"MAG"符号显示在读出装置中。此时,调整 H POSITION 可以看到信号中要观察的部分。

(29) MAG FUNCTION:放大功能。

① ×5-×10-×20MAG:当处于放大模式时,波形向左右方向扩展,显示在屏幕中心。有 3 个档次的放大率:×5、×10 和×20,按 MAG 按钮可分别选择。

② ALT MAG:按下此按钮,可以同时显示原始波形和放大波形。放大扫描波形出现在原始波形下面 3DIV(格)距离处。

4. 触发控制

触发控制见图 D-12。触发控制决定两个信号及双轨迹的扫描起点。

(30) ATO/NML:重复扫描方式选择。

此按钮选择自动或一般触发模式,LED 会显示实际的设定。每按一次控制按钮,触发模式按下面的次序改变:ATO—NML—ATO。

① ATO(AUTO,自动):选择自动模式,适用于

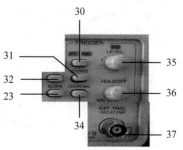

图 D-12 触发控制

50Hz 以上的触发信号。当无触发信号或触发电平不满足时,时基线会自动扫描轨迹。

② NML(NORMAL):一般模式(常态扫描),触发信号不受限制,特别适用于低频信号。当无触发信号或触发电平不满足时,不进行扫描。

(31) SOURCE:触发源选择。

此按钮选择触发信号源,实际的设定由直读显示,依次显示 VERT—CH1—CH2—LINE—EXT—VERT,按下按钮时,触发源按上述顺序改变。

- VERT(垂直模式):为了观察两个波形,同步信号将随着 CH1 和 CH2 上的信号轮流改变。
- CH1:触发信号源来自 CH1 的输入端。
- CH2:触发信号源来自 CH2 的输入端。
- LINE:触发信号源从交流电源取样波形获得。对显示与交流电源频率相关的波形极有帮助。
- EXT:触发信号源从外部连接器输入。

(32) TV:视频同步信号选择。

从混合波形中分离出视频同步信号,直接连接到触发电路,由 TV 按钮选择水平或混合信号。当按下按钮时视频同步信号以 TV-T—TV-H—OFF—TV-V 的次序改变。

(33) SLOPE:触发边沿选择。

按此按钮选择触发信号的触发斜率以产生时基。每按一下此按钮,斜率方向会从下降沿移到上升沿,反之亦然。

此设定在"SOURCE,SLOPE,COUPLING"状态下显示在读出装置上。如果在 TV 触发模式下,只有同步信号是负极性时才可同步。

(34) COUPLING:触发耦合方式选择。

按下此按钮选择触发耦合,实际的设定由读出装置显示。每次按下此按钮,触发耦合以 AC—HFR—LFR—AC 的次序改变。

① AC:阻断触发信号中的直流部分,对于触发有较大直流偏移的交流波形很有帮助。

② HFR:衰减触发信号中 50kHz 以上的高频部分,对去除触发信号中的干扰有帮助。

③ LFR:衰减触发信号中 30kHz 以下的低频部分,并阻断直流成分信号。LFR 耦合提供高频成分复合波形的稳定显示,对去除低频干扰或电源杂音干扰有帮助。

(35) TRIGGER LEVEL:带有 TRG 和 LED 的触发电平控制按钮。

旋转控制按钮调整不同的触发信号电平(电压),使波形触发扫描。触发电平的近似值会显示在读出装置上。顺时针调整控制按钮,触发点向触发信号正峰值移动;逆时针旋转则向负峰值移动。当设定值超过观测波形的变化部分时,稳定的扫描将停止。

TRG LED:如果触发条件符合时,TRG LED 亮,触发信号的频率决定 LED 是亮还是闪烁。

(36) HOLD-OFF:休止时间控制按钮。

当信号波形比较复杂而导致使用 TRIGGER LEVEL 35 不能获得稳定的触发时,旋转此按钮可以调节 HOLD-OFF 时间(禁止触发周期超过扫描周期)。顺时针旋转此按钮,可以减少 HOLD-OFF 周期;逆时针旋转时,可以增加 HOLD-OFF 周期。

(37) TRIG EXT:外触发信号输入端。

按下 TRIG SOURCE 31 按钮,一直到使"EXT,SLOPE,COUPLING"出现在读出装置中。

D.5.4 后面板各按键和旋钮的名称和功能

示波器后面板图见图 D-13。

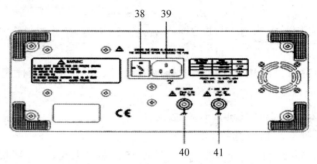

图 D-13 GOS-6021 型双通道手提式示波器后面板图

(38) LINE VOLTAGE SELECTOR AND INPUT FUSE HOLDER:电源电压选择器以及输入端保险丝座。

(39) AC POWER INPUT CONNECTOR:交流电源输入端子。

(40) CH1 输出插头:可连接到频率计数器或其他仪器。

(41) Z-AXIS INPUT:Z 轴输入端,将外部信号连接到 Z 轴放大器,调节 CRT 的亮度,此端子为直流耦合。输入正信号,降低亮度;输入负信号,增加亮度。

D.6 THD-1 型数字电路实验箱

本实验箱是由一大块单面线路板制成,其正面印有清晰的图形线条和字符,使其功能一目了然。板上设有可靠的多引脚集成块插座及镀银长紫铜针管插座等几百个元器件,实验连接线采用高可靠、高性能的高档弹性插件。板上还装有信号源、三态逻辑笔、直流稳压电源以及控制和显示等部件,可以完成全部数字电路的基本教学实验及有关课程设计的实验。

D.6.1 面板图及组成

实验箱面板图如图 D-14 所示。

(1) 实验箱的供电。实验箱后方设有带保险管(0.5A)的 220V 单相三芯电源插座(配有三芯插头电源线一根)。箱内设有一只降压变压器,供四路直流稳压电源使用。

(2) 一块大型(430mm×320mm)单面敷铜印制线路板。正面丝印有清晰的各部件、元器件的图形、线条和字符;反面则是其相应的印刷线路板图。包含以下内容:

图 D-14 数字电路实验箱面板图

① 一只带灯船形电源总开关。

② 17 只高性能双列直插式圆脚集成电路插座（其中 1 只 40P、1 只 28P、1 只 24P、1 只 20P、2 只 18P、5 只 16P、4 只 14P 以及 2 只 8P）。

③ 400 多个锁紧式、防转、叠插式插座。它们与集成电路插座、镀银针管座以及其他固定器件、线路等已在印制板面连接好。正面板上有黑线条连接的地方表示反面（即印制线路板面）已接好。插头与插头之间可以叠插，从而可形成一个立体布线空间，使用极为方便。

④ 几十根镀银长（15mm）紫铜针管插座，供实验时接插小型电位器、电阻和电容等分立元件之用（它们与相应的锁紧插座已在印刷线路板面连通）。

⑤ 4 组 BCD 码二进制七段译码器 CD4511 与相应的共阴 LED 数码显示管（它们在印刷线路板面）已连接好。只要接通＋5V 直流电源，并在每一位译码器的四个输入端 A、B、C、D 处加入四位 0000～1001 的代码，数码管即显示出 0～9 的十进制数字。

⑥ 4 位 BCD 码十进制码拨码开关组。

每一位的显示窗指示出 0～9 之间的一个十进制数字，在 A、B、C、D 四个输出插口处输出相对应的 BCD 码。每按动一次"＋"或"－"键，将顺序地进行加 1 或减 1 计数。

若将某位拨码开关的输出 A、B、C、D 连接在⑤的一位译码显示的输入端口 A、B、C、D 处，当接通＋5V 电源时，数码管将点亮并显示拨码开关指示的数字。

⑦ 15 个逻辑开关及相应的开关电平输出插口。

具有 15 位逻辑电平输出。在连通＋5V 电源后，开关向上拨，指向"高"，则输出口呈现高电平；开关向下拨，指向"低"，则输出口呈现低电平。

⑧ 连续脉冲源。

在连通+5V电源后,在输出口将输出方波脉冲信号。其基频的输出频率由调节频率范围波段开关的位置决定,可通过频率细调多圈电位器对输出频率进行细调,并有LED发光二极管指示有否脉冲信号输出。当频率范围开关置于1Hz档时,LED发光指示灯应按1Hz左右的频率闪亮。

⑨ 单次脉冲源。

每按一次单次脉冲按键,在输出口分别送出一个负、正单次脉冲信号,并有LED发光二极管指示。

⑩ 三态逻辑笔。

开启+5V电源,将被测的逻辑电平信号通过连接线插在输入口,三个LED发光二极管即指示被测信号逻辑电平的高低。"H"亮表示为高电平($>$2.4V),"L"亮表示为低电平($<$0.6V),"R"亮表示为高阻态或电平处于0.6V~2.4V的不高不低的电平值。

注意:这里的参考地电平为"⊥",故不适于测量-5V和-15V电平。

⑪ 直流稳压电源。

提供±5V、0.5A和±15V、0.5A四路直流稳压电源,每路均有短路保护自恢复功能,其中+5V电源有短路声光报警。有相应的电源输出插座及相应的LED发光二极管指示。只要开启电源分开关,就有相应的±5V或±15V输出。

⑫ 本实验箱中还设有一个蜂鸣器、一个指示发光二极管、一个继电器(Relay)、两个复位按钮、一只10kΩ多圈电位器、一只100kΩ碳膜电位器、一个32768Hz晶振,以及两个0.1μF电容,并附有一套充足的实验连接导线。

⑬ 面板上设有4个蓝色固定插座,可用来插接固定小线路板,以便扩展实验。

D.6.2 使用注意事项

(1) 使用前应先检查各电源是否正常。

① 先关闭实验箱的所有电源开关,然后用随箱的三芯电源线接通实验箱的220V交流电源。

② 开启实验箱上的电源总开关(置开端),电源指示灯亮。

③ 开启两组直流电源开关DC(置开端),则与±5V和±15V相对应的4只LED发光二极管应点亮。

④ 打开+5V电源,此时与连续脉冲信号输出口相接的LED发光二极管点亮,并输出连续脉冲信号。单次脉冲源部分的"绿"发光二极管应点亮,按下按键,则"绿"灭,"红"亮。至此,表明实验箱的电源及信号输出均属正常,可以进入实验。

(2) 接线前务必熟悉实验板上各组件、元器件的功能及其接线位置,特别要熟知各集成块插脚引线的排列方式及接线位置。

(3) 实验接线前必须先断开总电源与各分电源开关,严禁带电接线。

(4) 接线完毕,检查无误后,再插入相应的集成电路芯片后方可通电。只有在断电后方可拔下集成芯片,严禁带电插拔集成芯片。

(5) 实验过程中,板上始终要保持整洁,不可随意放置杂物,特别是导电的工具和导线等,以免发生短路等故障。

(6) 实验板上标有+5V处是指实验时须用导线将+5V的直流电源引入该处,是电源+5V的输入插口。

(7) 实验完毕,及时关闭各电源开关(置关端),并及时清理实验板面,整理好连接导线并放置规定位置。

(8) 实验时需用到外部交流供电的仪器,如示波器等,须注意"共地"。

D.7 色环电阻与电容

色环电阻是用不同颜色的环(简称色环)在电阻表面标出标称阻值和允许误差。普通电阻用4条色环表示标称阻值和允许误差,其中3条表示标称阻值,一条表示允许误差,详见图D-15。精密电阻用5条色环表示标称阻值和允许误差,其中4条表示标称阻值,一条表示允许误差,详见图D-16。图中电阻标称阻值的单位是欧姆(Ω)。

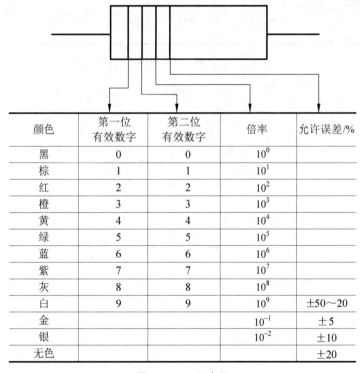

颜色	第一位 有效数字	第二位 有效数字	倍率	允许误差/%
黑	0	0	10^0	
棕	1	1	10^1	
红	2	2	10^2	
橙	3	3	10^3	
黄	4	4	10^4	
绿	5	5	10^5	
蓝	6	6	10^6	
紫	7	7	10^7	
灰	8	8	10^8	
白	9	9	10^9	±50~20
金			10^{-1}	±5
银			10^{-2}	±10
无色				±20

图 D-15 4 环电阻

例如:如果一个电阻有4个彩环,电阻上的色环依次是绿、蓝、橙、银,则表示是56kΩ ±10%的电阻器。

这里说一下电容,电容器标称容量的标注方法有:直标法、色标法、字母数字混标法、3位数字表示法以及4位数字表示法等。常见的3位数字表示法是指:前两位表示有效值,第三位为倍率,非电解电容的单位为pF。例如,若所标三位数字为102,则其电容值为1000pF。

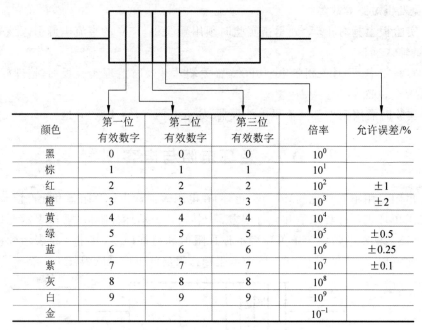

颜色	第一位有效数字	第二位有效数字	第三位有效数字	倍率	允许误差/%
黑	0	0	0	10^0	
棕	1	1	1	10^1	
红	2	2	2	10^2	±1
橙	3	3	3	10^3	±2
黄	4	4	4	10^4	
绿	5	5	5	10^5	±0.5
蓝	6	6	6	10^6	±0.25
紫	7	7	7	10^7	±0.1
灰	8	8	8	10^8	
白	9	9	9	10^9	
金				10^{-1}	

图 D-16　5 环电阻

参 考 文 献

[1] 康华光. 电子技术基础(数字部分)[M]. 6版. 北京：高等教育出版社，2014.
[2] 白彦霞. 数字电子技术基础[M]. 武汉：华中科技大学出版社，2017.
[3] 阎石. 数字电子技术基础[M]. 5版. 北京：高等教育出版社，2013.
[4] 阎石. 数字电子技术基础习题解答[M]. 5版. 北京：高等教育出版社，2013.
[5] 郭维林，陈勇. 电子技术基础(数字部分)同步辅导及习题全解[M]. 5版. 北京：中国水利水电出版社，2010.

图书资源支持

感谢您一直以来对清华版图书的支持和爱护。为了配合本书的使用,本书提供配套的资源,有需求的读者请扫描下方的"书圈"微信公众号二维码,在图书专区下载,也可以拨打电话或发送电子邮件咨询。

如果您在使用本书的过程中遇到了什么问题,或者有相关图书出版计划,也请您发邮件告诉我们,以便我们更好地为您服务。

我们的联系方式:

地　　址: 北京市海淀区双清路学研大厦 A 座 714

邮　　编: 100084

电　　话: 010-83470236　010-83470237

客服邮箱: 2301891038@qq.com

QQ: 2301891038(请写明您的单位和姓名)

资源下载: 关注公众号"书圈"下载配套资源。

资源下载、样书申请

书　圈

获取最新书目

观看课程直播